高等院校园林专业系列教材

中外园林史

郭风平　方建斌　主编

中国建材工业出版社

图书在版编目(CIP)数据

中外园林史/郭风平,方建斌主编. —北京:中国建材
工业出版社,2005.7（2023.2重印）
（高等院校园林专业系列教材）
ISBN 978-7-80159-886-8

Ⅰ.中…　Ⅱ.①郭…②方…　Ⅲ.园林建筑-建筑
史-世界-高等学校-教材　Ⅳ.TU-098.4

中国版本图书馆 CIP 数据核字（2005）第 063353 号

内 容 简 介

　　本书按欧洲园林、伊斯兰园林和中国园林分章论述,主要介绍了他们的历史渊源、文化背景、园林类型、代表性园林以及风格特点。中国园林体系是本书的重点。

　　本书可作为高等院校园林、建筑、旅游、园艺等专业教材,亦可作为相关专业的广大师生、科技工作者参考借鉴。

中外园林史

郭风平　方建斌　主编

出版发行：中国建材工业出版社
地　　址：北京市海淀区三里河路 11 号
邮　　编：100831
经　　销：全国各地新华书店
印　　刷：北京雁林吉兆印刷有限公司
开　　本：787mm×1092mm　1/16
印　　张：17.75
字　　数：437 千字
版　　次：2005 年 7 月第 1 版
印　　次：2023 年 2 月第 28 次
书　　号：ISBN 978-7-80159-886-8
定　　价：**49.80 元**

本社网址：www.jccbs.com.cn
本书如出现印装质量问题，由我社发行部负责调换。联系电话：(010) 57811387

《中外园林史》编委会

前　言

　　本书是以《中国园林史》和作者近年来的研究为基础,广泛吸收国内、外园林史的学术成果,按照《高等院校园林专业系列教材》的编著要求,精心"冶炼"而成。

　　园林史课程是国家教育部颁布的《普通高等学校本科专业目录》规定的园林专业的主干课程之一,然而,迄今为止尚未有一部公认的优秀教材。近年来园林史研究尽显活跃繁荣,出现了诸多优秀著作和论文,这些学术成果亦需要及时融入本科教材。作者从事园林史教学和研究多年,深知集国内学术同仁于一堂,共商园林史学术之不易,遂不揣浅陋,潜心研究,终成是作,取名《中外园林史》。

　　学习中外园林史,目的是要认识古今中外园林发生、发展变迁的历史规律,数古鉴今,继往开来,为今后的园林建设提供重要的历史借鉴。首先,不宜把世界各国园林分别介绍,而应该按照不同园林形成的渊源替嬗、文化类型、风格特征等划分为若干园林体系,较好地反映世界园林发展脉络和典型的代表性园林。其次,世界各国的园林同其他文化一样,是在不断吸收、借鉴、融合的历史氛围中走到今天的,文化能划分为若干体系,园林又何尝不可。再次,为了缩小篇幅,适应教学要求,亦需要把世界各国园林划分成若干体系来讲解。按照这个构想,又吸收学术前辈们的研究成果,我们将纷繁复杂的各国园林划分为欧洲园林、伊斯兰园林和中国园林体系。关于欧洲园林体系和伊斯兰园林体系,分别作专章论述,主要介绍了它们的历史渊源、文化背景、园林类型、代表性园林以及风格特点。中国园林体系为本书的重点。我们以中国园林为代表进行了较为深入而翔实的介绍,主要介绍了中国园林的历史分期、园林发展的历史背景、园林类型、代表性园林及其风格特色,中国园林的造园要素等。在撰写过程中,既有一般知识的传播,亦有学术观点的争鸣,以突显大学殿堂的学术气氛。

　　本书在编著阶段,我们参阅了大量著作文献,特别对周维权先生、周云庵先生、陈志华先生和郦芷若教授等资深园林史前辈及其他文献作者深表谢意。另借本书即将付梓之际,对本书顾问委员会、编委会的诸位先生深表谢忱,本书的诞生离不开他们的精诚合作。西北农林科技大学图书馆的王立宏、赵丽华、陈玉华等为本书提供了许多图片和参考文献,王立宏又对书中有关图表、单位和数据进行了一丝不苟的修正,他们服务至上的理念无不令作者感佩。中国建材工业出版社董振群先生,佟令玫女士为本书的出版不辞辛劳,在此一并致以诚挚的谢意。

　　本书可作为高等院校园林、建筑、旅游、园艺等专业的教材,亦可为相关专业的广大师生、科技工作者参考借鉴。由于时间仓促,史料短缺及作者浅识陋见,失误之处难免,敬期读者赐教。

作　者

2005 年 2 月

目　　录

第1章 园林的基本问题

随着我国经济建设的快速发展和人口的不断增长,生态环境问题成为制约我国国民经济进一步发展的瓶颈。在全球化的保护自然和生态环境潮流的推动下,以保护自然环境、维护生态平衡为核心的可持续发展理论深入人心。园林事业亦日益受到人们的重视,得以长足发展,全国各地涌现出一大批融自然山水花木与现代建筑艺术于一体的优秀园林作品。然而,毋庸讳言,在片面追求经济利益和急功近利等思想影响下,也出现了一些矫揉造作、复制抄袭、东拼西凑或粗制滥造的东西,造成我国园林界目前的百花齐放却良莠不齐,欣欣向荣却鱼龙混杂的局面①。

园林是各门学科与文化艺术融合的结晶。一件成功的园林作品,关键在一支精干的人才队伍;一支精干的人才队伍,关键在最佳的知识整合。惟其如此,才能得到最佳的园林效果。现代园林建设是一个涉及面广、综合性强、影响因子众多的系统工程,不仅需要人们掌握园林规划设计知识,亦需要掌握动、植物学,生态学,自然地理学,文化学,美学,建筑学以及园林史学等专业知识。一支园林专业建设队伍,缺少上述任何一个领域的专业人才,就可能造成园林作品的缺憾。基于以上的思考和对园林拳拳的情结,我们奉献给大学生——未来的园林设计师这本中外园林史,供参考和借鉴,以免在今后的造园实践中出现园林作品的"微量元素缺乏症"。

欲学习中外园林史,首先应该弄清园林的几个基本问题。

1.1 园林

1.1.1 园林概念的界定

1.1.1.1 国外的"园林"定义

西文的拼音文字如拉丁语系的 Garden、Gärden、Jardon 等,源出于古希伯来文的 Gen 和 Eden 两字的结合。前者意为界墙、蕃篱,后者即乐园,也就是《旧约·创世纪》中所描述的充满着果树鲜花,潺潺流水的"伊甸园"。按照中国自然科学名词审定委员会颁布的《建筑·园林·城市规划名词》规定,"园林"被译为 garden and park,即"花园及公园"的意思。garden 一词,现代英文译为"花园"比较准确,但它的本意不只是花园,还包括菜园、果园、草药园、猎苑等。park 一词即是公园之意,即资产阶级革命成功以后将过去皇室花园、猎苑及贵族庄园没收,或由政府投资兴建、管理的向全体公众开放的园林。

1.1.1.2 中国的"园林"定义

我国"园林"一词的出现始于魏晋南北朝时期。西晋著名文学家左思的《娇女诗》有"驰骛翔园林,果下皆生摘"的描写,东晋陶渊明曾在《从都还阻风于规林》有"静念园林好,人间良可辞"的佳句,刘宋的沈约《宋志·乐志》亦有"雉子游原泽,幼怀耿介心;饮啄虽勤苦,不愿楼园林"

---

① 朱建宁,李学伟.法国当今风景园林设计旗手吉尔·克莱芒及其作品.中国园林,2003(8):6

的兴叹。这一时期的园林多指那些具有山水田园风光的乡间庭园,正如陶渊明在《归园田居·其一》所描绘的情景:"方宅十余亩,草屋八九间。榆柳荫后檐,桃李罗堂前。暧暧远人村,依依墟里烟。狗吠深巷中,鸡鸣桑树巅。"又如《饮酒》中的:"采菊东篱下,悠然见南山。山气日夕佳,飞鸟相与还。"

在漫长的园林历史发展中,"园林"的含义有了较大的丰富和发展,人们似乎都明白它的意思,却又没有一个公认的明确的定义。其实,在中国传统文化中,人们又把"园林"和"园"当作一回事。

例如《辞海》中不见"园林"一词,只有"园"。"园"有两种解释:①四周常围有垣篱,种植树木、果树、花卉或蔬菜等植物和饲养、展出动物的绿地,如公园、植物园、动物园等;②帝王后妃的墓地。

《辞源》亦不见"园林",只有"园"。"园"有三种解释:①用篱笆环围种植蔬菜、花木的地方;②别墅和游息的地方;③帝王的墓地。

台湾《中文大辞典》收有"园林"一词,释为"植花木以供游息之所",另收"园"一词,有五种解释:①果园;②花园;③有蕃曰园,《诗·秦风》疏:"有蕃曰园,有墙曰圃";④圃之樊也;⑤茔域,《正字通》:"凡历代帝、后葬所曰园。"

综上所述,在一般文化圈内,"园林"与"园"的概念是混同的。要弄清"园林"的真面目,还需参考一下园林界的解释,而园林界关于"园林"的定义似乎也没有完全确定。

周维权先生曾经有两个著名的观点[①]:其一,园林乃人们为弥补与自然环境的隔离而人工建造的"第二自然"。这一观点表明,当人们远离改变或破坏了的自然环境,完全卷入尘世的喧闹之后,就会产生一种厌倦之感或压抑感,从而产生回归自然的欲望,但人们又不愿或不可能完全回归树巢穴居、茹毛饮血的原始自然环境中,所以就采用人工的方法模拟"第一自然"即原始的自然环境,而创造了"园林"即"第二自然"。这一观点正确地反映了人类社会、自然环境变迁与园林形成发展关系的一般规律。但是,这里所谓的"第二自然"即是人工自然或人造自然园林,显然没有包括近代以来由美国发起,进而风靡世界的国家公园,即对于那些尚未遭受人类重大干扰的特殊自然景观和对地质地貌、天然动植物群落加以保护的国家级公园。按照国家公园的概念理解,自然风景名胜算是特殊的自然景观,只要采取措施加以保护就属于园林范畴了。而周维权先生认为,自然风景名胜属于大自然的杰作,属于"第一自然",而并非人工建立的"第二自然",当然不属于园林范畴。我们认为,从古典园林视角看,这一观点还是值得肯定的,如从发展的视角看就有必要加以修正了。其二,周先生又认为,园林是"在一定的地段范围内,利用、改造天然山水地貌,或者人为开辟山水地貌,结合植物栽培,建筑布置,圈以禽鸟养蓄,从而构成一个以视觉景观之美为主的赏心悦目、畅情舒怀的游憩、居住环境。"这一界定,包含园林相地选址、造园方法、园林艺术特色和功能,用来解释中国古典园林则恰如其分,但它不能包容近、现代园林的性质、特色与功能。

游泳先生等认为,园林是指在一定的地形(地段)之上,利用、改造和营造起来的,由山(自然山、人造山)、水(自然水、理水)、物(植物、动物、建筑物)所构成的具有游、猎、观、尝、祭、祀、息、戏、书、绘、畅、饮等多种功能的大型综合艺术群体[②]。这一观点是目前所见有关园林的比

① 周维权著.中国古典园林史.北京:清华大学出版社,1990
② 游泳主编.园林史.北京:中国农业科技出版社,2002

较完整、系统的定义,它试图从园林的选址、兴造方法、构成要素、主要功能等方面全面诠释园林,不愧为具有较高价值的创新观点,似乎可以作为"园林"一词的经典式定义了。然而,仔细推敲一下,尚有值得商榷之处。

首先,这个园林定义不够简明,仅注释性括号有4个,主要功能有12个且多有重复;其次,不够科学。构园要素中的"物"不能把动、植物和建筑物混用,园林功能中的"猎"业已消失,"尝"意不明,且缺乏文体娱乐等,"艺术群体"指代园林也不准确;再次,表述冗长,尤其是12个功能更为拗口。

根据上述的比较与分析,借鉴古今中外的园林成就,采撷诸家有关"园林"的共识,我们认为园林概念应该有广义和狭义之分。

从古典园林这个狭义角度看,我们赞成周维权先生的解说,并略加补充为:园林是在一定的地段范围内,利用、改造天然山水地貌或人工开辟山水地貌,结合建筑造型、小品艺术和动植物观赏,从而构成一个以视觉景观之美为主的游憩、居住环境。

从近、现代园林发展视角看,广义的园林是包括各类公园、庭园、城镇绿地系统、自然保护区在内融自然风景与人文艺术于一体的为社会全体公众提供更加舒适、快乐、文明、健康的游憩娱乐环境。

随着园林知识的不断积累,读者自会对其广义、狭义有深刻的理解,也会有自己独立的思考与判断,然后择优而从。

1.1.2 园林形成背景

园林是在一定自然条件和人文条件综合作用下形成的优美的景观艺术作品,而自然条件复杂多样,人文条件更是千奇百态。如果我们剖开各种独特的现象而从共性视角来看,园林的形成离不开大自然的造化、社会历史的发展和人们的精神需要等三大背景。

1.1.2.1 自然造化

伟大的自然具有移山填海之力,鬼斧神工之技。既为人类提供了花草树木、鱼虫鸟兽等多姿多彩的造园材料,又为人类创造了山林、河湖、峰峦、深谷、瀑布、热泉等壮丽秀美的景观,具有很高的观赏价值和艺术魅力,这就是所谓的自然美。

自然美是不同国家、不同民族的园林艺术共同追求的东西,每个优秀的民族似乎都经过自然崇拜—自然模拟与利用—自然超越等三个阶段,到达自然超越阶段时,具有本民族特色的园林也就完全形成了。

然而,各民族对自然美或自然造化的认识存在着较显著的差异。西方传统观点认为,自然本身只是一种素材,只有借助艺术家的加工提炼,才能达到美的境界,而离开了艺术家的努力,自然不会成为艺术品,亦不能最大限度地展示其魅力。因此,认为整形灌木、修剪树木、几何式花坛等经过人工处理的"自然",与真正的自然本身比较,是美的提炼和升华。

中国传统观点认为,自然本身就是美的化身,构成自然美的各个因子都是美的天使,如花木、虫鱼等是不能加以改变的,否则就破坏了天然、纯朴和野趣。但是,中国人尤其是中国文人观察自然因子或自然风景往往融入个人情怀,借物喻心,把状写自然美的园林变成挥洒个人感情的园地。所以,中国园林讲究源于自然而高于自然,反映一种对自然美的高度凝炼和概括,把人的情愫与自然美有机融合,以达到诗情画意的境界。

而英国风景园林的形成也离不开英国人对自然造化的独特欣赏视角。他们认为大自然的造化美无与伦比,园林愈接近自然则愈达到真美境界。因此,刻意模仿自然、表现自然、再现自然、回归自然,然后使人从自然的琅嬛妙境中油然而生发万般情感。

可见,不同地域、不同民族的园林各以不同的方式利用着自然造化。自然造化形成的自然因子和自然物为园林形成提供了得天独厚的条件。

1.1.2.2　社会历史发展

园林的出现是社会财富积累的反映,也是社会文明的标志。它必然与社会历史发展的一定阶段相联系;同时,社会历史的变迁也会导致园林种类的新陈代谢,推动新型园林的诞生。

人类社会初期,人类主要以采集、渔猎为生,经常受到寒冷、饥饿、禽兽、疾病的威胁,生产力十分低下,当然不可能产生园林。直到原始农业出现,开始有了村落,附近有种植蔬菜、果园的园圃,有圈养驯化野兽的场所,虽然是以食用和祭祀为目的,但客观上具有观赏的价值,因此开始产生了原始的园林,如中国的苑囿,古巴比伦的猎苑等。

生产力进一步发展以后,财富不断地积累,出现了城市和集镇,又随着建筑技术、植物栽培、动物繁育技术以及文化艺术等人文条件的发展,园林经历了由萌芽到形成的漫长的历史演变阶段,在长期发展中逐步形成了各种时代风格、民族风格和地域风格。如古埃及园林、古希腊园林、古巴比伦园林、古波斯园林等。

后来,又随着社会的动荡,野蛮民族的入侵,文化的变迁,宗教改革,思想的解放等社会历史的发展变化,各个民族和地域的园林类型、风格也随之变化。就以欧洲园林为例,中世纪之前,曾经流行过古希腊园林、古罗马园林;中世纪1300多年风行哥特式寺院庭园和城堡园林;文艺复兴开始,意大利台地园林流行;宗教改革之后法国古典主义园林勃兴,而资产阶级革命的成功加速了英国自然风景式园林的发展。这一事实表明,园林是时代发展的标志,是社会文明的标志,同时,随着社会历史的变迁而变迁,随着社会文明进步而发展。

1.1.2.3　人们的精神需要

园林的形成又离不开人们的精神追求,这种精神追求来自神话仙境,来自宗教信仰,来自文艺浪漫,来自对现实田园生活的回归。

古希腊神话中的爱丽舍田园和基督教的伊甸园,曾为人们描绘了天使在密林深处,在山谷水涧无忧无虑地跳跃、嬉戏的欢乐场景;中国先秦神话传说中的黄帝悬圃、王母瑶池、蓬莱琼岛,也为人们绘制了一幅山岳海岛式云蒸霞蔚的风光;佛教的净土宗《阿弥陀经》描绘了一个珠光宝气、莲池碧树、重楼架屋的极乐世界;伊斯兰教的《古兰经》提到安拉修造的"天园","天园"之内果树浓阴,四条小河流淌园内,分别是纯净甜美的"蜜河"、滋味不败的"乳河"、醇美飘香的"酒河"、清碧见底的"水河"。这些神话与宗教信仰表达了人们对美好未来的向往,也对园林的形成有深刻、生动的启示,周维权先生曾指出,伊斯兰教的《古兰经》有关"天园"的旖旎风光便成为后来伊斯兰园林的基本模式①。

中外文学艺术中的诗歌、故事、绘画等是人们抒怀的重要方式,它们与神话传说相结合,以广阔的空间和纵深的时代为舞台,使文人的艺术想象力得到淋漓尽致的挥洒。文学艺术创造的"乐园"对现实园林的形成有重要的启迪意义,同时,文学艺术的创作方法,对美的追求和人生哲理的揭示,亦对园林设计、艺术装饰和园林意境的深化等,都有极高的参考价值。古今中外描绘田园风光的诗歌和风景画,对自然风景园林的勃兴曾经起到积极的作

---

① 周维权著.中国古典园林史.北京:清华大学出版社,1990

4

用。

城市是人类文明的产物,也是人类依据自然规律,利用自然物质创造的一种人工环境,或曰"人造自然"。如果人们长期生活在城市中,就越来越和大自然环境疏远,从而在心理上出现抑郁症,必然希望寻求与大自然直接接触的机会,如踏青、散步等,或者以兴造园林作为一种间接补偿方式,以满足人们的精神需要。

园林还可以看作是人们为摆脱日常烦恼与失望的产物,当现实社会充满矛盾和痛苦,难以使人的精神得到满足时,人们便沉醉于园林所构成的理想生活环境中。田园生活就是人们躲避现实、放浪形骸的最佳场所。古罗马诗人维吉尔(Virgile,公元前 70 年 ~ 公元前 17 年)就曾竭力讴歌田园生活,推动了古罗马时代乡村别墅的流行;我国秦汉时期隐士多田园育蔬垂钓,使得魏晋时期归隐庄园成为时尚。

1.1.3 园林性质与功能

1.1.3.1 园林性质

园林性质有自然属性和社会属性之分。从社会属性看,古代园林是皇室贵族和高级僧侣们的奢侈品,是供少数富裕阶层游憩、享乐的花园或别墅庭园,惟有古希腊由于民主思想发达,不仅统治者、贵族有庭园,也出现过民众可享用的公共园林。近、现代园林是由政府主管的充分满足社会全体居民游憩娱乐需要的公共场所。园林的社会属性从私有性质到公有性质的转化,从为少数贵族享乐到为全体社会公众服务的转变,必然影响到园林的表现形式、风格特点和功能等方面的变革。

从自然属性看,无论古今中外,园林都是表现美、创造美、实现美、追求美的景观艺术环境。园林中浓郁的林冠,鲜艳的花朵,明媚的水体,动人的鸣禽,峻秀的山石,优美的建筑及栩栩如生的雕像艺术等都是令人赏心悦目、流连忘返的艺术景观。园因景胜,景以园异。虽然各园的景观千差万别,但是都改变不了美的本质。

然而,由于自然条件和文化艺术的不同,各民族对园林美的认识有很大差异。欧洲古典园林以规则、整齐、有序的景观为美;英国自然风景式园林以原始、纯朴、逼真的自然景观为美;而中国园林追求自然山水与精神艺术美的和谐统一,使园林具有诗情画意之美。

1.1.3.2 园林的功能

园林最初的功能和园林的起源密切相关。中国早期的园林"囿",古埃及、古巴比伦时代的猎苑,都保留有人类采集渔猎时期的狩猎方式;当农业逐渐繁荣以后,中国秦汉宫苑、魏晋庄园和古希腊庭园、古波斯花园,除游憩、娱乐之外,还仍然保留有蔬菜、果树等经济植物的经营方式;另外,田猎在古代的宫苑中一直风行不辍。随着人类文化的日益丰富,自然生态环境变迁和园林社会属性的变革,园林类型越来越多,功能亦不断消长变化。

回顾古今中外的园林类型,其功能主要有:

1. 狩猎(或称围猎)

主要是在郊野的皇室宫苑进行,供皇室成员观赏,兼有训练禁军的目的;此外还在贵族的庄园或山林进行。随着近、现代生态环境变化、保护野生动物意识增强,园林狩猎功能逐渐消失,仅在澳大利亚、新西兰的某些森林公园尚存田猎活动。

2. 游玩(或称游戏)

任何园林都有这一功能。中国人称为"游山玩水",实际上与游览山水园林分不开;欧洲园林中的迷园,更是专门的游戏场所。

3．观赏

对园林及其内部各景区、景点进行观览和欣赏,有静观与动观之分。静观是在一个景点(往往是制高点,或全园中心)观赏全园或部分景区;动观是一边游动一边观赏园景,无论是步行还是乘交通工具游园,都有时移景异、物换星移之感。另外,因观赏者的角度不同,会产生不同的感受,正所谓"横看成岭侧成峰,远近高低各不同"。

4．休憩

古代园林中往往设有居住建筑,供园主、宾朋居住或休息;近、现代园林一般结合宾馆等设施,以接纳更多的游客,满足游人驻园游憩的需求。

5．祭祀

古代的陵园、庙园或众神祇的纪念园皆供人祭祀;近、现代这些园林则具有凭吊、怀古、爱国教育、纪念观瞻等功能。

6．集会、演说

古希腊时期在神庙园林周围,人们聚集在一起举行发表政见、演说等活动。资产阶级革命胜利后,过去皇室的贵族园林收为国有,向公众开放,园林一时游人云集,人们在此议论国事,发表演说。所以,后来欧洲公园有的专辟一角,供人们集会、演说。

7．文体娱乐

古代园林就有很多娱乐项目,在中国有棋琴书画,龙舟竞渡,蹴鞠,甚至斗鸡走狗等活动;欧洲有骑马、射箭、斗牛等。近、现代园林为了更好地为公众服务,增加了文艺、体育等大型的娱乐活动。

8．饮食

在以人为本的思想的指导下,近、现代园林为了方便游客,或吸引招徕游客,增加了饮食服务,进一步拓展了园林的服务功能。然而,提供饮食场所并不意味着到处可以摆摊设点,那些有碍观瞻,大杀风景的场所和园林的发展是背道而驰的。

1.1.4 园林类型

1.1.4.1 按构园方式区分

构园方式主要是园林规划方式,以此区分为规则式、自然式、混合式三种类型。

1．规则式园林

又称整形式、建筑式、几何式、对称式园林,整个园林及各景区景点皆表现出人为控制下的几何图案美。园林题材的配合在构图上呈几何体形式,在平面规划上多依据一个中轴线,在整体布局中为前后左右对称。园地划分时多采用几何形体,其园线、园路多采用直线形;广场、水池、花坛多采取几何形体;植物配置多采用对称式,株、行距明显均齐,花木整形修剪成一定图案,园内行道树整齐、端直、美观,有发达的林冠线。

2．自然式园林

园林题材的配合在平面规划或园地划分上随形而定,景以境出。园路多采用弯曲的弧线形;草地、水体等多采取起伏曲折的自然状貌;树木株距不等,栽植时丛、散、孤、片植并用,如同天然播种;蓄养鸟兽虫鱼以增加天然野趣;掇山理水顺乎自然法则。是一种全景式仿真自然或浓缩自然的构园方式。

3．混合式园林

把规则式和自然式两种构园方式结合起来,扬长避短的造园方式。一般在园林的入口及建筑物附近采用规则式,而在园林周围采用自然式。

1.1.4.2 按园林的从属关系区分

园林可以分为皇家园林、寺观园林、私家(贵族)园林、陵寝(寝庙)园林和公园等类型。

1. 皇家园林

皇家园林属于皇帝个人和皇室私有,中国古籍里称之苑、宫苑、苑圃、御苑等。

中国古代的皇帝号称天子,奉天承运,代表上天来统治寰宇,其地位至高无上,是人间的最高统治者。严密的封建礼法和森严的等级制度构筑成一个统治权力的金字塔,皇帝居于这个金字塔的顶峰。因此,凡是与皇帝有关的建筑,诸如宫殿、坛庙乃至都城等,莫不利用其建筑形象和总体布局以显示皇家的气派和皇权的至高无上。皇家园林尽管是摹拟山水风景的,也要在不悖于风景式造园原则的情况下尽量显示皇家的气派。同时,又不断地向民间私家园林汲取造园艺术的养分,从而丰富皇家园林的内容,提高宫廷造园的艺术水平。再者,皇帝能够利用其政治上的特权和经济上的富厚财力,占据大片的土地营造园林,无论人工山水园或天然山水园,规模之大非私家园林可比拟。世界其他各国每个朝代几乎都有皇家园林的建置,著名的有古埃及的宫苑园林,古罗马的宫苑园林,古巴比伦的空中花园,法国凡尔赛宫苑,英国的宫室花园等。它们不仅是庞大的艺术创作,也是一项耗资甚巨的土木工事。因此,皇家园林数量的多寡、规模的大小,也在一定程度上反映了一个王朝国力的盛衰。

中国皇家园林有"大内御苑"、"行宫御苑"和"离宫御苑"之分,外国皇家园林也有类似的制度。大内御苑建置在皇城或宫城之内,即是皇帝的宅园,个别的也有建置在皇城以外、都城以内的。行宫御苑和离宫御苑建置在都城的近郊、远郊的风景地带,前者供皇帝游憩或短期驻跸之用,后者则作为皇帝长期居住、处理朝政的地方,相当于一处与大内相联系着的政治中心。此外,在皇帝巡察外地需要经常驻跸的地方,也视其驻跸时间的长短而建置离宫御苑或行宫御苑。通常把行宫御苑和离宫御苑统称为离宫别馆。

2. 寺观园林

寺观园林即各种宗教建筑的附属园林,也包括宗教建筑内外的园林化环境。

中国古代,重现实、尊人伦的儒家思想占据着意识形态的主导地位。无论外来的佛教或本土成长的道教,群众的信仰始终未曾出现过像西方那样的狂热、偏执。再者,皇帝君临天下,皇权是绝对尊严的权威,像古代西方那样震慑一切的神权,在中国相对于皇权而言始终居于次要的、从属的地位。统治阶级方面虽屡有帝王佞佛或崇道的,历史上也曾发生过几次"灭佛"的事件,但多半出于政治上和经济上的原因。从来没有哪个朝代明令定出"国教",总是以儒家为正宗而儒、道、佛互补互渗。在这种情况下,宗教建筑与世俗建筑不必有根本的差异。历史上多有"舍宅为寺"的记载,梵刹紫府的形象无需他求,实际就是世俗住宅的扩大和宫殿的缩小。就佛寺而言,到宋代末期已最终世俗化。它们并不表现超人性的宗教狂迷,反之却通过世俗建筑与园林化的相辅相成而更多地追求人间的赏心悦目、恬适宁静。道教模仿佛教,道观的园林亦复如此。从历史文献上记载的以及现存的寺、观园林看来,除个别的特例之外,它们和私家园林几乎没有什么区别。

寺、观亦建置独立的小园林一如宅园的模式,也很讲究内部庭院的绿化,多有以栽培名贵花木而闻名于世的。郊野的寺、观大多修建在风景优美的地带,周围向来不许伐木采薪。因而古木参天、绿树成荫,再以小桥流水或少许亭榭作点缀,又形成寺、观外围的园林化环境。正因为这类寺、观园林及其内外环境的雅致幽静,历来的文人名士都喜欢借住其中读书养性,帝王

7

以之作为驻跸行宫的情况亦屡见不鲜。

在欧洲和伊斯兰世界,宗教神学盛行,且长期实行政教合一制度。因而反映在寺观园林中,从设计规划、布局、造园要素、指导思想到建筑壁画、装饰、雕刻等无不渗透着虔诚的信仰色彩,和中国寺观园林风格有较大差异。但是,为了表现天堂仙界的神秘景象,这些寺观通过修建形态各异的建筑,金碧辉煌的装饰,神圣而富有人性的造像,培育森林草地,栽植奇花异果,引水工程等措施,以增强园林的观赏性,诱使人们对天国乐园的憧憬。另外,有时通过选取远离人烟的山水环境或大面积的植树绿化,以创造寂寞山林,清净修持的宗教环境,尚有天然野趣。

3. 私家(贵族)园林

私家园林属于官僚、贵族、文人、地主、富商所私有,中国古籍里面称之为园、园亭、园墅、池馆、山池、山庄、别墅、别业等。私家园林亦包括皇亲国戚所属的园林。

中国的封建时代,"耕、读"为立国之根本。农民从事农耕生产,创造物质财富,读书的地主阶级知识分子掌握文化,一部分则成为文人。以此两者为主体的"耕、读"社区构成封建社会结构的基本单元。皇帝通过庞大的各级官僚机构,牢固地统治着疆域辽阔的封建大帝国。官僚、文人合流的士,居于"士、农、工、商"这个民间社会等级序列的首位。商人虽居末流,由于他们在繁荣城市经济,保证皇室、官僚、地主的奢侈生活供应方面起到重要作用,大商人积累了财富,相应地也提高了社会地位,一部分甚至侧身于士林。官僚、文人、地主、富商兴造园林供一己之享用,同时也以此作为夸耀身份和财富的手段,而他们的身份、财富也为造园提供了必要的条件。

民间的私家园林是相对于皇家的宫廷园林而言。封建的礼法制度为了区分尊卑贵贱而对士民的生活和消费方式做出种种限定,违者罪为逾制和僭越,要受到严厉制裁。园林的享受作为一种生活方式,也必然要受到封建礼法的制约。因此,私家园林无论在内容或形式方面都表现出许多不同于皇家园林之处。

建置在城镇里面的私家园林,绝大多数为"宅园"。宅园依附于住宅作为园主人日常游憩、宴乐、会友、读书的场所,规模不大。一般紧邻邸宅的后部呈前宅后园的格局,或位于邸宅的一侧而成跨院。此外,还有少数单独建置,不依附于邸宅的"游憩园"。建在郊外山林风景地带的私家园林大多数是"别墅园",供园主人避暑、休养或短期居住之用。别墅园不受城市用地的限制,规模一般比宅园大一些。

在欧洲和伊斯兰世界,私家园林多以皇亲国戚、贵族及富商大贾园林为主,主要形式有庄园和花园。

4. 陵寝(寝庙)园林

陵寝园林是为埋葬先人,纪念先人实现避凶就吉之目的而专门修建的园林。中国古代社会,上至皇帝,下至皇亲国戚、地主官僚、富商大贾,皆非常重视陵寝园林。陵寝园林包括地下寝宫、地上建筑及其周边园林化环境。

中国历来崇尚厚葬。生前的身份越尊贵、社会地位越高,死后营造的陵园越讲究,帝王、贵族、大官僚的陵园更是豪华无比。营建陵园要缜密地选择山水地形,园内的树木栽植和建筑修造都经过严格的规划布局。虽然这种规划布局的全部或者其中的主体部分并非为了游憩观赏的目的而在于创造一种特殊的纪念性环境气氛,体现避凶就吉和天人感应的观念。但是,陵寝园林仍然具有中国风景式园林所特有的山、水、建筑、植物、动物等五大要素,并且在陵寝选址上,以古代阴阳五行、八卦及风水理论为指导,所选山水地理多为天下名胜,风景如画,客观上具备了观赏游览的价值。再说,据历史文献记载,每当举行祭祀活动时,吹吹打打,好不热闹,引来老少围观。尤其是皇帝举行上陵礼时,旌幡招展,鼓乐齐鸣,车毂辐辏,仪仗浩荡,引来十里八乡之民赏景观光,往往市面收歇,万人空巷。陵寝园林的观赏娱乐价值由此可见。随着时代的发展,一座座陵寝园林已发展成为独具魅力的文物旅游胜地,转化为山水园林遗产。人们在凭吊古迹,参观文物的同时,品尝陵寝园林之美,自有赏心悦目、触景生情之感。

在欧洲和伊斯兰世界,陵寝园林没有中国那样的讲究排场,但在古埃及和印度的中世纪后期出现过举世瞩目的陵寝园林。如胡夫金字塔、泰姬陵等。与此同时,由于对天体、土地和五谷、树木的敬畏而兴造神苑、圣林的传统,在欧洲和阿拉伯世界却长久不衰,这些神苑、圣林除本身的敬仰、崇拜、纪念意义外,亦具有很高的观赏和游览价值。

5. 公园

公园的雏型可以上溯到古希腊时期的圣林和竞技场。古希腊由于民主思想发达,公共集会及各种集体活动频繁,为此出现了很多建筑雄伟、环境美好的公共场所,为后世公园的萌芽。英国工业革命时期,欧洲各国资产阶级革命掀起高潮,导致封建君主专制彻底覆灭,许多从前归皇室或贵族所有的园林逐步收为政府管理,开始向平民开放。这些园林成为当时上流社会不可或缺的交际环境,也成为一般平民聚会的场所,起到类似公众俱乐部的作用。和过去皇室或贵族花园仅供少数人享乐比较,园林转变为全体居民游憩娱乐和聚会的场所,谓之公园。与此同时,随着城市建设规模的扩大,城市公共绿地大量涌现,出现了真正为居民游憩、娱乐的公园。公园包括城市公园、专业公园(如动物园、植物园等)、公共绿地和主题公园。当生态环境问题受到广泛关注以后,又产生了自然保护区公园(美国最先创立,称为国家公园)。

中国早在西周初期就有向平民开放的灵囿、灵沼和灵台,唐代的曲江池、芙蓉苑亦定期向市民开放,但作为近代意义上的公园是在19世纪末期由西方殖民者在上海、广州等地兴建的,然而,殖民者往往规定"华人与狗不得入内",说明这些公园并不姓"公"。因此,中国土地上真正为中国人享受的公园是在辛亥革命前后,由孙中山先生为首的资产阶级民主革命先驱者们倡导筹建。如广州的越秀公园、南京的中央公园、北京的中山公园等。

1.1.4.3　按园林功能区分

可以划分为综合性园林、专门性园林、专题园林、纪念性园林、自然保护区园林等。

1. 综合性园林

是指造园要素完整,景点丰富,游憩娱乐设施齐全的大型园林。如北海公园、巴黎公园、纽约中央公园、拙政园等。

2. 专门性园林

是指造园要素有所偏重,主要侧重于某一要素观赏的园林。如植物园、动物园、水景园、石林园等。

3. 专题园林

是指围绕某一文化专题建立的园林,如牡丹园、民俗园、体育园、博物园等。

4. 纪念性园林

是指为祭祀、纪念民族英雄或祖先之灵,参拜神庙等而建立的集纪念、怀古、凭吊和爱国主义教育于一体的园林。如埃及金字塔、明十三陵、孔林、武侯祠等。

5. 自然保护区园林

是指为保护天然动植物群落、保护有特殊科研与观赏价值的自然景观和有特色的地质地貌而建立的各类自然保护区园林,可以有组织有计划地向游人开放。如森林公园、沙漠公园、火山公园等。

此外,园林类型还可以按国别划分,如中国园林、英国园林、法国园林、日本园林、印度园林等,不胜枚举。

1.1.5 园林基本要素

1.1.5.1 建筑

中国园林建筑的特点是建筑散布于园林之中,使它具有双重的作用。除满足居住休息或游乐等需要外,它与山池、花木共同组成园景的构图中心,创造了丰富变化的空间环境和建筑艺术。

园林建筑有着不同的功能用途和取景特点,种类繁多。计成所著《园冶》中就有门楼、堂、斋、室、房、馆、楼、台、阁、亭、轩、卷、广、廊等14种之多。它们都是一座座独立的建筑,都有自己多样的形式,甚至本身就是一组组建筑构成的庭院,各有用处,各得其所。园景可以入室、进院、临窗、靠墙,可以在厅前、房后、楼侧、亭下,建筑与园林相互穿插、交融,你中有我、我中有你,不可分离。在欧洲园林和伊斯兰园林体系中,园林建筑往往作为园景的构图中心,园林建筑密集高大,讲究对称,装饰豪华,建筑造型和风格因时代和民族的不同而变化较大。

1.1.5.2 山石

中国园林讲究无园不山,无山不石。早期利用天然山石,而后注重人工掇山技艺。掇山是中国造园的独特传统。其形象构思是取材于大自然中的真山,如峰、岩、峦、洞、穴、涧、坡等,然而它是造园家再创造的"假山"。堆石为山,叠石为峰,垒土为岛,莫不模拟自然山石峰峦。峭立者取黄山之势,玲珑者取桂林之秀,使人有虽在小天地,如临大自然的感受。欧洲和伊斯兰园林中没有中国园林那样的掇山叠石技艺,主要依靠选择天然石材,进行人工改造,或者将巨石加工成建筑石材,或者打造成栩栩如生的人物雕像等。

1.1.5.3 水体

园林无水则枯,得水则活。理水与建筑气机相承,使得水无尽意,山容水色,意境幽深,形断意连,使人有绵延不尽之感。中国山水园林,都离不开山,更不可无水。我国山水园中的理水手法和意境,无不来源于自然风景中的江湖、溪涧、瀑布,源于自然,而又高于自然。在园景的组织方面,多以湖池为中心,辅以溪涧、水谷、瀑布,再配以山石、花木和亭、阁、轩、榭等园林建筑,形成明净的水面、峭拔的山石,精巧的亭、台、廊、榭,复以浓郁的林木,使得虚实、明暗、形体、空间协调,给人以清澈、幽静、开朗的感觉,又以庭院与小景区构成疏密、开敞和封闭的对比,形成园林空间中一幅幅优美的画面。园林中偶有半亩水面,天光云影,碧波游鱼,荷花睡莲,无疑为园林艺术增添无限生机。欧洲园林中的人工水景丰富多样,而以各种水喷为胜。伊斯兰园林中往往在十字形道路交叉点上安排水池以象征天堂,四周再安排水体分别象征乳河、蜜河、酒河和水河。另外,伊斯兰园林中的涌泉和滴灌亦是颇有特色的水景。

1.1.5.4 植物

园林植物是指凡根、茎、叶、花、果、种子的形态、色泽、气味等方面有一定欣赏价值的植物,又称观赏植物。中国素有"世界园林之母"的盛誉,观赏植物资源十分丰富。《诗经》曾记载了梅、兰草、海棠、芍药等众多花卉树木。数千年来,人们通过引种、嫁接等栽培技术培育了无数芬芳绚烂,争奇斗妍的名花芳草秀木,把一座座园林,打扮得万紫千红,格外娇美。

园林中的树木花草,既是构成园林的重要因素,也是组成园景的重要部分。树木花草不仅

10

是组成园景的重要题材,而且往往园林中的"景"有不少都以植物命名。

我国历代文人、画家,常把植物人格化,并从植物的形象、姿态、明暗、色彩、音响、色香等进行直接联想、回味、探求、思索的广阔余地中,产生某种情绪和境界,趣味无穷。在欧洲园林和伊斯兰园林中,有些园林植物早期被当作神灵加以顶礼膜拜,后期往往要整形修剪,排行成队,植坛整理成各种几何图案或动物形状,妙趣横生,令人赏心悦目。

园林中的建筑与山石,是形态固定不变的实体,水体则是整体不动,局部流动的景观。植物则是随季节而变,随年龄而异的有生命物。植物的四季变化与生长发育,不仅使园林建筑空间形象在春、夏、秋、冬四季产生相应的变化,而且还可产生空间比例上的时间差异,使固定不变的静观建筑环境具有生动活泼、变化多样的季候感。此外,植物还可以起到协调建筑与周围环境的作用。

1.1.5.5 动物

远古时代,人类祖先渔猎为生,通过狩猎熟悉兽类的生活。进入农牧时代,人们驯养野兽,把一部分驯化为家畜,一部分圈养于山林中,供四季田猎和观赏,这便是最初的园林——囿,古巴比伦、埃及叫猎苑。秦汉以降,中国园林进入自然山水阶段,聆听虎啸猿啼,观赏鸟语花香,寄情自然山水,是皇室贵族适情取乐的生活需要,也是文人士大夫追求的自然无为的仙境。欧洲中世纪的君主、贵族宫室和庄园中都饲养许多珍禽异兽,阿拉伯国家中世纪宫室中亦畜养着大量动物。这些动物只是用来满足皇室贵族享乐或腐朽生活的宠物,一般平民是不能目睹的。直到资产阶级革命成功后,皇室和贵族曾经专有的动物开始为平民开放观赏,始有专门动物观赏区设立。古代园林与动物相伴相生,直到近代园林兴起后,才把它们真正分开。

1.2 世界园林体系

1.2.1 世界园林体系划分依据

世界园林体系的划分,主要是以世界文化体系为划分标准的。文化体系的主要影响因素有种族、宗教、风俗习惯、语言文字系统、历史地理和文化交流等,尤其以种族、宗教文化、语言文字系统影响最大。我们依据文化体系诸因素,并参考国内外有关园林体系划分理论与方法,将世界园林体系划分为欧洲园林体系、伊斯兰园林体系和中国园林体系三大体系,分别简称为欧洲园林、伊斯兰园林和中国园林。

1.2.2 世界三大园林体系

1.2.2.1 欧洲园林

欧洲园林,是以古埃及和古希腊园林为渊源,以法国古典主义园林和英国风景式园林为优秀代表,以规则式和自然式园林构图为造园流派,分别追求人工美和自然美的情趣,艺术造诣精湛独到,为西方世界喜闻乐见的园林。

欧洲园林覆盖面广,它以欧洲本土为中心,势力范围囊括欧洲、北美、南美、澳大利亚等四大洲,对南非、北非、西亚、东亚等地区的园林发展亦产生了重要影响。

欧洲园林的两大流派都有自己明显的风格特征。规则式园林以恢宏的气势,开阔的视线,严谨均衡的构图,丰富的花坛、雕像、喷泉等装饰,体现一种庄重典雅、雍容华贵的气势。

风景式园林取消了园林与自然之间的界线,亦不考虑人工与自然之间的过渡,将自然作为主体引入到园林中,并排除一切不自然的人工艺术,体现一种自然天成,返璞归真的艺术境界。

1.2.2.2 伊斯兰园林

伊斯兰园林,属于规则式园林范畴。是以古巴比伦和古波斯园林为渊源,十字形庭园为典型布局方式,封闭建筑与特殊节水灌溉系统相结合,富有精美建筑图案和装饰色彩的阿拉伯园林。

伊斯兰园林地域广大,它以幼发拉底、底格利斯两河流域及美索不达米亚平原为中心,以阿拉伯世界为范围,横跨欧、亚、非三大洲,对世界各国园林艺术风格的变迁有很大的影响力,尤其以印度、西班牙中世纪园林风格最为典型。

伊斯兰园林通常面积较小,建筑也较封闭,十字形的林阴路构成中轴线,将全园分割成四区。在园林中心,十字形道路交汇点布设水池,以象征天堂。园中沟渠明暗交替,盘式涌泉滴水,既表示对水的珍视,又分出更多的几何形小庭园,每个庭园的树木尽可能相同。彩色陶瓷马赛克图案在庭园装饰中广泛应用。

1.2.2.3 中国园林

中国园林与欧洲园林、伊斯兰园林并峙比肩。它属于山水风景式园林范畴,是一种以非规则式园林为基本特征,园林建筑与山水环境有机融合,涵蕴诗情画意的写意山水园林。中轴对称的规整式构图,多见于宫室寺观建筑,为中国园林建筑的特殊形式。

中国园林不像欧洲园林那样的风格剧烈、复合变异,而是不断传承,缓慢发展。一方面是由于我国大陆三面环山,一面濒海的独特的地理环境,阻滞了不同民族和文化的冲击;另一方面由于我国长期实行的中央集权、礼仪制度和农业本位文化远远高于世界诸国文化,因而,往往以泱泱大国自居,小视四方蛮夷,造成自我发展,自成一体的局面。历史上,仅在动、植物等园林要素方面吸收了国外的东西,再就是清代的圆明园破例聘请传教士修造规整式园林,开始中西园林结合的尝试,但也因中西礼仪之争很快中断,国外两大园林体系对中国园林发展没有什么冲击。因此,中国园林自诞生以后,在自己特殊的国情和历史文化背景下自我发展。从三代时期的囿,到秦汉时期的苑,魏晋六朝的自然山水园林,唐宋时代的全景式写意山水园林,最后达到明清时代浓缩自然山水,以小见大的高度象征性写意园林阶段。又由于我国幅员广大,气候多样,物产各异,加之各地政治、经济、文化发展的不平衡,从明朝中期始,私家园林逐渐分化,先有江南园林脱颖而出,北方园林接踵其后,岭南园林增其华丽。三大区域园林相互影响,相互兼容,使中国园林的类型和风格不断拓展与深化。

中国园林特点主要有:

1. 本于自然、高于自然

自然风景以山、水为地貌基础,以植被作装点。山、水、植物乃是构成自然风景的基本要素,当然也是风景式园林的构景要素。但中国园林绝非一般地利用或者简单地模仿这些构景要素的原始状态,而是有意识地加以改造、调整、加工、剪裁,从而表现一个精练概括的自然、典型化的自然。惟其如此,像颐和园那样的大型天然山水园才能够把具有典型风格的江南湖山景观在北方的大地上复现出来。这就是中国古代园林的一个最主要的特点——本于自然而又高于自然,这个特点在人工山水园的掇山、理水、植物配置、动物驯养等方面表现得尤为突出。

2. 建筑美与自然美有机融合

中国园林建筑能够把山、水、花木、鸟兽等造园要素有机地组织在一系列风景画面之中。突出彼此谐调、互相补充的积极的一面,限制彼此对立、互相排斥的消极的一面。并且把后者转化为前者,从而在园林总体上达到一种人工与自然高度和谐的境界,即"天人合一"的哲理境界。当然,在造园实践中,并非任何园林均如此,其中亦有高下优劣之别。

中国园林之所以能够把消极的方面转化为积极的因素以求得建筑美与自然美的融合,固然由于传统的哲学、美学乃至思维方式的主导,而中国古代木构建筑本身所具有的特性也为此提供了优越的条件。

木框架结构的个体建筑,内墙外墙可有可无,空间可虚可实、可隔可透。园林里面的建筑物充分利用这种灵活性和随意性创造出了千姿百态、生动活泼的外观形象,获得与自然环境诸如山、水、花木、鸟兽密切嵌合的多样性。

3. 浓郁的诗情画意

文学是时间的艺术,绘画是空间的艺术。园林的景物既需"静观",也要"动观",即在游动、行进中领略观赏,故园林是时、空综合的艺术。中国园林的创作,比其他园林体系更能充分地把握这一特性。它运用各种艺术门类之间的触类旁通,熔铸诗画艺术于园林艺术,使得园林从总体到局部都包含着浓郁的诗、画情趣,这就是通常所谓的"诗情画意"。

诗情,不仅是把前人诗文的某些境界、场景在园林中以具体的形象复现出来,或者运用景名、匾额、楹联等文学手段对园景作直接的点题,而且还在于借鉴文学艺术的章法、手法,使得园林规划设计颇多类似文学艺术的结构。

中国古代山水画大师往往遍游名山大川,归来后泼墨作画,无不惟妙惟肖,巧夺天工。这时候所表现的山水风景,已不是个别的山水风景,而是画家主观意识的,对自然山水概括抽象提炼的结果。借鉴这一创作方法,并加以逆向应用,中国园林是把对大自然概括和升华的山水画,又以三维空间的形式复现到现实生活中来。这一方法常常应用于平地而起的人工山水园林中。

4. 深邃高雅的意境

中国园林不仅凭借具体的景观——山、水、花木、建筑所构成的各种风景画面来间接传达意境的信息,而且还运用园名、景题、刻石、匾额、楹联等文字方式直接通过文学艺术来表达、深化园林意境。再者,汉字本身的排列组合,极富于装饰性和图案美,它的书法是一种高超的艺术。因此,一旦把文学艺术、书法艺术与园林艺术直接结合起来,园林意境的表现便获得了多样的手法:状写、比附、象征、寓意、点题等,表现的范围也十分广泛:情操、品德、哲理、生活、理想、愿望、憧憬等。游人在园林中所领略的已不仅是眼睛看到的景观,而且还有不断在头脑中闪现的"景外之景";不仅满足了感官(主要是视觉感官)上的美的享受,还能够获得不断的情思激发和理念联想。从园林的创作角度讲,是"寓情于景";从园林的鉴赏角度看,能"触景生情"。正由于意境涵蕴得如此深广,中国园林所达到的深邃而高雅艺术的境界,也就远非其他园林体系所能比拟了。

中国园林以其博大精深的思想和"虽由人作,宛自天开"的艺术魅力,在东亚和东南亚得到了广泛的传播,对南亚、中西亚和欧洲、北美等国家和地区都有重要影响。英国风景式园林、法国中英式园林就是在中国园林艺术影响下产生的,这是举世公认的事实。

日本园林是中国园林体系的主要成员之一,是中国园林最重要的传承者和发展者。从两汉到隋唐,日本园林几乎纯粹模仿中国园林的布局与风格,如"一池三山"的山水构图方式,"曲水流觞"的诗情画意,如奈良古代宫苑、大昭提寺建筑及小桥流水、亭台楼榭等。然而,五代以后日本园林在学习、借鉴中国园林之时,往往抓住某个方面的特征而认真琢磨,深入求索,使日本园林个性逐渐突出而风格独具,与此同时产生一些片面的偏激的艺术形式,这就是著名的

"枯山水"和"茶室庭园"的出现。

佛教从我国传入日本,特别是汉化的禅宗传入日本后,又与日本特色的神道教融合,形成了日本特色的追求精神上"净、空、无"的禅文化,成为突破中国园林形式的切入点。日本早期"枯山水"除选用砂、石之外,还含有小块地被植物或小型灌木,如修剪整齐的黄杨、杜鹃等。后期的"枯山水园"竭尽其简洁、纯净,无树无花,只有几尊自然天成的石块,满园耙出纹理的细砂,凝聚成一方禅宗净土。"茶室庭园"则显示出极精致、极正式的氛围,中国的茶文化在日本发展为"茶道",庭园布设精美的石制艺术品,主人石、客人石、刀挂石、石灯笼、石水钵等,逼真磊落,不带一点世俗尘埃,表达了日本人对"纯净、空寂、无极"境界的追求。

纵观日本园林的历史演进,可以看出,日本园林受中国园林影响至远至深,尽管在某些方面有独特的造诣,甚至反过来影响中国园林,但它最终并没有脱离中国园林体系。

1.3 园林史

1.3.1 园林史定义

记录和论述园林的渊源替嬗、发展演变、形式体系、风格类型等一般规律及其特征,为现代园林建设提供历史借鉴的园林理论。

1.3.2 世界园林历史阶段划分

纵观世界园林历史,数万年来,经历了原始文明、农业文明、工业文明和信息文明四大文明阶段。

1.3.2.1 原始文明对园林的孕育作用

人类社会的原始文明大约持续了二百多万年。人类最初树巢而居,茹毛饮血,如同鸟兽,后来巢穴而居,采集渔猎,艰苦度生。在这种文明条件下,人类处于对大自然环境的被动适应状态,饥饿和死亡常常逼近人类,所以人类不可能产生更高的精神享受要求,因而也就不可能产生园林。然而,在采集渔猎过程中,人类被动植物的形态、色泽等外观特征所吸引而逐渐有了动植物崇拜。原始文明后期,出现了原始的农业公社和人类聚居的部落,人们把采集到的植物种子选择园圃种植,把猎获的鸟兽圈围起来养殖。于是在部落附近及房前屋后有了果园、菜圃、畜养鸟兽的场所。这些人工管理的果园、菜圃、兽场等在逐渐满足了人们祭祀温饱需要之后,其中某些动、植物的观赏价值日益突出,于是园林由此得到孕育,进入萌芽状态。

原始文明后期的园林萌芽状态自有其特色:其一,种植、养殖、观赏不分;其二,为全体部落成员共同管理,共同享受;其三,主观为了祭祀崇拜和解决温饱问题,而客观有观赏功能,所以不可能产生园林规划。

1.3.2.2 农业文明形成世界三大园林体系

距今大约 1 万年前,在亚洲和非洲的一些大河冲积平原和三角洲地区,原始农业得到长足发展,人类随之进入了以农耕为主的农业文明阶段。伴随农业生产力的进一步发展,产生了城镇、国都和手工业、商业,从而使建筑技术不断提高,为大规模兴造园林提供了必要条件。原来寻求祭祀温饱与观赏的果园、菜圃、兽场亦分化为供生产为主的果蔬园圃和供观赏为主的花园、猎苑。而且随着农业、手工业、商业的分工细化,以农业生产为主的果蔬园圃距城市越来越远,以花园、猎苑等供人们观赏的精神场所成为贵族繁忙的社会政治活动之后用以休闲轻松的地方。故而,花园、猎苑多保留在城市或郊区,设在宫室周围或庭院旁。

在农业文明初期,古埃及出现了宫苑、圣林和金字塔,古希腊出现庭园、圣林和竞技场,古巴比伦出现了猎苑、圣苑和"空中花园",我国出现了宫室和用于田猎、祭祀和训练军队的囿。这些园林形式、风格和内容随着各民族文化传播及自然地理环境变迁而不断交流、融合,或得以丰富发展,或者绝灭,而个别形式与风格被其他园林吸收,或者融合而形成新型园林。最后,终于三分天下,形成了具有一定的国家地域范围、一定的造园思想与规划方式、一定的园林类型和形式,风格特征彼此各异的世界三大园林体系。而在同一园林体系之内,又由于各民族历史文化的差异和自然地理环境的不同,又形成了丰富多彩的时代风格、民族风格和地方风格。

农业文明时期园林的共同特点有:其一,直接为统治者所有,为少数贵族服务;其二,具有相对封闭性和内向性;其三,追求美的观赏和精神的愉悦。

1.3.2.3　工业文明促进了城市园林化和自然保护区园林的形成

18世纪中叶,英国产业革命的胜利,促进了欧洲的工业文明,使人类经济呈现跨跃式发展。然而,经济发展中的盲目性、无序性和掠夺性对自然资源和自然环境造成严重破坏。另外,城市的不断扩大膨胀,人口密集、工业相对集中又造成城市大气污染和环境恶化。为了解决这些问题,人们提出各种理论学说和改造方案,其中就有自然保护的对策和城市园林化的探索。美国园林学家奥姆斯特德则开创了自然保护区和城市园林化的先河。于是,由美国率先,欧洲并起,大兴城市园林化,实行街道、广场、公共建筑、校园、住宅区的园林绿化一体化,并建立各种自然保护区园林。

工业文明时期园林的共同特点有:其一,没收皇家及贵族园林并加以改造,或由政府建立新型园林,所有园林向社会全体居民开放;其二,园林规划设计从封闭的内向型转变为开放的外向型;其三,不仅追求观赏美和陶冶情操,而且重在发挥园林的环境生态效益和社会效益。

1.3.2.4　信息文明确立了生态园林目标

第二次世界大战以后,人类进入了现代文明阶段,尤其是20世纪60年代以来突变为信息时代。一些发达国家和地区的经济高速发展,人们的物质生活和精神生活极大丰富。但是,由于没有处理好经济建设、生态环境与自然资源的可持续发展问题,带来了严重的后果。如人口爆炸、粮食短缺、能源枯竭、环境污染、温室效应、自然灾害频仍等。人类逐渐认识到在利用、改造、开发大自然的时候,必须要有计划、有步骤地进行,以利于自然资源的恢复、更新和再生,使社会经济走上可持续发展的轨道。

园林是生态环境中的一个重要组成部分,也是可持续发展中的重要环节。因此,在信息文明时代确立生态园林目标,维护生态平衡,也成为建设新型园林的必由之路。

信息文明时代的园林的特点有:其一,城市公共园林、公共绿地系统进一步扩大;其二,园林包含城市,"城市在园林中";其三,针对防止环境污染选择植物,并为鸟类提供栖息场所;其四,园林规划中广泛利用生态学、环境科学、动植物科学等先进科技;其五,城市外围营造防护林带,连接森林公园或更大范围的绿色景观;其六,任何工程项目开发中,都必须与园林绿地建设相结合。

总之,生态园林成为涉及多种学科、多门艺术的综合园林艺术环境。但由于尚在发展中,其类型、风格、特点需要进一步完善,本书不拟专门讲授。

1.3.3　中国园林历史阶段划分

中国园林是世界三大园林体系之一,中国园林史当然符合世界园林史发展演进的总规律和总趋势。但是,中国是地理环境比较封闭的国家,也是一个以农业文明作为主流文化,持续统治长达4000多年的国家。因而，一部中国园林史实际上就是一部农业文明条件下的园林史。19世纪中期以后，中国遭到西方列强的蚕食鲸吞，而农业文明的主体依然没有变化。所以，当挟裹着工业文明气象的欧洲园林进入中国后，只是在外国人的租界地供外国人孤芳自赏。且华夷矛盾尖锐，外国人不许华人入园观光，虽有个别官僚富商仿效，但绝大多数中国人则嗤之以鼻。辛亥革命以后，当西方园林唱着工业文明的挽歌即将跨入现代文明的时候，中国园林则直接越过了工业文明而进入现代文明，中、西园林开始了真正意义上的融合。但由于中国园林缺少工业文明的熏陶，需要"补课"，因而，在建设新型园林中，某些地方出现了不顾中国文化特色和自然环境，盲目崇拜欧洲园林，跟在欧洲园林后面亦步亦趋的现象。

直到中华人民共和国建立后，中国园林开始进入世界现代园林之林，尤其是改革开放以后，大力汲取各国园林之精华，弘扬中国传统优秀园林之长，使中国园林先后涌现出城市园林、园林城市和生态园林等类型与风格，但也出现过一些模仿抄袭和不伦不类的粗放作品，积淀了深刻的历史教训。中国近、现代园林的问题需要设立专门课题去探讨研究，本书不作解说。

所以，所谓中国园林史，就是一部农业文明下的园林史。它不同于农业文明时代的欧洲园林那样，呈现出各个时代迥然不同的形式、风格的此起彼伏、更嬗演变，各个地区迥然不同的形式、风格的相互影响，复合变异。它是在漫长的历史进程中的自我完善，只是在园林的某些要素如植物、动物种类方面受到外来园林文化的影响，因而表现出稳定的、缓慢的、持续不断的历史演进风格。从这个视角出发，我们将中国园林史分期如下：

1. 萌芽期(夏—春秋战国)

我国古代第一个奴隶制国家夏朝，农业和手工业都有相当的发展，那时已有青铜器，如锛、凿、刀、锥、戈等工具，为营造园林活动提供了物质技术上的条件。因此，在夏朝已经出现了宫殿建筑——四合院雏型。

商朝的甲骨文是商代文化的巨大成就。商代已有历法，有相当的天文知识，雕刻艺术也很发达。从商朝的经济、技术、文化艺术的发展情况看，已具备了造园活动的基础，而甲骨文中又有园、圃、囿等字。其中，囿已具备了狩猎、观赏等园林活动内容。西周时，出现灵囿、灵台、灵沼等集田猎、登高、垂钓功能于一体的皇家园林，可以称为田猎型自然山水园林。及至春秋战国，礼崩乐坏，百家争鸣，各国竞相筑台建宫，比囿更美的园林——苑开始出现了。

2. 生成期(秦—两汉)

由分封采邑制转化为中央集权的郡县制，确立皇权为首的官僚机构统治，儒学逐渐获得正统地位。以地主小农经济为基础的封建帝国初步形成，相应的皇家宫廷园林规模宏大、气魄雄伟，成为这个时期造园活动的主流，可以称为宫苑型自然山水园林。其次，皇亲国戚，将相豪门，富商大贾开始投资园林，标志着私家园林的兴起。

3. 发展期(魏晋—隋)

小农经济受到豪族庄园经济的冲击，北方落后的少数民族南下入侵，中国处于分裂状态。而意识形态方面则突破了儒学的正统地位，呈现为佛道儒竞相登坛，思想活跃的局面。豪门士族在一定程度上削弱了以皇权为首的官僚机构的统治，民间的私家庄园异军突起，一大批饶有田园风光的私家园林涌现，可以称之为田园型山水园林。与此同时，佛教和道教的流行，使寺观园林也开始勃兴。园林艺术兼融佛、道、儒诸家的美学思想而向更高的水平跃进，奠定了中国山水风景式园林大发展的基础。

4. 全盛期(唐—两宋)

豪族势力和庄园经济受到沉重打击,中央集权的官僚机构更健全、完善,在前一时期的诸家争鸣的基础上形成儒、释、道互补共尊,但儒家仍居正统地位。唐王朝的建立开创了中国历史上的一个意气风发、勇于开拓、充满活力的全盛时代。科举制的发展,极大地调动了中国文人、士流建功立业的创造性。从这个时代,我们能够看到中国传统文化曾经有过何等宏放的气度和旺盛的生命力。作为一个园林体系,它的独特风格即写意山水园林在文人士流的作用下开始出现了。两宋时期,中国封建科技、文化更加灿烂辉煌,农村的地主小农经济稳步成长,城市的商业空前繁荣,市民文化的勃兴,这些都为传统的封建文化注入了新鲜血液。由于大批文人参与园林营造,使写意山水园林向更高水平迈进,中国园林呈现一派欣欣向荣的繁盛景象。

5. 成熟期(元—清末)

元明清诸王朝,表面的繁盛掩盖着四伏的危机,封建社会盛极而衰,封建文化也愈来愈呈现衰颓的迹象。园林的发展,一方面继承唐宋写意山水园林优秀传统而趋于精致,一卷代山、一勺代水,表现了中国写意园林的最成熟风格,可以称为成熟型写意园林;另一方面由于长期政治、经济、文化发展的不平衡,城镇工商业的繁荣和资本主义萌芽的兴起,加之各地的气候、物产和人文条件的差别,私家园林逐渐分化,先后有江南园林、北方园林和岭南园林脱颖而出,表现出中国园林适应时代的发展,由浓郁的文人风格向世俗化演变的倾向。

1.4 以史为鉴,建设有中国特色的新园林

以铜为鉴,可以正衣冠;以人为鉴,可以明得失;以史为鉴,可以知兴亡。这是我国数千年来流传不衰的深刻古训。对于我国园林事业来说,借鉴中外园林历史发展的基本经验与教训,继承弘扬人类创造的一切优秀园林文化,建设有中国特色的新型园林,仍然具有重要理论价值与实践意义。

然而,如何借鉴中外园林史为我国园林建设提供科学的理论和实践依据,这是园林建设中的一个亟待解决的重大课题。新中国成立以后尤其是改革开放以来,我们在学习和借鉴中外园林艺术的活动中,既有创新的成就,又有效颦的怪诞。比如:在西湖风景区的规划建设中,恢复雷峰塔,为南部山水起到画龙点睛的"引景"与"点景"作用,是十分必要的[1],但是,给雷峰塔装上现代化电梯,就有点不伦不类。南京的望江楼,依据明太祖朱元璋望江思楼而终未起楼的典故而建,雄踞长江之滨,令人发"大江东去浪淘尽,千古风流人物"之慨叹,然而,望江楼不仅配有现代化电梯,且由现代化材料包装,令人啼笑皆非。在泰山、华山等风景区建设中,有些单位为了满足旅游需求,在山头架起了缆车,不但破坏了寺观园林环境和自然景观,也违反了旅游法则。在历史上驰名天下的苏州园林周围,有些单位也随意乱建博物馆,大煞风景不说,也使园林文物遭到破坏。陕西骊山华清池是周秦汉唐时期著名的皇家园林,有人把这里的山地全部推平成台地,采用法国图案式设计。西安大雁塔是隋唐以来佛寺园林胜地,和附近的曲江池、芙蓉苑、杏园、乐游苑构成著名的园林风景区,却在其北面修建巨大的广场绿地,又以宽广的台阶蹬道把寺观与广场连接起来,从此,淡雅、安详、幽深、清静、神秘的寺观园林环境荡然无存。又如近几年来在全国各地刮起的草地热、模纹热,根本不顾及地理气候和水文条件,照搬

---

① 陈从周著.惟有园林.北京:百花文艺出版社,1997.12.156

英国、法国城市绿地园林模式,造成巨大浪费和破坏。草地、模纹管护细致费工,且需要温暖湿润的气候或丰富的水源,这在我国东南沿海城市还是有条件做的。但是,我国绝大多数地区水资源缺乏,尤其是西北地区更是气候干旱,水资源贫乏,利用草地、模纹绿化更是得不偿失之举。

诸多事实表明,在借鉴中外园林艺术的实践经验中至少还存在以下问题:第一,造园思想混乱,没有正确解决以人为本与保护自然遗产、人文遗产的关系;第二,生搬硬套,不顾本地人文历史环境与自然环境条件;第三,追求一时的经济效益或沽名钓誉,盲目蛮干。

我们认为,借鉴中外园林历史的公正态度应该是因地制宜,因"时"制宜,因园制宜。因地制宜是根据园林所在的地理环境和人文环境以决定园林风格。因"时"制宜就是根据园林所处的历史时期,按照当时文化背景以决定园林风格。因园制宜就是根据园林的属性以决定园林风格。

最后,要真正做到以史为鉴,归根到底还是要精通园林历史,一知半解是不行的。为了建设有中国特色的中外合璧的新园林,让我们共同学习和研讨中外园林史的知识吧。

第2章 欧洲园林

2.1 欧洲园林的渊源

欧洲园林是世界三大园林体系之一。其早期为规则式园林,以中轴对称或规则式建筑布局为特色,以大理石、花岗岩等石材的堆砌雕刻、花木的整形与排行作队为主要风格。文艺复兴后,先后涌现出意大利台地园林、法国古典园林和英国风景式园林。近现代以来,又确立了人本主义造园宗旨,并与生态环境建设相协调,出现了城市园林、园林城市和自然保护区园林,率世界园林发展新潮流。

2.1.1 古埃及园林

2.1.1.1 古埃及园林发展背景

埃及位于非洲大陆的东北部,尼罗河从南到北纵穿其境,冬季温暖,夏季酷热,全年干旱少雨,沙石资源丰富,森林稀少,日照强烈,温差较大。尼罗河的定期泛滥,使两岸河谷及下游三角洲成为肥沃的良田。

大约公元前3100年,南方的美尼斯统一了上、下埃及,开创了法老专制政体,即所谓前王朝时代(约公元前3100年~公元前2686年),并发明了象形文字。从古王国时代(约公元前2686年~公元前2034年)开始,埃及出现种植果木、蔬菜和葡萄的实用园,与此同时,出现了供奉太阳神的神庙和崇拜祖先的金字塔陵园,成为古埃及园林形成的标志。中王国时代(约公元前2033年~公元前1568年)的中上期,重新统一埃及的底比斯贵族重视灌溉农业,大兴宫殿、神庙及陵寝园林,使埃及再现繁荣昌盛气象。新王国时代(约公元前1567年~公元前1085年)的埃及国力曾经十分强盛,埃及园林也进入繁荣阶段。园林中最初只种植一些乡土树种,如埃及榕、棕榈,后来又引进了黄槐、石榴、无花果等。

从公元前671年开始,埃及又先后遭到亚述人、波斯人和马其顿人的野蛮入侵,到公元前332年终于结束了长达3000多年的"法老时代"。

2.1.1.2 古埃及园林类型

古埃及园林可以划分为宫苑园林、圣苑园林、陵寝园林和贵族花园等四种类型。

1. 宫苑园林

宫苑园林是指为埃及法老休憩娱乐而建筑的园林化的王宫,四周围为高墙,宫内再以墙体分隔空间,形成若干小院落,呈中轴对称格局。各院落中有格栅、棚架和水池等,装饰有花木、草地,畜养水禽,还有凉亭的设置。如图2-1所示是一座古埃及底比斯的法老宫苑的复原平面图。

这个宫苑呈正方形,中轴线顶端呈弧状突出。宫苑建筑用地紧凑,以栏杆和树木分隔空间。走进封闭厚重的宫苑大门,首先映入眼帘的是夹峙着狮身人面像的林阴道。林阴道尽端接宫院,宫门处理成门楼式的建筑,称为塔门,十分突出。塔门与住宅建筑之间是笔直的甬道,构成明显的中轴对称线。甬道两侧及围墙边行列式种植着椰枣、棕榈、无花果及洋槐等。宫殿住宅为全园中心，两边对称布置着长方形泳池。池水略低于地面，呈沉床式。宫殿后为石砌驳岸的大水池，池上可荡舟，并有水鸟、鱼类放养其中。大水池的中轴线上设置码头和瀑布。园内因有大面积的水面、庭阴树和行道树而凉爽宜人，又有凉亭点缀，花台装饰，葡萄悬垂，甚是诱人。

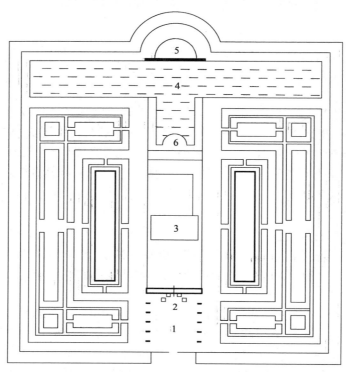

图 2-1　古埃及底比斯的法老宫苑的复原平面图
1—狮身人面像林阴道；2—塔门；3—住宅；4—水池；5—瀑布；6—码头

2. 圣苑园林

圣苑园林是指为埃及法老参拜天地神灵而建筑的园林化的神庙，周围种植着茂密的树林以烘托神圣与神秘的色彩。宗教是埃及政治生活的重心，法老即是神的化身。为了加强这种宗教的神秘统治，历代法老都大兴圣苑，拉穆塞斯三世（Ramses Ⅲ，公元前 1198 年～公元前 1166 年在位）设置的圣苑多达 514 座，当时庙宇领地约占全国耕地的 1/6。如图 2-2 所示是著名的埃及女王哈特舍普苏（Hatshepsut，约公元前 1503 年～公元前 1482 年在位）为祭祀阿蒙神（Amon）在山坡上修建的宏伟壮丽的德力·埃尔·巴哈里神庙复原图。

神庙的选址为狭长的坡地，恰好躲避了尼罗河的定期泛滥。人们将坡地削成三个台层，上两层均有以巨大的有列柱廊装饰的露坛嵌入背后的岩壁，一条笔直的通道从河沿径直通向神庙的末端，串连着三个台阶状的广阔露坛。入口处两排长长的狮身人面像，神态威严。神庙的线性布局充分体现了宗教的神圣、庄严与崇高的气氛。神庙的树木配置据说遵循阿蒙神的旨意，台层上种植了香木，甬道两侧是洋槐排列的林阴树，周围高大的乔木包围着神庙，一直延伸到尼罗河边，形成了附属于神庙的圣苑。古埃及人视树木为神灵的祭品，用大片树木绿化表示对神灵的崇拜。

20

许多圣苑在棕榈、埃及榕等乔木为主调的圣林间隙中，设有大型水池，驳岸以花岗岩或斑岩砌造，池中栽植荷花和纸莎草，放养着象征神灵的圣特鳄鱼。

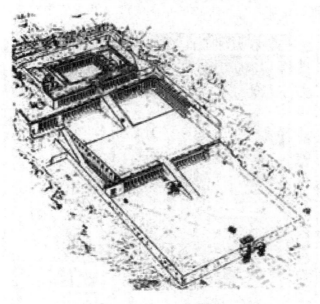

图 2-2　德力·埃尔·巴哈里神庙复原图

3. 陵寝园林

陵寝园林是指为安葬埃及法老以享天国仙界之福而建筑的墓地。其中心是金字塔，四周有对称栽植的林木。古埃及人相信灵魂不灭，如冬去春来，花开花落一样。所以，法老及贵族们都为自己建造了巨大而显赫的陵墓，陵墓周围一如生前的休憩娱乐环境。著名的陵寝园林是尼罗河下游西岸吉萨高原上建筑的八十余座金字塔陵园。

金字塔是一种锥形建筑物，外形酷似汉字"金"，故名。它规模宏大、壮观，显示出古埃及科学技术的高度发达。其中，胡夫金字塔（古埃及第四王朝国王）为世界之最，高 146 米，边长 232 米，占地 5.4 公顷，用 230 万块巨大的石灰岩石砌成，平均单块重约 2 000 千克，最大石块重达 15 000 千克。10 万多名奴隶，历经 30 多年劳动方才竣工。其建筑工艺之精湛令人惊叹，虽无任何黏着物，却石缝严密，刀片不入。金字塔陵园中轴线有笔直的圣道，控制着两侧的均衡，塔前设有广场，与正厅（祭祀法老亡灵的享殿）相望。周围成行对称地种植椰枣、棕榈、无花果等树木，林间设有小型水池。

陵寝园林的地下墓室中往往装饰着大量的雕刻及壁画，其中描绘了当时宫苑、园林、住宅、庭院及其他建筑风貌，为了解数千年前的古埃及园林文化提供了珍贵资料。

4. 贵族花园

贵族花园是指古埃及王公贵族为满足其奢侈的生活需要而建筑的与府邸相连的花园。这种花园一般都有游乐性的水池，四周栽培着各种树木花草，花木中掩映着游憩凉亭。在特鲁埃尔·阿尔马那（Tell·el-Armana）遗址发掘出一批大小不一的园林，都采用几何式构图，以灌溉水渠划分空间。园的中心乃矩形水池，大者如湖泊，可供泛舟、垂钓和狩猎水鸟。周围树木排行作队，有棕榈、柏树或果树，以葡萄棚架将园林围成几个方块。直线型的花坛中混植着虞美人、牵牛花、黄雏菊、玫瑰和茉莉等花卉,边缘以夹竹桃、桃金娘等灌木为篱。

有些大型的贵族花园呈现宅中有园、园中套园的布局。如古埃及底比斯阿米诺非斯三世(Amenophis Ⅲ,公元前1412年~公元前1376年在位)某大臣墓室中发掘出的石刻图,见图2-3。

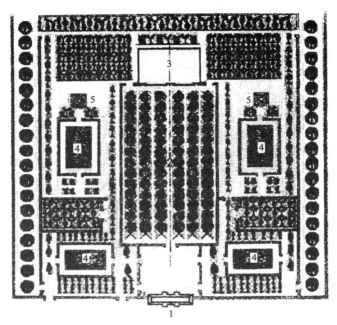

图 2-3　古埃及底比斯阿米诺非斯三世某大臣墓室出土的石刻图
1—入口;2—葡萄棚架;3—中轴线端点上的三层住宅楼;4—矩形水池;5—对称设置的
凉亭(园中还整齐地摆放着桶栽植物,周围有行列式种植的庭阴树)

据考证,这幅石刻图正是该大臣的住宅及花园。由图可知,该园林呈正方形,四周围着高墙,入口的塔门及远处的三层住宅楼构成全园的中轴线。园林中的水池、凉亭均采用严格的中轴对称式布局。园内成排地种植着埃及榕、椰枣、棕榈等园林树木,矩形水池中栽培着莲类水生花卉。庭园中心区域是大片成行作队的葡萄,反映出当时贵族花园浓郁的生活气息。

同一墓室中又出土一幅画,描绘了奈巴蒙花园(Nebamon Garden)情景,它正是这座大型贵族花园中的一处小花园。矩形的水池位于园林中央,池中养殖水生植物与动物,池边栽植芦苇和灌木,周围种植着椰枣、石榴、无花果及其他果树,对称式有规则地布局,反映出当时埃及贵族王公们的游乐和生活习俗。

2.1.1.3　古埃及园林风格与特征

古埃及园林的风格与特征是其自然条件、社会生产、宗教风俗和人们生活方式的综合反映。

(1)强调种植果树、蔬菜,增加经济效益的实用目的。因为埃及全境被沙漠和石质山地包围,只有尼罗河两岸和三角洲地带为绿洲农业,所以土地显得十分珍贵。园林占有一定的土地面积,在给人们带来赏心悦目的景致的同时,亦不忘经济实惠的设计。

(2)重视园林小气候的改善。在干燥炎热的条件下,阴凉湿润的环境能给人以天堂般的感受。因此,庇阴成为园林的主要功能,树木和水体成为园林的最基本要素。水体既可增加空气湿度,又能提供灌溉水源,水中养殖水禽鱼类、荷花睡莲等,为园林平添无限生机与情趣。

(3)花木排行作队,种类丰富多变,如庭阴树、行道树、藤本植物、水生植物及桶栽植物,甬道覆盖着葡萄棚架形成绿廊,桶栽植物通常点缀在园路两旁。早期园林花木品种较少,亦不鲜艳多彩,主要是因为气候炎热,绿色淡雅的花木能给人以清爽的感受。当埃及与希腊文化接触之后,花卉装饰才形成一种园林时尚,普遍流行。

(4)农业生产发展导致引水及灌溉技术的提高,土地规划也促进了数学和测量学的进步,加之水体在园林中的重要地位,使古埃及园林大多选择建造在临近水源的平地上,具有强烈的人工气息。园地多呈方形或矩形,总体布局上有统一的构图,采用中轴对称的规则布局形式,给人以均衡稳定的感受。四周围以厚重的高墙,园内以墙体分隔空间,或以棚架绿廊分隔成若干小空间,互有渗透与联系。另外,园林花木的行列式栽植,水池的几何造型,都反映出在恶劣的自然环境中人们力求改造自然的人本思想。

(5)浓厚的宗教思想以及对永恒生命的追求,使圣苑园林及陵寝园林应运而生。与此同时,园林中的动、植物也披上了神圣的宗教色彩。

2.1.2 古希腊园林

古希腊是欧洲文明的摇篮,给文艺复兴运动以曙光和力量。古希腊园林艺术和情趣,也对后来的欧洲园林产生了深远的影响。

2.1.2.1 古希腊园林发展背景

古希腊与古埃及隔海相望,位于欧洲东南部的希腊半岛,包括地中海东部爱琴海诸岛及小亚细亚西部的沿海地区。全境多山,海岸曲折,天然良港甚多,航海事业发达。古希腊文化源于爱琴文化,由众多城邦组成,以克里特岛为中心,在公元前12世纪之前曾经几度辉煌。此后,由于遭到多利安人的野蛮摧残而逐渐衰落。

古希腊人信奉多神教,他们曾经编纂了丰富多彩的神话,希腊神话堪称世界神话之最。公元前10世纪,盲人作家荷马(Homer)的《荷马史诗》中有大量的关于树木、花卉、圣林和花园的描述。古希腊庙宇林立,除了祭祀活动外,往往兼有音乐、戏剧、演说等文娱内容。古希腊有个祭祀爱神阿多尼斯的节日,届时雅典的妇女都在屋顶上竖起阿多尼斯雕像,周围环以土钵,钵中种的是发了芽的莴苣、茴香、大麦、小麦等。这些绿色的小苗好似圣洁的花环,表达对爱神的祭典。这种屋顶花园就称为阿多尼斯花园。此后,以绿色花环围绕雕像的方式逐渐固定下来,节日期间,不但屋顶,即使是通常的花坛中也矗立优美的雕像,这对欧洲园林花坛艺术产生了重要影响。

古希腊的音乐、绘画、雕塑和建筑等艺术达到了很高水平,尤以雕塑著称于世。古希腊人因战争、航海等需要,酷爱体育竞技,由经产生了奥林匹克运动会;又由于民主思想的发达,公共集体活动的需要,促进了大型公共园林娱乐建筑和设施的发展;古希腊在哲学、美学、数理学领域都取得了巨大成就,以苏格拉底(Sokrates,公元前469年~公元前399年)、柏拉图(Platon,公元前427年~公元前312年)、亚里士多德(Aristotales,公元前384年~公元前322年)为杰出代表,他们的思想和学术成就曾经对古希腊园林乃至整个欧洲园林产生了重大影响,使西方园林朝着有秩序的、有规律的、协调均衡的方向发展。

2.1.2.2 古希腊园林类型

古希腊园林由于受到特殊的自然植被条件和人文因素的影响,出现许多艺术风格的园林,可划分为庭园园林、圣林、公共园林和学术园林等四种类型。

1. 庭园园林

古希腊时代,贵族们的目光关注着海外的黄金和奇珍异物,而对国内的政治权力不甚关心。与此同时,平民甚至奴隶都可以议论朝政,管理国家大事,他们通过个人奋斗可以跻身贵族行列。因此,古希腊没有东方那种等级森严的大型宫苑,王宫与贵族庭园也无显著差别,故统称庭园园林。

《荷马史诗》曾经描述了阿尔卡诺俄斯王宫富丽的景象:宫殿的围墙用整块的青铜铸成,上边有天蓝色的挑檐,柱子饰以白银,门为青铜,门环是黄金制作的;宫殿之后为花园,周围绿篱环绕,下方是整齐的菜圃;园内有两座喷泉,一座喷出的水流入水渠,用以灌溉,另一座流出宫殿入水池,供市民饮用。虽然《荷马史诗》出自神话,我们不能完全相信,但至少可以认为古希腊早期庭园具有一定程度的装饰性、观赏性、娱乐性和实用性。据记载,园内植物有油橄榄、苹果、梨、无花果和石榴等果树,还有月桂、桃金娘、牡荆等观赏花木。

公元前5世纪波希战争之后,古希腊国高度繁荣,大兴园圃之风,昔日实用、观赏兼具的庭园也开始向纯粹观赏游乐型庭园转化。园林观赏花木逐渐流行,常见有蔷薇、三色堇、荷兰芹、罂粟、百合、蕃红花、风信子等,还有一些芳香植物也为人喜爱。这一时期的庭园采用四合院式布局,一面为厅,两边为住房,厅前及另一侧常设柱廊,而当中则是中庭。以后逐渐演变成四面环绕列柱廊的庭院,被称为中庭式庭园或柱廊园。中庭是家庭生活起居的中心。中庭内是铺装的地面,里面有漂亮的雕塑,华美的瓶饰和大理石喷泉等,还种植着各种美丽的花卉。

2. 圣林

古希腊庙宇的周围种植着大片树林,它不仅使神庙增添了神圣与神秘之感,也被当作宗教礼拜的主要对象。古希腊人对树木怀有神圣的崇敬心理,相信有主管林木的森林之神,因而把庙宇及其周围的森林统称圣林。最初,圣林内不种果树,只栽植庭阴树,如棕榈、槲树、悬铃木等,后来才以果树装饰神庙。在荷马史诗中也描写过许多圣林,而当时的圣林是把树木作为绿篱围在祭坛的四周,以后发展为苍茫一片的神奇景观。如奥林匹亚祭祀场的阿波罗神殿周围有长达60~100米宽的空地,据考证就是圣林遗址,见图2-4。

图2-4　奥林匹亚祭祀场的复原图

在奥林匹亚的宙斯神庙旁的圣林中还设置了小型祭坛、雕像、瓶饰和瓮等,被称为"青铜、大理石雕塑的圣林"。因而,圣林既是祭祀神灵的场所,又是人们休闲娱乐的园林。

24

3. 公共园林

公共园林是指由体育运动场增加建筑设施和绿化而发展起来的园林。最早的体育场只是用来进行体育训练的一片空地,其中连一棵树也没有。后来一位名叫西蒙的人在体育场内种上了洋梧桐树来遮阴,供运动员休息,从此,便有更多的人们来这里观赏比赛、散步、集会,直到发展成公共园林。

体育场原来也与祭祀的神庙有关。如雅典近郊塞拉米科斯著名的阿卡德弥体育场是哲学家柏拉图设计的,用体育竞赛的方式祭祀英雄阿卡德弥。场内种植有洋梧桐林阴树和灌木,殿堂、祭坛、柱廊、凉亭及座椅等遍布场内各处,还有用大理石嵌边的长椭圆形跑道。

雅典、斯巴达、科林思诸城的体育场不仅规模宏大,而且占据了水源丰富的风景名胜之地。如帕加蒙(Pegamon)城的季纳西姆体育场规模最大,它建筑在山坡上,分为三个台层,层间高差12~14米,有高大的挡土墙,墙壁上有供奉神像的神龛。上层台地为中庭式庭园(柱廊园),中层台地为庭园,下层台地是游泳池。周围有大片森林,林中放置众多神像及其他雕塑、瓶饰。

4. 学术园林

古希腊的文人喜欢在优美的公园里聚众讲学,如公元前390年柏拉图在雅典城内的阿卡德莫斯公园开设学堂,发表演说。阿波罗神庙周围的园地,也成为演说家李库尔格(Lycargue,公元前396年~公元前323年)的讲坛。公元前330年,亚里士多德也常去阿波罗神庙聚众讲学。

此后,为了讲学方便,文人们又开辟了自己的学园。园内有供散步的林阴道,种有悬铃木、齐墩果、榆树等,还有爬满藤本植物的凉亭。学园里布设有神殿、祭坛、雕像和座椅以及杰出公民的纪念碑和雕像等。如哲学家伊壁鸠鲁(Epicurus,公元前341年~公元前270年)的学园占地面积较大,被认为是第一个把田园风光带进城市的人。再如哲学家提奥弗拉斯特(Theophrastos,约公元前371年~约公元前287年),也曾拥有一座建筑与庭园合成一体的学术园林。

2.1.2.3　古希腊园林风格与特征

(1)古希腊园林与人们生活习惯紧密结合,属于建筑整体的一部分。因此建筑是几何形空间,园林布局也采用规则式以求得与建筑的协调。同时,由于数学、美学的发展,也强调均衡稳定的规则式园林。

(2)古希腊园林类型多样,成为后世欧洲园林的雏形,近代欧洲的体育公园、校园、寺庙园林等都残留有古希腊园林的痕迹。

(3)园林植物丰富多姿,据提奥弗拉斯的《植物研究》记载约五百余种,而以蔷薇最受青睐。当时已发明蔷薇芽接繁殖技术,培育出重瓣品种。人们以蔷薇欢迎大捷归来的战士,男士也可将蔷薇花赠送未婚姑娘,以示爱心,也可装饰神庙、殿堂及雕像等。

2.1.3　古罗马园林

2.1.3.1　古罗马园林发展背景

古罗马北起亚平宁山脉,南至意大利半岛南端,境内多丘陵山地。冬季温暖湿润,夏季闷热,而坡地凉爽。这些地理气候条件对园林布局风格有一定影响。

罗马最初是个较小的城市国家,公元前753年立国,二百五十多年后废除王政,实行共和,并开始建造罗马城,将其势力范围扩大到地中海地区。罗马城规划气势宏伟,在奥古斯时代分为四大区域:第一区位于市中心,建筑物密集;第二区环绕中心区,建筑物较少;第三区位于城市外缘,建筑物为别墅;第四区是城堡,为大贵族的别墅区。古罗马的别墅分为田园别墅和城市别墅两种类型。1~2世纪是罗马帝国的鼎盛时代,地跨欧、亚、非三大洲,成为当时与东方秦汉王朝并峙的大帝国。

古罗马帝国初期尚武,对艺术和科学不甚重视,公元前190年征服了希腊之后才全盘接受了希腊文化。罗马在学习希腊的建筑、雕塑和园林艺术基础上,进一步发展了古希腊园林文化。

2.1.3.2 古罗马园林类型

古罗马园林可以分为宫苑园林、别墅庄园园林、中庭式庭园(柱廊式)园林和公共园林等四大类型。

1. 宫苑园林

在古罗马共和国后期,罗马皇帝和执政官选择山青水秀、风景秀美之地,建筑了许多避暑宫苑。其中,以皇帝哈德良(Publius Aelius Hadrianus,117年~138年在位)的山庄最有影响,是一座建在蒂沃利(Tivoli)山谷的大型宫苑园林,见图2-5。

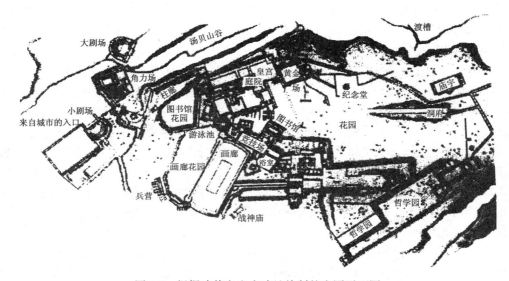

图2-5 根据哈德良山庄遗址绘制的庄园平面图

哈德良山庄占地760英亩,位于两条狭窄的山谷间,地形起伏较大。山庄的中心区为规则式布局,其他区域如图书馆、画廊、艺术宫、剧场、庙宇、浴室、竞技场、游泳池等建筑能够顺应自然,随山就水布局。园林部分富于变化,既有附属于建筑的规则式庭园、中庭式庭园(柱廊园),也有布置在建筑周围的花园。花园中央有水池,周围点缀着大量的凉亭、花架、柱廊、雕塑等,饶有古希腊园林艺术风味。

整个山庄以水体统一全园,有溪、河、湖、池及喷泉等。园中有一半圆形餐厅,位于柱廊的尽头,厅内布置了长桌及榻,有浅水槽通至厅内,槽内的流水可使空气凉爽,酒杯、菜盘也可顺水槽流动,夏季还有水帘从餐厅上方悬垂而下。园内还有一座建在小岛上的水中剧场,岛中心有亭、喷泉,周围是花坛,岛的周边以柱廊环绕,有小桥与陆地相连。

在宫殿建筑群的背后,面对着山谷和平原,延伸出一系列大平台,设有柱廊及大理石水池,形成极好的观景台。在山庄南面的山谷中,有称为"卡诺普"(Canope)的景点,是哈德良举办放荡不羁的宴会场所。

2. 别墅庄园园林

古罗马人吸收希腊文化的同时,也促进了别墅庄园的流行。当时著名的将军卢库卢斯

(Lucius Lucullus,公元前 106 年 ~ 公元前 67 年)被称为贵族庄园的创始人。著名的政治家与演说家西赛罗(Mavcus Tullius Cicero,公元前 106 年 ~ 公元前 43 年)提倡一个人应有两个住所,一个是日常生活的家,另一个就是庄园,成为推动别墅庄园建设的重要人物。

作家小普林尼(Gaius Plinius Caecilius Secundus,约 62 年 ~ 115 年)翔实地记载了自己的两座庄园,即洛朗丹别墅庄园和托斯卡那庄园。

(1)洛朗丹别墅庄园(Villa Laurentin)。该庄园建在奥斯提(Ostie)东南约 10 千米的拉锡奥姆(Latium)的山坡上,距罗马 27 千米,背山面海,交通十分便利。入园后可见美丽的方形前庭,半圆形的小型列廊式中庭,然后是一处更大的庭院。院子尽头是一座向海边凸出的大餐厅,从三面可以观赏不同的海景。透过二进院落和前庭回望,可以眺望远处的群山。

别墅附近有网球场,两侧是二层小楼和观景台。登临其上,可以远观青山碧波,近瞰美丽的花园。园路围以黄杨,迷迭香环绕着一片片树林,其中有大面积的无花果、葡萄棚架和桑树园。

(2)托斯卡那庄园(Villa Pliny at Toscane)。托斯卡那庄园如图 2-6 所示,周围群山环绕,绿阴如盖,依自然地势形成一个巨大的阶梯剧场。远处的山丘上是葡萄园和牧场,从那里可以俯瞰整个庄园。

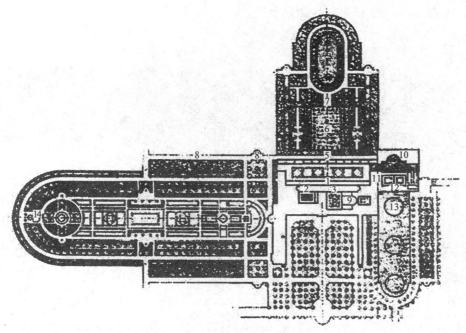

图 2-6　根据对遗址的勘测绘制的托斯卡那庄园平面图
1—柱廊式中庭;2—前庭;3—四悬铃木庭园;4—露台;5—装饰性坡道;6—老鸦企属植物;7—散步道及林阴道;8—运动场丛林;9—住宅;10—大理石水池;11—大客厅;12—浴室;13—球场;14—工作及休息亭

别墅前面布置一座花坛,环以园路,两边有黄杨篱,外侧是斜坡;坡上有各种动物的黄杨造型,其间种有老鸦企属的花卉。花坛边缘的绿篱修剪成各种不同的栅栏状。园路的尽头是林阴散步道,呈运动场状,中央是上百种不同造型的黄杨和其他灌木,周围有墙和黄杨篱。花园中的草坪也精心处理。此外,还有果园,园外是田野和牧场。

别墅建筑入口是柱廊。柱廊一端是宴会厅,厅门对着花坛,透过窗户可以看到牧场和田野风光。柱廊后面的住宅围合出托斯卡那的前庭。还有一处较大的庭园,园内种有四棵悬铃木,中央是大理石水池和喷泉,庭园内阴凉湿润。庭园一边是安静的居室和客厅,还有一处厅堂就在悬铃木下,室内以大理石做墙裙,墙上有绘制着树林和小鸟的壁画。厅的另一侧还有小庭院、中央是盘式涌泉,带来欢快的水声。

柱廊的另一端,与宴会厅相对的是一个很大的厅,从这里也可以欣赏到花坛和牧场,还可以看到大水池,水池中巨大的喷水,像一条白色的缎带,与大理石池壁相互呼应。

园内有一个充满田园风光的地方,与规划式的花园产生强烈的对比。在花园的尽头,有一座收获时休息的凉亭,四根大理石柱支撑着棚架,下面放置白色大理石桌凳。当在这里进餐时,主要的菜肴放在中央水池的边缘,而次要的盛在船形或水鸟形的碟上,搁在水池中。

总之,别墅庄园的观赏和娱乐性已非常显著了。

3. 中庭式庭园(柱廊园)

古罗马庭园通常由三进院落组成,第一进为迎客的前庭,第二进为列柱廊式中庭,第三进为露坛式花园,是对古希腊中庭式庭园(柱廊园)的继承和发展,近代考古专家从庞贝城遗址发掘中证实了这一点(图2-7)。潘萨(Pansa)住宅是典型的庭园布局,见图2-8;维蒂(Vettt)住宅前庭与列柱廊式中庭相通;弗洛尔(Flore)住宅则有两座前庭,并从侧面连接;阿里安(Arian)住宅内有三个庭院,其中两个都是列柱廊式中庭。

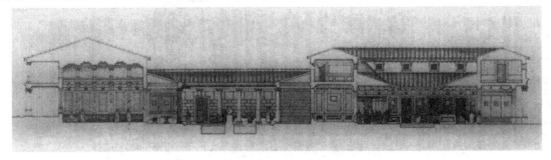

图 2-7　根据庞贝城遗址绘制的潘萨住宅复原剖面图

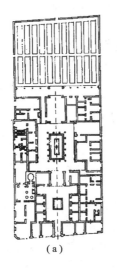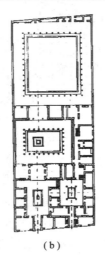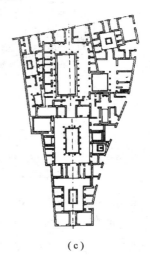

(a)　　　　　　　　　　(b)　　　　　　　　　　(c)

图 2-8　根据庞贝城遗址绘制的住宅复原平面图
(a)潘萨住宅;(b)弗洛尔住宅;(c)阿里安住宅

28

4.公共园林

古罗马人从希腊接受了体育竞技场的设施,却并没有用来发展竞技,而把它变为公共休憩娱乐的园林。在椭圆形或半圆形的场地中心栽植草坪,边缘为宽阔的散步马路,路旁种植悬铃木、月桂,形成浓郁的绿阴。公园中设有小路、蔷薇园和几何形花坛,供游人休息散步。

古罗马的浴场遍布城郊,除建筑造型富有特色、引人注目外,还设有音乐厅、图书馆、体育场和室外花坛,实际上也成为公共娱乐的场所。剧场也十分壮丽,周围有供观众休憩的绿地,有些露天剧场建在山坡上,利用天然地形和得天独厚的山水风景巧妙布局,令人赏心悦目。

古罗马的公共建筑前都布置有广场(Forum),成为公共集会的场所,也是美术展览的地方。人们在这里休憩、娱乐、社交等,使它成为后世城市广场的前身。

2.1.3.3 古罗马园林风格与特征

(1)古罗马时期园林以实用为主要目的,包括果园、菜园和种植香料、调料的园地,后期学习和发展古希腊园林艺术,逐渐加强园林的观赏性、装饰性和娱乐性。

(2)由于罗马城一开始就建在山坡上,夏季的坡地气候凉爽,风景宜人,视野开阔,促使古罗马园林多选择山地,辟台造园,这便是文艺复兴后意大利台地园的滥觞。

(3)罗马人把花园视为宫殿、住宅的延伸,同时受古希腊园林规则式布局影响,因而在规划上采用类似建筑的设计方式,地形处理上也是将自然坡地切成规整的台层,园内的水体、园路、花坛、行道树、绿篱等都有几何外形,无不展现出井然有序的人工艺术魅力。

(4)古罗马园林非常重视园林植物造型,把植物修剪成各种几何形体、文字和动物图案,称为绿色雕塑或植物雕塑。黄杨、紫杉和柏树是常用的造型树木。

(5)花卉种植形式有花台、花池、蔷薇园、杜鹃园、鸢尾园、牡丹园等专类植物园,另外还有"迷园"。迷园图案设计复杂,迂回曲折,扑朔迷离,娱乐性强,后在欧洲园林中很流行。

(6)古罗马园林中常见乔灌木有悬铃木、白杨、山毛榉、梧桐、槭、丝杉、柏、桃金娘、夹竹桃、瑞香、月桂等,果树按五点式栽植,呈梅花形或"V"形,以点缀园林建筑。

(7)古罗马园林后期盛行雕塑作品,从雕刻栏杆、桌椅、柱廊到墙上浮雕、圆雕,为园林增添艺术魅力。

(8)古罗马横跨欧、亚、非三大洲,它的园林除了受到古希腊影响外,还受到古埃及和中亚、西亚园林的影响。例如,古巴比伦空中花园、猎苑,美索不达米亚的金字塔式台层等都曾在古罗马园林中出现过。

2.2 中世纪西欧园林与文艺复兴时期的欧洲园林

2.2.1 中世纪西欧园林

2.2.1.1 中世纪西欧园林背景

中世纪是西欧历史上光辉思想泯灭、科技文化停滞、宗教蒙昧主义盛行的所谓"黑暗时代"。从5世纪罗马帝国瓦解到14世纪伟大的文艺复兴运动开始,历经大约1 000年。在这个不断蛮族入侵,充满血泪的动荡岁月中,人们纷纷皈依天主基督,或安身立命,或求精神解脱,因而教会势力长足发展,占据政治、经济、文化和社会生活的各个方面。所以,中世纪的文明主要是基督教文明,与此呼应,中世纪的园林建筑则以寺院庭园为代表。

从5世纪开始,罗马帝国陷入政治危机,内战频仍,民不聊生,395年分裂为东、西罗马。东罗马建都于拜占庭,西罗马仍以罗马为首都。从此,西罗马历经野蛮民族日尔曼、斯拉夫等大举南侵蹂躏,476年西罗马终于覆灭。与此同时,基督教亦分裂为东正教和天主教,在分裂与混乱中收揽人心,获得出人意料的发展。在西罗马灭亡之后的数千年间,教皇同时兼世俗政权的统治者,形成政教合一的局面。教会本身也是大地主,全盛时期拥有整个欧洲的30%多的良田沃土。在拥有大量土地财产的主教区内又设有许多小教区,由牧师管理。中世纪的另一个重要的社会集团是贵族。大贵族既是领主,又依附于国王、高级教士和教皇。领主们在自己封地内享有特殊的权利,并层层分封,等级森严。11世纪后,欧洲大部分地区采取世袭制,领主权力进一步集中,国王权力相对削弱,出现城堡林立现象。

由于中世纪社会动荡,战争频仍,政治腐化,经济落后,加之教会仇视一切世俗文化,采取愚民政策,排斥古希腊、罗马文化,不利于欧洲园林建筑艺术的发展。4世纪末叶,罗马皇帝狄奥多西一世(Theodosius,379年~395年在位)竟以镇压邪教为名,将全国所有古希腊、罗马的庙宇建筑及雕塑等统统毁掉。在美学思想方面,中世纪虽然仍有希腊、罗马的影响,但却与宗教神学相联系,把"美"加以神学化和宗教化。

2.2.1.2 中世纪西欧园林类型

欧洲中世纪数百年政教合一,促使教权的强大统一,而王权却分散孤立,因而中世纪的欧洲没有出现过像中国皇家园林那样壮丽恢弘的宫苑,却只有以实用性为目的的寺院园林和简朴的城堡园林。而且,就园林发展而论,中世纪前期以寺院庭园为主,后期以城堡庭园为主。

1. 寺院园林

在中世纪战乱频仍之际,教会寺院相对保持一种宁静、幽雅的环境,加之寺院拥有政教一体的权力,又有良田广财,因此,寺院庭园得以发展。早期寺院多在人迹罕至的山区,僧侣们常与清风明月和贫困相伴。随着寺院进入城市,罗马时代的一些公共建筑如法院、市场、大会堂等成为宗教礼拜的场所。以后又仿效长方形大会堂的建筑形式营造寺院,称为巴西利卡寺院(Basilica)。如罗马的巴西利卡寺院中,建筑物的前面有拱廊围成的露天庭院,中央有喷泉或水井,供人们进入教堂时以水净身,这种形式成为寺院庭园的雏形。

从布局上看,寺院庭园的主要部分是教堂及僧侣住房等建筑围绕着的中庭,面向中庭的建筑前有一圈柱廊,类似希腊、罗马的中庭式柱廊园,柱廊的墙上绘有各种壁画,其内容多是《圣经》中的故事或圣者的生活写照。稍有不同的是,希腊、罗马中庭旁的柱廊多是楣式的,柱子之间均可与中庭相通。而中世纪寺院内的中庭旁,柱廊多采用拱券式,并且,柱子架设在矮墙上,如栏杆一样将柱廊与中庭分隔开,只在中庭四边的正中或四角留出通道,起到保护柱廊后面壁画的作用。中庭内仍是由十字形或交叉的道路将庭园分成四块,正中的道路交叉处为喷泉、水池或水井,水既可饮用,又是洗涤僧侣们有罪灵魂的象征,见图2-9。四块园地上以草坪为主,点缀着果树和灌木、花卉等。有的寺院在院长及高级僧侣的住房边还有私人使用的中庭。此外,还有专设的果园、药草园及菜园等。

中世纪的寺院庭园今天很难见到完整的形状,其布局尚保留着当年痕迹的著名寺院有意大利罗马的圣保罗教堂(San Paule),见图2-10;西西里岛的蒙雷阿莱修道院(Monreale)以及圣迪夸德寺院(Sannti Quattre)等。

2. 城堡园林

中世纪前期,社会动荡不安,为了便于防守,城堡多建在山顶上,由带有木栅栏的土墙或内外壕沟围绕,中间为高耸的碉堡或中心建筑作为住宅。11世纪,诺曼人(Norsemen)征服英格兰之后,动乱有所减少,石造城墙出现,城堡有护城河环绕,并开始在堡内的空地上布置庭园。十字军东征,为实用性城堡庭园开辟了新的道路。那些十字军骑士们在拜占庭和耶路撒冷等东方繁华的城市中,感受到东方文化艺术的魅力,把包括建筑、绘画、雕像、花卉等先进园林艺术成果带回欧洲,从此欧洲城堡庭园逐渐流行装饰和娱乐风习。13世纪法国寓言长诗"玫瑰传奇"曾经描绘出一幅当时城堡园林的景象:果园四周环绕高墙,墙上只开一扇小门,庭园由木格子栏杆划分成几部分;小径两旁点缀着蔷薇、薄荷,延伸到小牧场;草地中央有喷泉,水花由铜狮口中吐出落入圆形的水盘中;草地天鹅绒般的纤细轻柔,上面散生着雏菊;还有修剪得整齐漂亮的花坛、果树、欢快的小动物,洋溢着田园牧歌式的情趣。

图 2-9　寺院中以柱廊环绕的中庭

图 2-10　罗马圣保罗教堂以柱廊环绕的中庭

13世纪后,由于战乱逐渐平息以及东方园林艺术的影响,城堡庭园的结构发生了显著变化,以往沉重抑郁的造型开始消失,代之以更加开敞,适宜居住的宅邸结构。到15世纪末,已完全住宅化了。这时城堡面积扩大了,内有宽敞的厩舍、仓库、赛场、果园及花园等,庭园的位置不再局限于城堡内,而扩展到城堡周围。法国的比尤里城堡(Chateau Bury)和蒙塔尔吉斯城堡(图 2-11)(Chateau Montargis)是这一时期的代表性城堡园林。

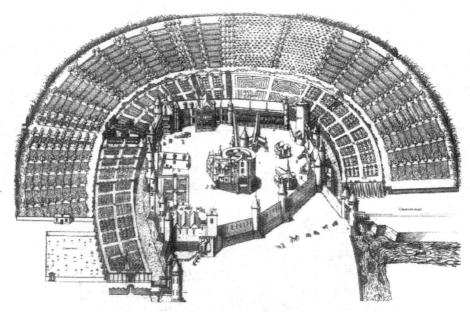

图 2-11   蒙塔尔吉斯城堡花园

2.2.1.3   中世纪西欧园林风格与特征

(1)中世纪欧洲园林最初都是以实用性为主,随着战乱平息和生活稳定,园林装饰性、娱乐性日趋浓厚。有些果园逐渐增加观赏树木,铺设草地,种植花卉,点缀凉亭、喷泉、座椅等设施,将果园演变为游乐园。

(2)城堡园林中也有局部设置迷园,用大理石,或草皮铺路,以修剪的绿篱围在道路两侧,形成图案复杂的通道。

(3)用低矮绿篱组成花坛图案,图案呈几何形或鸟兽形状及徽章纹样,在其空隙填充各种颜色的碎石、土、碎砖或者色彩艳丽的花卉。最初花坛高出地面,周围环绕木条、砖瓦等,以后与地面平齐,常设在墙前或广场上。

(4)花架式亭廊也较为常见,廊中设坐凳,廊架上爬满各种攀缘植物。

(5)中世纪除了寺院庭园和城堡庭园两大园林类型外,后期又增添了贵族猎苑。在大片土地上围以墙垣,种植树木,放养鹿、兔和鸟类,供贵族们狩猎游乐。比较著名的是德意志国王腓特烈一世(Fredriok I Barbarossa)于 1161 年修建的猎苑。

2.2.2   文艺复兴时期意大利园林

2.2.2.1   意大利园林背景

文艺复兴是 14～16 世纪欧洲新兴的资产阶级掀起的思想文化运动。新兴资产阶级以复兴古希腊、古罗马文化为名,提出了人文主义思想体系,反对中世纪的禁欲主义和宗教神学,从而使科学、文学和艺术整体水平,远迈前代。文艺复兴开始于意大利,后发展到整个欧洲。佛罗伦萨是意大利乃至整个欧洲文艺复兴的策源地和最大中心。

文艺复兴使欧洲从此摆脱了中世纪教会神权和封建等级制度的束缚,使生产力和精神文化得到彻底解放。文学艺术的世俗化和对古典文化的传承弘扬都标志着欧洲文明出现了古希腊之后的第二次高峰,在各个领域产生了巨大影响,也为欧洲园林开辟了新天地。

1. 文艺复兴初期意大利园林概况

意大利位于欧洲南部亚平宁半岛上,境内多山地和丘陵,占国土面积的 80%。阿尔卑斯山脉呈弧形绵延于北部边境,亚平宁山脉纵贯整个半岛。北部山区属温带大陆性气候,半岛及其岛屿属亚热带地中海气候。夏季谷地和平原闷热逼人,而山区丘陵凉风送爽。这些独特的地形和气候条件,是意大利台地园林形成的重要自然因素。

文艺复兴的策源地和最大中心是佛罗伦萨,而佛罗伦萨最有影响力的是美第奇家族,家族中最著名的是科西莫·德·美第奇(Codimo de Mrfivi,1389 年~1464 年)和罗伦佐·德·美第奇(Lorengo de Medici,约 1449 年~1492 年)。科西莫是佛罗伦萨无冕王朝的创建者,从此开始了美第奇家族对佛罗伦萨的统治。罗伦佐 21 岁主政佛罗伦萨,15 世纪下半叶在自己的别墅与花园中分别建立了"柏拉图学园"和"雕塑学校"。在罗伦佐的感召下,佛罗伦萨集中了包括米开朗琪罗(Michelangel·Buonarroti,1475 年~1564 年)在内的大批文学艺术家,可谓群星灿烂,创作空前。

佛罗伦萨的豪门和艺术家皆以罗马人的后裔自居,醉心于罗马的一切,欣赏乡间别墅生活,追求田园牧歌情趣,并建造了一批别墅与花园,由此推动了园林理论的研究。13 世纪末,博洛尼亚的法学家克雷申齐(Pietro Crescengi,1230 年~1305 年)用拉丁文写过一本庭园指导书(Opus Ruralium Cibbidiryn)。书中按园主身份及园林规模把花园分成三种类型,并附有具体的造园方案。他认为:花园面积为 1.3 公顷左右为宜,四周布设围墙,南面应布置建筑、花坛、果园、鱼池,北面设密林以挡风。

真正系统论述园林的是阿尔贝蒂(Leon Battista Aiberti,1404 年~1472 年),他既是著名的建筑师和建筑理论家,又是人文主义者和诗人。他在 1452 年完成并于 1485 年出版的《论建筑》(De Archi tectura)一书中详细阐述了他对理想庭园的构想:在长方形的园地中,以直线道路将其划分成整齐的长方形小区,各小区以修剪的黄杨、夹竹桃或月桂绿篱围边。当中为草地,树木呈直线形种植,由一行或三行组成。园路末端以月桂、桧柏、杜松编织成古典式的凉亭,用圆形石柱支撑棚架,上面覆盖藤本植物,形成绿廊,架设在园路上,可以遮阳。沿园路两侧点缀石制或陶制的瓶饰,花坛中央用黄杨篱组成花园主人的姓名,绿篱每隔一段距离修剪成壁龛状,内设雕像,下面安放大理石的坐凳。园路的交叉点中心位置用月桂修剪成坛,园中设迷园,水流下的山腰处,做成石灰岩岩洞,对面可设鱼池、牧场、菜园、果园。

阿尔贝蒂的构想是以古罗马小普林尼描绘的别墅为主要蓝本的。他所提出的以绿篱围绕草地(称为植坛)的做法,成为文艺复兴时期意大利园林以及后来的规则式园林中常用的手法,甚至在现代的中国园林中也屡见不鲜。他还十分强调园址的重要性,主张庄园应建于可眺望佳景的山坡上,建筑与园林应形成一个整体,如建筑内部有圆形或半圆形构图,也应该在园林中有所体现以获得协调一致的效果。他强调协调的比例与合适的尺度的重要作用。但是,他并不欣赏古代人所推崇的沉重、庄严的园林气氛,而认为园林应尽可能轻松、明快、开朗,除了形成所需的背景以外,尽可能没有阴暗的地方。这些论点在以后的园林中有所体现。因此,阿尔贝蒂被看作是园林理论的先驱者。文艺复兴初期那些最著名的别墅庄园都是为美第奇家族的成员建造的,且具有相似的风格和特征。所以我们称这一时期流行的别墅庄园为美第奇式园林。

2. 文艺复兴中期意大利园林概况

16 世纪,罗马继佛罗伦萨之后成为文艺复兴运动中心。接受新思想的教皇尤里乌斯二世

（Pape Julius Ⅱ,1443年～1513年）支持并保护人文主义者,采取措施促进文化艺术发展。一时之间,精英云集,巨匠雨聚,使罗马文化艺术迅速登上巅峰。尤里乌斯首先让艺术大师们的才华充分体现在教堂建筑的宏伟壮丽上,以彰显主教花园的豪华、博大的气派。米开朗琪罗、拉斐尔（Raffaello Sanzio,1483年～1520年）等人就是这个时期离开佛罗伦萨来到罗马的,他们在此留下了许多不朽的作品。尤里乌斯二世还是一位古代艺术品收藏家,他将自己收藏的艺术珍品集中到梵蒂冈,展示在附近小山岗的望景楼中,他还委托当时最有才华的建筑师将望景楼与梵蒂冈宫以两座柱廊连接起来,并在柱廊周围规划了望景楼园。柱廊不仅解决了交通问题,也成为很好的观景点,此外可以欣赏山坡上那片郁郁葱葱的森林和梵蒂冈全貌,也可以远眺罗马郊外瑰丽的景象。

文艺复兴中期最具特色的是依山就势开辟的台地园林,它对以后欧洲其他国家的园林发展影响深远。

3.文艺复兴后期意大利园林概况

文艺复兴后期,欧洲的建筑艺术追求奇异古怪、离经叛道的风格,被古典主义者称为巴洛克风格。巴洛克风格在文化艺术上的主要特征是反对墨守陈规陋习,反对保守教条,追求自由、活泼、奔放的情调。由于文艺复兴是从文化、艺术和建筑等方面首先开始的,以后才逐渐波及造园艺术,所以,16世纪末当建筑艺术已进入巴洛克时期,巴洛克式园林艺术尚处于萌芽时期,半个世纪之后,巴洛克式园林才广泛地流行起来。

巴洛克建筑与追求简洁明快与整体美的古典主义风格不同,而流行繁琐的细部装饰,喜欢运用曲线加强立面效果,往往以雕塑或浮雕作品作为建筑物华丽的装饰。巴洛克建筑风格对文艺复兴后期意大利园林产生了巨大的影响,罗马郊外风景如画的山岗一时出现很多巴洛克式园林。

2.2.2.2 意大利园林类型

我们根据文艺复兴各个时期流行的主要园林风格的差异,把文艺复兴时期意大利园林划分为美第奇式园林、台地园林和巴洛克式园林三大类型。

1.美第奇式园林

代表作品有卡雷吉奥庄园、卡法吉奥罗庄园和菲埃索罗庄园。前两座庄园尚残留着中世纪城堡庄园的某些风格,同时体现出文艺复兴初期园林艺术的新气象。菲埃索罗庄园似乎完全摆脱了中世纪城堡庭园风格的困扰,使美第奇式园林更加成熟、完美,它是迄今保留比较完整的文艺复兴初期庄园之一。

菲埃索罗庄园（乔万尼庄园）位于菲埃索丘陵间一面山坡上,背风朝阳,缘山势将园地辟为高低不同的三层台地,见图2-12。建筑设在最高台层的西部,这里视野开阔,可以远眺周围风景。由于地势所限,各台层均呈狭长带状,上下两层稍宽,当中一层更为狭窄。这种地形对园林规划设计极为不利,然而设计者却慧眼独具,进行了非凡的创作。

庄园入口设在上台层的东部,入园后,在小广场的两侧设置了半面八角形的水池,广场后的道路分设在两侧,当中为绿阴浓郁的树畦,既作为水池的背景,又使广场在空间上具有完整性。树畦后为相对开阔的草坪,角隅点缀着栽种在大型陶盆中的柑橘类植物,这是文艺复兴时期意大利园林中流行的手法。草坪形成建筑的前庭,当人们走在树畦旁的园路上时,前面的建筑隐约可见,走过树畦后,优美的建筑忽然展现在眼前。建筑设在西部,其后有一块后花园,使建筑处在前后庭园包围之中。后花园形成一个独立而隐蔽的小天地,当中为椭圆形水池,周围为四块绿色植坛,角落里也点缀着盆栽植物。这种建筑布置手法,减弱了上部台层的狭长感。

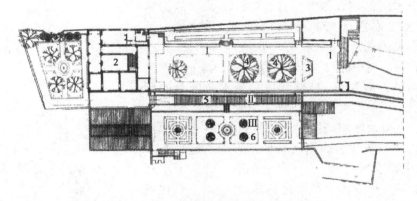

图 2-12　菲埃索罗的美第奇庄园平面图

Ⅰ—上台层;Ⅱ—中台层;Ⅲ—下台层;1—入口;2—主建筑;3—水池;4—树畦;5—花架;6—绿丛植坛

由入口至建筑约 80 米长,而宽度却不到 20 米,设计者的重要任务就是力求打破园地的狭长感。主要轴线和通道采用顺向布置,依次设有水池广场、树畦、草坪三个局部,空间处理上由明亮(水池广场)到郁闭(树畦),再由豁然开朗(草坪)到封闭(建筑),形成一种虚实变化。这样即使在狭长的园地上,人们仍然感受到丰富的空间和明暗、色彩的变化。每一空间既具有独立的完整性,相互之间又有联系,并加强了衬托和对比的效果。

由建筑的台阶向入口回望,园墙的两侧均有华丽的装饰,映入眼帘的仍是悦目的画面,处处显示出设计者的匠心。

下层台地中心为圆形喷泉水池,内有精美的雕塑及水盘,周围有四块圆形绿丛植坛,东西两侧为大小相同而图案各异的绿丛植坛。这种植坛往往设置在下层台地,便于由上面台地居高临下欣赏,图案比较清晰。

中间台层只有一条 4 米宽的长带,也是联系上、下台层的通道,其上设有覆盖着攀缘植物的棚架,形成一条绿廊。

设计者在这块很不理想的园地上匠心独运,巧妙地划分空间,组织景观,使每一空间显得既简洁,整体又很丰富,也避免了一般规则式园林容易产生的平板单调、一览无余的弊病。

2. 台地园林

意大利台地园林的奠基人是造园家多拉托·布拉曼特,他设计的第一座台地园林就是梵蒂冈附近的望景楼园。以后,罗马造园家都以布拉曼特为榜样,掀起兴造台地园的高潮。代表作品有玛达玛庄园(Villa Madama)、红衣教主蒙特普西阿诺的美第奇庄园(Villa Medici at Rome)、法尔奈斯庄园(Villa Palaxxina Farnese)、埃斯特庄园(Villa d'Este)、兰特庄园(Villa Lante)和卡斯特园庄园(Villa Castello)。下面以兰特庄园为例,以窥意大利台地园林之一斑,见图 2-13。

兰特庄园位于罗马以北 96 千米处的维特尔博城(Viterbo)附近的巴涅亚小镇,是 16 世纪中叶所建庄园中保存最完整的一个。1566 年,当维尼奥拉正在建造法尔奈斯庄园之际,又被红衣主教甘巴拉(Gardinale Gambara)请去建造他的夏季别墅,维尼奥拉也因此园的设计而一举成名。甘巴拉主教花费了 20 年时间才大体建成了这座庄园。庄园后来又出租给兰特家族,由此得名兰特庄园。

庄园坐落在朝北的缓坡上,园地约为 76 米×76 米的矩形。全园设有四个台层,高差近 5 米。入口所在底层台地近似方形,四周有 12 块精致的绿丛植坛,正中是金褐色石块建造的方形水池,十字形园路连接着水池中央的圆形小岛,将方形水池分成四块,其中各有一条小石船。池中的岛上又有圆形泉池,其上有单手托着主教徽章的四青年铜像,徽章顶端是水花四射的巨星。整个台层上无一株大树,完全处于阳光照耀之下。

第二台层上有两座相同的建筑,对称布置在中轴线两侧,依坡而建,当中斜坡上的园路呈菱形。建筑后种有庭阴树,中轴线上设有畸形喷泉,与底层台地中的圆形小岛相呼应。两侧的方形庭园中是栗树丛林,挡土墙上有柱廊与建筑相对,柱间建鸟舍。

第三台层的中轴线上有一长条形水渠,据说曾在水渠上设餐桌,借流水冷却菜肴,并漂送杯盘给客人,故此又称餐园(Dining Garden)。这与古罗马哈德良山庄内的做法颇为类似。台层尽头是三级溢流式半圆形水池,池后壁上有巨大的河神像。在顶层与第三台层之间是一斜坡,中央部分是沿坡设置的水阶梯,其外轮廓呈一串蟹形,两侧围有高篱。水流由上而下,从"蟹"的身躯及爪中流下,直至顶层与第三台层的交界处,落入第三台层的半圆形水池中。

顶层台地中心为造型优美的八角形水池及喷泉,四周有庭阴树、绿篱和座椅。全园的终点是居中的洞府,内有丁香女神雕像,两侧为凉廊。这里也是贮存山水和供给全园水景用水的源泉。廊外还有覆盖着铁丝网的鸟舍。

兰特庄园突出的特色在于以不同形式的水景形成全园的中轴线。由顶层尽端的水源洞府开始,将汇集的山泉送至八角形泉池;再沿斜坡上的水阶梯将水引至第三台层,以溢流式水盘的形式送到半圆形水池中;接着又进入长条形水渠中,在第二、第三台层交界处形成帘式瀑布,流入第二台层的圆形水池中;最后,在第一台层上以水池环绕的喷泉作为高潮而结束。这条中轴线依地势形成的各种水景,结合多变的阶梯及坡道,既丰富多彩,又有统一和谐的效果。

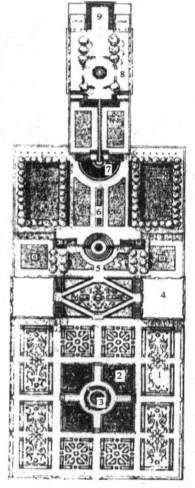

图 2-13　兰特庄园平面图
1—第一台层;2—中心水池;3—池中圆岛及雕像;4—建筑;5—第二台层;6—第三台层上的水渠;7—半圆形水池;8—顶层台地;9—洞府凉廊

3．巴洛克式园林

16、17 世纪之交,阿尔多布兰迪尼庄园(Villa Aldobrandini)的兴建,成为巴洛克式园林萌芽的标志。这一时期的园林不仅在空间上伸展得越来越远,而且园林景物也日益丰富细腻。另外,在园林空间处理上,力求将庄园与其环境融为一体,甚至将外部环境也作为内部空间的补充,以形成完整而美观的构图。巴洛克式园林流行盛期,出现了许多著名的作品,其中最具代表性的有伊索拉·贝拉庄园(Villa Isola Bella)、加尔佐尼庄园(Villa Garzoni)和冈贝里亚庄园(Villa Gamberaia)等。下面以加尔佐尼庄园为例,期冀达到了解巴洛克式园林之目的,见图2-14。

17世纪初,罗马诺·加尔佐尼(Romano Garzoni)邀请人文主义建筑师奥塔维奥·狄奥达蒂(Ottavio,Diodati)为自己在小镇柯罗第附近兴造庄园,一个世纪之后,他的孙子才将花园最终完成,迄今保存完好。

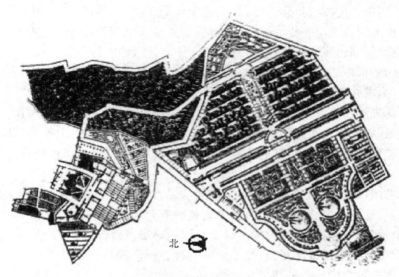

图 2-14　加尔佐尼庄园平面图

在园门外,设有花神弗洛尔(Flore)和吹芦笛的潘神迎接游人。进入园门,首先映入眼帘的是色彩瑰丽的大花坛。其中两座圆形水池中有睡莲和天鹅,中央喷水柱高达10米。水池边还有花丛,以花卉和黄杨组成植物装饰,注重色彩、形状对比和芳香气息,明显受到法国式花园影响。园林到处都有卵石镶嵌的图案和黄杨造型的各种动物图案装饰,渲染出活泼愉快的情调。

第一部分花园以两侧为蹬道的三层台阶串连而成,与水平的花坛形成强烈对比。台阶的体量很大,有纪念碑式效果。挡土墙的墙面上,饰以五光十色的马赛克组成的花丛图案,还有雕塑人物的壁龛,台阶边围以图形复杂的栏杆。第一层台阶是通向棕榈小径的过渡层;第二层台阶两侧的小径设有大量雕像,一端是花园的保护女神波莫娜(Pomona)雕像,另一端是林木隐映的小剧场;第三层台阶处理的非常壮观,在花园的整体构图中起主导作用,又成为花园纵横轴线的交会处。台阶并不是将人们引向别墅建筑,而是沿纵轴布置一长条瀑布跌水,上方有罗马著名的"法玛"(Fama)雕像,水柱从他的号角中喷出,落在半圆形的池中,然后逐渐向下跌落,形成一系列涌动的瀑布和小水帘。雕像有惊愕喷泉,细小的水柱射向游客,令游客青睐。

花园上部是一片树林,林中开辟出的水阶梯犹如林间瀑布,水阶梯两侧等距离地布置着与中轴垂直的通道。两条穿越树林的园路将人们引向府邸建筑,一条经过竹林,另一条沿着迷园布置。穿越竹林的园路末端是跨越山谷的小桥,小桥两侧的高墙上有马赛克图案和景窗,由此可以俯视迷园,鸟瞰整个庄园。

2.2.2.3　文艺复兴时期意大利园林风格特征

(1)文艺复兴初期多流行美第奇式园林,选址比较注重丘陵地和周围环境,要求远眺、俯瞰等借景条件。园地依山势成多个台层,各台层相对独立,没有贯穿各台层的中轴线。建筑往往位于最高层以借景园内外,建筑风格尚保留一些中世纪痕迹。建筑和庄园比较简朴、大方。喷泉、水池可作为局部中心,并与雕塑结合。水池造型比较简洁,理水技巧大方。绿丛植坛图案简单,多设在下层台地。此外,这一时期产生了用于科研的植物园,如威尼斯共和国与帕多瓦(Padlla)大学共同创办的帕多瓦植物园和比萨植物园。

(2)文艺复兴中期多流行台地园林。选址也重视丘陵山坡,依山势辟成多个台层。园林规划布局严谨,有明确的中轴线贯穿全园,联系各个台层,使之成为统一的整体。庭园轴线有时分主、次轴,甚至不同轴线呈垂直、平行或放射状。中轴线上多以水池、喷泉、雕像以及造型各异的台阶、坡道等加强透视效果,景物对称布置在中轴线两侧。各台层上往往以多种水体造型与雕像结合作为局部中心。建筑有时也作为全园主景而置于园地的最高处。庭园作为建筑的室外延续部分,力求在空间形式上与室内协调和呼应。

台地园林的理水技术发达,不仅强调水景与背景在明暗与色彩上加以对比,而且注重水的光影和音响效果,并以水为主题形成多姿多彩的水景。如水风琴、水剧场,利用流水穿过管道,或跌水与机械装置的撞击产生悦耳的音响;又如秘密喷泉、惊愕喷泉等也能够产生出其不意的游观效果。

台地园林的植物造景亦日趋复杂,将密植的常绿植物修剪成高低错落的绿篱、绿墙、绿荫剧场的舞台背景,绿色壁龛、洞府等。园林常用树种有意大利柏、石松、月杜、夹竹桃、冬青、紫杉、青栲、棕榈、悬铃木、榆树、七叶树等。绿篱及绿色雕塑植物有月桂、紫杉、黄杨、冬青等。

另外,迷园形状也变得日趋复杂,外形轮廓各种各样。园路也变化多端,花坛、水渠、喷泉等细部造型也多由直线变成各种曲线。

(3)文艺复兴后期主要流行巴洛克式园林。受巴洛克建筑风格影响,园林艺术也具有追求新奇,表现手法夸张的倾向,并在园林中充满装饰小品。园内建筑体量一般很大,占有明显的控制全园地位。园中的林阴道纵横交错,甚至采用三叉式林阴道布置方式。植物修剪技术空前发达,绿色雕塑图案和绿丛植坛的花纹也日益复杂精细。

2.2.3 意大利台地园林对法、英园林的影响

2.2.3.1 文艺复兴时期法国园林

1. 法国园林发展背景

法国位于欧洲西部,地势东南高西北低,国土以平原为主,间有少量盆地、丘陵与高原。除南部地区属亚热带地中海气候外,境内大部分地区属温带海洋性气候,全年温和湿润。因而农业十分发达,森林茂盛,约占国土面积的 25%。森林分布亦得天独厚,北部以栎、山毛榉林为主,中部以松、桦和杨树林为多,而南部则为地中海植被,如无花果、油橄榄和柑橘等。开阔的平原、众多的河流和大片绿油油的森林构成法国秀丽的国土景色,也为其独特的园林风格形成提供了重要条件。

法国曾经是罗马帝国统治下的高卢省。罗马帝国崩溃后,经过长期内忧外患,终于在 843 年实现民族独立。此后,法国又经历了"十字军东征"、英法"百年大战"、"法、意战争"和国内多次宗教战争,使法国本土元气大伤,但也受到世界文化艺术的影响,尤其是意大利文艺复兴的巨大影响。

法国的文艺复兴始于国王查理八世的那波里远征。1494 年~1495 年,法国军队入侵意大利,查理八世及其贵族被意大利文化艺术,尤其是意大利别墅庄园华贵富丽、充满生活情趣的园林艺术深深吸引,心驰神往,难以忘怀。法国虽然在军事上失利,但查理八世却从意大利带回大批的珍贵艺术品和造园工匠,促进了法国的文艺复兴。从此,意大利造园风格传入法国。弗朗索瓦一世时期,法国文艺复兴达到全盛期,建筑和园林艺术进一步繁荣,但仍然没有完全

摆脱中世纪的影响。16 世纪中叶以后,随着法国王权的加强,政治安定,经济发展,一批杰出的意大利建筑师来到法国,同时留学意大利的法国建筑师也相继回国,意大利台地园林艺术风靡一时。但是,由于受法国独特的地理、地形限制,意大利台地园林并没有在法国独占风流。凡尔内伊府邸花园和夏尔勒瓦勒宫苑标志着法国园林新时代的到来。

从 16 世纪 50 年代开始,法国园林艺术家纷纷著书立说,深入实践,他们以欧洲中世纪园林和意大利文艺复兴时期园林为借鉴,希冀开辟有自己特色的法国式园林。如埃蒂安·杜贝拉克(Etienne Du Perac,1935 年~1604 年)于 1582 年出版了《梯沃里花园的景观》,虽然热衷于意大利园林艺术,却提倡适应法国平原地区的规划布局方法。克洛德·莫莱(Claude, Mollet,1535 年~1604 年)开创了法国园林中的刺绣花坛。克洛德的儿子安德烈(Andrē Mollet)在 1651 年出版了《游乐性花园》,完成了由其父提出的法国园林总体布局设想。雅克·布瓦索(Jacques, Boyceau)在 1638 年出版了《依据自然和艺术的原则造园》(3 卷),论述了造园法则和要素、林木及其栽培养护、花园的构图与装饰等,被誉为法国园林艺术的真正开拓者,为后来的古典主义园林艺术奠定了理论基础。

2. 法国园林类型

文艺复兴时期,法国全面学习意大利台园造园艺术,并在借鉴中世纪园林某些积极因素的基础上,结合本国的地形、植被等条件,促进了本国园林的发展。这一时期,法国园林主要有城堡花园、城堡庄园和府邸花园三种类型,分别以谢农索城堡花园(Le Jardin du chāteau de Chenonceaux)、维兰德里庄园(Le Jardin du chāteau Villandry)和卢森堡花园(Le Jardin du Luxembourg)为代表。

(1)谢农索城堡花园:谢农索城堡是法国最美丽的城堡建筑之一,其主体建筑采用廊桥形式,跨越谢尔河(Le cher)两岸,上下天光,风景独秀。城堡最早是由伯耶(Thomas Bohier)在弗朗索瓦一世时建造的,亨利二世(Henri Ⅱ,1547 年~1559 年在位)将它送给狄安娜·波瓦狄埃(Diane de Poitiers,1499 年~1566 年)。国王死后,王太后卡特琳娜·美第奇(Catherine de Medici,1519 年~1589 年)以肖蒙府邸做交换,换回了谢农索城堡。王太后聘请建筑师德劳姆(Philibert del'orme,1500 年~1570 年)建造了美丽的廊桥式城堡。

王太后有两处花园,分别在城堡前庭的西面和谢尔河的南岸。前者为一个简洁的花坛,中央是圆形水池,带有意大利文艺复兴时期的特点。谢农索城堡花园有着很浓的法国味,表现在水体的运用上。水渠包围着府邸前庭、花坛、跨河廊桥,给人一种亲近的环境气息。近处的花园、周围的林园、清澈欢快的流水,形成一个和谐的天地。

(2)维兰德里庄园:始建于 1532 年,园主为当时的财政部长勒布雷东(Jean Le Brēton),曾任法国驻意大利大使,回国后在旧城堡基础上修建了维兰德里庄园,见图 2-15。18 世纪时,被改建成英国风景式园林,1906 年由卡尔瓦洛(Joachim Carvallo,1869 年~?)按照法国文艺复兴时期园林特点重新仿造,使其与古城堡珠联璧合。

维兰德里庄园位于临近谢尔河合流处的山坡上。城堡庄园的北面有一段东西约 150 米长的水壕沟,分割园内外。从南到北,花园地势处理成三层台地,以石台阶联系。从整体上看,城堡庄园布局集中,结构紧凑,从花园中可以欣赏到四周的景象。东面是建在山坡上的观景台,比花园高出 50 米,绿阴满台,形成一个制高点;西面是村庄,古老的教堂与府邸呼应,构成中世纪环境;北面有家禽场,高墙抵御着吹向菜园的寒风;南面的山坡上有大片果园,成为庄园向田野的过渡。

维兰德里庄园在整体布局、府邸与花园的结合方式,尤其是喷泉、建筑小品、花架和黄杨花坛中的花卉、香料植物等处理手法,受意大利园林的影响较大。

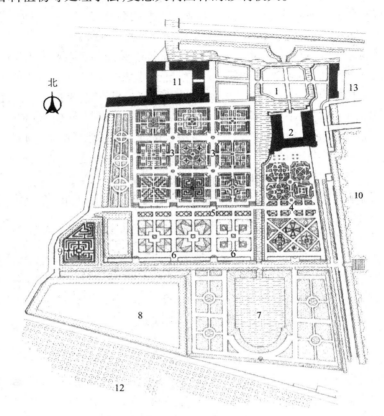

图 2-15　维兰德里庄园平面图

1—前庭;2—城堡庭院;3—菜园;4—装饰性花园;5—棚架;6—游乐性花园;7—水池;
8—牧场;9—迷园;10—山坡;11—附属设施;12—果园;13—门卫

(3)卢森堡花园:卢森堡花园是巴黎市内一座大型府邸园林,它是国王亨利四世的王后玛丽·德·美第奇(Marie de Medici,1573 年～1642 年)建造的。王后从彼内一卢森堡公爵(Le Duc Pinei Luxembourg)手中买下了园地,在亨利四世死后,为自己修建了府邸。建成后的花园按原主人的名字命名为卢森堡花园。

玛丽王后在法国生活的十多年中,十分怀念故乡佛罗伦萨美妙的风景与庄园。她童年生活在彼蒂宫中,因此要求仿照彼蒂宫来建造她的府邸,并希望花园也带有意大利风格。所以,从总体布局上看,卢森堡花园与意大利波波利花园有相似之处。

3.法国园林风格特征

(1)在法国文艺复兴初期,法国园林中仍然保持着中世纪城堡园林的高墙和壕沟,或大或小的封闭院落组成的园林在构图上与建筑之间毫无联系,各台层之间也缺乏联系。花园大都位于府邸一侧,园林的地形变化平缓,台地高差不大。意大利的影响主要表现在建园要素和手法上,园内出现了石质的亭、廊、栏杆、棚架等,花坛出现了绣花纹样的简单图案,偶尔用雕像点缀。岩洞和壁龛也传入法国,内设雕像,洞口饰以拱券或柱式。

(2)16 世纪中叶后,法国园林风格焕然一新。府邸不再是平面不规则的封闭堡垒,而是将主楼、两厢和门楼围着方形内院布置，主次分明，中轴对称。花园观赏性增加了，通常布置在邸宅的后面，从主楼脚下开始伸展，中轴线与府邸中轴线重合，采用对称布局。

（3）法国园林在学习意大利园林同时，结合本国特点，创作出一些独特的风格。其一，运用适应法国平原地区布局法，用一条道路将刺绣花坛分割为对称的两大块，有时图案采用阿拉伯式的装饰花纹与几何图形相结合。其二，用花草图形模仿衣服和刺绣花边，形成一种新的园林装饰艺术，称为"摩尔式"或"阿拉伯式"装饰。绿色植坛划分成小方格花坛，用黄杨做花纹，除保留花草外，使用彩色页岩细粒或砂子作为底衬，以提高装饰效果。其三，花坛是法国园林中最重要的构成因素之一。从把整个花园简单地划分成方格形花坛，到把花园当作一个整体，按图案来布置刺绣花坛，形成与宏伟建筑相匹配的整体构图效果，是法国园林艺术的重大飞跃。

2.2.3.2 文艺复兴时期英国园林

1. 英国园林发展背景

英国是大西洋中的岛国，西临大西洋，东隔北海，东以多佛尔海峡与欧洲大陆相望。国土由英格兰、苏格兰、爱尔兰三大岛及其附属岛屿组成，其中以英格兰面积最大，人口最多，文化最为发达。英格兰北部为山地和高原，南部为平原丘陵，属海洋性气候，雨量充沛，冬温夏润，多雨多雾，为植物生长提供了良好的自然条件。

英国历史上是以畜牧业为主的国家，草原面积约占国土面积的 70%，森林面积为国土面积的 10% 左右。这种自然景观为英国园林风格的形成奠定了天然的环境条件。

最初生活在这里的居民是凯尔特语民族，1 世纪被罗马人征服，5～6 世纪盎格鲁撒克逊人开始迁入，6 世纪传来基督教，7 世纪形成封建制度，8 世纪～9 世纪经常遭到北欧海盗的骚扰。1066 年，法国诺曼底公爵征服英格兰，于当年圣诞节加冕，成为威廉一世（William Ⅰ the Conqueror，1066 年～1087 年在位）。1072 年征服苏格兰，1081 年征服威尔士。威廉一世称自己是全国土地的最高所有者，并通过分封土地建立了一套严密的封建等级制度。此后，又通过全国土地财产调查、编制土地调查书、组织商讨国事的枢密院等措施，建立了强大的诺曼底封建王朝。1154 年～1485 年间金雀花王朝（或称安茹王朝）统治英格兰，国王被迫接受了旨在保护封建领主利益的《大宪章》，产生了具有立法权的上、下两院的议会制度，客观上刺激了自由贸易和商品经济的发展。15 世纪末叶，意大利文艺复兴的一缕春风刮进英伦三岛，英国在接触欧洲文化以后焕发出青春活力。从都铎王朝（House of Tudor，1485 年～1603 年）开始，英国逐渐出现了所谓"羊吃人"的圈地运动，城市工商业勃兴，意味着中世纪的结束。英国社会开始从封建社会向资本主义过渡。至伊丽莎白一世（Elizabeth，1558 年～1603 年在位）国力渐盛，英格兰呈现一派欣欣向荣景象。与此同时，英国相继出现了莎士比亚（William Shakespeare，1564 年～1616 年）、培根（Francis Bacon，1561 年～1626 年）、斯宾塞（Edmund Spenser，约 1552 年～1599 年）等著名作家，建筑风格及园林艺术也有很大变化。

去过欧洲大陆的英国人对意大利、法国园林表现出极大的兴趣，并开始模仿。尤其到了伊丽莎白时代，英国作为欧洲的商业强国，聚天下富饶之财，王宫贵族愈益憧憬并追求欧洲大陆国家王宫贵族豪华奢侈的生活方式，纷纷兴建宏伟富丽的宫室与府邸。

伊丽莎白之后，英国新兴的资产阶级和封建旧贵族争夺世俗利益的矛盾日益激化，成为资产阶级革命爆发的根源，新旧势力进行了长达半个多世纪的反复殊死地搏斗。1689 年，英国议会通过了《权利法案》，终于确立了君主立宪制的资产阶级专政，为欧洲和北美更大规模的资产阶级革命拉开了序幕。英国文艺复兴开始后的二百多年间，先后经历了长时期的圈地运动、海内外扩张和资产阶级革命。这个时期的园林建筑艺术在不断汲取意大利台园艺术精华的同时,也深受本国社会变迁的影响。

2. 英国园林类型

英国文艺复兴时期园林模仿意大利和法国台地园林规则式布局风格,主要有国王宫苑园林和贵族府邸园林两种类型。由于史料局限,下面仅以汉普顿宫苑(Hampton Court)和农萨其宫苑(Nonesuch Court)为例加以介绍。

(1)汉普顿宫苑。英国文艺复兴时期最为著名的规则式园林作品,位于伦敦以北20千米处的泰晤士(Themes)河畔。最初属于红衣主教沃尔西(Cardinal Thomas Wolsey,1475年~1530年)的庄园,沃尔西去世以后归国王亨利八世所有。亨利八世扩大花园的范围,在园内兴建了网球场,成为英国最早的网球场地。1553年,亨利八世又在花园中新建了"秘园",在整形划分的地块上有小型结园,绿篱中填充着五彩缤纷的花卉,其中有雏菊、桂竹香、勿忘我、霍香蓟、三色堇、一串红等,还用彩色的砂砾铺路;另一空间以圆形水池喷泉为中心,两端为图案精美的结园。秘园的一端为"池园",呈长方形,以"申"字形道路划分,中心交点为水池及喷泉,纵轴的终点用修剪的紫杉围成半圆形壁龛,内有白色大理石的维纳斯雕像。整个池园是一个沉床园,周边形成三个低矮的台层,外围是藤蔓爬满的绿墙。

(2)农萨其宫苑。是国王亨利八世晚年兴建的宫苑。该园是一个养有很多鹿类等动物的林苑。园中有大理石柱和金字塔形喷泉,喷泉上面有小鸟装饰,水从鸟嘴中流出。园内还设有"魔法喷泉",将开关设在隐蔽处,当游客走近喷泉时,会出其不意地突然喷薄而出,以此逗人喜爱,明显受到意大利园林设施的影响。

3. 文艺复兴时期英国园林风格特征

(1)文艺复兴传入英国后,英国园林出现了中世纪庭园与意大利规则式园林的结合,既有宏伟高大的宫殿,又有富丽堂皇的府邸园林。秘园、绿丛植坛、绿色壁龛及其雕像、池园及水喷等无不受到意大利台地园林风格的影响。

(2)英国文艺复兴盛期,造园家们摆脱中世纪庄园风格的束缚,追求更宽阔、优美的园林空间,将本国的优秀传统与意、法、荷等园林风格融合起来。并根据本国天气灰暗的特点,在继续保持绿色的草地、色土、砂砾、雕塑及瓶饰的风格基础上,以绚丽的花卉增加园林鲜艳、明快的色调。

(3)黄杨属、桧属、冬青、常春藤、报春花、水仙花、荷兰郁金香、土耳其杏树、南欧的紫荆花、金莲花、东欧的丁香。

2.3　法国勒诺特尔式园林与英国风景式园林

2.3.1　法国勒诺特尔式园林

2.3.1.1　勒诺特尔式园林背景

法国路易十四(Louis ⅩⅣ)亲政以后,法国专制王权进入极盛时期。路易十四大力削弱地方贵族权力,政治上采取一切措施加强中央集权,经济上推行重商政策,促进资本主义工商业发展。文化上以古典主义作为御用文化,因此古典主义文化、艺术、建筑、园林等都取得了光辉成就。于是,安德烈·勒诺特尔(André·Lê Nôtre,1613年~1700年)这位被誉为"王之造园师和造园师之王"的园林艺术大师应运而生,他创造性地开创了勒诺特尔式(Style Lê Nôtre)园林,标志着法国园林艺术的成熟和真正的古典主义园林时代的到来。

安德烈·勒诺特尔出自造园世家,从13岁起师从巴洛克绘画大师伍埃习画,结识过当时著名的古典主义画家勒布仑,建筑大师芒萨尔等鼎级人物,丰富了自己的艺术思想。1636年,离开伍埃画室改习园艺,并刻苦自学建筑、透视知识和笛卡尔唯理论哲学,为他以后成为园林创造的天才奠定了雄厚的实力。勒诺特尔的成名作品是沃—勒—维贡特府邸花园,这是法国园林艺术史上一件分时代作品,也是法国古典主义园林的杰出代表。从1661年开始,他主持兴造了以豪华壮丽而著称于世的凡尔赛宫苑,表现出高超的艺术才华,同时,他的园林创作亦达到炉火纯青的阶段,形成了风靡欧洲长达一个世纪之久的勒诺特尔园林。此外,他的重要作品还有枫丹白露城堡花园(1660年)、圣·日尔曼·昂·莱庄园(1663年)、圣克洛花园(1665年)、尚蒂伊府邸花园(1665年)、香勒里花园(1669年)、索园(1673年)、克拉涅花园(1674年～1676年)、默东花园(1679年)等。

法国古典主义园林由布瓦索等人奠定,勒诺特尔进行创作并形成伟大风格,最后勒诺特尔弟子勒布隆(Le Blond,1679年～1719年)与德扎利埃(Dézallier d' Argenville,1680年～1765年)合著《造园的理论与实践》一书,被看作是"造园艺术的圣经",标志着法国古典主义园林艺术理论的完全确立。

2.3.1.2 法国勒诺特尔式园林类型

法国勒诺特尔式园林作品很多,可以划分为宫苑园林、府邸花园和公共花园等三种类型。

1.宫苑园林

代表性园林有凡尔赛宫苑(Le Jardin du château de Versailles)、特里阿农宫苑(Le Jardin du Grand et Petit Trianon)和枫丹白露宫苑(Le Jardin du château de Fontainebleau),而以凡尔赛宫苑最为著名,见图2-16。

路易十四选择的凡尔赛,原是位于巴黎西南22千米处的一个小村落,周围是一片适宜狩猎的沼泽。1624年,路易十三在这里兴建一所简陋的行宫,为砖砌的城堡式建筑,四角有亭,围以壕沟,外观朴实无华。路易十四12岁时初去凡尔赛,对此地风光情有独钟。登基后,遂决定不惜一切代价,在此营造前所未有的盛会场所。他聘请全国最著名的造园大师勒诺特尔主持兴建,又选用最杰出的建筑师、雕塑家、造园家、画家、水利工程师加盟其中。所以,凡尔赛宫苑的兴造,代表着当时法国文化艺术和工程技术上的最高成就。

凡尔赛宫苑占地面积1600公顷,其中花园面积达100公顷,加上外围的大片人工林,总面积6000余公顷。宫苑的中轴线长约3千米,如包括伸向外围及城市的部分,则长达14千米。从1662年始建,至1688年大致完成,历时26年之久。

(1)总体规划。宫殿坐东朝西,建造在人工堆起的台地上,中轴向东、西两边延伸,形成贯穿并统领全局的轴线。东面是三侧建筑围绕的前庭,正中有路易十四面向东方的骑马雕像。庭院东面的入口处有军队广场,从中放射出三条林阴大道向城市延伸。园林布置在宫殿的西面,近有花园,远有林园。宫殿二楼正中朝东是国王的起居室,由此可眺望穿越城市的林阴马路,象征路易王朝控制巴黎、控制法兰西乃至整个欧洲的博大雄心。朝西的二层中央原设计为平台,改为"镜廊",好似伸入园中的半岛,由此眺望园林,视线深远。

宫殿突出部分前建刺绣花坛,后改成"水花坛",由5座泉池组成而未能实现,现在的"水花坛"是一对矩形抹角的大型水镜面。大理石池壁上装饰着爱神、山林水泽女神以及代表法国主要河流的青铜像。塑像都采用卧姿,与平展的水池很协调。坛水清澈,倒映着蓝天白云,与远方明亮的大运河交相辉映。

从水花坛西望,中轴线两侧有茂密的林园,高大的树木修剪整齐,有发达的林冠线,增加了中轴线的立体感和空间变化。花园中轴线的起点是"拉托娜泉池",池中是四层大理石圆台,拉托娜(Latona)雕像耸立顶端,手牵着幼年的阿波罗(Apollo)和阿耳忒弥斯(Artemis),遥望西方。下面有口中喷水的乌龟、癞蛤蟆和跪着的村民。水花喷溅,雾霭缭绕,令人不禁想起朦胧般的罗马神话。拉托娜泉池两侧各有一块镶有花边的草地,称为"拉托娜花坛",中央是圆形水池和高大的喷泉水柱,草地的外轮廓与拉托娜泉池嵌合一起,显得协调完美。

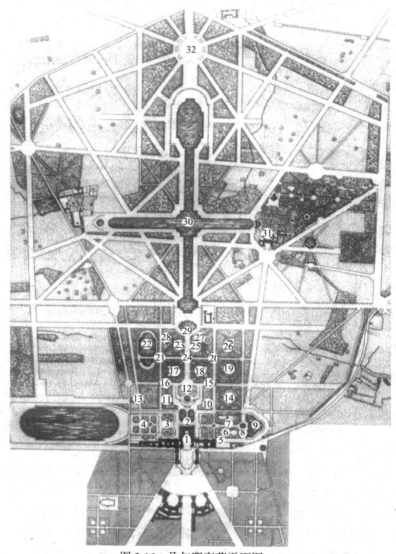

图 2-16　凡尔赛宫苑平面图

1—宫殿建筑;2—水池台地;3—花坛群台地;4—暖房;5—水池;6—凯旋门;7—水光林阴道;8—龙头喷泉;9—海神水池;10—阿波罗沐浴场;11—舞厅;12—拉托娜水池和花坛群台地;13—迷园;14—水剧场;15—粮谷女神;16—农神;17—枝状喷水;18—丛林;19—星形丛林;20—花神喷泉;21—酒神;22—王中池;23—柱廊;24—绿毯林阴道;25—圆丘丛林;26—方尖塔丛林;27—直射丛林;28—栗树厅;29—阿波罗水池;30—运河;31—特里阿农区;32—皇家广场

从拉托娜泉池西行是"国王林阴道",法国大革命时改称"绿地毯",中央为 25 米宽的草坪带,两侧各有 10 米宽园路。其外侧,每隔 30 米立着一尊白色大理石雕像或瓶饰,在美丽而高

44

大的七叶树和绿篱映衬下更显典雅娇美。林阴道的尽头是"阿波罗泉池",在椭圆形水池中,阿波罗驾着巡天车,迎着朝阳破水而出。泉池两侧有弧形园路,同样在树木和绿篱下设置雕像,既作为国王林阴道的延续,也作为阿波罗泉池广场的点缀品。

阿波罗泉池之后,便是凡尔赛宫苑中最为壮观的十字型大运河,既延伸了花园中轴透视线,也解决了沼泽地的排水问题。在大运河纵轴两端及纵横轴交汇处,都拓宽成轮廓优美的水池。路易十四经常乘坐御舟,在宽阔的水面上宴请宾客。大运河西边还布设"皇家广场",有10条道路以此为中心向外放射,象征路易十四如光芒四射的太阳般永恒。

大水花坛的南北两侧有"南花坛"和"北花坛"。两座花坛一南一北,一开一合,表现出统一中求变化的手法。南花坛台地略低于宫殿的台基,是建在柑橘园温室上的屋顶花园,由两块花坛组成,中心各有一个喷泉。由此南望,低处是柑橘园,远处是"瑞士人工湖"和林木繁茂的山岗。与南花坛相比照,北花坛处理成封闭式的内向空间。这里地势较低,也有两组花坛及喷泉,四周合围着宫殿和林园,显得深邃而幽静。北面因水景美妙而著称,从"金字塔泉池"开始,经"山林水泽仙女池",穿过"水光林阴道",到达"龙池",尽端为半圆形"尼普顿泉池",一系列喷泉和雕塑,造形栩栩如生,引人入胜。尼普顿泉池与瑞士人工湖在横轴两端遥相呼应,富有强烈的动、静对比。

(2)小林园布局。国王林阴道两侧隐蔽着一系列小林园,是凡尔赛宫苑中最独特最可爱的部分,是真正的娱乐休憩场所。一般空间尺度较小,显得亲切宜人。

全园共有14处小林园,除了两处在水光林阴路的两边,其余布置在中轴两侧,以方格网园路划分成面积相等的12块。园路的四个交点上布置四座泉池,池中分别有象征春天的花神、象征秋天的谷神、象征夏天的农神和象征冬天的酒神雕像,代表四季交替。

每一处小林园都有不同的题材、别开生面的构思和鲜明的风格。"迷园"是构思最巧妙的小林园之一,入口相对而立的是伊索和厄洛斯的雕像,暗示受厄洛斯引诱而误入迷宫的人能在伊索的引导下走出。园路错综复杂,内部动物雕像达40多座,皆出自伊索寓言,富有情趣。1775年迷园被毁后改为"王后林园"。

"沼泽园"也是一处十分精美的场所。园内方形水池中央有一株铜铸的树木,所有枝叶尖端布满小喷头,水池边的"芦苇"、四角隅上的"天鹅"也从不同方向喷水。此外,两侧大理石镶边的台层设有长条状水渠,里面是各种水罐、酒杯、酒瓶等造型的涌泉,还有一盘"水果"向外喷水。真是水景荟萃,令人眼花缭乱,目不暇接。沼泽园后来改成"阿波罗浴场",1776年~1778年改成浪漫式风景园林。

"水剧场"也是备受青睐的小林园。在椭圆形的园地上,流淌着三条小瀑布,还有200多眼喷水,可以组成10种不同的跌落组合,周围环绕着绿色植物,地面铺着柔软的草皮。后改为"绿环丛林"。

"水镜园"的水池处理简洁大方,倒映着树梢上的蓝天白云。水面与驳岸平齐,自然过渡到斜坡式草坪,与两侧的"帝王岛"(后改为"国王花园")合为一体。

"柱廊园"是凡尔赛宫苑中最美的园林建筑之一,是小芒萨尔王在1684年建造的。以树林环绕的大理石圆形柱廊,共32开间。粉红色大理石柱纤细轻巧,柱间有白色大理石盘式涌泉,水柱高达数米。中间为直径32米的露天演奏厅,中心高高的基座上放置着"普鲁东抢劫普洛赛宾娜"大型雕塑,形成一幅完美的空间构图中心。

(3)工程技术。凡尔赛宫苑兴建中采用了当时最为先进的工程技术。凡尔赛的水源难以满足大运河和 1400 多座泉池的用水,为此采用了很多水工机械,兴建了大量的水工工程,堪称水工工程的奇迹。为了使林园尽快郁闭成林,施工中还发明移植机移植大树。凡尔赛宫苑可谓雕塑林立,其主题和艺术风格十分统一。除有杰出的画家勒布伦统一规划外,还在罗马专门设立法兰西艺术学院,培养了一大批优秀的雕塑家,他们在勒布伦的统一指挥下完成了全国的雕塑创作。

2. 府邸花园

代表性园林有沃—勒—维贡特府邸花园、尚蒂伊府邸花园和索园。而以沃—勒—维贡特府邸花园为杰出代表。该园使设计人勒诺特尔一举成名,而园主尼古拉·福凯却因此成为阶下囚。该花园的独到之处是处处显得宽敞辽阔,又并非巨大无垠。各造园要素布置得合理有序。刺绣花坛占地很大,配以喷泉,在花园的中轴上具有突出主导作用。地形经过精心处理,形成不易察觉的变化。水景有贯穿并联系全园作用,在中轴线上依次展开。环绕花园整体的绿墙,美观大方。整齐而协调的序列、适当的尺度、对称的规则皆达到难以逾越的高度。

3. 公共花园

代表性公共花园是巴黎的香勒里花园,也是法国历史上第一个公共花园。花园建造之初,由网格状园路划分出方块形花坛和林园,整体上表现出意大利文艺复兴时期的花园特色。经过从亨利四世到路易十三时期的不断修改,在整体上失去了统一性和秩序感。后来勒诺特尔进行了全面改造,将花园与宫殿统一起来,在宫殿前面建造了图案丰富的大型刺绣花坛,形成建筑前一个开阔空间。刺绣花坛后面是茂密的林园,由 16 个方格组成,布置在中轴两侧。林园中仍以草坪和花灌木为主。又在花园和中轴上建造几何形状泉池,以增加欢快气氛。另外,在花园两侧和中轴西端增加台地与坡道,加强了地形变化,使花园魅力倍增。

2.3.1.3 法国勒诺特尔式园林风格特征

(1)以园林的形式表现皇权至上的主题思想。宫殿位于放射状道路的焦点上,宫苑中延伸数千米的中轴线,都强烈地表现出惟我独尊、皇权浩荡的思想。凡尔赛宫苑中轴线东西方向上的阿波罗、拉托娜雕像,象征一种周而复始,永恒统治的主题。

(2)在园林构图中,府邸居中心地位,起着控制全园的作用,通常建在园林的制高点上。建筑前的庭院与城市中的林阴大道相衔接,后面的花园在规模、尺度和形式上都服从于建筑。前后花园中都不种高大的树木,以突出府邸或便于俯瞰整个花园。林园既是花园的背景,又是花园的延续。

(3)花园本身的构图,也体现出专制政体中的等级制度。在贯穿全园的中轴线上加以重点装饰,形成全园视角中心。最美的花坛、雕像、泉池等集中布置在中轴上。横轴和次要轴线,对称布置在中轴两侧。小径和甬道的布置,以均衡和适度为原则。整个园林因此编织在条理清晰、秩序严谨、主从分明的几何网格之中。

(4)法国古典主义园林环境完全体现了人工化特点。追求空间无限性,表现广袤旷远,具有外向性等,是园林规模与空间尺度上的最大特点。尽管设有许多瓶饰、雕像、泉池,却并不密集,反而有简洁明快、庄重典雅之效。

(5)法国式园林又是作为府邸的"露天客厅"来修建的,需要很大场地,并要求地形平坦或略有起伏,有利于中轴两侧形成对称的效果。有时需要起伏的地形,但高差不大,整体上平缓而舒展。

(6)在水景创作方面,采用法国平原上常见的湖泊、河流形式,以形成镜面似的水景效果。

除了形色各异的喷泉外,动水较少,只在缓坡上做一些跌水景观。从护城河、水濠沟、水渠到运河,主要展现静态水景,以辽阔、平静、深远的气势取胜。

(7)在植物种植方面,广泛采用丰富的阔叶乔木,明显反映出四季变化。常见树种有椴树、欧洲七叶树、山毛榉、鹅耳枥等,一般集中种植在林园中,形成茂密的丛林。树林边缘经过修剪,又沿直线道路栽植,形成整齐的林冠线。这种丛林的尺度与巨大的建筑、花坛比例协调,形成完美统一的艺术效果。丛林内又设小型空间,体现统一中求变化,融变化于统一的思想。

丛林体现出树林的整体形象,而每棵树木都失去了个性。甚至将树木作为建筑要素,布置成绿色长廊、绿墙、绿色天井,或成排的绿色立柱,给人一种绿色宫殿的感觉。

(8)府邸近旁的刺绣花坛是法国园林的独创之一。在法国温和的气候条件下,适应以花卉为主的大型刺绣花坛,以追求鲜艳、明快、富丽的效果。在黄杨矮篱组成的图案中,底衬用彩色的砂石或碎砖,富有装饰性,犹如图案精美的地毯。

(9)在园内道路上,将水池、喷泉、雕塑及小品装饰设在路边或交叉路口,犹如项链上的粒粒珍珠,交相辉映,引人注目。

2.3.1.4 勒诺特尔式园林对欧洲的影响

法国勒诺特尔式园林是顺应了时代的要求而诞生的,同时又促进了整个欧洲园林的繁荣与进步。

17世纪以来,法国、俄国、奥地利和普鲁士等欧洲大陆的主要封建国家,封建落后势力仍很强大,有些地方封建割据十分严重,极大地阻碍了社会经济发展。当时,资本主义工商业有所发展,而新兴的资产阶级力量相当弱小,无力改革现状,因而希冀借助封建君主专制王权的庇护,以谋求自身的发展。而封建君主也想借助新兴资产阶级的力量进行改革,打击封建割据势力,加强中央集权,巩固自己的统治。1661年,法国路易十四开始亲自执政,进行了大刀阔斧的改革。路易十四宣布"朕即国家",一方面,他使用武力坚决镇压贵族的反叛;另一方面,他采取怀柔政策,大兴土木,让地方大贵族以进宫侍奉王室的名义,享受声色犬马之乐,制服了封建割据势力。同时,采取一系列政治、经济、文化改革措施,强化中央集权。路易十四通过改革,把法国的封建专制制度推向了顶峰。正是在这种时代背景下,勒诺特尔式园林应运而生。

勒诺特尔式园林顺应了欧洲王权加强中央集权,追求高度统一和规则秩序的需要,也迎合了教皇、君主及贵族们虚荣、浮华和奢侈的生活方式,同时,给欧洲正在兴起的巴洛克文化艺术增添了高贵典雅的风格,也深受新兴资产阶级的青睐。加之法国不仅在政治、经济上成为全欧洲首屈一指的强国,在文化艺术方面也成为欧洲人效法的榜样。因此,勒诺特尔园林凭借强劲东风,迅速传遍了欧罗巴。从西班牙到俄罗斯,从英吉利到意大利,从宫廷到庄园,从城市到乡村,人们纷纷效仿,趋之若鹜,其影响长达一个世纪之久。欧洲各国也纷纷邀请法国的造园家前往本国兴造花园,如勒诺特尔去过意大利和英国指导造园,克洛德·莫莱的两个儿子曾先后为瑞典和英国宫苑服务,勒布隆在圣彼得堡参与园林和城市的规划设计。

法国勒诺特尔式园林在欧洲各国传播过程中,由于各国地理、地形、气候、植被以及民族文化传统等方面的差异,使勒诺特尔式园林得到了丰富和发展,形成了具有各自国家和民族特色的园林风格。

1. 荷兰的勒诺特尔园林以赫特·洛宫花园(Gardens of the Het Loo Palace)为代表。

园林少有以深远的中轴线取胜的作品,因为大多数园林的规模较小,地形平缓,难以获得纵深效果。法国式刺绣花坛,很容易被荷兰人所接受。但是,荷兰人对花卉的酷爱使得他们通常放弃了华丽的刺绣花坛,而采用种满鲜花的方格形花坛。园路也铺设彩色砂石,因而使荷兰的勒诺特尔式园林色彩艳丽,效果独特。

园林规模不大,空间布局往往十分紧凑,显得小巧而精致,景色迷人。园中点缀的雕像数量较少,且体量缩小。

荷兰水量充沛,水网交错稠密,造园师往往喜欢用细长的水渠来分隔或组织庭园空间。荷兰园林水渠虽然不如法国园林水渠壮观,但同样有镜面般的效果,收摄蓝天白云、建筑花木于其中。

园林植物多以荷兰的乡土植物为主,且造型更加丰富,修剪亦很精致。但是,由于荷兰大部分地区受强风袭击,且地势低凹,难以生长根深叶茂的大树,从而难以产生法国园林那种丛林或森林景观效果。

另外,荷兰人还采用方格形铸铁架作为空花墙布置在林阴道的末端,园中增设凉亭和鸟笼,以提高园林观赏品位。

2. 德国的勒诺特尔式园林众多,代表作品有海伦豪森宫苑(Gardens of the Herrenhausen Palace)、林芬堡宫苑(Gardens of the Lymphenbourg Palace)、夏尔洛腾堡宫苑(Gardens of the Charlottenbourg Palace)、维肖克汉姆宫苑(Gardens of the Veitshockhaim Palace)和苏维兹因根庄园(Gardens of the Sohwetzingen Palace)。

德国园林大多是经过法国或荷兰造园家之手设计建造的,因而带有强烈的法国或荷兰的勒诺特尔式园林风格特征,同时也有意大利园林风格影响。从造园要素的处理手法上看,德国园林有其独到之处。

首先,德国勒诺特尔式园林中最突出的是水景的利用。园林中有法国式喷泉、意大利式的水台阶以及荷兰式的水渠,都处理得壮观宏丽,许多水景的设计都达到青出于蓝而胜于蓝,闻名世界。

其次,绿阴剧场在德国园林中较为常见,比意大利园林剧场更大,而比法国园林的绿阴剧场布局紧凑,并结合雕像具有很强装饰性,同时兼具实用功能。某些绿阴剧场中的雕像从近到远逐渐缩小,在小空间中创造出深远的透视效果。

3. 俄罗斯的勒诺特尔式园林以彼得堡夏花园(Gardens of the Summer Palace at Petersbourg)、彼得宫(Gardens of the Peterhor Palace)、库斯可沃(KyckoBo)等园林为杰出代表。

俄罗斯园林同其他国家的勒诺特尔式园林一样,在总体构图上追求比例协调和完美的统一性,以宏伟壮丽的宫殿建筑为主体控制全园,由宫殿向外展开中轴线,贯穿全园,使宫苑在构图上紧密结合为一体。

俄罗斯园林的主要风格特征体现在造园要素的精心处理上。园林建筑的选址和地形处理更胜一筹,利用山坡建造的水台阶、水渠、雕塑、喷泉更为精湛,引人注目。俄罗斯园林既有法国园林宏伟壮观的效果,又有意大利园林处理地形及水景的巧妙手法,形成辽阔、开朗的空间效果。

园林植物以乡土树种为主,采用栎类、复叶槭、榆、白桦形成林阴道,以云杉、落叶松形成丛林,用樾橘(Vaccmium)及桧柏代替黄杨作为绿篱。金碧辉煌的宫苑建筑配以乡土树种为主的植物景观,使俄罗斯园林带有强烈的地方色彩和典型的俄罗斯传统风格。

4. 英国勒诺特尔园林以汉普顿宫苑(Gardens of the Hampton Court)最为著名。

英国勒诺特尔园林与欧洲大陆相比,其奢华程度大为逊色。虽用喷泉,却不十分追求理水技巧。英国国土以大面积的缓坡草地为主,树木也呈丛生状,园林中缺少大片的茂密树林,空间平远而辽阔,又显平淡。园林植物雕刻十分精致,造型多样、逼真,花坛更加小巧,以观赏花卉为主,园林空间分隔较多,温馨可人。

规则式花园中除了结园、水池、喷泉等以外,常用回廊联系各建筑物。凉亭设在直线道路终点,或设在台层,以远眺美景。园林中常用柑橘、迷园作为局部点缀,大型府邸花园中还有体育、文娱设施。

日晷是英国园林中常见的小品,气候寒冷地区有时以日晷代替喷泉。常用造型植物有紫杉、水腊、黄杨、迷迭香等。园路上常覆盖着爬满藤本植物的拱廊,或以编织成篱垣状的树木种在路旁。

5. 西班牙勒诺特尔园林以阿兰若埃兹宫苑(Aranjuez Gardens)和拉·格兰贾宫苑(La Granja Gardens)为代表作品。

由于西班牙地形起伏很大,很难开辟法国式园林所特有的平缓舒展的空间,也缺少广袤而深远的视觉效果。西班牙勒诺特尔式园林从平面构图上观察,与法国园林十分相似,而从立面效果看,空间效果就差异很大。但是,西班牙能够因势利导,发挥地形起伏变化,水源丰富的优势,制作大量的喷泉、瀑布、跌水和水台阶等,给园林平添了凉爽与迷人魅力。

西班牙气候炎热,花园中有时种植乔木,为法国园林所罕见。花坛往往处在大树的阴凉之下,加之周围的水体多样,形成凉爽、湿润而宜人的小气候环境。

西班牙勒诺特尔式园林在铺装材料上仍然采用大量的彩色马赛克贴面。同时在造园中融入许多浓郁的地方特色和传统情感。

2.3.2 英国风景式园林

2.3.2.1 英国风景园林发展背景

在法国勒诺特尔式园林风靡百年之后,18世纪中叶英国自然风景式园林的出现,结束了规则式园林统治欧洲数千年的历史,成为西方园林艺术领域的一场脱胎换骨的革命。英国风景式园林的形成和发展离不开英国本身的自然地理和气候条件,也与当时的政治、经济、文化艺术等社会条件密切相关,同时还受到中国山水写意园林的重要影响。

英国南部平缓舒展,北部地区丘陵起伏,境内多雨湿润,对植物生长尤其是草本植物发展十分有利,因而草坪、地被植物无需精心浇灌即可碧绿如茵。这种特殊的地理、气候、植被条件成为风景式园林形成的得天独厚的基础。

从16世纪开始,英国为争夺制海权而制造大量舰船,增加了对木材的需要,加之燃料和建筑材料的木材消耗,造成了森林面积不断缩减。为此,英国于1544年就颁布了禁止砍伐森林的法令,确定了12种树木必须加以保护,不得任意砍伐,其中主要有栎树,在一定程度上保护了英国草原上的林丛景观。此外,英国的圈地运动使牧区不断扩大,农业上采用牧草与农作物轮作制,亦是英国田野呈现出碧绿万顷,芳草天涯,牛羊如云的草原景观的重要原因。这些为风景式园林在英国的出现提供了良好的社会条件。

16世纪中叶以后,欧洲基督教传教士纷纷来华传教,他们游览了中国皇家宫苑和江南山水写意园林之后,为中国园林"虽由人作,宛自天开"的精湛技艺所折服。中国园林艺术从此在欧洲得到广泛传播,尤其是结合英国独特的地理、气候和植被环境,发展成为自然风景式园林。

17世纪末叶到18世纪初期,在英国文化艺术界围绕园林变革问题展开了激烈的争论,通过争论,使自然风景园林深入人心。

威廉·坦普尔(William Temple,1628年~1699年)是英格兰的政治家和外交家,于1685年出版了《论伊壁鸠鲁的花园》一书。他认为英国过去只知道园林应该是整齐的、规则的,却不知道另有一种完全不规则的园林是更美的,更引人入胜的;认为西方园林强调对称与协调,讲究建筑和植物配置的某种比例关系,这些在中国人眼里是连小孩子都会做的;他认为中国园林的最大成就就在于创造出一种难以掌握的无秩序的美。

莎夫茨伯里伯爵三世(Anthony Ashley Cooper.Shaftesbury Ⅲ,1671年~1713年)受柏拉图理论影响,认为人们往往对于未经人手玷污的自然有一种崇高的爱。与规则式园林相比,自然景观要美得多,即使皇家宫苑中的美景也难以同大自然粗糙的岩石,布满青苔的洞穴、瀑布等景观的魅力相比。

约瑟夫·艾迪尼(Jogeph Addison,1672年~1719年)是一位文艺家和政治家,于1712年发表《论庭园的快乐》。认为大自然的雄伟壮观是人工造园所难以达到的,而园林愈接近自然则愈美,只有与自然融为一体,园林才能获得最完美的效果。

亚里山大·蒲柏(Alexander Pope 1688年~1744年)是一位著名的诗人和园林理论家,曾经发表《论绿色雕塑》一文。对当时流行的植物造型进行了尖锐地批评,主张摒弃这种违反自然的做法。

斯梯芳·斯威特则(Stephen Switzer)也是一位园林理论家,蒲伯的崇拜者,于1715年出版了《贵族、绅士及造园家的娱乐》,批评园林中过分的人工化,对整形修剪的植物和几何形的小花坛及规则式小块园林等予以否定。认为园林应该是大片的森林、丘陵起伏的草地、潺潺流水及林阴下面的小路。

贝蒂·兰利(Batty Langley 1696年~1751年)于1728年出版了《造园新原则及花坛的设计与种植》一书,在园林规则设计方面提出融规则式与风景式园林为一体的方案。认为建筑前要有美丽的草地空间,并有雕塑装饰,周围有成行种植的树木;园路末端有森林、岩石、峭壁、废墟,或以大型建筑为终点;花坛上绝对不用整形修剪的常绿树,草地中间的花坛不用边框圈围,也不用横纹花坛;所有园林都应雄伟、开阔,具有自然美;在园路交叉点上可设置雕塑,景色欠佳之处可以堆掇土丘与山谷等给以点缀。

威廉·钱伯斯(William Chambers,1723年~1796年)出身苏格兰富商家庭,曾在东印度公司工作,游历过中国,收集了许多中国建筑方面的资料,又在巴黎和罗马留学,1755年以后担任英国国王乔治三世的建筑师。他曾先后出版了《中国的建筑意匠》、《东方庭园论》等著作,传播中国园林艺术的创作理论和经验。认为当时的英国风景园中不过是原来的田园风光,而中国园林却是源于自然而高于自然;真正动人的园景还应有强烈的对比和变化;造园不仅是改造自然环境,而且应该使其成为高雅的供人休憩之地;园林要体现渊博的文化素养和艺术情操。由于钱伯斯的声名显赫及其大力的推崇和提倡,追求中国园林高雅情趣之风吹遍英伦全岛。

从18世纪初到19世纪初的百年间,自然风景园林成为英国造园新时尚,园林专家辈出。布里奇曼(Charles Bridgeman,不详~1738年)是自然风景式园林的实践者,是使规则式园林向自然式园林过渡的典型代表人物。威廉·肯特(William Kent,1686年~1748年)则是完全摆脱了规则式园林的第一位造园家,成为真正的自然风景园林的创始人。朗斯洛特·布朗(Lancelot Brown,1715年~1783年)继肯特之后成为英国园林界泰斗,他设计的园林遍布全英国,被誉为"大地的改造者"。胡弗莱·雷普顿(Humphry Repton,1752年~1818年)是18世纪后期最著名的风景园林大师,主张风景园林要由画家和造园家共同完成,给自然风景园林增添了艺术魅力。威廉·钱伯斯更极力传播中国园林艺术风格,为自然风景园林平添高雅情趣和意境。

英国风景式园林以其返本复初的自然主义思想和天然纯朴自由的风格冲破了长期统治欧

洲的规则式园林教条的束缚,极大地推动了当时欧洲各国园林风格的变迁,对近代欧洲乃至世界各国园林的发展都产生了深远的影响。

2.3.2.2 英国自然风景园林类型

英国自然风景园林可以划分为宫苑花园、别墅庄园、府邸花园等三种园林类型。

1. 宫苑花园

宫苑花园的代表作品有布伦海姆宫风景园(Park of the Blenheim Palace)和邱园(Royal Botanic Gardens,Kew)。

(1)布伦海姆宫风景园。布伦海姆宫是凡布高于1705年为第一代马尔勒波鲁公爵建造的,造型奇特,开始显示出远离古典主义的样式,但是,最初由亨利·怀斯建造的花园仍然采用勒诺特尔式。1764年,布郎承接了马尔勒波鲁后人建造风景园的任务,重新塑造花坛地形并铺植草坪,草地一直延伸到巴洛克式宫殿前。

布朗又对凡布高建造的桥梁所在地的格利姆河段加以改造,只保留了"伊丽莎白岛",取消两条通道,在桥西面建了一条堤坝,从而形成壮阔的水面。原来的地形被水淹没了,出现两处弯曲的湖泊,在桥下汇合。因为水面漫溢桥墩上,使桥梁与水面比例更加协调,水景壮美,引人入胜。

布朗创作的风景园是以几处弯曲的蛇形湖面和几乎完全自然的驳岸而独具特色。通道也不再是与入口大门相接的笔直通道,而是采用大的弧形园路与住宅相切。布伦海姆园林成为风景园的典型范例。

(2)邱园。也称英国皇家植物园,1731年威尔士亲王腓特烈(Freaderick)开始居住于此,称为邱宫(图2-17)。当时,亲王夫人在此收集植物品种。1759年奥古斯塔公主在宫殿周围开始建植物园。此时,著名园林建筑大师威廉·钱伯斯被国王乔治三世聘请到邱园,留下了大量中国式风格的建筑作品。如1761年修建的中国塔及孔庙、清真寺亭、桥、假山、岩洞、废墟等。这些建筑标志着中国园林风格对英国园林的重大影响。

邱园首先以邱宫为中心,以后在其周围建园,又逐渐扩大面积,增加不同局部,形成了多个中心。其主要内容是植物园,因此其规划又不同于一般完全花园。邱园以邱宫、棕榈温室等为中心,形成局部的优美环境,加之自然的水面、草地、风姿美丽的孤植树,茂密的树丛,绚丽多彩的月季亭,千奇百怪的岩石园等,使邱园不仅在园林艺术方面有很高的观赏价值,而且在国际植物学方面具有权威地位。具有中国风格的园林建筑如亭、桥、塔、假山、岩洞等亦为邱园增添风采。

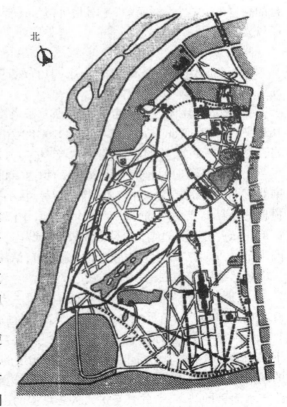

图2-17 邱园平面图

51

邱园从欧洲、亚洲、澳洲、美洲等世界各地引种的植物,异彩纷呈,复杂多样,如中国的银杏、白皮松、珙桐、鹅掌楸等名贵树木栽培其中,这是邱园的显著特色之一。

2. 别墅庄园

别墅庄园的代表作品有查兹沃斯风景园(Chatsworth Park)和斯陀园(Stowe Park)。

(1)查兹沃斯风景园自1570年以来,各个时代的园林艺术风格在此园交汇、调整、改造,具有多样性特征,成为世界上最著名、最迷人的园林之一。1750年以后,布朗指挥风景园林改建工程,重点是改造沼泽地,同时,也波及到一部分原有花园的改造,重新塑造地形,铺种草坪。布朗最关注的是将河流融入风景构图之中。首先采用比较隐蔽的堤坝将德尔温特河(Derwent)截流,从而形成一段可以展示在人们眼前的水面;随后在河道的一个狭窄处,建造了一座帕拉弟奥式桥梁,通向新的城堡入口。大面积的种植,起伏的地形,弯曲的河流,两岸林园的扩展以及堆掇的土山,能够使人们更好地欣赏德尔温特河流的美丽风光。

(2)斯陀园:园主人是考伯海姆勋爵(Lord Cobham,1699年~1749年),最初为规则式花园。负责工程的造园师是布里奇曼。他曾在园地周围布置一道隐垣,使人的视线得以延伸到垣外。以后肯特代替了布里奇曼,逐渐改造规则式园路和甬道,并在主轴线的东面,以洛兰和普桑的绘画为蓝本修建了一处充满田园情趣的"香榭丽舍"花园。在山谷的小河边,几座庙宇倒映水中,有仿古罗马西比勒庙宇的"古代道德之庙",也有一座废墟式的"新道德之庙",河对岸有"英国贵族光荣之庙",周围分别布置着古希腊名人雕像和当时欧洲名人雕像。

园林东部处理成荒野和自然风景,地形微微起伏,避免一览无余,使风景中的建筑保持各自的独立性。在"香榭丽舍"花园北面,有布朗设计的"希腊山谷",呈现一派类似盆地的开阔牧场风光。

3. 府邸花园

府邸花园代表作品是霍华德庄园(Park of the Castle Howard)和斯托海德花园(Stourhead Park)。

(1)霍华德庄园。1699年卡尔利斯尔子爵查理·霍华德(Charles Howard)聘请建筑师约翰·凡布高(Sir John Vanbrugh,1664年~1726年)为其建造一座带花园的府邸,最初为巴洛克式风格,巨大的穹顶,大量的瓶饰,雕塑和半身像。17世纪末,开始从规则式向风景式园林过渡。

霍华德花园地形起伏变化较大,面积达2000公顷,很多地方显示出造园形式的演变,其中南花坛的变化最具代表性。府邸砂面有带状小树林,称"放射线树林",由曲线形的园路和浓阴覆盖的小径构成路网,通向一些林间空地,中间设置环形凉棚、喷泉和瀑布。自然的树林与几何形花坛并存,形成强烈的对比效果。府邸内一侧有广阔的人工湖,岸边散点着树木,一派田园山水风光。1734年从湖中引出一条河流,沿岸设置"四风神庙"、"纪念堂"、"古罗马桥"、"金字塔"等,金字塔周围是一片辽阔的牧场。

(2)斯托海德花园(图2-18)。这是由园主人自己设计建造的府邸花园,是18世纪中叶在有文化素养和革新精神的贵族中间流行的时尚。

1717年亨利·霍尔一世(Henri Hoare Ⅰ,1677年~1725年)在威尔特郡买地造府,霍尔二世于1741年开始建造风景园。首先将流经园址的斯托尔河截流,在园内形成一连串近似三角形的湖泊。湖中有岛、堤,周围是缓坡、土岗;岸边或是伸入水中的草地,或是茂密的丛林;沿湖道路与水面若即若离,有的甚至进入人工堆掇的山洞中;水面忽宽忽窄,或急或缓,动静结合,变化万千。沿岸设置有亭、桥、洞穴、雕塑等,位于视线焦点上,互为对景,有画龙点睛作用。

园路环湖布置,人们在散步时可欣赏到一系列不同景观。路边建造形态各异的庙宇,分别来自古罗马典故。府邸采用帕拉第奥样式,府邸的西北方有"花神庙",以茂密的森林为背景,庙两侧有各色杜鹃,白色建筑掩映于花丛中,构成一幅动人的画面。

园林中名胜风景还有:1748 年皮帕尔(Pieper)设计的假山,假山中凿洞,在临水一面辟有自然窗口,便于采光,也可形成观赏湖面风光的景框。洞中水池上有卧着"水妖"的石床,还有一河神雕像,其风格尚有古希腊的遗风。

山洞以南是哥特式村庄,哥特式教堂及阿尔弗烈德塔位于起伏的草地和茂密的树林中,景色恬静幽雅。

先贤祠位于湖岸一端,临湖有开阔的草地缓缓伸入湖中,背景是茂盛的森林。这座古罗马式的庙宇为英国风景园林中常见的建筑,象征着古罗马精神。见图 2-19。

另外,阿波罗神殿也是一处重要景点。这里地势较高,三面树木环绕,前面留出一片斜坡草地,一直伸向湖岸,岸边草地平缓,上有成丛的树木。从神殿前可以眺望辽阔的水面,而从对岸看,阿波罗神殿犹如耸立于林海之上。

亨利·霍尔二世在园林中遍植乡土树种山毛榉和冷杉,以后又种植许多黎巴嫩雪松、意大利丝杉、瑞典及英国的杜松、水松及落叶松等,形成以针叶树为主常绿而壮美的景观。随着引种驯化技术的提高,后来又陆续引进了南洋杉、红松、铁杉、石楠和杜鹃,使斯托海德花园更加绚丽多彩。

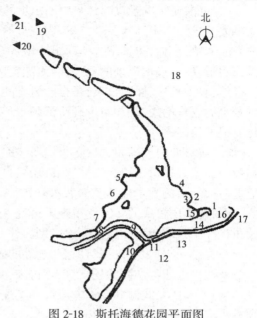

图 2-18 斯托海德花园平面图

1—宅邸;2—花神庙;3—天堂井;4—般屋;5—岩洞;6—农舍(哥特式村庄);7—先贤祠;8—铁桥;9—堤;10—瀑布;11—岩石桥;12—隐居所;13—阿波罗神庙;14—岩洞地下道;15—石样;16—布里斯托尔塔;17—教堂;18—方尖塔;19—水车;20—修道院;21—阿尔弗列德塔

图 2-19 先贤祠

53

2.3.2.3　英国自然风景式园林风格特征

（1）英国自然风景式园林与中国山水写意园林同属自然山水园林，而在内涵和外貌上又存在很大差异。中国园林源于自然，表现自然，却高于自然，反映一种对自然美的高度凝练概括，把人的情感与自然美景结合体现出诗情画意的境界。而英国风景园林所追求的是广阔的自然风景构图，较少表现风景的象征性，而注重从自然要素直接产生的情感。所以英国风景只是模仿自然、表现自然、回归自然，是自然风光的再现，虽然也有模仿中国园林创作风格的或者模仿风景画面创作的景观，却较少有诗情画意和高于自然的意境。这些差异，体现了英国风景式园林的根本特征。

（2）成熟期的英国园林排除直线条园路、几何形水体和花坛，中轴对称布局和等距离的植物种植形式。尽量避免人工雕琢痕迹，以自由流畅的湖岸线、动静结合的水面、缓缓起伏的草地上高大稀疏的乔木或丛植的灌木取胜。

（3）英国风景式园林除注重园内再现自然，重塑自然外，亦注意园林内外环境的默契结合。园边往往不筑墙而挖一条宽沟以区别内外，又能防止牲畜入园，称为"哈哈墙"，而在视线上，园林与外界都无隔离之感，极目所至，远处的农舍田野、起伏的丘陵草地、云朵般的羊群，蔚蓝的大海及海面上成群结队的飞禽等，均可成为园内借景，从而扩大了园林的空间感。

（4）英国风景式园林理水方面摒弃了规则式园林几何形水体、大量喷泉设施和直线水道等理水手法，把自然水体及其相关人文景观引入园内。园内往往利用自然湖泊或设置人工湖，湖中有岛，并有堤桥连接，湖面辽阔，有曲折的湖岸线，近处草地平缓，远方丘陵起伏，森林茂密。湖泊下游设置弯曲的河流，河流一侧又有开阔的牧场，沿河流域布置有庙宇、雕塑、桥、亭、村舍等。

（5）英国的风景式园林按自然种植树林，开阔的缓坡草地散生着高大的乔木和树丛，起伏的丘陵生长着茂密的森林。树木不需要人工修剪和整形。树木以乡土树种为主，如山毛榉、椴树、七叶树、冷杉、雪松等。

2.3.2.4　英国风景式园林对欧洲园林发展的影响

18世纪中叶，英国自然风景式园林的形成和发展，否定了统治欧洲长达数千年的规则式园林一统格局，给欧洲园林带来了新气象。欧洲诸国群起而效法，从意大利到芬兰，从法国到俄罗斯，到处掀起风景式园林高潮。尤其是法国和俄罗斯两国在引入风景式园林的同时，结合本国自然、人文条件，做出了独创性的贡献。

1. 法国"英中式园林"

当英国自然风景园林繁荣并逐渐过渡到绘画式风景园林以后，法国也掀起兴造绘画式风景园林的热潮。由于法国的风景式园林借鉴了英国风景式园林的造园手法，又受到中国园林艺术的影响，形成了一种新的园林风格，被称为"英中式园林"。

法国在否定规则式园林建立风景式园林的过程中，启蒙主义思想家发挥了重要的先导作用。卢梭、狄德罗和布隆代尔等人把规则式园林和腐朽的封建贵族专制联系起来加以否定，号召回归大自然，主张学习英国和中国，对园林艺术进行彻底的革命。"英中式园林"在18世纪下半叶曾风行一时，随着法国资产阶级大革命的爆发和拿破仑战争，给法国带来了更激进的新思潮，到18世纪末，"英中式"园林即不再流行。

法国"英中式"园林代表作品有埃麦农维勒园林（Parc d'Ermenonville）、小特里阿农王后花园（Le Jardin de la Reine du Petit Trianon）、麦莱维勒林园（Prac de Mereville）和莱兹荒漠林园

（Desert de Retz）等。

法国"英中式园林"风格特征主要如下：

（1）由于唯理主义哲学在法国的根深蒂固，古典主义园林艺术作为法国民族的优秀传统没有根本动摇，"英中式园林"仍然借鉴勒诺特尔的某些优秀设计法则，只是花园的规模和尺度缩小了，改变庄重典雅的风格，小型纪念性建筑取代雕像，使花园更富人情味。

（2）"英中式园林"往往以法国风景画家创作的反映自然景色和园林风光作品为蓝本，再以造园的手法复制完成。

（3）英国式的草坪花坛取代了色彩艳丽的花坛图案，在整齐精细的草坪边缘，用一些花卉做装饰，显得朴素、亲切、自然。

（4）17世纪中期以后，中国的绘画、工艺、园林深受法国人青睐，在法国风景园林兴起之时，园林中出现了塔、桥、亭、阁之类的建筑物和模仿自然形态的假山、叠石、园路；河流迂回曲折，穿行于山岗和丛林之间；湖泊采用不规则形状，驳岸处理成土坡、草地、间以天然石块；有时在园林中设置石碑、陵墓、衣冠冢、断柱残垣或纪念性建筑，令人睹物思贤，缅怀之情油然而生。表明法国人在学习中国园林创作艺术道路上迈出了重要的一步。

2. 俄罗斯风景园

18世纪中叶以后，英国自然风景式园林风靡全欧洲，俄罗斯也深受其影响，开始引入风景园林。

俄罗斯风景园林的发展受到英国、中国的园林影响，同时叶卡捷琳娜二世对英国自然风景园极为崇拜，积极支持风景式园林的建设活动。另外，规则式园林需要经常性养护，投资大，成本高，渐为人摒弃，加之文化艺术和园林界崇尚自然，追求返璞归真已成时尚，风景园林方兴未艾，一直持续到19世纪中叶。在大兴风景园林之时，著名园艺学家安得烈·季莫菲也维奇·波拉托夫（A.J.Polatov，1738年~1833年）提出结合本国的气候特点，创造具有俄罗斯独特风格的自然风景园林，以表现俄罗斯自然风景之美的观点。

俄罗斯风景园林以位于彼得堡郊外的巴甫洛夫风景园林（Pavlov Park）为主要代表。俄罗斯风景园林可以划分为浪漫主义风景园林和现实主义风景园林两种类型，其风格特征分别表述如下。

（1）浪漫主义风景园林是俄罗斯风景园林发展的第一阶段。园林中的景点多以风景画家的艺术作品为蓝本，如法国的洛兰、意大利的罗萨、荷兰的雷斯达尔等人的自然风景画作品成为造园家争相追求的蓝本。园林打破了直线、对称的构图方式，在充满自然和谐的环境中实现体形结合、光影变化等效果。同时，园林景观往往表现浪漫情调和意境，人为创造一些野草丛生的废墟、隐士草庐、英雄纪念柱、名人墓地以及奇形怪状的岩洞、峡谷、跌水等，使游人产生情感共鸣，或悲伤哀悼，或忧愁惆怅，或庄严肃穆，或心花怒放。

（2）现实主义风景园林是俄罗斯风景园林发展的第二阶段。19世纪上半叶，人们对植物的姿态、色彩和植物群落美产生了兴趣。园中景观不光重视建筑和山水等，也开始重视植物本身。以巴甫洛夫园为表率，俄罗斯园林开始了以森林景观为基础，展现园林自然风光的苍劲、雄奇、豪放之美为风格的制作。

（3）俄罗斯风景园在郁郁葱葱的森林中往往辟出一小块空地，里面装饰着孤植树和树丛，这种方式有利于夏季遮阳，冬季避风。园林树木强调以乡土树种为主，云杉、冷杉、落叶松、白桦、椴树、花楸等是形成俄罗斯园林特有风光的重要植物。

2.4 近代欧洲园林体系

2.4.1 欧洲新型园林

2.4.1.1 欧洲新型园林形成与发展背景

18世纪中叶到19世纪初,英国发生了工业革命。蒸汽机的发明,新能源、新材料的开发利用,机械化对手工业的取代,交通运输的发展,极大地繁荣了欧洲资本主义经济与文化,巩固了资产阶级革命成果,使欧洲社会实现了跨跃式发展。与此同时,大量农民由农村涌入城市,导致城市人口急剧膨胀,城市用地也不断扩大,城市安全、环境、住宅、交通等问题也纷至沓来。

继英国工业革命之后,比利时、法国、德国等欧洲国家也纷纷采用大机器生产,工业蓬勃发展,经济繁荣兴旺,城市面貌一派欣欣向荣的景象。与此同时,也出现了和英国同样的城市问题。

城市问题的出现,冲破了古老的欧洲园林格局,解放了人们的传统思想,也赋予园林以全新的概念,产生了与传统园林内容、形式差异较大的新型园林。

在英国工业革命前后,欧洲各国资产阶级革命浪潮风起云涌,终于导致欧洲封建君主政权的彻底覆灭。因此,许多从前归皇家所有的园林逐步被收为国家所有,并开始对平民开放。18世纪,英国首先开放了伦敦的皇家狩猎园。法国巴黎郊外的布劳涅林苑原属皇家猎苑,几经改造后,也以自然风景式园林景观向市民开放,尤其是以建在隆尚平原上的跑马场引人游观。另一些原属皇家的园林,成为当时上流社会不可缺少的表演舞台,也是公众聚会的场所,起到类似公共俱乐部的作用。

随着城市建设规模的扩大,除原属皇家而后归国家所有的园林向平民开放以外,城市公共绿地也相继诞生,出现了真正为居民设计,供居民游乐、休憩的花园或大型公园。

与此同时,一些保留皇室的国家那些仍然归属皇室所有的皇家园林也在一定时期对公众开放,私人庄园、花园也逐渐对外开放,并形成一种社会时尚。

2.4.1.2 欧洲新型园林类型

欧洲新型园林可划分为城市公园、动物园、植物园和城市公共绿地等类型。

1. 城市公园

城市公园多由位于城市中心及周围地区的原皇家园林改为向市民开放游览的公园,也有一部分属于国家在城市及郊外新建的公共园林。代表性作品有英国伦敦市内的肯辛顿园(Ken Sington Garden)、海德公园(Hyde Park)、绿园(Green Park)、圣·杰姆士园(St James's Park)及摄政公园(Regents Park),威尔士的波德南园(Bodnant Park);法国巴黎市内的蒙梭公园(Park Monceadx)、苏蒙山丘公园(Park de Buttes-Chaumouts);德国柏林的弗里德里希公园(Friedrich Park)等。

(1)肯辛顿公园:原为肯辛顿宫花园,包括以后的肯辛顿园和海德公园。花园在宫殿的东部展开,园中有美丽宽阔的林阴道及大水池、喷泉及纪念性雕像。东北面以长条形水面为界,与对岸的海德公园相邻,河上有桥连接两园。两园总面积达249公顷,是伦敦皇家园林中改为对公众开放的最大的公园。在海德公园东北角大理石拱门附近有一片草地,号称"讲演角",可供人们自由发表演说。

(2)圣·杰姆士园:与位于其西侧的绿地相连,园中原有壮丽的运河,后被改为具有曲折驳岸的自然式水面。岸边绿草如茵,孤植树与树丛错落有致,风光秀丽如画。绿地还保留了一条宽阔的散步道,供市民休闲赏景。

(3)波德南园:位于威尔士的康威河谷地带,建于19世纪中叶。园址为一片山坡,地形起伏,还有山谷、溪流,环境优美。园内地势东高西低,花园规划成两部分,即北部的规则式园林和南部的自然式园林。北部花园顺地势由东向西辟有几个台层,逐层下降,呈规则式园林布局,颇有意大利台园风貌。南部园林基本保留了原地形,呈现一派溪流潺潺,杜鹃怒放,森林蓊郁的原始古朴景象。

(4)英国摄政公园:原为一片荒芜的林地,改建为公园。园中设自然式水池,池中有岛。园路蜿蜒曲折,草地开阔,林木疏密有致。设有竞技场、露天剧场、聚会场、学校、儿童活动场、儿童游泳池,还有动物园。公园内的设施一应俱全,体现出近代公园为大众服务的理念。

(5)苏蒙山丘公园:这里原来是一处荒漠的山地,从1864年起,经过三年的整修,形成多个景点组成的绘画式园林。从乌尔克运河引水入园,形成溪流、湖泊,围绕4座山丘并且将二十多米高,布满钟乳石的山洞做成瀑布景观,水流跌入宽阔的人工湖中。湖面耸立一座五十多米高的山峰,周围悬崖峭壁,山顶建有圆亭,形成全园中心;一座被称为"自殉者之桥"的悬索桥跨越山谷,将岛与湖岸连接起来,如图2-20所示。游人也可以乘船到达岛上。园中道路长达五千米,所经之地或弯或直,忽高忽低,时而林阴夹道,时而开阔明亮,采用收—放—收的设计原理,构成一条游动的路线,令人游兴不尽。

图2-20 苏蒙山丘公园内的"自殉者之桥"

(6)蒙梭公园:原是巴黎南郊的一个小村庄,1769年建成夏尔特公爵的规则式花园。1773年后,引水入园形成河流、沼泽和瀑布等水景。又设计了起伏的地形,增加许多主题性建筑物,如"小堡垒"、"海战剧场"、"磨坊"、清真寺尖塔、土耳其帐篷、哥特式遗址、火星神庙宇等。此外,园中还有意大利风格的葡萄园、蔷薇园、荷兰式风车等,以法国田园风光为基调,又充满异国他乡情趣。

到1860年,公园划归巴黎市政府所有,园内又不断种植一些干形优美、花朵艳丽的花木,增添一些纪念性建筑物,尚保留19世纪中叶前的原貌。

2. 动物园

动物园多由原皇室猎苑改为向市民开放游览的公园,也有一部分是国家在野生动物聚栖区且交通便利之地新建的供人们观赏的动物园。18世纪末期,在法国大革命中,愤怒的群众冲入巴黎凡尔赛的路易十六的王后玛丽·安托妮的夏宫,使皇家动物经历一场浩劫。大一点的动物被占领者吃掉,小一点的动物被放走,只有犀牛、狮子等大型猛兽得以保留。后来,法国各地的动物被集中到一起,统一安置到巴黎的一个植物园中,供人们观赏和研究,从此,现代动物园的概念开始萌芽。1828年,在伦敦的摄政公园,成立了人类历史上第一家现代动物园——摄政动物园。该动物园最初提出的宗旨是:在人工饲养条件下研究这些动物,以便更好地了解它们在野外的相关物种。摄政动物园成为以后欧美各国建立动物园的典范,开创了动物园史上的新纪元。此外,代表性动物园还有英国的布劳涅林苑、德国的梯尔园(Tier Garden)等。

3. 植物园

植物园是利用原来的各种园林或新建园林,以观赏各种植物景观为主,兼有教学科研的目的,并向公众开放的园林。代表性园林有英国的邱园和巴加特尔公园。英国的邱园已在前面英国的风景园林中提到过,作为植物园,邱园在世界上更有名。不过19世纪以前,邱园是以英国皇家风景园林为主,19世纪以来,随着植物引种技术的提高,植物种类的日益丰富,邱园作为英国皇家植物园的地位才最终确定,这里不再赘述。

巴加特尔公园的所在地与布劳涅猎苑为邻,原为一片荒地,1778年由建筑师贝朗热将其建成一座英中式花园。这里地形平坦,人们挖河引水,在园内形成大型的驳岸曲折的湖泊。园林设有石山、瀑布,还有各种类型的建筑物,如"原始的隐居处"、哥特式的"哲学小屋"以及帕拉第奥式桥、中国式桥等,在园林中形成一个怡人的视线焦点。

1905年,这座占地24公顷的园林被定为园艺植物的收藏基地。从此,一年生和多年生植物,宿根、球根花卉一年四季相继开放。月季园、鸢尾园等专门的花木园以绚丽的色彩和娇美的花姿、温馨的芳香令游客流连忘返;水中则布满了多姿多彩的水草花卉,波光花影,令人目不暇接。

4. 城市公共绿地

城市公共绿地是由各类园林以外的广场、街道、滨水地带的绿地,以及公共建筑、校园、住宅区绿地等构成的绿地系统,是城市环境建设的重要组成部分。

2.4.1.3 欧洲新型园林的风格特征

从意大利文艺复兴开始,欧洲园林先后经历了意大利台地园林、法国勒诺特尔式园林(亦称古典园林)和英国自然风景式园林等不同风格的阶段。在数百年里,各种园林风格相继形成,因此对于近代欧洲园林来说,要想在园林风格方面有重大突破是十分困难的。然而,假若要寻求近代欧洲园林风格与特征的话,可以把它称为从古典园林向现代园林过渡的"过渡风格"。这种过渡风格更多地继承了英国风景式园林风格特点,吸收了文艺复兴及古典主义时期的优秀园林传统,从而使欧洲新型园林为人们提供了更加舒适、快乐的游憩环境。随着封建君主专制的覆灭和资产阶级政权的建立,为了适应生产力发展和城市建设的需要,历史保留下来的宫苑、庄园绝大多数改为公园,且按照园林内容和形式的不同分为动物园、植物园等。另外,城市广场、街道、滨水地带、公共建筑、校园、住宅区等场所的绿化也成为城市一道道靓丽的风景线。继承优秀园林文化,改造历史遗留园林,改造城市环境,更好地适应公众游憩娱乐,成为近代欧洲园林的根本特征。

植物引种和大兴植物园也是近代欧洲园林发展趋势。随着园林内部植物的丰富,出现了不仅按分类布置植物以科学地体现植物的进化过程,而且按照自然生态习性布置植物以科学地反映植物的自然区域分布。在一些植物园,甚至一般公园中,也随园内地势、方向、质地及小气候不同而种植适生植物。这种植物配置成为一种新时尚,并且逐渐形成园林植物的设计法则。植物配置要符合自然环境、生态条件和植物生长发育特点,在花叶色彩、树木体型、轮廓等方面既有对比,又有协调,并且强调植物风格与建筑造型的配合,以获得最佳的园林绿化、美化和观赏效果。

2.4.2 近代美国园林

2.4.2.1 美国园林形成与发展背景

1492 年,意大利水手哥伦布在西班牙王室的支持下,率领他的船队远航到达美洲,开辟了欧美两大洲航线。从此,欧洲诸国殖民者纷至沓来,而在北美尤以英国人为多。

1607 年,英国人在北美大西洋沿岸建立了第一个殖民地弗吉尼亚。经过不断地拓殖,到18 世纪 30 年代,英国已经在北美大西洋沿岸建立了 13 个殖民地。在此期间,除英国人以外,也有不少人来自法国、西班牙、葡萄牙、荷兰等国家,另外还有大批来自非洲的黑奴。

经过一个半世纪的发展,英属北美各殖民地经济往来日益密切,种族融合,文化交流不断加强,开始形成融多民族因素的美利坚民族,并且随着欧洲启蒙思想在北美的传播,美利坚人民的民族和民主意识与日俱增。然而,英国希望北美永远作为它的原料产地和商品市场,竭力压制殖民地经济发展。美利坚人民不满英国的奴役和剥削,双方矛盾日趋尖锐激烈,终于导致美国独立战争爆发。1776 年 7 月 4 日,大陆会议发表《独立宣言》,标志着美利坚合众国正式成立。此后,美国完成了广泛的政治、经济改革,又经过南北战争,增强了民族团结,巩固了资产阶级民主政治制度,使本国政治、经济、文化取得突飞猛进的发展,终于后来居上,跻身世界强国之列。

美国园林风格的形成、发展与美国历史文化发展具有异曲同工之效。在英国殖民统治初期,欧洲各国移民为了维持生存,便大肆砍伐森林,开垦土地。经过一百多年的艰苦创业,移民们将各自民族文化与当地自然环境相结合,创造出具有各自民族文化特征的建筑及居住环境,称之为早期殖民式庭园,但只是一些简单的住宅庭园,即使一些富人的庄园,也无豪华富丽可言。就连美利坚的“开国之父”乔治·华盛顿的故居维尔农山庄,也不过为一处极朴素的住宅而已。早期殖民式庭园一般由果树园、蔬菜园及药草园组成,园内及建筑周围点缀着花卉和装饰性灌木。18 世纪中叶,出现了一些经过规划而建造的城镇,呈现出公共园林的雏形。如波士顿在市镇规划中,保留了公共花园用地,为居民提供户外活动场所,费城在独立广场也建有大片绿地。

当美国独立并完成一系列政治、经济、文化改革之后,出现了一位园林巨星——道宁(Andrew Jackson Downing,1815 年~1852 年)。他靠自学成材,集园艺师、建筑师于一身,1814 年出版专著《园林理论与实践概要》。1850 年他去英国访问,英国自然风景式园林给道宁以深刻启示。他也高度评价美国田园风光、乡村景色,强调师法自然,主张给树木以充足的空间,充分发挥单株树的景观效果,表现其美丽的树姿及轮廓。他主持设计的卢埃伦公园成为当时郊区公园的典范,他还改建了华盛顿议会大厦前的林阴道。

道宁之后的杰出园林大师是奥姆斯特德(Frederick Law Olmsted,1822 年~1903 年),他曾经与沃克斯合作,以“绿草地”为题赢得了 1854 年纽约中央公园设计方案竞赛大奖,从此名声大振。他科学地预见到由于移民成倍增长,城市人口急剧膨胀,必将加速城市化进程,因此,城市绿化将日益重要,而建设大型城市公园则可使居民享受城市中的自然空间,是改善城市生态环境的重要措施。奥姆斯特德虽然没有留下多少理论著作,但他却主持制定了很多城市公园规划、道路及绿地规划,使美国城市公园建设后来居上,走向世界前列。

19世纪末,随着工业高速发展,大规模地铺设铁路,开辟矿山,美国西部大片草原被开垦,茂密的森林遭到严重破坏,赖以生存的动、植物濒临灭绝之灾,一些有识之士为预感到将要出现的悲哀后果而大声疾呼,揭示保护自然环境的重大战略意义,引起了联邦政府的高度重视。从此,建立大型国家公园以保护天然动植物群落、特殊自然景观和特色地质地貌的生态环境保护工程在美国许多州郡破土动工,美国黄石国家公园开创了世界国家公园的先河。

2.4.2.2 美国园林类型

美国园林分为城市公园、城市园林绿地系统和国家公园等三种类型。

1. 城市公园

按照1851年美国第一部公园法之规定,城市公园就是利用公共土地为所有普通民众创建娱乐、休闲场所。从此,美国成为拥有真正意义上城市公园的国家。

19世纪,美国城市公园得到迅速发展,各大城市的城市公园星罗棋布。其中,最为杰出的代表作品是纽约中央公园,见图2-21。

图2-21 纽约中央公园中的大草坪

纽约中央公园的方案设计者是奥姆斯特德,他以"绿草地"为主题,明确地提出了以下构思原则:其一,满足人们的需要,为人们提供周末、节假日休憩所需的优美环境,满足全社会各阶层人们的娱乐要求;其二,考虑自然和环境效益,公园规划尽可能反映自然面貌,各种活动和服务设施应融于自然之中;其三,规划要考虑管理的要求和交通方便。这些原则后来被美国园林界归纳为"奥姆斯特德原则"(The Olmstedian Principles)。

纽约中央公园内除一条直线形林阴道及两座方形旧蓄水池以外,只有两条贯穿公园的公共交通线是笔直的。公园的其他地域,如辽阔的水体,曲线流畅的园中小路,牧场或巨大的绿草地,以及乔、灌木的配置均为自然式;而公园设施如体育、文娱活动、儿童游戏场所、骑马道等与此前欧洲各国城市公园相比,更符合广大城市居民的休憩娱乐要求。

2. 城市园林绿地系统

对城市广场、滨水地带、公共建筑、居民住宅、学校周围等公共场所的绿化起源于近代欧洲,而作为城市园林绿地系统却创新于美国,大盛于美国。以"绿色宝石项链"规划设计为杰出代表。

宝石是蓝色的水,项链是绿色的树。从1881年开始,奥姆斯特德在波士顿公园设计中,把公园和城市绿地纳入一个体系进行系统设计,在城市滨河地带形成2 000多公顷的一系列绿色空间。从富兰克林公园到波士顿大公园再到牙买加绿带,蜿蜒的项链围绕城市连通到查尔斯河,构成了以"宝石项链"闻名遐迩的城市绿色走廊,不但美化了城市空间景观,而且有效地推动了城市生态的良性发展。

继波士顿公园系统之后,芝加哥、克利夫兰、达拉斯等城市的开放空间绿化系统也陆续建立,并且以此为基础开创了"自然景观分类系统"作为自然式设计的参照。埃里沃特(Charles Eliat)为大波士顿地区设计开放空间系统时,就首先运用这一方法开创了城市生态规划之先河。

3. 国家公园

国家公园是对于那些尚未遭到人类重大干扰的特殊自然景观,天然动、植物群落,有特色的地质、地貌加以保护,以保持保护地区原有面貌而建立的国家级公园。国家公园要求在严格执行保护宗旨的前提下向游人开放,为人们提供在大自然中休息的环境。同时,也是人们认识自然、研究自然的场所。美国著名的国家公园有黄石国家公园(Yellow Stone National Park)、大峡谷国家公园(Grand Canyen NP)、夏威夷火山国家公园(Hawaii Volcanoes NP)、热泉国家公园(Hot-Spring NP)、"沙漠之花"国家公园(Desert in Bloom NP)、华盛顿郊外森林公园、红杉国家公园等,而以黄石国家公园为杰出代表。

1872年,由当时的美国总统格兰特(Ulysses Simpson Grant,1822年~1885年)签发决定,建立了世界上第一个国家公园——黄石国家公园。公园占地888700公顷,是世界上面积最大的国家公园。

黄石国家公园以天然喷泉众多而吸引游人。有的喷泉高达90米,有的以水温高而独具特色,有的间歇喷泉如"老忠实泉"(图2-22)更为有趣,每隔33~39分钟喷水一次,逗人驻足观赏。还有些间歇泉,间歇期隔65分钟,或16~20小时,或7~15天不等。园中还有河流、湖泊,有数百种鸟类和各种珍奇野生动物。针叶林覆盖面积达90%左右。

图2-22　美国黄石国家公园"老忠实泉"

61

2.4.2.3 近代美国园林风格特征

近代美国园林在吸收借鉴英国自然风景式园林风格的基础上,结合本国自然地理环境条件,加以独特创造,形成了美国特色的园林风格。

(1)近代美国园林不仅为观赏园林艺术之美而创造,更重要的是为公众的身心健康而创造。因此,在园林规划设计中体现出提高城市生态环境质量,将自然引入城市,使人们获得最大健康和快乐的生态园林理念,代表了美国园林的根本特征。

(2)美国的国家公园以冰川、火山、沙漠、矿山、山岳、水体、森林和野生动、植物等自然资源保护为主,兼及人文资源的保护,即在科研、美学、史学等方面有价值的资源都给予保护。然而,由于美国率先兴起国家公园,不论是产生背景、立意,还是内容、形式和功能,都与传统欧洲园林有较大差异,没有明显的继承性。

(3)美国城市公园属于自然风景式园林,开阔的水体,弯曲的水岸线,中心地带牧场式的起伏草地、蜿蜒的园林小径,天然的乔、灌木树林,给人以悠闲舒适之感;丰富的娱乐设施更符合居民的游憩需要,使城市公园成为真正意义上的公园。

(4)在城市园林绿地建设中,把公园和城市绿地纳入一个体系进行系统规划建设,从而导致城市生态规划的产生,这是对欧洲城市绿地园林建设的重大发展。

(5)公园周边为大片的森林带,以乡土树种为主调,引进世界各国优良树种,形成独特的植物景观。常见有云杉、青扦、椴树、枥树、胡桃、桑树、桦木、杨柳、鹅掌楸、鹅耳枥、山楂、木兰、湿地松、广玉兰、洋槐、花楸、合欢、黄檀柑橘和蔷薇类植物等天然的树种,再现美利坚的田园风景。

第3章 伊斯兰园林

3.1 伊斯兰园林渊源

伊斯兰园林是世界三大园林体系之一,是古代阿拉伯人在吸收两河流域和波斯园林艺术基础上创造的,以叙利亚、波斯、伊拉克为主要代表,影响到欧洲的西班牙和南亚次大陆的印度,是一种模拟伊斯兰教天国的高度人工化、几何化的园林艺术形式。阿拉伯人原属于阿拉伯半岛,2世纪随着伊斯兰教的兴起,建立了横跨欧、亚、非的阿拉伯帝国,形成了以巴格达、开罗、科尔多瓦为中心的伊斯兰文化,伊斯兰园林形式随之遍及整个伊斯兰世界。它与古巴比伦园林、古波斯园林有十分紧密的渊源关系。

3.1.1 古巴比伦园林

3.1.1.1 古巴比伦概况

古巴比伦文明与古埃及文明几乎同时放射出灿烂的光辉,巴比伦王国位于底格里斯河与幼发拉底河之间的美索不达米亚平原。这里气候温暖而湿润,在河流冲积而成的平原上林木茂盛,物产丰富,使这块土地富饶而美丽。然而两河的流量受上游雨量影响很大,时而会泛滥成灾,加之这里地形一马平川,无险可守,以至战乱频仍。

公元前4000年,最早生活在这里的东南部的苏美尔人和西北部的阿卡德人,建立了奴隶制国家,大约公元前1900年,来自西部的阿摩利人征服了整个美索不达米亚地区,建立了强盛的巴比伦王国,都城巴比伦是当时两河流域的文化与商业中心,著名的汉穆拉比国王(约公元前1792年~公元前1750年在位)统一了分散的城邦,疏浚沟渠,开凿运河,国力日盛。同时他大兴土木,建造了华丽的宫殿、庙宇及高大的城墙。

汉穆拉比死后,国力日衰,公元前16世纪为赫梯人所灭。北部的亚述人乘机摆脱巴比伦王国的控制,宣布独立,并在公元前8世纪征服了巴比伦,重新统一了两河流域。公元前612年,迦勒底人打败亚述人,建立了迦勒底王国,国王尼布甲尼撒二世(公元前604年~公元前562年在位)统治时为其鼎盛时期,巴比伦城再度兴盛,成为西亚的贸易及文化中心,城市人口高达10万。尼布甲尼撒二世同样大兴土木,修建宫殿、神庙,其死后国力渐衰。公元前539年,波斯人占领两河流域,建立了波斯帝国。公元前331年,亚力山大大帝最终使巴比伦王国解体。

3.1.1.2 古巴比伦园林类型

古巴比伦园林,也包括亚述及迦勒底王国时期在美索不达米亚地区建造的园林,大致有猎苑、圣苑和宫苑三种园林类型。

1. 猎苑园林

猎苑园林是在天然森林的基础上经过人工改造形成的。古代的两河流域气候温和,雨量充沛,森林茂密。进入农业社会后,人们仍眷恋过去的渔猎生活,因而出现了以狩猎为娱乐目

63

的的猎苑。

公元前800年之后,对亚述国王们的猎苑不仅有文字记载,而且宫殿中的壁画和浮雕也描绘了狩猎、战争、宴会等活动场景,以及以树林作为背景的宫殿建筑图样(图3-1)。从这些史料中可以看出,猎苑中除了原有森林以外,人工种植的树木主要有香木、意大利柏木、石榴、葡萄等,苑中栖息许多种野生动物,亦人工豢养一些动物供帝王、贵族们狩猎,并引水在苑中形成贮水池,可供动物饮用。此外,苑内堆叠土丘,上建神殿、祭坛等。这种猎苑和中国园林萌芽阶段的囿颇为相似,而且二者产生的年代也比较接近。

图3-1　古巴比伦宫殿建筑浮雕中绘制的猎苑图

2. 圣苑园林

古巴比伦虽有郁郁葱葱的森林,但对树木的崇敬却不比缺少森林而将树木神化的古埃及逊色。在远古时代,森林便是人类躲避自然灾害的理想场所。出于对树木的尊崇,古巴比伦人常常在庙宇周围呈行列式地种植树木,形成圣苑园林,这与古埃及圣苑的环境十分相似。

据记载,亚述国王萨尔贡二世(公元前722年~公元前705年在位)的儿子圣那克里布(公元前705年~公元前680年在位)曾在裸露的岩石上建造神殿,祭祀亚述历代守护神。从发掘的遗址看,其占地面积约1.6公顷,建筑前的空地上有沟渠及很多成行排列的种植穴,这些在岩石上挖出的圆形树穴深度竟达1.5米。可以想象,林木幽邃,绿阴环抱中的神殿,是何等的庄严肃穆。

3. 宫苑园林——"空中花园"

"空中花园"又被译为"悬园"或"架空园",被誉为古代世界八大奇迹之一。公元前2000年左右,位于幼发拉底河下游古代苏美尔名城乌儿城曾建有亚述古庙塔,或称"大庙塔",20世纪20年代初,英国考古学家伦德·伍利曾发现该塔三层台面上有种植大树的痕迹。亚述古庙塔主要是大型宗教建筑,其次才是用于美化的"花园"。它包括层层叠进并种有植物的花台、台阶和顶部的一座庙宇。亚述古庙塔只是"空中花园"的雏型,并不是真正的屋顶花园,其塔身上仅有一些植物而且又不在"顶"上。真正的屋顶花园是此后1500余年才出现的古巴比伦"空中花园",是公元前604年~公元前562年在位的迦勒底国王尼布甲尼撒二世为讨其王妃的欢心而建造的。相传王妃出生于伊朗西北部山区的米底王国,为安慰王妃思乡之苦,建造了这种类似于在高山上的屋顶花园。19世纪,英国的西亚考古专家罗林松爵士解读当地砖刻的楔形文字也证实了这一说法。

空中花园并非悬在空中,而是建在数层平台上的层层叠叠的庭园(图3-2),现已全部被毁,其规模、结构等只能从古希腊、古罗马史学家的著述中略见一斑。

空中花园由厚墙支承，每一台层的外部边缘都有石砌的、带有拱券的外廊，其内有房间、洞府、浴室等，台层上覆土，种植各种乔灌藤本树木及花草，台层之间有阶梯联系。台层的角落处设置提水的辘轳，将河水提到顶层台层上，逐层往下浇灌植物，同时形成活泼动人的水帘或跌水。据称空中花园最下层的方形底座边长约140米，最高层距地面约22.5米。这些覆被着植物，愈往中心愈升高的台园建筑，如绿色的金字塔耸立在巴比伦的平原上，蔓生和悬垂植物及各种树木花草遮住了部分柱廊和墙体，万紫千红，远远望去，仿佛挂在中天，空中花园由此得名。

图 3-2　根据王宫遗迹及史料绘制的空中花园

考古发掘的浮雕显示亚述人的住房前常有宽敞的走廊，其上的屋顶平台起遮阳作用，在屋顶平台上铺以泥土种花植树，成为花园，还设有灌溉设施。据记载，当时的亚述有许多这样的屋顶花园，只不过帝王的花园更大一些而已。

3.1.1.3　古巴比伦园林的风格特征

古巴比伦园林的类型及其风格特征是其自然条件、社会发展状况、宗教思想和人们的生活习俗的综合反映。

（1）从古巴比伦园林的形式及其类型看，有受当地自然条件影响而产生的猎苑，受宗教思想影响而建造的神苑。至于宫苑和私家宅园所采用的空中花园的形式，则既有高温而湿润的地理条件的影响因素，也有工程技术发展水平的保证，如提水装置，建筑构造等，拱券结构是当时两河流域流行的建筑样式。

（2）两河流域雨量充沛，气候温暖，森林茂密，自然条件十分优越，进入农业社会后，古巴比伦人仍眷恋过去的渔猎生活，利用天然森林改造为以狩猎娱乐为目的的猎苑。苑中增加了许多人工种植的树木，品种有香木、意大利柏木、石榴、葡萄等。同时豢养着各种用于狩猎的动物。

（3）两河流域多为平原地带，人们十分热中于堆叠土山，如猎苑内通常堆叠着数座土丘，以登高远望，观察动物行踪。一些土山还建有神殿，祭坛等建筑物。

（4）古巴比伦人同埃及人一样，对树木有极高的崇敬之情。在古巴比伦神庙周围的圣苑，树木是行列式种植，与古埃及圣苑的情形十分相似，树木幽邃、绿阴森森、神殿周边不仅环境良好，而且气氛肃穆庄严。

（5）古巴比伦园林，最显著的风格特点就是采取了空中花园的形式，类似今天的屋顶花园。在炎热的气候条件下，人们为避免居室受到阳光直射，通常在屋前建造宽敞的走廊，起通风和遮阳的作用，同时在屋顶平台上铺以泥土，种植花草树木，成为空中花园，并配有灌溉设施。

3.1.2 古波斯园林

3.1.2.1 古波斯概况

公元前6世纪，古波斯兴起于伊朗西部高原、波斯湾东岸，公元前559年波斯南部的一个部落王，用了大约5年的时间统治了整个波斯国，先后征服了吕底亚王国、巴比伦城、埃及等地区，仅在20年的短时期中，就建立了一个庞大的波斯奴隶主帝国。公元前529年，居鲁士死于一次部落交战。大流士大帝（公元前522年～公元前486年在位）时，波斯国力日盛，并入侵希腊，大流士大帝死时，波斯仍与希腊激战，继位者薛西斯一世和阿塔薛西斯继续奉行侵略国策，但成效甚微。公元前479年波斯人被赶出希腊全境，至公元前330年，它的独立地位被亚历山大大帝的军队所推翻。

古波斯地跨亚非两大洲，影响至欧洲西部，它充分吸取了埃及文化和两河流域文化的优秀成果，创造了灿烂的波斯文化，最突出的特点就是其文化的折衷性。比如波斯建筑模仿流行于两河流域的高起月台和阶梯式建筑风格，以及美索不达米亚建筑的其他装饰图形，营造法式却不取其拱门和圆顶，而是从埃及吸取圆柱和柱廊结构以代之。圆柱上的槽沟和柱头下方的涡旋纹又是希腊风格。其建筑的独特之处，就是它的纯世俗性质，波斯的大型建筑不是神庙，而是宫殿。

古波斯文化发达，都城波斯波利斯是当时世界上有名的大城市，对周边国家和地区经济、文化影响很大。波斯花卉发展最早，资源丰富，后传入世界各地，是西亚造园的发祥地之一。

3.1.2.2 古波斯园林类型

古波斯园林大致包括游猎园、宫苑、庭园等园林类型。

1. 游猎园

波斯奴隶主们的祖先经历过原始的狩猎生活方式，进入农耕文明以后，仍怀念过去的狩猎、牧渔生活，同时亦作为一种娱乐观赏方式，因而选地造园，蓄养动物，作为游猎园，同古巴伦的猎苑极为相似。

2. 宫苑

波斯的大型园林建筑不是神庙，而是宫苑。他们不是用来赞美神，而是颂扬"王中之王"，体现出波斯建筑的纯世俗性质。波斯建筑采用带槽沟的圆柱和浮雕，前者源于希腊，后者则与亚述人的浮雕相似。其最著名的宫苑是大流士和薛西斯在波斯波利斯的王宫（图3-3），这座王宫是仿卡纳克神庙建造的，中间是一座接见贵族百官用的宏伟的百柱大厅，周围则有数不清的房间供官衙办事及宦官、后妃居住之用，并设有水池、喷泉等景观设施。

图3-3　波斯波利斯的大流士和薛西斯王宫

66

3. 庭园

庭园是古波斯最典型的园林形式,开伊斯兰园林的先河。由于历史久远,今天并没有保存下来,只是在萨珊王朝科斯洛一世时期流传下来的地毯上绣有当时庭园的景象(图3-4)。庭园呈长方形,周围是矩形花坛、草坪、沟渠、柏树、果树等。中央有矩形的水池,并射出四条水渠。在园路的交叉点上,设置了用青瓷砖镶边的浅水池,或缭绕着蔓藤的园亭,这种园林布局是后世伊斯兰园林的原型。

古波斯庭园中最著名的就是天堂园。古波斯的天堂园通常面积较小,四周有围墙,外观显得比较封闭,类似建筑围合的中庭,与人的尺度非常协调,其内有十字型的林阴路,构成中轴线。中轴线将园分割成四区,栽有花草,在十字型林阴路交汇点处设中心水池,象征天堂,故名"天堂园"。

图3-4　古波斯地毯上的庭园图

3.1.2.3　古波斯园林风格特征

古波斯园林的形式及其风格特征是古波斯自然条件、宗教思想及其折衷性文化特点的综合反映。

(1)波斯地处荒漠高原,气候炎热干旱,水显得非常珍贵,不仅种植需要水,而且降低温度、增加空气湿度也需要水,夏季水更成为波斯人的极大享受,同时水亦是波斯园林中最重要的造园要素。

(2)在干旱少雨的气候条件下,为保证植物的正常生长,必须每天浇灌,特殊的引水灌溉系统就成为园林的一个特点。即人们利用山上的雪水,通过地下隧道引入园林,以减少地表蒸发,在需要的地方,从地面打井至地下隧道处,再将水提上来。类似我国新疆地区的坎儿井,灌溉方式是利用沟渠、定时地将水直接灌溉到植物的根部,而不是通常的从上而下的浇灌方式。

(3)水不仅浇灌植物,而且形成各种水景,由于波斯园林面积不大,水又十分珍贵,波斯园林一般不采用大型水池或跌水,而是采用盘式涌泉的方式,泉水几乎是一滴滴地跌落。水池之间以狭窄的明渠连接,坡度很小,偶有小水花。

(4)波斯建筑模仿巴比伦和亚述的高起月台和阶梯式建筑风格,仿制有翼公牛、光泽鲜艳的琉璃砖,以及美索不达米亚建筑的其他装饰图形,但营造法式上却没有采纳美索不达米亚建筑的两个主要特点,即拱门和圆顶,而是吸取了埃及的圆柱和柱廊结构,内部布局以及棕榈纹、莲花纹装饰柱础的手法,反映出埃及文化的影响,但圆柱上的槽沟和柱头下方的涡旋纹又是希腊的作风,表明波斯文化的折衷性。

(5)波斯园林建筑的独特之处,还在于它的纯世俗性质,波斯的大型园林建筑不是神庙,而是宫苑。他们不是用来赞美神,而是用来颂扬"王中之王"。比如大流士和薛西斯在波斯波利斯的宏伟王宫。古波斯庭园最有代表性的园林是天堂园,具有典型的民族风格特点。

(6)古波斯民族酷爱绿阴树,在庭园的土墙内侧都密植绿阴树,主要树种有蔷薇、悬铃木、橡树、柏树、松树、箭杆杨、柳树、柑橘、合欢等。

3.2 中世纪的伊斯兰园林

3.2.1 中世纪伊斯兰概况

　　至6世纪以前,阿拉伯人主要分成两类:都市阿拉伯人和贝多国人。前者生活在麦加、雅特里布等城市里,经商或从事小手工业,极为富有;贝多国人多半是游牧人,常常为水源和绿洲而战,没有任何有组织的政权,氏族和部落代替了国家。610年前后,穆罕默德(约570年~632年)创立了伊斯兰教,并利用宗教的力量建立了阿拉伯国家,定都麦地那,国家权力所及不到阿拉伯半岛的三分之一。

　　穆罕默德死后,他的继承者称为哈里发,意为"先知的继承人",率领阿拉伯人迅速扩张,在100多年后,阿拉伯人统治的区域从印度边界延伸到直布罗陀海峡和比利牛斯山脉。波斯、叙利亚、埃及、北非和西班牙相继被征服,成为疆域辽阔的阿拉伯帝国,1300年左右渐趋式微。16世纪波斯经多次变革后统一于苏菲王朝,创造了阿拉伯最后的黄金时代,至卡伽王朝统治后期,随着西方的入侵,波斯的中世纪历史结束,阿拉伯世界缓慢地开始了近代文明。在整个中世纪,他们吸收了被征服民族的文明,并使之与自己民族的文化融合,从而开辟了一种独特的阿拉伯文明,阿拉伯人的艺术主要源于拜占庭和波斯。其建筑结构如圆屋顶、拱门等来自前者,复杂的、抽象的图案源于波斯,这些图案几乎成为阿拉伯艺术的装饰基调。阿拉伯人建筑的杰作,不仅限于清真寺或礼拜堂,许多宫殿、学校、图书馆、私人宅邸、医院也是阿拉伯人建筑的范例。建筑的主要组成部分是球形屋顶、尖塔、马蹄形拱门、螺旋形圆柱,连同石造花窗格、黑白相间的条纹、镶嵌图案和用作装饰的阿拉伯文手书。不注重建筑的外部装饰,世俗性更强。这些建筑风格对伊斯兰园林产生了深远的影响。

　　阿拉伯人的手工艺术品,如地毯、皮革、丝织品等都有复杂的图案:交错的几何图形、花卉果实、阿拉伯文手书、奇异的动物图像等,显示出阿拉伯人杰出的艺术创造力。

3.2.2 中世纪伊斯兰园林类型

　　阿拉伯帝国集拜占庭、波斯、印度等文明之大成,形成了独具民族特色的阿拉伯文明。其园林类型在保持本民族文化特色的基础上,吸收古巴比伦及古波斯的游猎园、圣苑、空中花园、波斯庭园、王宫等园林风格,形成了"波斯伊斯兰式"的园林类型,并影响到其他阿拉伯地区,主要有水法园、庭园、别墅园、城堡等。

3.2.2.1 水法园

　　阿拉伯地区的自然条件近于波斯,干旱少雨多沙漠,故把水看得极为珍贵。阿拉伯是回教国,领主都有回教园,把水看成是造园的灵魂。其水法创作和园林艺术,跟随回教军的远征传到了北非和西班牙。至13世纪又传到印度北部和克什米尔地区。各地的回教园,充分发挥水的作用,对水的利用给予了特别的爱惜和敬仰,甚至神化起来,点点滴滴都要蓄积入大大小小的水池之中,或穿地道,或掘明池,延伸到各处有绿地的地方,水法由西班牙传到意大利后,得到了发展,更加巧妙和壮观。

3.2.2.2 王宫庭园

　　王宫庭园是中世纪伊斯兰的主要园林类型。这里主要介绍柴哈尔园、伊拉姆园、法萨巴德园、菲恩园。

1. 柴哈尔园

苏菲王朝的阿拔斯一世移居伊斯法罕城(今伊朗境内),建造了马依坦公园广场,广场两边为有名的"柴哈尔园"(图3-5)。根据17世纪法国旅行家夏尔丹的记述,其大路的中央有沟渠,沟渠两侧是逐级登临低而宽的台地,在各个台地上都有宽阔的水池,池的大小和形态各异。沟渠和池的边沿上,都用石头镶有两人并列般宽的边,水都从高处台地向低处成瀑布状落下。在栽着行道树的大路两端,各置一个园亭,成为路的终点。马依坦和柴哈尔园之间,有宽广的方形宫殿区,有各种园亭,位于庭园四周,其中有称作"四十柱宫"的(图3-6),是有名的建筑,17世纪毁于火灾,由阿拔斯一世按原貌重建。园亭为长方形,有墙围于中央,并带有前廊。前廊有三排柱子,每排有6根,支撑着木构的屋顶。沟渠环绕园亭,并从亭中流过,然后贯通全园。庭园被有规则的花坛划分,其间有栽着行道树的路。

图3-5 柴哈尔园

图3-6 "四十柱宫"的门廊

2. 伊拉姆园

在波斯文化名城设拉子(今伊朗境内)附近有很多知名的庭园,波斯著名诗人哈菲兹称颂设拉子是"到处都有橡树围着的、绮丽的、有小溪的庭园"。伊拉姆园就是其中的一座。"伊拉姆园"原是阿拉伯语"庭园"的意思,因《古兰经》中把阿拉伯传说中的庭园叫做"用柱子装饰的伊拉姆"而沿用。它经常被误称为"平安园",其历史沿革不详,创设者是谁也不清楚。根据1945年实地测制的平面图,伊拉姆园大致从中间分割,下半部属拉西德珀所有,上半部则已脱离印第安族的控制。

伊拉姆园以橘林而著称。长而笔直的柏树林阴道,给访问者以印第安热情款待的印象。在平面结构上,最显眼的是那长轴,庭园的一切情趣都是沿着这条长轴布置的,在长轴两侧均衡地密植着柑橘等果树,果园都可得到灌溉。

3. 法萨巴德园

位于大不里士城(今伊朗境内),大不里士曾是15世纪末白羊王朝的首府,其庭园因1300年马可·波罗的访问而闻名于世。卡伽王朝时,历代皇太子都习惯居住在大不里士,名园有"八个乐园"、"夏各尔"、"夏科尔"等,离"夏科尔"不远处就是"法萨巴德园"(图3-7)。庭园的中心被掩隐在果园区内,长的水路轴线使整体形成波斯风格,由近代的住房代替了古园亭,一切都很协调。图上方的南面,从庭园末端的中央部分,可清晰地看到林阴道,它可改变地形或水位。有的部分是草地,在渠道边缘的草地上,用一排盆栽天竺葵镶边,直达围有古树的水池旁。古树有巨石围边,这种设计水平很高。

4. 菲恩园

位于著名的卡善城郊外,据说是1504年苏菲王朝的统治者伊斯迈尔的谒见处。1587年以后,阿拔斯一世在那里造了建筑物,自大不里士到卡善的道路右边可以看到"菲恩园"内高塔般耸立着的柏树。1659年阿拔斯二世访问过这一庭园,但古建筑已被毁尽。现有的建筑,全部是1799年~1834年法特赫阿里统治时建造的(图3-8)。1852年首相阿米尔依卡比尔被刺于此,惨案之后的75年间庭园被荒废,建造物被毁坏。1935年,"菲恩园"被定为伊朗的国家历史纪念建筑物,并为了恢复其原貌进行了必要的整修。"菲恩园"是国家王宫庭园的典型代表,可作为波斯大型规则式庭园的最佳实例的缩影。特别值得注意的是,园外缺水而园内却有充足的水园,林木茂盛。园中树冠和花卉的颜色,加上青瓷砖、喷泉、彩色石膏像及木制工艺品等,显得五彩缤纷,与园外单调的景色,形成了鲜明的对比。

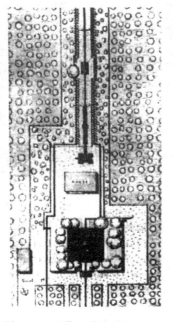

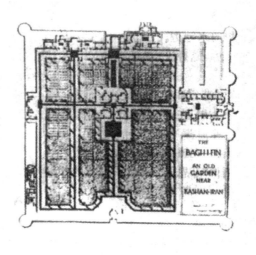

图3-7 "法萨巴德庭园"平面图　　　　　图3-8 "菲恩园"平面图

"菲恩园"的平面图,能使人联想到波斯的庭园绒缎,那沟渠、果园、花卉、园亭等,都十分逼真。沟渠两壁的下部,都铺着青色的珐琅瓷砖,当水流入被大树围起来的大池时,显得光辉灿烂。

3.2.2.3 别墅园

在阿斯特拉罕数公里处的阿秀那孚镇附近艾布士山的山坡上,有田园别墅遗址,是阿拔斯一世时代的建筑。德国研究东方的学者萨雷,曾记述这里有7个很规则的长方形庭园,占地面积适当,向西倾斜的有"泉水园",向北倾斜的有"波斯王园"。其主庭部分都布置成台地状,台地上都有主要建筑,两个园分别有围墙,但设计上却不统一。波斯王园有一个大庭院,并在长为450米,宽为200米的地面上重叠着10层台地。墙间通有宽广的沟渠,自一个台地贯流到另一个台地,然后汇入瀑布,再经过第5台地上的园亭流下。沟渠与长方形的水池相通,水池的周围有花坛,花坛被沟渠的十字形支流分成4部分。山顶有老人园,园中有大宫殿式圆屋顶的大园亭。妇女室里有围着高墙的"家庭园"。主庭院的东面为高台地,有阶梯可上。那里曾作为临时寓所或妇女接待室,现已荒废。庭园的园林景观布置主要是池、沟渠和巨大的柏树。

3.2.2.4 卡伽城堡

位于德黑兰,建筑历史晚于伊斯法罕及设拉子。卡伽王朝的创始人阿加·穆罕默德扩展领土后于1788年迁都德黑兰。王甥法斯·阿里于1797年承继王位后,建造了庭园、宫殿、广场、大使馆和个人住宅等。从格利斯坦宫(蔷薇宫苑)开始,卡伽城堡和画廊宫殿都是这一时代的建筑。

从卡伽城的修复图(图3-9)上,可看到它是由广阔、平坦的区域和设在陡坡上的台地状的围墙所构成,坡下有大池,很像大不里士附近的"夏科尔"及设拉子的"达克特园",是按照人工池与山坡庭园相结合的传统手法设计的。修复图似乎真实地描绘了20英亩区域内原有的各种设施。据记载:"设计了两旁种有繁茂的杨树、柳树、多种果树及很多蔷薇的平行园路"。庭园的中央建有凉亭,是用绿色大理石砖和珐琅瓷砖建造的。

3.2.3 中世纪伊斯兰园林的风格特征

(1)阿拉伯帝国干旱少雨多沙漠,故把水看得极为珍贵。园林用水及灌溉方式几近于古波斯,水池是组成庭园的重要部分,大多配置在建筑物的前方,也有设在建筑物内部的,形状只有方形或八角形,没有圆形。因为这个国家不去模仿自然,其样式由展开的几何学图形构成,曲线是被视作不合理的形状加以排斥的。

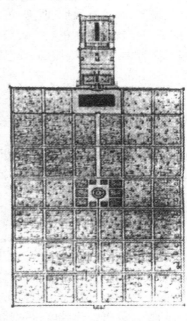

图3-9 "卡迦城堡"修复平面图

(2)从布局方面看,伊斯兰园林面积较小而且封闭,如建筑合围出的中庭。庭园大多是矩形,最典型的布局方式便是以十字形抬高的园路,将庭园分成四块,园路上设有灌溉用的小水渠。或者以此为基础,再分出更多的几何形部分,而在宏伟的宗教建筑的前庭,则配置与之相协调的大尺度的园林。

(3)园址用地面积很大的园林,也常由一系列的小型封闭院落组成,院落之间只有小门相通,有时也可通过隔墙上的栅格和花窗隐约看到相邻的院落。园内的装饰物很少,仅限于小水盆和几条坐凳,体量与所在园林空间的体量相适宜。

(4)在并列的小庭园中,每个庭园的树木尽可能用相同的树种,以便获得稳定的构图。尽管园中有一些花卉装饰,但阿拉伯人更欣赏人工图案的效果,它们更能表达出人的意愿。因此,园中更多的是黄杨组成的植坛。

(5)在装饰方面,与住宅建筑一样,彩色陶瓷马赛克的适用十分广泛,使得伊斯兰园林艺术别具一格。贴在水盘和渠底部的马赛克,在流动的水下富有动感,在清澈的水池下如镜子一般,它们还被用在水池池壁及地面铺砖的边缘,装饰台阶的踢脚及坡道,效果更胜于大理石。甚至大面积地用于坐凳的表面,成为经久不变的装饰。在围绕庭园的墙面上,也有马赛克墙裙,有的园亭的内部从上到下都贴满了色彩对比强烈的马赛克图案,形成极富特色的装饰效果。

(6)中世纪波斯庭园里,设有描绘成地毯图样的渠道,不仅使庭园充满凉意,而且还起到划分区域的作用。渠道是组成庭园的重要设施,如"菲恩园"和"伊拉姆园"等都是如此。

(7)喷泉也是中世纪波斯庭园的重要设施。如苏菲时代地处伊斯法罕的"哈扎尔夏力普"大庭园里,有500多个喷泉,相当华丽,用导水管供水,并可通过阀门的开关来改变其组合,极为精巧。

(8)庭园里的植物种植首推蔷薇,其次是悬铃木和松树。其他植物配置:果树有石榴、核桃、葡萄、杏、扁桃、无花果、油橄榄、枣椰、阿月浑子(可作调味香料)、栗树、李、苹果、梨、樱桃、榅桲、橘等;蔬菜有甜瓜、西瓜、黄瓜等;花卉有郁金香、银莲花、鸢尾属植物、百合、睡莲、水仙、风信子、藏红花(番红花)、罂粟等;观赏树木有箭杆杨、柳树、茉莉、西洋丁香、连翘、贴梗海棠、合欢、夹竹桃、香桃木、怪柳、黎巴嫩雪松、柏树等。

3.3 西班牙伊斯兰园林

3.3.1 西班牙概况

当西欧在中世纪宗教统治下,文化艺术处于停滞之时,伊比利亚半岛的形势却迥然不同。早在古希腊时期,这里就有来自希腊的移民,后又成了罗马帝国的属地。8世纪初,信奉伊斯兰教的摩尔人侵入伊比利亚半岛,平定了半岛的大部分地区,建立了以科尔多瓦为首都的西哈里发王国。摩尔人大力移植西亚文化,尤其是波斯、叙利亚的伊斯兰文化,在建筑和园林上,创造了富有东方情趣的西班牙伊斯兰样式。

8世纪到15世纪,西班牙处于西班牙人和葡萄牙人驱逐阿拉伯人收复失地的斗争中,史称收复失地运动。七百多年的时间里战争不断,但摩尔人仍然在伊比利亚半岛南部创造了高度的人类文明,当时的科尔多瓦人口达一百万,是欧洲规模最大,文明程度最高的城市之一,摩尔人建造了许多宏伟壮丽,带有鲜明伊斯兰艺术特色的清真寺、宫殿和园林,可惜留下来的遗迹并不多。1492年,信奉天主教的西班牙人攻占了阿拉伯人在伊比利亚半岛上的最后一个据点,建立了西班牙王国。

3.3.2 西班牙伊斯兰园林类型

西班牙伊斯兰园林的主要类型是西班牙伊斯兰宫苑庭园和别墅花园。宫苑庭园典型的形式是方形或矩形的院落,周围是装饰华丽的阿拉伯(伊斯兰)式拱廊,在庭园的中轴线上,有一方形或矩形水池,并设有喷泉,在水池和周围建筑之间,种植灌木、乔木,杂以花草。

西哈里发王国兴盛时,在科尔多瓦的周围及达尔基维尔河岸,建造了许多别墅,其中以国王阿卜杜拉曼三世的"阿扎拉"别墅最为宏大。别墅建在台地上,最低处有宽广的庭园、果园、鸟兽园等。庭园里有铺着马赛克的园路,路两旁栽着香桃木及月桂修剪成的绿篱,还有盘藤作顶的园亭、人工池塘、喷泉和沟渠及装饰华丽的小品。其他地区如托莱多、塞维利亚、格拉纳达、塞哥维亚等城镇也都建有许多伊斯兰风格的宫苑庭园和别墅花园,其代表作如格拉纳达的"阿尔罕布拉宫"、"格内拉里弗花园"和塞维利亚的"喀扎尔园"等。

3.3.2.1 宫苑庭园

代表性园林是阿尔罕布拉宫苑(图3-10),又名红宫,位于格拉纳达山谷地一座海拔七百多米高的山丘上。原是摩尔人作为要塞的城堡,建成之后,其神秘而壮丽的气质无与伦比,成为伊斯兰建筑艺术在西班牙最典型的代表,也是格拉纳达城的象征。

1248 年，那斯里德王朝穆罕默德一世开始在阿尔罕布拉山上大兴土木，逐渐形成一座规模巨大的宫城，面积达 130 公顷，外围长 4 000 米的环形城墙和 30 个坚固的城堡要塞。100 年后，尤塞夫一世和其子穆罕默德五世建成了宫城中的核心部分——桃金娘宫和狮子宫庭院，以及无数华丽的厅堂、宫殿、庭园等，最终形成了极其华丽的阿尔罕布拉宫苑。

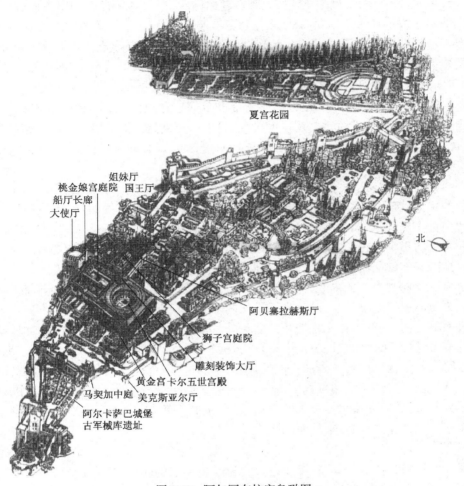

图 3-10　阿尔罕布拉宫鸟瞰图

1492 年，斐迪南德二世收复格拉纳达，注意保护被征服民族的文化遗产，没有改变阿尔罕布拉宫原有的建筑，只是在格拉纳达城及阿尔罕布拉宫中另建了文艺复兴风格的宫殿。

拿破仑征服欧洲之际，也在阿尔罕布拉宫的花园中增添了一些具有明显法国风格的景物。

阿尔罕布拉宫苑的主要庭院有桃金娘宫庭院、狮子宫庭院、柏木庭院和达那哈庭园等。

桃金娘宫庭院建于 1350 年，东面宽 33 米，南北长 47 米，是一个近似黄金分割比的矩形庭院。中央有 7 米宽、45 米长的大水池，水面占庭院面积的四分之一，两边各有 3 米宽的整形灌木桃金娘种植带。庭园的东西两面是较低的住房，与南北两端的柱廊连接，构图简洁明快。

南面的柱廊为双层，原为宫殿的主入口，从拱形门券中可以看到庭院全貌：北面有单层柱廊，其后是高耸的科玛雷斯塔，池水紧贴地面，显得开阔而亲切；水池南北两端各有一小喷泉，与池水形成静与动、竖向与平面、精致与简洁的对比；两排修剪整齐的桃金娘篱，为建

73

筑气氛很浓的院子增添了一些自然气息，其规整的造型与庭院空间又很协调。桃金娘宫庭院虽由建筑环绕，却不感到封闭，在总体上显得简洁、幽雅、端庄而宁静，充满了空灵之感。

狮子宫庭院是阿尔罕布拉宫中的第二大庭院，也是最精致的一个，建于 1377 年。庭院东西长 29 米，南北宽 16 米，四周是 124 根大理石柱的回廊，东西两端柱廊的中央向院内凸出，构成纵轴上的两个方亭。这些林立的柱子，给深入其境的游人以进入椰林之感，复杂精美的拱券上的透雕则恰似椰树的叶子一般。十字形的水渠将庭院四等分，形成 4 个下沉式花圃，栽种有花卉和橘树，交点上有著名的狮子喷泉，中心是圆形承水盘及向上的喷水，四周围绕着 12 座石狮，由狮口向外喷水，象征沙漠中的绿洲。

柏木庭院建于 16 世纪中期，是边长只有十多米的近方形庭院，空间狭而不抑。北面有轻巧而上层空透的过廊，由此可观赏周围的美景，另外三面则是简洁的墙面。庭中植物种植十分精简，在黑白卵石镶嵌成图案的铺装地上，只有四角耸立着 4 株高大的意大利柏木，中央是八角形的盘式涌泉。

达那哈庭院也叫林达那哈院，是个平面略近正方形的梯形院落，边长约 19 米，中央是一个方角圆边的水池，设有盘式喷泉，形成院中的主景，此园 16 世纪后被改造，水池周围布置了黄杨镶边的多种多样的花坛和高大的柏树。当年人们这样赞美这座庭院："这座花园多美，地上的花朵和天上的星星争艳。那盛满晶莹泉水、池中洁白的盘子，有什么能跟她媲美呢？除非是高悬在万里晴空中的一轮明月。"通过达那哈院的拱道可达柏木庭院。

另有一院子原为女眷的内庭，四周建筑环绕，院中原为规则式种植的意大利柏木和柑橘，现在已成为自然散生的了，中心的喷泉疑是文艺复兴时期重建的。

在宫殿的东面，还有古树和水池相映的花园，一直延伸到地势较高的夏宫，这里有花草树木及回廊凉亭，曾是历代摩尔国王避暑度夏之处。

阿尔罕布拉宫苑以曲折有致的庭院见长，狭小的过道串联着一个个或宽敞华丽，或幽静质朴的庭院，穿堂而过时，无法预见到下一个空间，给人以悬念与惊喜。在庭院造景中，水的作用突出，从内华达山古老的输水管引来的雪水，遍布阿尔罕布拉宫，有着丰富的动静变化，而精致的墙面装饰，又为庭院空间带来华丽的气质。

3.3.2.2 别墅花园

典型代表是格内拉里弗花园（图 3-11），意为高高在上的园林，又名园丁园，位于阿尔罕布拉宫一侧的小山上，原为阿尔罕布拉宫的一部分。它的规模并不大，占地不足半公顷，是西班牙最美的花园，也是欧洲，乃至世界上最美的花园之一，1319 年由阿布尔·瓦利德扩建，作为他的夏宫。

别墅花园的建造充分利用了原有地形，采用典型的伊斯兰园林的布局手法，一定程度上也具有文艺复兴时期意大利园林的风格，将山坡辟成 7 个台层（一说 8 个台层），依山势而下，在台层上又划分了若干个主题不同的空间。在水体处理上，将斯拉·德尔·摩洛河水引入园中，形成大量的水景，从而使花园充满欢快的水声。它已拥有大型庄园必需的大多数要素，如花坛、水景、秘园、丛林等。

沿着一条两墙夹峙、长 300 多米的柏木林阴道，即可进入园中。在建筑门厅和拱廊之后，便是园中的主庭园——水渠中庭，此庭由三面建筑和一面拱廊围合而成。中央有一条长 40 米，宽不足 2 米的狭长水渠纵贯全庭，水渠西边各有一排细长的喷泉，水柱在空中形成拱架，水渠两端又各有一座莲状喷泉。当年庭园内种植以意大利柏木为主,现在水渠两侧布满了花丛。

从水渠中庭西面的拱廊中,可以看到西南方150米开外的阿尔罕布拉宫的高塔。拱廊下方的底层台地,是以黄杨矮篱组成图案的绿丛植坛,中间有礼拜堂将其分为两块。水渠中庭的北面也有精巧的拱廊,后面是十分简朴的府邸建筑,从窗户中也可以欣赏西面的阿尔罕布拉宫。府邸的地势较高,其下方低几米处有方形小花园,四周围合着开有拱窗的高墙,这是一块面积仅一百多平方米的蔷薇园,米字形的甬道,中心是一圆形大喷泉。

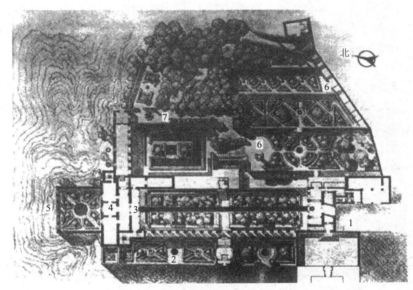

图 3-11　格内拉里弗花园平面图
1—入口;2—低处台层;3—水渠;4—亭;5—苏尔坦希花园;6—上台层;7—跌水

府邸前庭东侧的秘园是一个围以高墙的庭院,这里布局非常奇特,一条两米多宽的水渠呈U形布置,中央围合出矩形"半岛","半岛"中间还有一方形水池。U形水渠两岸也有排列整齐的喷泉,细水柱呈拱状射入水渠。两个庭院的水渠是互相连接的。方形水池两边是灌木及黄杨植坛,靠墙种有高大的柏木,使庭院显得高贵、肃穆。

南面的花园是层层叠叠的窄长条花坛台地,许多欢快的泉池,形成阴凉湿润的小环境。小空间的布局方式及色彩绚丽的马赛克碎砾铺地,都是典型的伊斯兰风格。顶层台地上方,有一座白色望楼,居高临下,可眺望远处景色。台地花园的南北两端,各有一条蹬道联系上下,并与望楼相接。

格内拉里弗花园空间丰富,景物多变,尽管没有华丽的饰物及高贵的造园材料,甚至做工显得粗糙,但其成功之处在于细腻的空间处理手法以及具有特色的景物。虽然只是由几个台层组成,但是,各空间均有其特色,既具独立性,构图上也很完整,以柱廊、漏窗、门洞以及植物组成的框景等,使各空间相互渗透,彼此联系。园中水景也多种多样,犹如人体的血液一般遍布全园,起到统一园景的效果。

3.3.3　西班牙伊斯兰园林的风格特征

西班牙伊斯兰园林就是指在今日的西班牙境内,由摩尔人创造的伊斯兰风格的园林,在中世纪曾盛极一时,其水平大大超过当时欧洲其他国家的园林,对后世欧洲园林也有一定的影响。

(1)早在8世纪,阿卜德·拉赫曼一世以其祖父在大马士革的园林为蓝本,在首都科尔多瓦造园。还派人从印度、土耳其和叙利亚引种植物,如石榴、黄蔷薇等都是当时引进的。其后继者也热中造园,至10世纪时,科尔多瓦的花园曾多达5 000个。

(2)当时的人们还从罗马人遗留下来的庄园中借鉴其结构、材料及做法,有些庄园的建筑材料直接来自古罗马的建筑物。受古罗马人的影响,他们把庄园建在山坡上,将斜坡辟成一系列台地,围以高墙,形成封闭的空间。在墙边种上成行的大树,形成隐秘的氛围,这也是伊斯兰园林所追求的效果。墙内往往布置交叉或平行的运河、水渠等,以水体来分割园林空间,运河中还有喷泉。笔直的道路尽端常常设置亭或其他建筑。有时在墙面上开有装饰性的漏窗,墙外的景色可以收入窗中,这与我国清代李渔创造的无心画十分相似。

(3)伊斯兰园林的道路常用有色的小石子或马赛克铺装,组成漂亮的装饰图形,酷似中国园林中的花街。园中地面除留下几块矩形的种植床以外,所有地面以及垂直的墙面、栏杆、坐凳、池壁等面上都用鲜艳的陶瓷马赛克镶铺,显得十分华丽。

(4)园中也常用黄杨、月桂、桃金娘等修剪成绿篱,用以分隔园林形成几个局部。园中常用的植物还有柠檬、柑橘、松、柏、夹竹桃、月季、薰衣草、紫罗兰、薄荷、百里香、鸢尾等,还比较喜欢用芳香植物。此外,也常用攀缘植物如常春藤、葡萄及迎春等爬满凉棚。

3.4 印度伊斯兰园林

3.4.1 印度概况

在中世纪后期,当西欧各国开始经济发展和文化进步的同时,印度人却接连遭受了一系列异族的劫掠和蹂躏。征服印度的第一批穆斯林是来自阿富汗的土耳其人,并以德里为中心进行了整整5个世纪的统治。印度有了许多变化,比如他们建筑了一些工艺精美的清真寺等伊斯兰风格的建筑,但在文化上却很少新颖独特的创新,一度生机勃勃的文化艺术事业,受到了明显的破坏。13、14世纪,蒙古人进入印度,尤其是跛子帖木儿的侵袭,这是印度历史上破坏性最大的一次异族入侵,帖木儿横扫阿富汗、波斯和美索不达米亚,继而入侵印度,公开宣称,要使异教徒都皈依伊斯兰,不足一年,印度已成一片废墟。

16世纪,印度遭受来自北方穆斯林一次新的入侵,帖木儿的后裔巴布尔创建了强大的莫卧儿王朝,到他的孙子阿克巴时莫卧儿王朝进一步强盛。沙杰罕统治时期,莫卧儿王朝继续发展,在文化和艺术领域莫卧儿王朝积极与外国进行商业和文化交流,因而,无论在文学、艺术还是在社会总的风气方面都出现了印度、土耳其、阿拉伯和波斯文化融为一体的现象,尤其是建筑样式最完美无缺地反映了印度教风格与穆斯林风格之间互相影响的结果。穆斯林建筑工匠引进了清真寺的尖塔、尖形的拱门和球茎状的圆顶,印度教与耆那教的建筑技艺则强调水平线条和精致的建筑饰物,穆斯林在兴建宗教建筑物时也常请印度教的石匠和建筑师,这样就必然产生文化思想交流,于16、17世纪时形成了自成一家的印度—穆斯林建筑风格,印度的伊斯兰园林也在此时达到鼎盛时期。

据记载,在亚格拉的舒纳河左岸有"纳姆园",是巴布尔建造的莫卧儿时代最古老的庭园。纳姆园附近的"兹哈拉园",为巴布尔的女儿兹哈拉所有,也是亚格拉地区最大的宫苑,此外还有在巴布尔墓地附近建造的"凯兰园"和"忠实园"等为数众多的印度伊斯兰园林。

3.4.2 印度伊斯兰园林类型

伊斯兰世界地域广阔,西循北非到西班牙,东经波斯、阿富汗到印度,故园林风格也随地域而有殊异,但造园艺术大体一致,均为伊斯兰"天国"的再版。印度伊斯兰园林除宫苑、庭园外,克什米尔风景优美,一直是印度历代国王的夏季别墅所在地,从亚格柏王的"里西姆园"开始,到现在仍保存的"阿齐巴尔园"、"伟利那克园"等,其中最有名的是"里夏德园"和"夏利玛尔园"。另外陵园也是印度伊斯兰园林的主要类型,巴布尔之后的几代国王的陵墓,如胡马雍、亚格柏、查罕杰,以及沙杰罕的王后泰姬·玛哈尔的陵墓都是典型的伊斯兰园林。除泰姬陵外,这些陵园平面都是方形,中心位置是取代水池和凉亭的陵墓建筑,陵墓四周有沿轴线部署的十字形路,把陵园分为四大块花园,然后再将每块分成小块,陵园中的树木花卉非常茂盛。可以看出,印度伊斯兰园林类型主要有宫苑、庭园、别墅园和陵园。这里主要介绍一下庭园中的"忠实园"、陵园中的胡马雍陵、泰姬陵和别墅园中的"里夏德园"、"夏利玛尔园"。

3.4.2.1 庭园

以"忠实园"为例,位于巴布尔墓地附近,在留存下来的"忠实园"纤细画(图 3-12)中描绘了巴布尔在忠实园亲自指导建园的情景。园中有两位工匠师在测定路线,一位建筑师拿设计图给巴布尔看。画图中央是一个方形水池,向四方引出水渠,四块花圃是下沉式的,是典型的伊斯兰式花园。巴布尔在回忆录中说:"园的西南角有一个水池,10 米见方,它四周种着柑橘树和少量石榴树,它们整个又被大片草地包围……柑橘金黄的时节,景色再美不过了……。"

图 3-12　忠实园(纤细画)

3.4.2.2 陵园

1. 胡马雍陵

巴布尔死后,由胡马雍(1530 年～1556 年在位)继承,统治时期短暂,造园不如前王时代,仅在德里造有一些陵园,是第一个在印度下葬的莫卧儿王。其王陵设在德里南面约 4 英里处,是莫卧儿时代最早的纪念性大建筑。陵园呈方形,陵墓本身在正当中,前后左右沿轴线的路成十字形,把陵园分成四大块,然后每块再分成小方块。园内四季常绿,果树荣茂,乔木成阴,花卉灿然美观。如今,在德里平原上耸立着的大圆屋顶,颇惹人注目,拥有灵庙且面积达 13 英亩的陵园,原有的果树及绿阴树已被一扫而光,成为大煞风景的荒地,但石造的沟渠、喷泉池,现已修复,大体上保持了原状。

2. 泰姬陵(图 3-13)

陵墓位于印度北方邦亚格拉城郊的舒姆纳河南岸,是莫卧儿王朝第五代帝王沙杰罕为爱妻阿热曼·巴纽修建的陵墓,她为其怀十四胎时去世。陵墓得名于其妻的封号泰姬·玛哈尔。泰姬陵于 1631 年动工,雇佣了 2 万名来自印度、波斯、中亚细亚等地的工匠,历时 22 年(一说15 年)完成。印度诗人泰戈尔称泰姬陵是"历史面颊上挂着的一颗泪珠"。

整座陵园位于一块长 583 米,宽 304 米的长方形地段上,环绕以红砂石墙,与其他莫卧儿时期陵园相比较,泰姬陵的特点在于陵墓主体建筑耸立在园区的北端,从而把正方形的花园完整地呈现在陵墓之前,突破以往印度陵园的传统,也突破了阿拉伯花园的向心格局,使花园本身的完整性得到保证,同时也为高大的陵墓建筑提供了应有的观赏距离。

图 3-13 泰姬陵

陵园中,一条用红石铺成的十字形甬道,将庭园划分为四部分。甬道中间是一条十字形水渠,中心为喷泉,四周下沉式的花圃绿树成荫,鲜花似锦,花木高大,密密丛丛,既不排列,又不修剪,与今日绿地风格迥然不同。在中轴线上的甬道尽端是用圣洁典雅的纯白大理石砌筑的陵墓,陵墓主体建筑为一圆顶寝宫,建于一座高 7 米、边长 5 米的正方形石基座的中央,寝宫总高 74 米,下部呈正方形,每条边长约 57 米,四周抹角,在正方形鼓状石座上,承托着优雅匀称的圆顶。圆顶直径约 17 米,顶端是一金屋小塔,寝宫屋脊有 4 座小圆顶,凉亭分布四角,围绕中央圆顶。石基四角耸立的尖塔有 3 层,高 40 多米,站在上面可俯瞰亚格拉全城。这种尖塔俗称拜楼,原是阿訇呼吁伊斯兰信徒们向麦加圣地方向朝拜的塔楼,是伊斯兰建筑的特有标志。

在陵墓东西两侧又有两座红砂石建造的清真寺,它们彼此呼应,衬托着白色大理石的陵墓,色彩对比十分强烈。陵墓前的正方形花园,被缎带般的池水和两旁的数条石径切割成整整齐齐的花坛,展现了伊斯兰几何式的园林美。

3.4.2.3 别墅园

1. 里夏德园(图 3-14)

是一座地处达尔湖南面的美丽别墅庭园,由努尔马哈尔的兄弟、担任高级官职的阿萨孚肯建造。庭园由 12 个台地组成,自湖的东岸向

图 3-14 里夏德园

78

山腹顺次增高。沟渠的流水,成小瀑布流下,贮水池、水渠和喷泉水流不断,使庭园增添生气。明朗的台地上有花坛,花坛里栽有蔷薇、百合、天竺葵、紫菀、百日草和大波斯菊等花卉,显得光彩夺目。庭园的景色四季皆美,尤其在箭杆杨和悬铃木的黄叶映照着青黑山石的秋季更美。可惜本园也和克什米尔的其他庭园一样,由于近代修筑道路的影响,湖水旁的台地和其他的台地已被道路分割开,损害了它的景观。现整个地区长为595米,宽为360米,因系私园而非宫苑,故仅有两个大的区域。其主庭院位于较高处,连接成一块台地。上面的台地,有高18英尺的墙横断整个庭园。自小园亭的2层台阶流下的水路,由波形图样的铺路砖构成。还有宽为13英尺,深为8英尺、类似沟渠的石铺路的痕迹。高墙两旁屹立着八角形的塔,其内部台阶可通向上面的庭园。庭园的特征,是有大理石的玉座,多横放在瀑布的上部。后对庭园进行了部分修复,并将曾用于装饰莫卧儿庭园的台地墙壁及平台地的花瓶试置在这里。这些装饰性的尝试,恢复了昔日的几个特征,但与庭园原有的规模相比,还嫌太小。

2. 夏利玛尔园

据传是斯利那加尔市的创建人普那瓦尔赛纳二世在湖的东北隅建造的别墅。把它称之为"夏利玛尔",是梵语"爱的住家"之意。查罕杰王在访问住在哈尔乌安附近的一位圣人斯瓦米时,途中常在别墅休息。随着时间的流逝,宫苑已完全消失,附近建了村庄,但后人仍称这里为"夏利玛尔"。1619年,查罕杰又在这有历史意义的地方建造了称为"夏利玛尔园"的夏季别墅,现在仍很好地保存着那些优秀的设计。长约1英里、宽12码的河渠,流过沼泽地、柳树林和水田,连接着庭园。河渠两侧有高大的悬铃木覆盖着广阔的园,路通向远方。河渠入口处的石块是昔日园门的位置,并还残存着曾经围筑水路的石堤的一些片断。现此处把长约为590英尺,宽约为267英尺的面积分为三部分,即外侧的庭园部分、中央的帝王庭园部分和王妃及妇人们使用的最美丽的内园部分。外侧的庭园是经常开放的公共庭园,自湖源通向大沟渠。止于最初的大园亭"狄文依阿姆"。黑大理石的玉座今仍安置在沟渠中央的瀑布上,沟渠穿过建筑物,流进下方的贮水池。第二部分的庭园较为宽广,由两个低台地组成,中央有私人接见室"狄文依卡斯"。该建筑物已坏,但地基和用喷泉围成的美丽的平台地仍保存着。此处的西北,有帝王的浴室。在"妇人庭园"入口处的守卫室,被重建在原来的石基上,呈克什米尔式。这里最精彩的部分,是沙杰汗建造的美丽的黑大理石园亭,至今仍屹立在喷泉飞溅出的水花之中。在有光泽的大理石上,映现着水花的闪光,更有古柏树衬托出浓重的色调。庭园的全部色彩和芳香,与马哈狄克的雪景,都集结在这园亭的周围。这无与伦比的园亭,四面还环抱着一排小瀑布。

"阿齐巴尔园"现已荒废,这原是克什米尔玛哈那夏的祖父克那布锡恩建造的。南面墙边有连接莫卧儿浴场的专供妇女用的大建筑,在中央部位有妇女专用的浴池。昔日喷泉的园亭已毁,拱门型壁龛和装在崖边的门,则作为遗迹残存着。在池的两侧,有被高大悬铃木覆盖的、用石头围边的平台地。在莫卧儿的土台上,建有几个克什米尔式的园亭。

"瓦园"是查罕杰王的春季别墅和野营地,位于哈森阿布尔。这是一处当地所有宗教都作为圣地的美丽土地。据说,现在的这个名称,是亚格柏王命名的。亚格柏王由于被这里的美丽景物所感动,曾情不自禁地发出了"Wah Bagh(多么美的庭园)"的赞叹,因而得名。但实际建设庭园的,是查罕杰,这个长0.33英里,宽0.5英里的庭园,有墙围着,现处于半荒废状态。

3.4.3 印度伊斯兰园林的风格特征

印度的莫卧儿王朝在文化和艺术领域,历代帝王都有与万国通好的思想,积极与外国交流,出现了印度、土耳其、阿拉伯和波斯各种文化融为一体的现象。

(1)莫卧儿王朝统治时期的印度建筑式样最完美地反映了印度教风格与穆斯林风格之间互相影响的结果。穆斯林的尖塔、尖形拱门和球状圆顶与印度建筑传统强调水平线条和精致的建筑饰物完美结合,终于在公元16、17世纪产生了风格鲜明的印度伊斯兰建筑形式。

(2)印度伊斯兰园林依然以伊斯兰"天国"为样本,布局简单,基本上是一座精心绿化的庭院。位于中心的十字形水渠把整个园林平均分成四部分,正中央是一个喷泉,泉水从地下引来,喷出后随水渠向四方流去,造园艺术与其他各地的伊斯兰园林大体一致。

(3)构成印度伊斯兰庭园的主要因素,首先是水,经常有池贮存,具有调节温湿度、装饰、沐浴和灌溉等多种用途。水池不仅充满凉意,而且可以兼作沐浴净身的宗教活动的浴池和灌溉植物的贮水池。

(4)园亭是庭园不可缺少的设施,兼有装饰和实用两种用途,既是极好的避暑凉台,又是庭园生活舒适的休息场所。

(5)植物着重于栽植绿阴树,形成大片绿阴,偏爱观赏树木,而不大用花草,除乡土树种外,常见的园林植物有:柏树、悬铃木、杨柳树、柑橘、葡萄、石榴、蔷薇、郁金香、玫瑰、百合、天竺葵、紫罗兰、荷花、酢浆草、紫菀、百日草和波斯菊等。

第4章 中国园林的雏型——囿

(夏—春秋战国)

4.1 时代背景

4.1.1 传说时代——肇中华文明之基

中国进入文明社会的历史可上溯约 5000 年,当时正值传说时期的三皇五帝时代,原始共产社会两极分化,出现了统一诸部酋长的"帝王",统治百姓,以图广其土,众其民。这是个部落大融合的时代,也是英雄辈出的时代,留下了许多动人的传奇故事。

三皇是指燧人氏、伏羲氏、神农氏。燧人氏——教人钻木取火,以火熟食;伏羲氏——画八卦,传授渔猎畜牧之法;神农氏——发明耒耜,教导耕种,尝百草,传播医药诸法。三皇之说,较好地反映了中华民族发明用火、采集渔猎、原始农业等从野蛮到文明的演变历程。

五帝是指黄帝、颛顼、帝喾、唐尧、虞舜。黄帝,起自有熊国,版图西至甘肃,南达长江,北入河北,东临大海,都于涿鹿,曾有修历法,定律吕,作乐,造文字,创货币,分州制田,始立国,又作宫室,制冠冕衣裳等神奇传说。黄帝在位 110 余年,崩于荆山之阳,葬桥山。另据李延军先生研究,黄帝生于黄陵,长于黄陵,都于黄陵乔山,最后又葬于此[①]。颛顼高阳氏继位,都濮阳(河南),在位 78 年。敬天地,祀鬼神,确立祭祀制度。帝喾高辛氏都于亳,位于山东、河南之间,以仁德施于民众,在位 70 年。其子尧陶氏都平阳,立时令,创法度,开始禅让制度,在位 100 年崩。禅位于舜有虞氏,迁都于蒲板(在今天的山西永济县境),施行善政,治河,除四凶[②]。他们奠民族繁荣之基,后世称为五帝,认为是三皇的化身。

大禹是颛顼之曾孙,治水有功,受禅位于舜,建都安邑(山西芮城),葬于绍兴。一生俭朴惜民,诸侯敬服,自禹以后王位世袭,开始了夏代。

4.1.2 三代(夏商周)时期——开中国传统文化之先河

大约公元前 2100 年左右,禹死启立,建都阳城(今河南登封市境),废止禅让制,实行家天下,建立国体制度,黄河中下游出现了我国历史上第一个奴隶制国家——夏,这是我国有文化遗迹可考的最早的国家。夏政权传至十四代桀,由于他淫乱废政,酒池肉林,为商汤所灭。商(公元前 17 世纪~公元前 11 世纪)灭夏,进一步发展了奴隶制。它以河南中部和北部为中心,包括山东、湖北、河北、陕西的一部分地方,建立了一个文化相当发达的奴隶制国家。商朝的首都曾多次迁徙,最后的 200 余年间建都于"殷",在今河南安阳小屯村附近。因此,商王朝的后期又称为殷。当时,已有高度发达的青铜文化和成熟的文字(甲骨文)。商王朝传至第十七代纣,他是个有名的暴君,即位后大兴土木,厚征赋敛,内滥施酷刑,外穷兵黩武,结果落得个众叛

---

① 李延军著.赫赫始祖(第二版).陕西:陕西旅游出版社,2002,7.105~122
② 四凶:指鲧、驩兜、三苗、四夷。

81

亲离,前徒倒戈,朝歌自焚的下场。

大约在公元前 11 世纪,生活在陕西、甘肃一带,农业生产水平较高的周族灭殷,建立中国历史上最大的奴隶制王国,以镐京(今西安西南)为首都。为了控制中原的商族,还另建东都洛邑(今河南洛阳)。周王朝的统治者根据宗法血缘政治的要求,分封王族和贵族到各地建立许多诸侯国。运用宗法与政治相结合的方式来强化大宗主周王的最高统治,各受封诸侯国也相继营建各自的诸侯国都和采邑。

夏商时代的文献典籍尚未成书,到了周代,各种典章制度开始确立、实施并渐趋完备,《周礼》虽然成书于西周晚期以后,但它是依据当时保留下来的档案编成的,因此,翔实而全面地反映了周朝的典章礼乐制度,自此,国家的政治、经济、文化制度从此奠基。

周人祖先传说是尧时的农官后稷,但据我们考证,后稷当活动于公元前 15 世纪。后稷于有邰教民稼穑,奠定周族以农立国之基。其后人不窋不堪蛮人骚扰,率众人走西北混同游牧民族之中。直到公刘迁豳,才恢复祖先农耕文明。到古公亶父时,屡遭戎狄侵扰,邦无宁日,太王修德行仁,尝以皮币、玉帛、犬马之物事戎狄,然侵扰之忧仍不能免,迫于无奈,太王策杖而去,至于岐阳,邑于岐周,故改国号为周。邠人闻太王离去,风从如市,太王带领邠人在岐山之阳安营下寨,修城建宫。周文王(古公亶父的孙子姬昌)仁德宽厚,众望所归,由岐阳迁都于丰,国势日盛。周武王(文王之子姬发)继父为王,定都于镐,史有沣京、镐京。沣、镐之间,乃为周邦,仁义之域,百姓乐从。当是时,殷纣无道之甚,天怒人怨,武王趁势发动攻击,一举灭殷,统一了天下,仁政爱民,天下归附。后有成王、康王嗣主,赖有周公辅政,吐哺握发,政绩卓然,天下太平,史称唐、虞之风。后来,诸侯势力渐次强大,甚至有的诸侯企图僭称王号。第十八代的周宣王即位后,重振唐、虞之风,礼贤下士,招贤任能,诸侯听命,周室再度兴旺,史称中兴之祖。周代到了晚期,戎狄东山再起,大举侵扰,加之诸侯怀有二心,形势动荡不安。宣王的儿子幽王继父称王,弃国政于不顾,沉溺于女色,宠爱褒姒,惟褒姒之命是从,更有"烽火戏诸侯"之荒唐儿戏,被犬戎杀于临潼骊山脚下。后来,秦襄公战败犬戎,护送平王到洛阳避难,从此以后称为东周。

4.1.3 春秋战国时期——解放思想,确立中国园林的发展轨道

东周史称"春秋"时代(周平王元年至周敬王四十四年,即公元前 770 年~公元前 476 年)春秋之后称"战国"时代(公元前 475 年~公元前 221 年)。春秋、战国之际,正当中国奴隶社会瓦解、开始向封建社会转化的社会巨大变动时期。

春秋时代的 150 多个诸侯国互相兼并的结果,到战国时代只剩下七个大国,即所谓"战国七雄",周天子的地位相对衰微。这时候由于铁工具普遍应用,生产力提高和生产关系的改变,促进了农业和手工业发展,扩大了社会分工,商业与城市经济也相应地繁荣起来,七国之间互相争霸,扩大自己的势力范围,需要延揽各方面的人才。"士"这个阶层受到各国统治者的重用,他们所倡导的各种学说亦有了实践的机会,形成学术上百家争鸣,思想上空前活跃的局面。各国君主纷纷招贤纳士,实行变法,以图富国强兵。秦穆公重用由余、百里溪(五羖大夫)、伯乐、蹇叔、巫豹、公孙支等,遂霸西戎。秦孝公重用商鞅,两度变法,终于成为七国之雄长。

公元前 221 年,"六王毕,四海一",秦始皇君临天下,结束了长期战乱、纷争的局面,中国从此全面进入封建社会的发展轨道。

4.1.4 园林萌芽概况

从夏立国至秦统一,在长达 2000 多年的历史时期里,孕育了中国的山水园林的胚胎——囿,并随着生产力的发展和思想、文化艺术的丰富,从囿向苑发展。

早在夏朝前后,发明了夯土技术,在土坛上建筑茅草顶的房屋,这一时代已经发生了代表中国建筑特点的坛和前庭。夏、殷时,建筑技术逐渐发展,出现了宫室、世室、台等建筑物,并进一步发展。周代定城郭宫室之制,规定大小诸侯的级别,宫门、宫殿、明堂、辟雍等都定出等级,又规定前朝后寝,左祖右社,前宫后苑等宫苑布局,此后历代相沿,成为中华民族传统的宫苑形式。

由原始的狩猎、游牧、畜牧生活发展为懂得饲育禽兽,出现圈占一定范围专供狩猎取乐的囿,殷末扩展沙丘苑台,开周代苑囿的先河。桐宫作为一种离宫,此时开始出现。楚国的章华台开后世大规模离宫别馆之先河。

囿、沼、台三者的融合是到了周代确立下来的,王者与民同乐,孕育了苑囿的公共娱乐性。苑囿周围筑墙或篱笆围绕,种植梅、桃、木瓜、杏、李、漆、桑、栗等树,盛栽各种花果树木,牧养各类禽兽等。

春秋战国时文化呈自由开放,霸主逞权奢欲,大兴宫殿园囿,以台阁建筑为标志,中国建筑至此发生重大转变和飞跃,吴王夫差的姑苏台、秦国的冀阙和阿房宫是这一时期建筑的代表。囿设计时考虑到宫殿、阁楼、廊道等建筑物与池沼的景物相联系,并以山河表里为背景,与山水相映生辉,是从囿到苑的重大进展。诗歌自周兴盛,春秋以来,神仙方术的活跃,诸子百家出现,给苑囿的发展变化注入思想与艺术活力。

4.2　上古暨夏商宫室

4.2.1　上古宫室

先秦历史文献对上古宫室和建筑形态有比较模糊的记载,这里摘引几条如下。《易·系辞》载:"上古穴居而野处,后世圣人易之以宫室,上栋下宇,以待风雨";《墨子·辞过》载:"古之民未知宫室时,就陵阜而居,穴而处,下润湿伤民,故圣王作,为宫室";《礼记·礼运》载:"昔者先王未有宫室,冬则居营窟,夏则居橧巢";《孟子·滕文公下》载:"当尧之时,水逆行,氾滥于中国,蛇龙居之,民无所定;下者为巢,上者为营窟……禹掘地而注之海,驱蛇龙而放之菹;水由地中行,江、淮、河、汉是也。险阻既远,鸟兽之害人者消,然后人得平土而居之"。

这些史料表明,在没有宫室之前,人们居住形态基本有两种:一是居住在地穴或洞穴中;二是在树上筑巢而居。我国近、现代的考古发现和民族文化调查资料也能够印证这一结论。

当穴居、巢居生活改变以后,人们居住形态有什么变化呢?从上述史料可知,一是"平土而居之",即住在平地之上;二是"为宫室"、"上栋下宇,以待风雨"。这大约就是最初的"宫室"形态,即建在平地之上的能够避风雨的"上栋下宇"。

据有关专家研究发现,巢居的发展,先是在一棵大树上结巢而居,后来发展到数木结巢,这可能是由于氏族人口渐多,而多数人找不到如此大树,从而用几棵树木结巢。最后,由于林木不足以为橧巢,而采用人工插木于土来筑居,然后又渐渐地降落到地面上,成为平地上的房屋,即所谓"宫室"(图4-1)[①] 这种演进形式,在浙江余姚河姆渡遗址和近、现代云南的傣族、景颇族、德昂族等干栏式阁楼建筑中还可以得到验证。

穴居也有发展序列。据专家考证,最早所开挖的是横向的洞穴,由于人口渐多,这样理想

---

①　沈福煦著.中国古代建筑文化史.上海:上海古籍出版社,2001,7.22

的地方较难找到,所以发展为斜穴,即坡地上的斜洞穴。后来聚落迁至平原地带,于是就变成了袋形的竖穴。这种竖穴渐渐加大加深,用树干作为出入洞口的扶梯,上面又加顶盖。由于深邃的洞穴令人出入不便,遂改为半穴居形式,又从袋形半穴居发展为直壁半穴居,这种形式的洞穴,都有斜坡式屋顶,屋顶由中间一根木头支撑发展成为多根支撑,并逐渐向地面发展,成为建于地面上的房屋,即所谓"宫室"(图4-2)①。这种演进形式,在西安半坡遗址和西北黄丘陵区的一些古老的窑洞建筑中也可以得到验证。

图 4-1　巢居演变图
(沈福煦《中国古代建筑文化史》)

图 4-2　穴居演变图
(沈福煦《中国古代建筑文化史》)

我们再来从文字角度考察一下古人对宫室的认识。《说文解字》载:"宫,室也。"表明宫、室本义是不分的。《尔雅·释宫》认为宫谓之室,室谓之宫,都是供人休憩的房屋。这符合宫室发明初期原始社会人们生活平等的习俗。再来看一下《易经》所谓的宫室形态"上栋下宇",《说文解字》载:"栋,极也",段注,"五架之屋,正中曰栋"。"宇,居边也"。段注,"陆德明曰:屋四垂为宇。高秀:宇,屋檐也"。表明最初的宫室上有支撑屋顶的数根棚架,下面周围有比较封闭的"屋边",这样才能"以待风雨"。文字考察和上述建筑演进的结果基本是一致的。

①　沈福煦著.中国古代建筑文化史.上海:上海古籍出版社,2001,7.23

以上是宫室发明初期的状态。随着社会的分化,由于财富占有的不同,统治者的宫室和一般平民的宫室会有很多不同之处。

《墨子》载:"尧堂高三尺,土阶三等,茅茨不剪,采椽不刊";《韩非子》载:"尧之王天下也,茅茨不剪,采椽不刊,粝粢粢之食,藜藿之羹,冬日麑裘,夏日葛衣,虽监门之服养不亏于此矣";《史记》载:尧堂"茆茨不剪,土阶三等。有草生于庭,十五日以前生一叶,以后日落一叶。如月以小尽,则一叶为厌不落,名曰蓂荚。观此而知旬朔"。

后世史家希冀用这样的文字歌颂上古贤明帝王崇尚节俭,与民同甘共苦的精神,然而,我们还是从这些字里行间看到了当时统治者的宫室形态:其一是宫室建在台上。《说文解字》载:"堂,殿也"。段注,"堂之所以称为殿者,正谓前有陛,四缘皆高起"。其二是宫室上下有台阶。其三是宫室庭院有观赏花卉蓂荚,通过这些花卉可以观察物候和天气状况。

4.2.2 囿的出现

囿,在甲骨文中写作▦、▦、▦等,表明囿是人工隔离的自然环境,其中草木丰茂,鸟兽潜藏;在《说文解字》中写作▦,像一个人持武器,挑着一块猎物,透出一股强悍骄傲的英气,表明囿是供人们养育禽兽和狩猎的场所。

《说文解字》对"囿"的解释是,"囿,所以域养禽兽也"。因此从某种意义上说,囿是先民渔猎生活的一种延伸。远古先民为了生存,不得不与禽兽为伍而又以禽兽为食物,狩猎的目的是为了生存。后世帝王设囿域养禽兽,目的兼及游乐观赏。远古时代,禽兽生活在纯天然的生存环境里,如大森林、大草原等。而帝王之囿,四周环以垣墙,禽兽在一种经人工改造的自然环境里生活,被限制在一定的范围里。由此可见,囿的产生和发展源远流长,它是生产力水平不断发展,人民物质文化生活不断提高,阶级不断分化,统治阶级出现以后的必然产物。

《韩诗外传》云:"黄帝时凤凰止帝东园,集帝梧桐,食帝竹实。"《尚书中侯》云:"黄帝时麒麟在园。"《拾遗记》云:"黄帝为养龙之囿。"近年考古工作者也发现了若干三皇五帝时的文化遗存,可以印证,就政治经济文化的发展状况而言,当时具备了置囿条件。

所以,最早的囿是蓄养禽兽观赏狩猎的场所。把一块较大的地段围起来蓄养禽兽,主要目的是供帝王观赏狩猎活动,也兼作宫廷膳食和祭品的供应。三代时期狩猎活动除作为再现祖先生活方式的一种娱乐活动地而外,同时还兼有征战演习、军事训练的意义。殷代的帝王、贵族、奴隶主都很喜欢狩猎,殷墟出土的甲骨卜辞中多有"田猎"的记载。田猎即在田野里打猎,千军万马难免践踏庄稼因而激起民愤,这在卜辞里也曾多次提到。新兴的周王朝天子文王有鉴于此,一再告诫子孙"其无淫于观、于逸、于游、于田"、"不敢盘于游田"。意思是不要耽于逸乐,不要随便到田野里去打猎。《史记·殷本纪》载,殷代后期的帝王为了避免因狩猎破坏农田而丧失民心,把这种活动限制在一定范围之内,四周用垣墙圈起来,其中养蓄禽兽并设专人管理,这就是"囿"。这是见于历史记载最早关于囿的文字,其中不乏对明君贤臣的溢美。囿的范围广阔,除了天然植被外,在空地上种植树木、经营果蔬,即《大戴礼·夏小正》"囿"有韭囿,"囿有见杏"之谓,同时还开凿水池作灌溉之用,当然也有一些简单的建筑物和构筑物。帝王在打猎的间隙,可以观赏自然风景,这就具备了园林的基本功能和格局。

囿中较早的建筑物或构筑物是"台",中国古代园林的孕育完成于囿、台的结合。

"台"即用土堆筑而成的高台,《吕氏春秋》高秀注:"积土四方而高曰台。"它的用处是登高以观天象、通神明。《白虎通·释台》载:"考天人之际,查阴阳之会,揆星度之验。"

在生产力很低的上古时代,人们不可能科学地去理解大自然界。因而视为神秘莫测,对许多自然物和自然现象都怀着畏敬的心情加以崇拜,这种情况一直到文明社会的初期仍然保留着。我国早在殷代的卜辞中就有崇拜、祭祀山岳的记载。人们之所以崇奉山岳,一则山高势险犹如通往天庭的道路,所谓"崧高维岳,峻极于天";二则山能兴云作雨犹如神灵,"山林川谷丘陵,能出云,为风雨,见怪物,皆曰神"。因而,当人们生活在远离山岳的都市以后,为了满足敬天通神的欲望,就要模拟山岳的样子,堆土叠石,这便产生了台。而登台即可敬天通神,又可极目四面八方,尤其在观赏田猎时,可以全景式透视千军万马的奔腾,也可辨认禽兽遁逃之迹,以便指挥捕猎。于是,囿台逐渐融合。

早在传说时代,帝王筑台之风大盛,帝尧、帝舜均曾修筑高台以通神。夏代的启"享神于大陵之上,即钧台也"。这些台都十分高大,驱使大量奴隶经年累月才能修造完成,如殷纣王建鹿台"七年而成,其大三里,高千尺,临望云雨",所以说,中国古典园林起源于帝王狩猎的"囿"和通神的"台"。也可以说,狩猎和通神是中国古典园林最早具备的两个基本功能。

4.2.3 夏商宫室

从大禹到西周,期间经历一千多年的岁月,宫室建筑虽然典籍逸失,语焉不详,但亦毕竟有相当程度的发展,周代的灿烂文化,显然历经夏、殷的培养、孕育才得以繁荣。

《史记》关于夏宫室的记载有:修造王宫瑶台,造肉山、脯林、开酒池等,是责备夏桀修造金楼玉殿,饰以金玉珠宝,荒淫无度的。又有:"夏桀乃召汤而囚之夏台"等句。《史记》关于殷商宫室记载有,商汤时七年大旱,汤亲自祷祝于桑林之野,查己之过,如政治有无过失,对民是否关心,是否建造宫室,是否偏信谗言等。从中可以看出,当时的宫室规模已经相当大,有相当高的水平。

另有一段殷商早期宫室的记载:汤死,太甲继位,昏暗暴虐,混乱朝纲,被忠臣伊尹放于桐宫。桐宫相当于离宫,由此可以推想,那个时代已发展到建离宫、别馆的水平。

商纣即位后,扩大殷都到于沫邑,大修闻宫别馆,称为朝歌。又广收珍禽狗马充于宫室,更扩展沙丘苑台,多蓄异兽珍禽于其中。

从以上史料可略知夏商宫苑概况,再根据战国时人整理的《考工记》有关记载或可补充夏、商时代的宫苑建筑记录之不足。

《考工记·匠人》条载:"夏后氏世室,堂修二七,广四修一,五室三四步四三尺;九阶四旁两夹窗,白盛;门堂三之一,室三之一。殷人重屋,堂修七寻,堂崇三尺,四阿重屋。"

现依据《周礼注疏》将这段史料解释如下:

世室——指宗庙、祭祀先王的建筑,与周代的明堂相同,也用来施行政事之堂;

修——指建筑的南北长度,以步度量,为14步;步为测量单位,长度六尺为步;

广——指建筑物东西长度,比南北长度多四分之一,为17步半;

五室——当时执行政事之堂为五栋,呈"⊞"形排列;中间方四步,东西加四尺,周围各室皆方三步,东西加三尺;

九阶——指台基的四边都有台阶,南面为三阶,其余各二阶;

四旁两夹窗——指每室四户,户旁夹两窗;

白盛——用蛤、蚌之灰为涂料,涂刷建筑物使其增白;

门堂——门侧之堂,南北九步二尺,东西十一步四尺;

室三之一——指门堂之上的两室,两室与门各占居一份;

堂崇三尺——崇为高,政事之堂不可能高三尺,或许堂高三丈(尺为丈之误);或许台基高三尺；

　　寻——古代一寻为八尺；

　　四阿重屋——四阿：四注屋；重屋：王宫正堂，指两层房屋，后世称楼；屋顶四面斜坡，有一条正脊和四条斜脊，屋面略有弧度。

4.3　西周宫室制度的完备

　　中国文明灿烂之历史，实自周始。文王之时，已三分天下有其二，武王灭殷，统一天下，王朝绵延867年之久，周代文化之发达，已尽人皆知，其政治、经济、文化发展均呈健康状态，各项管理制度趋于完备。中国建筑自发轫以来，历经数万年，入于周代始告大成，西周的宫室（宗庙）建筑从外观设计到内部的功能配置都比较齐全。周代已发明砖瓦，其建筑材料主要是木材、砖瓦和三合土（由细沙、黄土、白灰混合而成）。

4.3.1　囿人分职定责

　　作为园林之囿，周人已有明确、具体的管理人员，《周礼·囿人》记载了囿中的工作人员和管理人员的数额，职权范围等。《周礼·地官》中记载："囿人中士四人，下士八人，府二人，胥八人、徒八十人"。这些人员的职责是管理和饲养禽兽，举凡熊、虎、孔雀、狐、兔、鹤等诸禽百兽，皆有专人饲养和管理。其他如柞氏下士八人，徒二人以育草木，表明当时园林花木亦设专人抚育和管理。

4.3.2　囿、台、沼的完美结合

　　早在周初文王时期，就在京城附近因地制宜，兴建了具有山岳、水体和动植物等不同景观的园囿，达到了囿、台、沼的完美结合，形成一条不同风格的游动观赏线。

4.3.2.1　灵囿

　　三代苑囿，专为帝王游猎之地，风物多取天然，而人工之设施稀少。西周时期的"文王之囿"人工管理明显，一是它的方位、大小、功能等的制度规定，二是它略具朴素的"民主"性质。灵囿不仅仅是"专为帝王游猎之地"，而且还允许"刍荛者往焉，雉兔者往焉，与民同其利也"。

　　在等级森严的奴隶社会里，因其职级不同，囿也相应地分为大小不同的等级。"天子百里，诸侯四十里"，而"文王之囿七十里"，既不超标，也不等同，而偏偏低于"规定"，这种在享受方面宁低勿高的选择，恰好体现了文王"保民而王"的德政思想。"文王之囿"何以"灵囿"相称，后人的解释是"灵者，言文王之有灵德。灵囿，言道行于苑囿也。"周文王仁德宽厚，深受国人拥戴。《诗经·大雅·文王有声》歌颂了周文王善理国政，国富民殷，人民称颂，四海传扬的情形。作为奴隶社会的最高奴隶主，能够作苑囿与民同乐，的确难能可贵。

　　文王之囿选址在长安西"四十二"里处，跨长安、户县之境，方"七十"里，基本保存了原有的自然生态环境，《诗经·大雅·灵台》里描写"王在灵囿，麀鹿攸伏。麀鹿濯濯，白鸟鹤鹤"，给人勾画出一幅人、禽、兽和睦相处的欢乐图景。文王来囿中游览观赏，草丛里的麀鹿膘肥肉满，毛色光洁，讨人喜欢，丛林里的白鸟羽毛丰满，欢歌笑语，与人同乐，一幅天然图画，自由祥和。

4.3.2.2　灵台

　　《三辅黄图》记载："周文王灵台（图4-3），在长安西北四十里，诗序曰灵台，民始附也，文王

受命,而民乐其有灵德以及鸟兽昆虫焉。郑玄注云,天子有灵台者,所以观祲象,察氛祥。文王受命而作邑于沣,主灵台。"诗曰:"经始灵台,庶民子来,经之营之,不日成之。"从上文可知,灵台是灵囿中的一个主要建筑物,其功能是文王用以"观祲象,察氛祥",其形制为夯土而成的高台建筑,其体量硕大无比,线条简明流畅,是殷商以来,高台建筑的典范。

图4-3　灵台图

(清,毕沅:《关中胜迹图志》)

历史上任何一个大的园林工程,无不是用劳动人民的血汗浇铸而成的,百姓只能处于被迫无奈的服役状态。而文王筑灵台却呈现了另一番景象,《诗·大雅·灵台》云:"经始灵台,经之营之。庶民攻之,不日成之。经始勿亟,庶民子来。"后两句说,建台本来不着急,百姓起劲自动来,因老百姓出于自觉,热情高,干劲大,修建灵台的进度很快。为什么老百姓乐于使役,据说这是文王泽及枯骨①,亲民爱民,所以民始附之,且能尽力,尚无怨言。

远古时代,由于生产力十分低下,人们对自然界风雨电雷的发生,晦明昼夜之交替变化,各种灾害的不期而至感到神秘莫测,常怀一种敬畏的心理,说不清,道不明,于是产生了对自然物的崇拜。在众多的自然崇拜中,山岳崇拜较为普遍。在古人的眼里,山岳以其硕大无比的体量,直插云天的高度,简明而强有力的线条,化育草木、兴云吐雾的神奇魅力,显示出不可抗拒的力量,它连天接地,是通往上苍的梯子。古代帝王认为自己是受命于天的"天之骄子",而人间的吉祥祸福,全由上天赐予和降临,天有天帝、天神,它主宰人间,于是人们对天顶礼膜拜,视为神灵。但真要上天,谈何容易,人们把自己心目中的神奇事物常与天相提并论,高台建筑正是对山岳崇拜而产生的模拟物。古人模仿自然,夯土筑台,建造楼阁于其上,类似传说中天宫里的琼楼玉宇,玉帝登临居住的地方,人间的统治者只有建台而登之,方可亲承其旨意。"文王受命作邑于丰,立灵台",可视为文王作灵台的直接原因,文王所受之命,自然是天命。由此可知,文王作灵台的初衷并非出于游览之目的,而是作为"观祲象,察氛祥"的观测台,以察吉凶之

① 刘向《新序》云:周文王作灵台及为池沼,掘得死人之骨,吏以闻于文王。文王曰:"更葬之。"吏曰:"此无主。"文王曰:"有天下者,天下之主;有一国者,一国之主;寡人者,死人之主。又何求也!"遂令吏以衣冠葬之,天下闻之,皆曰文王贤矣。泽及枯骨,又况于人乎!

兆,但在实际使用过程中,其园林观赏性质渐趋明显,它的实际游憩功能远远超出了当初设计的范围。

4.3.2.3 灵沼

《诗·大雅·灵台》里有"王在灵沼,於牣鱼跃"的诗句,大意是说文王在灵沼旁观赏游鱼,满池的鱼儿往来翕乎,欢乐游动,一派祥和景象。《三辅黄图》记载:"周文王灵沼在长安西三十里",可见灵沼亦在灵囿周围,它与灵台近在咫尺,一个高台建筑,一个"於牣鱼跃"的水景,错落有致,相映成趣,构成了多姿多彩的园林景观。从"周文王作灵台及为池沼,掘得死人之骨"的记载可知,夯筑灵台所需之土是靠挖掘灵沼而获得的,这与后世挖湖掇山颇为相似。灵台为文王"受命"之作,修筑灵沼的目的不曾明言,因为两种建筑都修建于同一时代,同一苑囿之中,所以,灵沼很可能也是"受命"之作。古人的自然崇拜中,对水的崇拜不亚于对山的崇拜,先民们从大森林里走出来以后,部分开始定居,当他们选择基址时,多在河流旁的高亢地带,周围自然生态环境优美,即使游牧民族,也是逐水草而居,人之与水,如同布帛菽粟,须臾不可离开。但那时人们对水患等灾害又不能作出科学地解释,因此产生对水的崇拜,以为推涛作浪的水患往往是河神发怒所致。要消灾免难,必须敬河神(水神)。文王灵沼也许是在这种思想指导下而产生的一种自然崇拜物。同样,当灵沼修成之时,一碧万顷,沣京万象聚于一湖,它的观赏游览魅力远远超乎当初设计范畴了。

4.3.3 城郭建筑的确立

周初采取封邦建国制度,分封诸侯。侯的封地为大国,封地为一百里,伯为中国,封地七十里,子、男为小国,封地各为五十里,中央政府的官制是分为天、地、春、夏、秋、冬六官,各级官六十名,并设三公六卿以充顾问,田制、税制、兵制、刑律、学制都已确立,民众心悦诚服。

周人在岐阳的"岐邑"和在沣镐的"沣京"与"镐京",虽无完整的考古发掘,但从《周礼·冬官》所载,可以略知周代王城规划的情形,如图4-4所示。《考工记》载:"匠人营国方九里,旁三门,国中九经九纬,经涂九轨,左祖右社,面朝后市,市朝一夫。"可以看出周代都城以天子为中心的设计思想。都城的平面规划是严整的,每边长为9里,并分别开3座城门,每门3条道路,纵横各9条道路,每条道路可并行9辆马车。秩序井然,街坊也整齐划一,帝王的宫室位居中央,左庙右社,前朝后市(市场和居民区)。市区距宫室100亩,合今31亩。庙坛祭祖代表了家天下的族权,社坛祭天祀地,代表神权,理朝政的衙署代表统治阶级的政权。市集是手工业者和居民、商人进行

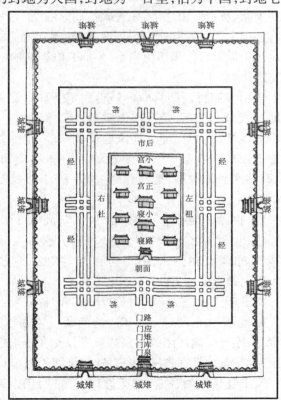

图4-4 周代王城规划设想图
(沈福煦《中国古代建筑文化史》)

89

产品贸易的场所。这种规划样式几乎成了后世帝王都城的一个模式。

4.3.4 宫室建筑的完备

4.3.4.1 宫室制度

那时的建筑物的主要部分当然首先是宫室,如图4-4所示,其中皋门、外朝、路门、培朝、六寝、六宫配列而建,所谓"天子五门,皋、库、雉、应、路;诸侯三门,皋、应、路",指的就是这些。从这个时代开始,中国建筑方面已经显示出具备外廊和门的重要特点,门内和门外的建筑物按顺序整齐地排列着。任启运著的《宫室考》说:"天子殿屋,四注四雷。诸侯三注三雷。大夫夏屋二注二雷。士二注一雷。"这里的雷字与霤字相通,是檐的意思。这段话说明周代天子的宫室是由殷代发展起来的四注式建筑,而为臣的大夫和士的房屋则为夏代传下来的山形屋顶形建筑,各依身分而建造在夯筑的土坛上。

西周古公亶父从邠迁至岐阳以后,心怀安居乐业之想,首先"筑城郭,主宗庙,设官司"。《诗·大雅·緜》描述了古公亶父从邠迁岐筑城建宫的全过程。《史记》亦有"古公亶父修后稷、公刘之业,积德行义,国人戴之"、"遂去邠,渡漆沮,逾梁山,止于岐山下"、"而营筑城郭室屋"的记载。说明修宫筑城是实有其事。从1977年春季至1979年夏,考古人员在岐山县凤雏村甲组宫殿基址西厢房的两个窖穴中,发掘出土了17 500多片甲骨。后又在周原其他遗址发掘有甲骨。从文字记载发现,周人的早期都城"岐邑"就在岐山凤雏村到扶风召陈东西约2千米的地段内。

周原不仅是早周人才荟萃,发布政令的心脏,也是文王、武王的诞生地。古公亶父起初定居的周原,泛指岐山之下,未曾确指周原四至。到了文王时代,周人势力渐盛,疆域逐渐扩大,据有岐山之南,渭河以北,东到咸阳程邑的广袤平原通称为周原。据此,周原考古队1976年以来对岐山凤雏村西周甲组宫室(宗庙)建筑和扶风召陈筑群的调查发掘,或许可推断文王时期的宫殿建筑。

岐山凤雏村西周宫殿(宗庙)建筑基址南北长45.2米,东西宽32.5米,计1469平方米。宫殿建筑坐北朝南,是一座由庭堂、室、塾、厢房、回廊组成的高台建筑(图4-5)。门塾前有一道屏风墙,古称门屏。屏风墙长4.8米,厚1.2米,残高0.2米,墙面抹有由细沙、白灰、黄土搅拌成的三合土。门塾正中为门道,古称应门或朝门,南北长6米,东西宽3米。中间稍高,南北两面为缓坡,地面和墙壁都用三合土涂抹,光滑坚硬,门道两侧各有柱石4个,底置柱础石。

应门两侧为塾(即门房),各3门,每间宽2米,进深4.5米。西塾内有窖穴两个。应门与门屏(影壁)之间的场地,即前庭(前院),又称大庭,系国王视朝时伫立之处,门塾之后是中庭(中院),东西长18.5米,南北宽12米,共222平方米。四周高而中间低,是周王举行册命仪式时大臣们站立的地方。

文王迁沣,武王都镐,号称"沣京"和"镐京"。沣镐两京的确切位置,经过半个多世纪的考古发掘,还是一个没有完全解决的问题。1953年第二次调查范围较前广泛,上溯到了沣河的上游,大体可以确认沣镐两京的位置只能在沣水中游的两岸,沣镐遗址的范围东以沣河为界,西至灵沼河,北至客省庄、张家坡,南到西王村、冯村,总面积约6平方千米。

文王迁沣以后,在沣水旁修建"沣宫",仍沿袭岐周旧制。《诗·大雅·文王有声》中写道:"作邑于沣。文王烝哉!筑城伊淢,作沣伊匹。"大概意思是迁都沣邑好地方,人们赞美周文王!按照旧河筑城墙,沣邑规模也相当。从以上诗名推断,沣邑的城池与岐邑规模相当。

武王居镐,诸侯宗之,是为宗周。武王同样在那里修了宫室(宗庙),自平王东迁,镐京沦陷,"宫室荒芜"。《周武王庙碑记》中有一段文字,可看出武王宫室(宗庙)之壮丽。"观其殿宇,巍巍丹楹,赤墀瑶轩,藻井金塔,宝砌回廊,环周彤亮。对飞朱栏,绮疏交错光辉。"周迁沣镐以后,宫室(宗庙)的形制与岐邑宫室虽未有大的改动,但其富丽堂皇之程度远远超过周原的宫室建筑。

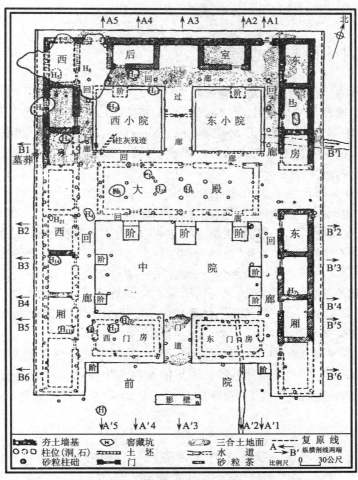

图4-5 岐山凤雏村西周宫殿(宗庙)遗址图
(周云庵《陕西园林史》)

4.3.4.2 明堂

为宣明政教而建的堂称为明堂,为宫苑中的主体建筑,构图中心。《考工记》的注解中说:"周人明堂之制,度九尺之筵,其基高九尺也。堂上有五室,亦象五行,与夏制同。每室二筵,则深皆一丈八尺也。"说明明堂的规模雄伟壮观,并与夏制相同。虽然我们不十分了解夏制到底是什么,相同到何等程度,但不难想象这一制度在三代时期传承不绝的深远影响。

4.3.4.3 辟雍

天子讲书的建筑物叫做辟雍,诸侯的称为泮宫。《三辅黄图》中说:"周文王辟雍在长安西北四十里,亦曰璧雍。如璧之圆,雍之以水。像教化流行也。"璧雍周围流水环绕,以象征教化圆满流行。环绕泮宫的水称为泮水,"东西门以南通水"说的是水只在南半边从东向西流。辟雍学宫是文教中心。那时一般的方法是筑造基坛以做为建筑物周围的基座,这里所谈的辟雍与一般不同,而是有流水环绕着的,到了后世更由此而演变成孔庙建筑的样式。设计建造孔庙的时候,在大成门前开掘半月形或长方形的池子,并且架上桥,这已成为必不可缺的方式,这个池子称为泮池,泮宫、泮水、泮池当然有密切关系。辟雍的景观形态后来也进入园林,成为以建筑为核心,水体环绕周围的建筑与水体环境结合的美妙景观。

4.4　春秋战国从囿向苑的转变

4.4.1　影响园林从囿到苑发展的思想流派

为满足狩猎和通神的功能而出现的囿与台,其本身即已包含着风景式园林的物质因素。那么,促成早期的中国古典园林一开始就向着风景式方向上发展的则不能不提到三个更为重要的意识形态方面的精神因素——天人合一思想、君子比德思想、神仙思想。

4.4.1.1　天人合一思想

"天人合一"的命题由宋儒提出,但作为哲学思想则起源于周代而丰富于春秋战国。《易传·乾卦》:"夫大人者,与天地合其德,与日月合其明,与四时合其序,与鬼神合其吉凶;先天而天弗违,后天而奉天时。"孔子提倡"天命论",主张"尊天命"、"畏天命",认为天命不可抗拒,所以"乐天知命,故不忧"。老庄主张"自然无为",认为人应该顺应大自然的法则。孟子则总其成,将大道与人性合而为一。他认为天德寓于人心,一切封建社会的伦纪秩序和自然界的运行规律都是天道法则的外化,主张"敬天忧民",要求人应该尊重天成的大自然,对待大自然应持和谐的态度,从而奠定"天人合一"的思想体系。荀子提出相反的主张即"制天命而用之",强调人对自然的主宰和改造,但并不占思想界的主导地位。

正由于天人合一的哲理的主导,园林作为人所创造的"第二自然",里面的山水树石、禽鸟鱼虫当然是保持顺乎自然的"纯自然"状态,不可能像西方规整式园林那样出于理性主义哲学的主导而表现的"理性的自然"和"有秩序的自然",从而明确了园林的自然风景式的发展方向。

4.4.1.2　君子比德思想

"君子比德"思想流行于春秋战国时,《诗经》中的比兴,《楚辞》中的借喻等均属此类思想的范畴。如《诗·郑风》中"山有扶苏,隰有荷花。不见子都,乃见狂且。"《诗·周南》中"桃之夭夭,灼灼其华。之子于归,宜其室家。"《离骚》中"朝饮木兰之堕露兮,夕餐秋菊之落英。"《离骚》中"采三秀兮于山间,石磊磊兮葛蔓蔓。"这种比喻、拟人、象征方法的运用,导致人们从伦理、功利的角度来认识大自然。这就是说,大自然山川花木鸟兽之所以能够引起人们的美感,在于它们的形象表现出与人的高尚品德相类似的特征,从而给予山水花木鸟兽等以人格化的魅力。孔子云:"知者乐水,仁者乐山。知者动,仁者静"。把泽及万民的理想的君子德行赋予自然山水,这种"人化自然"的哲理必然会导致人们对山水的尊重。中国自古以来即把"高山流水"作为品德高洁的象征,"山水"成为自然风景的代称。园林从这一时期开始便重视筑山和理水,繁育花木、鸟兽,把它们与人的道德情操逐渐结合起来。

4.4.1.3 神仙思想

神仙思想产生于周末,流行于秦汉时期燕、齐一带,早在战国时已出现方士鼓吹的神仙方术。方士们宣扬神仙不仅是一种不受现实约束的"超人"飘忽于太空,栖息于高山,而且还虚构出种种神仙境界。神仙思想的产生,一是由于时代的苦闷感。战国正处在奴隶社会转化为封建社会的大变动时期,人们对现实不满,于是企求成为超人而得到解脱;二是由于思想解放。旧制度旧信仰解体,形成百家争鸣的局面,也最能激发人们幻想的能力,人们依托于神仙这种浪漫主义的幻想方式来表达破旧立新的愿望。神仙思想乃是原始的神灵、自然崇拜与道家的老、庄学说融糅混杂的产物。它刺激了早期园林艺术、浮雕、图画、造型艺术的发展。

由于春秋战国思想、文化和艺术空前活跃发达,表现在建筑上也有很大的进步。如宫室建筑,下有雕龙画凤的台基,梁柱上面都有装饰,墙壁上也有壁画,砖瓦的表面有精美的图案花纹和浮雕图画。《诗经》中对当时宫殿形式的描述是"如翚斯飞",这说明我国古典建筑屋顶造型上出檐伸张和屋角起翘,在春秋战国,其至是周朝末年已经产生了。

4.4.2 从囿到苑发展的建筑标志——台苑

春秋战国时期,各国竞相争霸的同时,亦大兴土木,夸耀宫室之壮。这一时期,原来单个的狩猎通神和娱乐的囿、台发展到城外建苑,苑中筑囿,苑中造台,集田猎、游憩、娱乐于一苑的综合性游憩场所。作为敬神通天的台,其登高赏景的游憩娱乐功能进一步扩大,苑中筑台,台上再造华丽的楼阁,成为当时园林中一道道美丽的风景线。秦国有凤台(宝鸡县)、具囿(凤翔县);赵有丛台(邯郸城内,数台连聚,故名);楚有章华台、荆台;齐有青丘;卫有淇园;蜀有桔林;吴有长洲、华亭、姑苏;韩有乐林苑;郑有原圃。其中,以楚国的章华台、荆台,吴国的姑苏台最为著名。

4.4.2.1 姑苏台

姑苏台位于今苏州城西南12.5千米的姑苏山上,又名七子山、姑胥山。此山怪石嶙峋,峰峦奇秀,风景秀丽。吴王宫苑因山成台,连台为宫,方圆千里尽作苑囿。始建于吴王阖闾十年(公元前550年),其后吴王夫差又陆续兴造而成。据《述异记》记载,吴王夫差历时三年之久,动用大量人力筑成方圆五里的姑苏台。崇楼别馆,鳞次栉比,吴王拥宫嫔数千人,饮酒作乐。书中说:"夫差作天池,于池中泛青龙舟,舟中盛陈妓乐,日与西施为水嬉"。又说"吴王于宫中作海灵馆及馆娃阁,铜沟玉槛"。可以看出春秋时代吴国宫阁苑囿结构的宏大华丽。姑苏台创造了台、宫建筑与水体完美结合,又开乘舟游览园林的先河。

另据记载,吴王夫差曾造梧桐园(今江苏吴县),会景园(在嘉兴)。记载中说:"穿沿凿池,构亭营桥,所植花木,类多茶与海棠",这说明当时造园活动用人工开凿池沼,构置园林建筑和配置花木等手法,已经有了相当高的水平。

唐代大诗人李白游姑苏台的《乌栖曲》诗感慨道:"姑苏台上乌栖时,吴王宫里醉西施。吴歌楚舞欢未毕,青山欲衔半边日。银箭金壶漏水多,起看秋月坠江波。东方渐高奈乐何!"

4.4.2.2 荆台

楚灵王游云梦泽,息于荆台,他登台四望,但见"前临方淮之水,左洞庭之波,右顾彭蠡之澳,南眺巫山之阿。延目广望,聘观终日。谓顾左史倚相曰:'盛哉斯乐,可以遗老而忘死也!'"据《说苑》载:楚昭王欲游荆台,司马子綦进谏道:"荆台之游,左洞庭之波,右彭蠡之水,南望猎山,下临方淮,其地使人遗老而忘死也。王不可游也。"荆台是人工建筑美与大自然原始天然纯朴之美的融合,举目四望,山青水秀,一碧万顷,如画的山河之美,令人到了"遗老忘死"的程度。可见,它进一步启发了园林向大自然的贴进趋势。

4.4.2.3 章华台

章华台也位于古云梦泽边,今湖北武汉以西,沙市以东,监利西北的荆江三角洲上。这里水网交织,湖沼密布,自然风景旖丽,如图4-6所示。

图4-6 章华台位置图

(游泳《园林史》)

楚灵王游荆台后,对荆台之美念念不忘,并决定在京郊附近选择与荆台相似之地营造章华台。章华台工程浩大,穷木土之技,尽珍府之实,举国营之,数年乃成。据汉代文人边让的《章华赋》描写,这里有甘泉汇聚的池,池中可以荡舟,有遍植香兰的高山。山上有瑶台供瞭望,有馆室,有能歌善舞的美女,有酒池肉林。被后世誉为离宫别苑之冠。

经考古发掘,章华台遗址东西长约2000米,南北宽约1000米。遗址内有若干大小不一、形状各异的夯土台,许多宫、室、门、阙遗迹清晰可辨。最大的台长45米,宽30米,高30米,分3层。每层台基上均有残存的建筑物柱础。每次登临须休息三次,故又称"三休台"。章华台三面为水池环抱,为中国古代园林开凿大型水体工程的先河。

4.4.3 秦咸阳宫苑

4.4.3.1 冀阙

《史记·秦本纪》载:"十二年,作为咸阳,筑冀阙,秦徙都之"。孝公迁都咸阳之后,首先"筑冀阙宫廷"。为什么如此重视这个建筑的修建,《史记·商君列传·索隐》作了明确地回答:"冀阙,即魏阙也。冀,记也。出列教令,当记于此门阙"。早期所谓的阙,相当于后世所说的门楼,建在宫廷两旁的多层建筑物。从考古发现,秦"宫廷冀阙"已不仅仅是两座简单的门楼,而是与宫廷紧密相连的一组建筑群。是一座庞大的宫廷建筑(图4-7)。它坐落在今咸阳市秦都区东北15千米的牛羊村和姬家道之间的原边上。冀阙的整体结构合理,排水相当灵活,其建筑主室宽敞,室内彩绘精美,回廊曲绕,露台平阔,冷暖自调,显然可居住登临,可凭栏远眺,同《三辅黄图》所谓"可登"、"远观"的作用正相吻合。

94

公元前 350 年商鞅变法时"筑冀阙宫廷",可视为秦都咸阳初起之面貌,惠庄公时期,大兴土木,建成了我国历史上第一座规模空前的帝王之都。

图 4-7　咸阳冀阙图
(王学礼《秦都咸阳》)

4.4.3.2　惠庄公宫室

《三辅黄图》序曰:"惠文王初都咸阳,取岐雍巨材,新作宫室,南临渭,北逾泾。至于离宫三百,复起阿房,未成而亡。"秦惠文王是秦孝公之子,在位期间,开始了以咸阳为中心的大规模城市建设。据历史记载,当时的秦都咸阳横跨渭水,但其政治重心仍设在渭北,其寝庙和皇家苑囿分列于渭南的东西两区,诸多宫殿建筑则以渭水为轴线,有如飞禽之双翼,凌空翱翔,南北展翅,形成了一个若大的园林景区。

惠、庄时期的宫殿建筑,多系离宫、别馆性质,由于时代绵远,早已毁灭无存。根据文献记载,可大体找到极少殿宇的名称和相对位置。这一时期诸多宫殿建在渭水之南,而渭河以南的宫殿又以秦昭王时的为最多。据《秦都咸阳》研究,主要宫殿有兴乐宫、六英宫、华阳宫、芷阳宫、长安宫、步高宫、步寿宫、棫阳宫、负阳宫、平阳封宫、羽阳宫、长杨宫、高泉宫、虢宫等。苑囿有上林苑、宜春苑、隙州、兽圈、牛首池等。

这一时期的上林苑直到汉代,或者残留,或者基本保存,秦始皇,汉武帝等在此基础上或重修,或改造利用,如,汉建章宫就是在秦章台宫的基础上建造的,章台是汉长安斗城中的街名,遗址在今西安市西北的高、低堡子一带。

有的宫室至汉时保存完好,如负阳宫,系秦惠文王时所造,汉时犹存,宣帝常游幸其中。

第5章 中国园林的形成——苑

（秦汉时期）

5.1 时代背景

5.1.1 秦的短暂辉煌

公元前221年,秦始皇实现了"六王毕,四海一"的宏愿,建立了中国历史上第一个统一的中央集权的封建王朝,他将传说中的三皇、五帝合在一起,称"始皇帝"。

公元前247年,秦庄襄王死,其子嬴政12岁便登基称王,但实权旁落于相国文信侯吕不韦之手,当时宦官嫪毐受宠于太后,被封为"长信侯"。很快形成了两大对立的政治集团,争权夺利,勾心斗角。公元前238年秦始皇九年4月,秦王嬴政由咸阳到祖庙所在的旧都凤翔蕲年宫,行加冕礼,准备亲临执政,荒淫至极的嫪毐迫不及待,趁机发兵,欲攻蕲年宫,加害嬴政。秦王嬴政得到情报,即令昌平君、昌文君率军堵截,两军激战于咸阳,王军取胜,斩首数百,处嫪毐以车裂重刑,吕不韦因放纵嫪毐而被指控,在迁蜀途中,饮鸩自杀。秦王嬴政自此翦灭了吕、嫪集团,消除了内乱。

从秦王政十一年(公元前236年)起,秦以首都咸阳为指挥中心,接连对外用兵,以除外患。公元前230年,秦王派内史腾率大军灭韩;公元前229年,秦王遣名将王翦率军攻赵,此时赵国地震,灾荒加交,而仍然殊死抵抗。秦王无奈用重金收买赵国太监郭开,屈杀名将李牧,秦将白起趁机发兵,一举破赵,坑降卒40万;公元前227年,燕国惧秦统一,太子遣食客荆轲刺杀秦王未遂;翌年秦集中兵力于易水西,击败燕国主力;公元前225年秦将王贲引黄河、鸿沟之水灌大梁,灭魏;接着先后用李信、王翦伐楚,王翦采用切断粮草、围城打援之术,楚终于受降;公元前221年,秦将王贲灭燕赵残余,以秋风扫落叶之势南下临淄,齐国毫无抵抗而亡。经过艰苦激烈的16年战争(公元前236年—公元前221年),秦陆续消灭了六国,实现了统一。

此后,秦王嬴政在相国李斯的辅佐下,进行了一系列规模空前的改革,实行中央集权,分全国为三十六郡,改官制,统一货币,统一文字,统一度量衡,兴修驰道、直道、水利等,这些改革举措,有力促进了秦统一后全国经济的蓬勃发展。又发数十万军民修筑长城,以阻挡游牧族南侵,客观上可以保护农业生产。与此同时,秦王嬴政还聚敛天下财富,大力营造国都咸阳,大修上林苑,起骊山陵园,开创了我国造园史上一个辉煌的篇章。本来经过统一六国的战争,百姓元气大伤,需要休养生息,轻徭薄赋,而秦王朝恰恰相反,大力推行苛法,急征猛敛,大兴土木,并采取严法重刑来推行。终于官逼民反,迫使农民揭竿而起,暴秦很快灭亡。

5.1.2 两汉的盛世与衰落

秦亡汉兴,经过4年楚汉战争,汉高祖刘邦战败项羽,在萧何、陈平、孙叔通等谋臣的辅佐下,雄视天下,权衡利弊,立都选址,定鼎长安。此后,汉高祖刘邦认真总结秦王朝享国日浅,自取灭亡的教训,于是在汉朝采取了封建和郡县两种制度并行的策略,即封同姓子弟又封异姓功臣的同异姓皆封的宽松政策,自己又礼贤下士,招贤任能,提倡儒学,以礼治国,稳定了战国以来一直动荡不安的社会秩序,使汉政权建立不久便呈现出蓬勃的生机。高祖在位12年而崩。至于孝文、孝景二帝在位五六十年间,力图改变吕后之乱所带来的重创,与民休养生息,国家殷富,史称"文景之治",可与周代的"成康盛世"相媲美。

继文、景二帝数十年恢复发展而登基的汉武帝,雄才大略,文武兼备,实为一代天骄,在位56年。汉武帝对内任用董仲舒大兴儒学,设五经博士之官,文化呈现空前繁荣局面。对外抗击少数民族的侵扰,派张骞出使西域,进行贸易往来与文化交流,使汉代进入全盛时期。武帝晚年,对外连年用兵,造成财政亏空,使国家的经济实力衰退,加之太子反叛事件(巫蛊案),使汉武帝痛恨之余,翻然悔悟,挽狂澜于既倒,废除苛政,改革政治,使国家经济得以恢复,政治稳定,出现小康。

但汉武帝安富尊荣的生活,使他贪生怕死,迷信神仙方士之说,希图长生不死。仿效秦始皇,花费巨额的财力、物力、人力去寻觅长生不死药,为使自己成神入仙,养生得道,又大兴土木,建造宫室苑囿,因此,西汉皇家园林与秦代相比较,有过之而无不及。将建筑山水宫苑这一园林形式已发展到了顶峰。

武帝死后,汉昭帝幼年即位,大司马大将军霍光掌握朝政,辅佐昭帝继续实行武帝晚年的与民休养生息政策,使社会保持相对安定,经济也有所恢复和发展。宣帝时,尊崇儒学,任用官吏注重名实相符,选用熟悉法令政策的"文法吏",招抚流亡,恢复和发展生产,史称"中兴之王"。元帝以后,宦官专权,飞扬跋扈,外戚横行,恣肆扰民,致使王权旁落,终于被王莽篡夺,史称前汉,因建都关中,所以又称西汉。

王莽篡汉称帝15年,被更始所灭。汉宗室刘秀原为更始的大司马,后大肆屠杀绿林、赤眉等农民起义军,又玩弄"赤符伏"以奉天承运,受诸将的拥戴而即帝位,改年号为建武,定都于洛阳,汉室至此达到复兴。汉明帝承光武帝的遗命而奖励文学,施行善政,引佛教入中国,奠中外文化交流融合之根基。明帝外征西域塞外诸国,在国内发动兵士数十万修筑汴河的堤坝。汉章帝为守成之君,在内政上颇有建树。章帝宠爱皇后窦氏,从而开始了外戚专权的风气。随之而来的是宦官跋扈,朋党之争,他们相继拥立幼帝,引起群雄蜂起,于是全国又陷入混乱状态。

东汉前期六十余年政治较清明,统治者为了巡狩、祭祀和享乐,在新都洛阳建造了若干大型苑囿。后期少有建树。汉末,豪强混战,长期以来形成的长安、洛阳等政治、经济、文化中心,遭受毁灭性的破坏,大小苑囿难逃厄运。

5.1.3 秦汉园林概况

秦汉时期,在我国园林发展史上处于这样一个特殊的历史阶段:初期基本上为皇帝王侯富豪所专有,建筑宏伟壮观,装饰穷极华丽,规划宏放,空前绝后。园林总体布局模拟天上星宿图案,并由简单地模仿发展为自觉地对应;苑囿的形制较自然,无定规,无拘束,能因山就水,随遇而作;祈求长生成仙的意念在宫苑中时有反映。西汉中期以后,受文士影响,园中布景、题名已开始出现诗情画意。东汉后期,皇家苑囿由崇尚建筑逐步推崇山水林木,园林建设亦趋向小型化,文人宅园初见端倪,隐士和隐逸思想开始对园林发生影响。

帝王的游苑巡狩,一方面是"顺时节"、"逞情意",另一方面又意在演武宣威,以示富强。萧何的"天子以四海为家,非令壮丽亡以重威"的思想,以及敬天法天思想,天人感应哲学等是秦汉帝王大搞苑囿、宫苑的理论依据。秦汉时的上林苑、建章宫、广成苑等,以广阔、壮丽、豪放为主要特征,它们和万里长城一样,在世界文化史上具有崇高的地位,是秦、汉兴盛时期的历史象征,是中华民族智慧和艺术天才的一种体现。

营建苑池时,池中常建有瀛洲、蓬莱、方丈三山,山间殿阁相连,洲渚之上多积岩岫以招引禽类,池面覆盖有繁茂的水草。池中乘船以为水嬉燕游。可以看出,我国的苑池结合的样式形制至汉代几乎完全成熟,虽无“假山”之名词,但兰池宫、建章宫和袁广汉园实已开其先河。兰池宫、太液池和昆明池旁有石人和石刻的鲸、鱼以及奇禽异兽之类,形成我国苑池园林的风格特点。

上林苑中树木的记载实堪惊人,草木名称多达三千余种,大多是从海内外、四面八方搜集而来,从中也能看出汉代文化的成就。观象观、白鹿观、鱼鸟观、虎圈、鸣禽苑等是专为饲养禽兽而大规模修建的,这是苑囿和兽圈发展的另一种形式。另外,汉代各家园林中已有关于斗鸡走狗的事。

5.2 秦皇家园林

5.2.1 取法于天的咸阳故城

《三辅黄图》载:“自秦孝公,始皇帝、胡亥,并都此城。案,孝公十二年作咸阳,筑冀阙,徙都之。始皇二十六年徙天下高赀富豪于咸阳十二万户,诸庙及台苑皆在渭南。秦每破诸侯,撤其宫室,作之咸阳北阪上,南临渭,自雍门以东至泾渭,殿屋复道,周阁相属,所得诸侯美人、钟鼓以充之。二十七年作信宫渭南,已而更命信宫为极庙,像天极,自极庙道通骊山。作甘泉前殿,筑甬道,自咸阳属之。始皇穷极奢侈,筑咸阳宫,因北陵营殿,端门四达,以制紫宫,像帝居。引渭水灌都,以像天汉。横桥南渡,以法牵牛。桥广六丈,南北二百八十步,六十八间,八百五十柱,二百一十二梁,桥之南北堤缴立石柱。咸阳北至九嵏、甘泉,南至户、杜,东至河,西至汧渭之交,东西八百里,南北四百里,离宫别馆相望联属,木衣绨绣,土被朱紫,宫人不移,乐不改悬,穷年忘归,犹不能遍”。

这段文献资料说明五个问题:一是秦立都咸阳,从秦孝公到胡亥,历经143年;二是自孝公“筑冀阙宫廷”作为立都咸阳的奠基礼,之后的惠、庄时期,大修宫室、台苑,皆在渭南;三是秦王嬴政立都咸阳,大建宫室,多在渭北;四是秦王政以咸阳为中心,宫苑台阁建筑向四方伸张,宛若众星捧月,把都城建设放在一个整体规划的基础上,避免因随意“堆砌”所产生的零乱感;五是城市建设的基本指导方针是取法于天的“法天”思想,创造一个人间天宫。

为了体现这一庞大建筑的整体性,那些富丽堂皇、形状各异、高矮不同的宫室、苑囿建筑,常用桥、复道、阁道、甬道连接起来,颇具浪漫色彩,形成完整的格局(图5-1)。

秦都咸阳建设气魄之宏大,中心之突出,宫观之侈丽,范围之宽广在秦以前是不曾有过的现象,这与秦始皇本人帝王思想有绝大的关系。秦王政初并天下,自以为德兼三皇,功过五帝,又欲传至二世乃至万世而为君,于是自号“始皇帝”,徙天下豪富于咸阳十二万户。始皇以“咸阳人多,先王之宫廷小”为由,大其城郭,除在渭北仿建六国宫室作为离宫之外,欲将宫苑区的主体,移至渭河南岸,沿咸阳城的轴线往南延伸,扩大上林苑,先建信宫作为朝宫,建北宫作为正寝,保持西周以来“前朝后寝”的传统格局。后来,“更名信宫为极庙,像天极”,自极庙开辟甬道直抵临潼温泉宫,又在云阳筑甘泉宫,“筑甬道,自咸阳属之”。始皇晚年,还打算在渭南原周沣、镐古都附近营造更大的朝宫即著名的阿房宫,可惜未能完成,始皇便带着遗憾离开了人世,阿房宫只建成了前殿。

　　秦始皇营建秦都的指导思想,既不保守,也不惟我独尊,而是采取"每破诸侯,写其宫室,作之咸阳北阪上"。这无疑是一种进步,正是基于此,咸阳都城才呈现了空前的巍峨壮观景象,包容了六国文化之精华。

图 5-1　秦始皇咸阳宫苑图
(转引周云庵《陕西园林史》)

　　当年的咸阳,宫阙楼台,嶕峣崔嵬,辇道相属,蔚为壮观。九百年之后,唐代大诗人李商隐作《咸阳宫》热清洋溢地赞美道:"咸阳宫阙郁嵯峨,六国楼台艳绮罗。自是当时天帝醉,不关秦地有山河。"

5.2.2　皇室宫馆

5.2.2.1　信宫(极庙)

　　《史记·秦始皇本纪》载:"二十七年,始皇巡陇西、北地,出鸡头山,过回中。焉作信宫渭南,已更命信宫为极庙。自极庙道通骊山,作甘泉前殿。筑甬道,自咸阳属之,是岁,赐爵一级,治驰道。"信宫的确切地址尚难其详,但据史念海主编的《三辅黄图校注》"信宫"条注(一)称,很可能在今西安市北郊阁家寺一带。作信宫的初衷,大概是作为离宫,供皇帝来渭南驻跸之用,但实际却成了皇帝举行庆典活动,朝会百官的朝宫,犹如上帝居住的天极(北斗星)一样星光灿烂。即以"极庙"相称,于是用甬道把信宫、甘泉前殿、骊山温泉以及渭北的咸阳宫连接起来,连接骊山温泉的甬道宛若勺柄,咸阳南北宫殿连成一片,宛若勺头,再现了天上的北斗七星。

　　随着信宫功能的不断扩大,渭北的咸阳宫逐渐失去了往日的辉煌,有被信宫取而代之的可能,在将信宫改为极庙之后,其性质和用途又有所变化,始皇把它作为祭祀天神(天帝)的礼制建筑对待,古代帝王禀承远古先民自然崇拜的旨意,以为自己是天之骄子,是受天命而为帝,所以,祭祀上天几乎成了所有古代帝王的使命,谁也不敢也不愿轻意改变。据记载,秦始皇也确实在此举行过祭天活动,助祭的供品、牺牲品远从四面八方奉献到极庙。

5.2.2.2　阿房宫

　　据雍正《陕西统志》载:始皇帝三十五年(公元前 212 年),"以为咸阳人多,先王之宫廷小,吾闻沣、镐之间,帝王之都也。乃营作朝宫渭南上林苑中。先作前殿阿房,东西五百步,南北五

99

十丈,上可以坐万人,下可以建五丈旗。周驰为阁道,自阿房渡渭,属之咸阳,以像天极,阁道绝汉抵营室也。阿房宫未成。成,欲更择令名名之。作宫阿房,故天下谓之阿房宫。"

阿房宫是秦始皇立都咸阳,站稳脚跟后的一项重点工程项目,是秦都咸阳宫殿建筑的后起者和最大者,它代信宫而起,是皇帝举行大朝的朝宫。始皇常居此宫,朝会、庆典、决事均在这里举行。

以上可以看出,阿房宫是一座巍峨宏大的宫殿建筑,它的指导思想和总体设计完全符合"帝王之都"的建设要求,以体现皇权的威严。

秦始皇扩建阿房宫,动用了几十万农夫,"发北山石椁,乃写蜀、荆地材皆至",难怪杜牧文章一开头就说"蜀山兀,阿房出"。庞大的建筑工程尚未告竣,秦始皇便"驾崩"于沙丘。

阿房宫是由阿城、前殿和门阙等三部分组成。

阿城,是前殿及其附属建筑的宫城。

前殿,应是阿房宫的主体工程,其遗址当在今西安市西,三桥镇南,东起巨家庄,西到古城村,夯土逶迤不绝,总面积在六十多万平方米以上,建筑基址至今仍高出地面十米以上。

门阙,是古代宫室建筑的重要部分,《三辅黄图》说阿房宫"以木兰为梁,以磁石为门"。雍正《陕西通志》一百卷载:门在阿房前,悉以磁石为之,故专其目,令四夷朝者,有隐甲怀刃入门而胁之,以示神,故亦曰:"却胡门"。而且还在宫门前铸造金人十二,气势磅礴,威仪万千,充分显示了帝国凌驾群雄,不可一世的气魄。

5.2.2.3 兰池宫

秦始皇时引水为池,就近建筑兰池宫,可视为秦代的水景园。风景佳丽,是游憩的好去处。《史记·秦始皇本纪》载:"三十一年,始皇微行咸阳,与武士俱,夜出,逢盗兰池"。《三秦记》:"始皇引渭水为池,东西二百里,南北二十里,筑土为蓬莱,刻石为鲸,长二百丈"。据《元和郡县志》记载,兰池当在咸阳城东 12.5 千米。兰池宫所在地,水流曲折,水域宽广,山水相依。宫阁掩映,实为园林佳境。据有关调查,兰池宫可能在今咸阳市东北的杨家湾附近,且是一个人工湖,湖面可以荡舟,又配以蓬莱山、鲸鱼石等景观,与秦都咸阳近在咫尺,是皇家的游乐场所,秦朝末年,兰池宫遭毁弃。

5.2.3 秦皇御苑

秦始皇统一全国后,保留诸侯苑囿,又扩建上林、甘泉、宜春等苑。上林苑规模空前,著名的阿房宫就造在其中。阿房之外,建有许多离宫别馆。为了联系渭河南北,在渭河上架渭桥,模拟天宫,"渭水贯都,以像天汉;横桥飞渡,以法牵牛。"

《三辅黄图》载:上林苑"规恢三百余里,离宫别馆,弥山跨谷,辇道相属,阁道通骊山八十余里,表南山之巅以为阙,络樊川以为池。"这段文献资料与唐代杜牧的《阿房宫赋》中"覆压三百余里,隔离天日。骊山北构而西折,直走咸阳。二川溶溶,流入宫墙。五步一楼,十步一阁……一日之风,一宫之间,而气候不齐"的描写互为表里,极言上林苑规模宏大壮美,堪为一代宫苑之冠。上林苑中除建筑外,自有大量花草树木,飞禽走兽,是秦始皇主要游猎场所。秦末,秦皇宫苑全被项羽焚毁,火烧三月而宫室苑园殆尽矣。有史为证。《史记·项羽本纪》载:"居数日,项羽引兵西屠咸阳,杀秦降王子婴,烧秦宫室,火三月不灭";"人或说项王曰,关中阻山河四塞,地肥饶,可都以霸。项王见秦宫室,皆以烧残破"。《汉书·陈胜项羽传》载:"后数日,羽乃屠咸阳,杀秦降王子婴,烧其宫室,火三月不灭";"于是,韩生说羽曰,关中阻山带河,四塞之地,肥饶可都以伯。羽见秦宫室皆已烧残。"司马迁、班固皆为直笔信史,有口皆碑之史学大师,其所记项羽火烧咸阳宫苑之事实,当无谬误。今有些学者依据考古所见结果,认为阿房宫、秦始皇陵等未见灰烬,就断言这些建筑未经火烧,并进而为项羽翻案。笔者以为这些结论有失草率。自秦以降,尚有十多个王朝在此地建宫设苑;五代以降又有千年农桑开垦,昔日火烧之迹早已化为尘埃矣。如不允此推断,而按所谓的考古,则千百年后,人们难以"考"出圆明园为英法联军火烧的证据了。

5.3 两汉皇家园林

5.3.1 先秦方术神仙传说对皇家园林的影响

秦汉时,民间已广泛流传着许多有关神仙和神仙境界的传说,其中以东海仙山和昆仑山最为神奇,流传也最广,成为我国两大神话系统的渊源。

东海仙山相传在山东蓬莱县沿海一带,据《史记·封禅书》载:"自(齐)威、宣、燕昭使人入海求蓬莱、方丈、瀛洲。此三神山者,其传在渤海中,去人不远。患且至,则船风引而去。盖尝有至者,诸仙人及不死之药皆在焉。其物禽兽尽白,而黄金白银为宫阙。未至,望之如云,及到,三神山反居水下。临之,风辄引去,终莫能至云,世主莫不甘心焉"。看来这是一种海市蜃楼的幻象。这个传说到汉代又有所发展,成为五山:岱屿、员峤、方壶、瀛洲、蓬莱。据《列子·汤问》:"其山高下周旋三万里,其顶平处九千里,山之中间相去七万里,以为邻居焉。其上台观皆金玉,其上禽兽皆纯缟。珠玕之树皆丛生,华实皆有滋味,食之皆不老不死。所居之人皆仙圣之种,一日一夕飞相往来者,不可胜数。而五山之根无所连箸,常随潮波上下往还……"最后,二山飘去不知踪迹,只剩下方壶(方丈)、瀛洲、蓬莱三山了。

昆仑山在今新疆境内,西接帕米尔高原,东西延伸到青海。据《淮南子》的描述,昆仑山可以通达天庭,人如果登临山顶便能长生不死。山上居住着仙人,半山有黄帝在下界的行宫——悬圃。成书于汉代的《穆天子传》记述周穆王巡游天下,曾登昆仑山顶的瑶池,会见仙人的首领西王母。

东海仙山的神话内容比较丰富,因而对园林发展的影响也比较大。园林里面由于神仙思想的主导而摹拟的神仙境界实际上就是山岳风景和海岛风景的再现,这种情况盛行于秦汉时期的皇家园林,对于中国园林向着山水风景式方向发展,起到了一定的促进作用。

5.3.2 长安宫苑

西汉王朝建立伊始,秦都咸阳已被项羽付之一炬成为废墟,乃于咸阳东南,渭水之南岸另营新都,先在秦兴乐宫的旧址上建"长乐宫",在龙首原上建"未央宫",继而修"桂宫"、"北宫"、"明光宫",宫殿建筑成为汉长安城的核心建筑,总面积占了全城的三分之二(图5-2),其规模之大,建筑物之多,辉煌壮丽之盛,都是空前的。城内开辟8条大街,160个居住的里坊、9府、3庙、9市,人口约50万。

汉武帝在位(公元前140年—公元前87年)期间,西

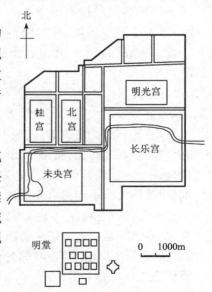

图 5-2　西汉长安城内宫苑分布图
(转引周云庵《陕西园林史》)

101

汉的政治、军事、经济、文化迅速发展,空前壮大,经济繁荣,加上武帝以泱泱大国炫耀于世,于是皇家造园活动达到极盛。西汉皇家园林遍布长安城内,近郊,远郊,关中以及关陇各地的园林设施,其中大部分建于汉武帝在位期间,恰如班固《两都赋》所描写的"前乘秦岭,后越九嵕,东薄河华,西涉岐雍。宫馆所历,百有余区。

这一时期最主要的宫殿建筑有长乐、未央、建章、甘泉等4处,它们都具有一定的规模和格局,从不同侧面显示了西汉皇家园林所具有的独特风格。

5.3.2.1 长乐宫

长乐宫位于汉长安城的东南角,是在秦兴乐宫的基础上修葺而成的,由于位置在东,故有东宫之称。《三辅黄图》载:"长乐宫有鸿台,有临华殿,有温室殿,有信宫、长秋、永寿、永宁四殿,高帝居此宫后,太后常居之。孝惠至平帝皆居未央宫。汉书,宣帝元康四年,神爵五采以万数集长乐宫。五凤三年,鸾凤集长乐宫东阙中树上,王莽改长乐宫为常乐室,在长安中,近东直门"。长乐宫有鱼池、酒池、鸿台,池上有秦始皇造的肉炙树,这些专供皇帝享乐的园林设施增加了园林情趣,汉武帝曾舟游池中,在台上观看牛饮者3 000人。汉朝初年,高祖刘邦曾在此临朝,后来成为皇太后的居室。其中大殿14座,《长安志》记载的殿名有前殿、宣德殿、高明殿、通光殿、长秋殿、永寿殿、温室殿、椒房殿等。

长乐宫四面有门,以东、西门为正门,各置门阙,西门外有武库和未央宫,自然成为正门,东门逼近城垣,接近东出大道,所以也成为正门。

长乐宫布局严整,中轴线上的主要宫殿有前殿、临华殿和大厦殿。其余各殿分列左右,殿屋均正向朝南,排列疏朗。东部有池和台,是一组相对对称,自由奔放的建筑群落。

5.3.2.2 未央宫

未央宫位于城的西南部,是萧何监修的。当时正值楚汉相争之际,刘邦看后觉得有点过分,于是问萧何:"天下匈匈,劳苦数岁,成败未可知,是何治宫室过度也?"萧何回答说:"天子以四海为家,非令壮丽,亡以重威,且亡令后世有以加也。"西汉王朝,除刘邦曾一度居住长乐宫外,未央宫始终是政治统治中心。未央宫位置偏西,故有"西宫"之称。未央宫(图5-3)周围二十二里九十五步五尺,有台殿四十三座,其中三十二座在外,十一座在后宫,有十三池,六山,一池一山在后宫。门闼九十五座,配置于殿阁之间,与宫殿相映生辉,呈现出灿烂辉煌的景象。

未央宫依龙首山而建,台殿高抗,不加版筑,围绕以高大的宫墙。见于记载的大殿有宣室、麒麟、金华、承明、武台、钩弋、寿成、万岁、广明、椒房、清凉、永延、玉堂、寿安、平就、宣德、东明、飞羽、凤凰、通光、曲台、白虎等,其规模之大,殿宇之盛,金壁之饰,史所未有。有人以为,久负盛名的原阿房宫与之相比,相形见拙。《长安志图》记载元李好文游览汉宫遗址时,感慨地说:"突兀峻峙,崒然山出"、"望之使人不觉森竦","当时楼观在上,又当如何",未央宫的殿阁,因其功能、地位、范围大小不同而有不同的名称。《三辅黄图》记载有皇后居住的椒房殿,"以椒和泥涂,取其温而芬芳";有收藏天下秘书的天禄阁、古渠阁和麒麟阁;有皇帝和群臣登高远眺的柏梁台、渐台;专为宫廷制造丝织品的织室、暴晒织染物的暴室、收藏冰块的凌室等。

未央宫是我国历史上存在时间最长的宫殿,直到唐武宗会昌元年(841年),尚存殿舍349间,上距建造之年已有1 041年。

未央宫的总体布局分为三个组成部分,并有宫墙横隔。第一部分是以未央前殿为中心的前宫区,主要是帝王受朝理政布教之所,因此布局异常严正。第二部分是包容有几个建筑群的中宫区一组是"宦者署",为皇帝召集臣下待读之所;一组是"承明殿",是宫中著述写作之所。这两组建筑列于左右,两相对称。东北一组有天禄阁和温室殿,为冬居之室;西北一组有石渠阁、清凉殿、沧池和渐台,为消暑之胜区。第三部分是以椒房为中心的后宫区。《三辅黄图》记载,武帝时后宫8区,有昭阳、飞翔、增城、合欢、兰林、披香、凤凰、鸳鸯等殿。后又增修安处、常宁、茝若、椒风、发樾、蕙草等殿为14处。实际就是14位昭仪、婕妤居住的殿屋。

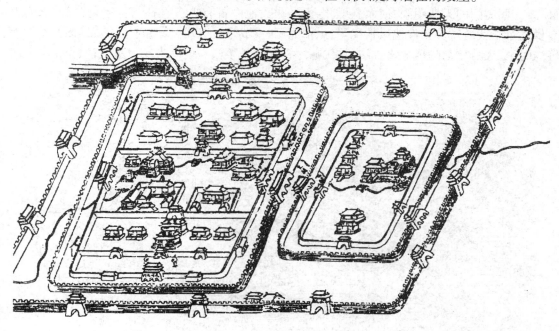

图 5-3　汉长乐未央宫图
(《关中胜迹图志》)

5.3.2.3　建章宫

　　未央宫的柏梁殿于汉武帝太初元年遭火灾烧毁,越巫勇之向武帝进言:"越俗,有火灾即复起大屋,以厌胜之"。次年,武帝起建章宫,度为"千门万户"。这是修建章宫的原因之一。另外,因未央宫"营建日广,以城中为小,乃于宫西跨池作飞阁通建章宫"。与未央宫隔城相望,城西地势低平,源泉丰富,又近昆明池,理水颇易。

　　建章宫是上林苑中最重要的一个宫城,位于汉长安城西城墙外,今三桥北的高堡子、低堡子一带。其宫殿布局利用有利地形,显得错落有致,壮丽无比。《三辅黄图》载:"宫之正门名阊阖(以象正门),高25丈,亦曰璧门"。门三层,橼首薄以玉璧,故称。《汉书》载:"建章宫西有玉堂,璧门三层,台高三十丈,玉堂内殿十二门,阶陛皆玉为之,铸铜凤,高五尺,故名璧门"。可见建章宫的正门高大考究,给人以皇室之壮,威严无比的感觉。正门之左,凤阙高25丈,阙上有金凤高丈余,故以"凤阙"处称,之右有神明台。《庙记》载:"神明台,武帝建,祭金人处,上有承露盘,有铜仙人舒掌捧铜盘玉杯,以承云表之露,以求仙道"。《长安记》载:"仙人掌大七围,以铜为之"。《汉宫阙疏》载:"神明台高五十丈,常置九天道士百人"。从上述可以想见,建章宫的正门阊阖(又曰璧门)左凤阙、右神明,高大壮丽,做工精美,耐人寻味。《三辅黄图》载:"建章有函德、承华、鸣銮三十六殿"(图 5-4)。

103

建章宫与长乐宫、未央宫不同，它打破了建筑宫苑的格局，在宫中出现了叠山理水的园林建筑。它在前殿西北开凿了一个名叫太液池的人工湖，高岸环周，碧波荡漾，犹如"沧海之汤汤"。池中有瀛洲、蓬莱、方丈三座仙山，以象征东海中的天仙胜境。并用玉石雕凿"鱼龙、奇禽、异兽之属"，使仙山更具神秘色彩。《西京杂记》载："太液池边，皆是雕胡紫箨绿节之类"，"其间凫雏雁子，布满充积，又多紫龟绿鳖。池边多平沙，沙上有鹈鹕、鹧鸪、鸡鹊、鸿鹕，动辄成群"。一幅美丽的天然图画，使人遐思，令人神往。池中备有鸣舟、清旷舟、采菱舟、越女舟等，专供皇帝嬉戏游欢。太液池风景优美，山水如画，汉成帝常"以秋日与赵飞燕戏于太液池"，"每轻风时至，飞燕殆欲随风入水，成帝结飞燕之裙"，游乐至极。西汉末年，建章宫毁于王莽之手。

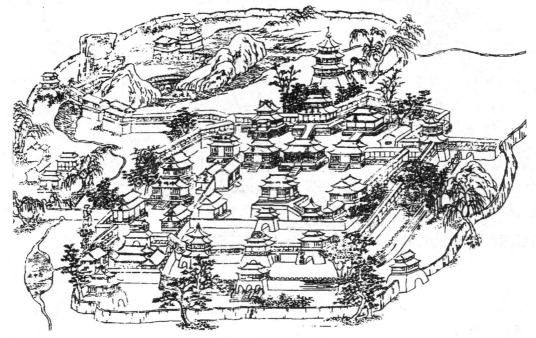

图 5-4　汉建章宫图
（《关中胜迹图志》）

5.3.2.4　甘泉宫

甘泉宫是西汉王朝的行宫，其规模宏大，仅次于未央宫。遗址在今淳化县北 30 千米的黄花山南，凉武帝村一带。西至米家沟，东至武家山沟，北至北庄子村南，南至董家村，总面积约为 600 平方千米。甘泉宫因海拔较长安咸阳为高，温度随高度升高而递减，故夏季凉爽，适宜避暑。

据《三辅黄图》记载："甘泉宫，一曰云阳宫。史记，秦始皇二十七年作甘泉宫及前殿，筑甬道自咸阳属之。关辅记曰林光宫，一曰甘泉宫，秦所造，在今池阳县西故甘泉（山宫），以山为名，宫周匝十余里，汉武帝建元中增广之，周十九里，去长安三百里，望见长安城"。许多重大的朝政决策活动都安排在这里举行。汉皇及臣僚也经常在这里朝见诸侯，宴飨外国使臣，因此，甘泉宫是一组庞大的建筑群，"楼观相属"，"百官皆有邸舍"。以甘泉宫为主体建筑，周围还有许多附属宫、观、台榭建筑，如竹宫、高光宫、洪崖宫、驽陆宫、棠梨宫、师得宫、寿宫、北宫、增城宫、露寒观、储胥观、石关观、封峦观、鸡鹊观、旁皇观、通天台、候神台、望仙台、腾光台、望风台、紫坛、五帝坛、群神坛等。

甘泉宫因其地位之重要,功能之齐全,西流诸王多有行幸,《汉书·郊祀志》记载:"高祖时五来,文帝二十六来,武帝七十五来,宣帝十五来,初元元年以来亦二十来"。为什么甘泉宫有如此魔力吸引着汉皇不厌其烦地往来,主要原因是这里曾是"黄帝升天之处"。"武帝因齐人李少翁作甘泉宫,中为台室,画天地太乙诸鬼神,而置祭具以致天神"。说明远在黄帝时代,这里已成为祭天神的神坛所在。秦汉以来,祭天隆盛,郊祀不绝,甘泉宫便肩负了这个光荣辉煌的历史使命。

甘泉宫因其历史地位和深远的影响,招来历代诸多诗赋名家吟唱歌咏。其中扬雄以《甘泉》为题,讽之以赋的《甘泉宫赋》最为有名。

5.3.2.5 上林苑

上林苑本为秦代营建阿房宫的一处大苑囿,汉武帝时扩而广之为上林苑(图5-5)。上林苑东南至蓝田、宜春、鼎湖、御宿、昆吾,傍南山。西至长杨、五柞,北绕黄山,濒渭水而东,周袤200里。离宫72所,皆容千乘万骑。汉宫殿疏云方340里。汉官旧仪云上林苑方三百。苑中养百兽,天子秋冬射猎取之。可见上林苑南傍南山,北临渭水,岗峦起伏,泉源丰富,林木翁郁,鸟兽翔集,自然生态环境异常优美。难怪秦始皇以此为苑,在苑中建造诸多离宫别馆,还掘长池引渭水,东西200里,南北20里,池中筑土为蓬莱仙境,开创了我国人工堆山的记录。

上林苑作为皇家禁苑,是专供皇帝游猎的场所。因此,苑中养百兽,天子春秋射猎苑中,取兽无数,这是修造汉上林苑的主要意图。直到汉成帝元延三年(公元前10年)秋,成帝到上林苑长杨射熊馆校猎,因其劳民伤财,扬雄目睹其状,心中郁郁不乐,于是写了《长杨赋》以讽谏。

因此,上林苑中有离宫七十、苑三十六、台观三十五、池六,虽难详其数,但可窥一斑。这些宫观、台、殿因其功能不同,各具特色。有专供帝王居住游息的御宿苑;有为太子而立及接待宾客的博望苑、思贤苑;有为皇帝演奏的宣曲宫;有专供皇帝观赏玩乐而饲养的鱼鸟观、走马观、犬台观;有种植和保存南方珍果异木的扶荔宫等,不一而足,苑中的宫馆皆高轩广庭,足以显示帝王之威赫。其中以建章宫为最大,是宫中有宫、有观、有台、有池的一个宫城。

上林苑穿凿众多的池沼水系。号称上林6池的是昆明池、百子池、积草池、蒯池、牛首池和西陂池。其他繁多的小池多如星斗。苑中最大的是昆明池。它位于上林宫苑之南,引沣河而成池。《西京杂记》里叙述了武帝作昆明池的初衷是"欲伐昆明夷,教习水战"之用。

当时,天子派使者到身毒国(印度)去求市竹,受阻于昆明而未能抵达,于是天子想征伐昆明。昆明国有滇池,方圆300里,因此比照着开凿一池,以教习水战,称为昆明池。显然,开昆明池之初衷是着眼于军事目的的。是要营造一个水军操练的内陆湖海,而后来却变成了皇帝泛舟览胜的场所。

据《三辅旧事》记载,昆明池332顷。池中有戈船数十艘,楼船一百艘,船上立戈矛,四角皆垂幡旄葆麾。《庙记》中记载昆明池中建豫章大船,上可载万人,又于池旁建宫室。池中养鱼,供祭祀诸陵之用,其余可供长安人食用。《三辅旧事》载昆明池中建豫章台,所刻之石鲸长3丈,一遇雷雨,石鲸吼叫不已,又有说池东西岸立牵牛、织女两石雕像,池中有龙首船,常使宫女泛舟轻荡,张凤盖,建华旗,作擢歌,杂以鼓吹奏乐,皇帝亲临章台观看,听音乐,以娱心意。昆明池中有灵沼,名为神池。传说尧帝治水时曾于此停泊船只,还传说昆明池沼与白鹿原相通,白鹿原有人钓鱼,鱼拉断线连钩一起带走了。汉武帝梦见有条鱼求他把钩摘下,次日武帝在池上游玩时发现一条大鱼嘴里挂着钩连线,武帝帮它摘掉,放鱼走开。过了三日,武帝又去池上游玩,得到一对明珠,显然为难鱼报恩所致。这些逸闻趣事,增加了皇家园林的神秘感和趣味性。

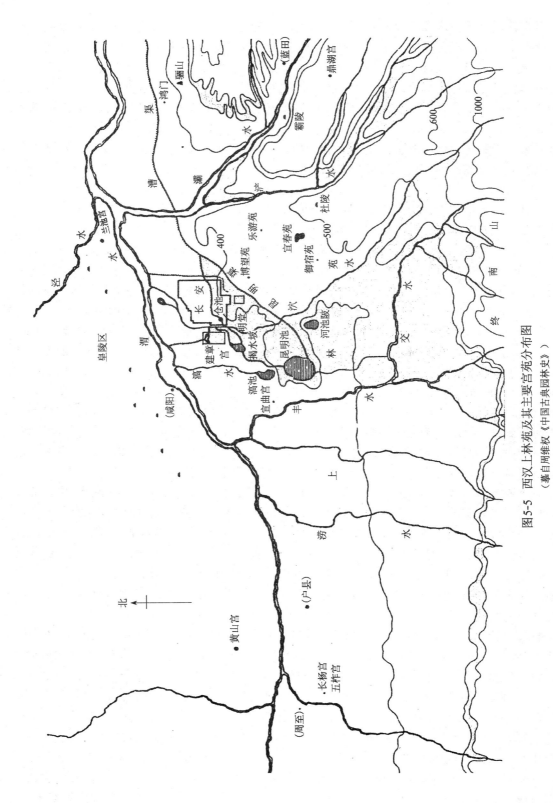

图5-5 西汉上林苑及其主要宫苑分布图

（摹自周维权《中国古典园林史》）

不仅是昆明池,上林苑其他池沼也有很多文化积淀,听起来耐人寻味,引人遐思,反映了一代帝王的游观历史,其中百子池不应忘怀。汉高祖刘邦宠爱戚夫人所生的赵王如意,打算废太子而立如意,但由于吕后用事而未能达到目的,于是为了抒发心中积郁而游百子池上,命夫人击筑,高祖以《大风歌》和之,成为千古绝唱。上林6池加上东坡池、当路池、犬台池、郎池,共为10池。关于上林苑池沼的数目,历来说法不一,有6池说,10池说,还有15池说,无论哪种说法,都会给人产生这样印象,上林苑除过几个有名的大池外,小池宛若群星灿烂,在日光和月光的映照下,水天一色,点缀着富有传奇色彩的汉家宫阙。

上林苑中"聚土为山,十里九坡,种奇树,表明汉代不仅在园中挖池掇山,而且配置花木,植树工程日臻完善。上林苑树木种类之多,在当时堪称世界之最。《三辅黄图》载:"帝初修上林苑,群臣远方各献名果异卉三千余种,植其中。亦有制为美名,以标奇"。《西京杂记》在"上林名果异木"条仅记录了很少一部分,这里只列举花木种数,具体品种则略去不计:梨十、枣七、栗四、桃十、李十五、奈三、楂三、椑三、棠四、梅七、杏二、桐三、林檎十株、枇杷十株、橙十株、安石榴十株、楟十株、白银树十株、万年长生树十株、扶老木十株、守宫槐十株、金明树二十株、摇风树十株、鸣风树十、琉璃树七、池离树十、离娄树十、白榆、裀杜、裀桂、蜀漆树十株、楠四株、枞七株、栝十株、楔四株、枫四株。

说群臣远方献名果异木有3 000种之多,未免有些夸大,但以《西京杂记》说2 000种为准,这里所列树种仅39种,还占不到2%,可见绝大部分的树木品种尚未列入。果若文献所述,上林苑当是世界上最早的树木园。

上林苑有汉武帝置的昆明观,另外,还有茧观、平乐观、远望观、燕升观、观象观、便民观、白鹿观、三爵观、阳禄观、阴德观、鼎郊观、樛木观、椒唐观、鱼鸟观、无华观、走马观、木石观、上兰观、郎池观、当路观。表明苑中还有各类专门的观赏动、植物,这里不再赘述。

5.3.2.6 长安诸苑

关于西汉长安诸苑,《陕西通志》、《长安志》、《三辅黄图》多有记载,除上林苑外,以长安为中心,在其周围还建有若干苑囿,多为离宫别馆性质,有些苑似乎还在上林苑的范围,如御宿苑等,但这些苑囿与上林苑相比,大小各异,功能单一,如:甘泉苑、御宿苑、思贤苑、博望苑、西郊苑、乐游苑、三十六苑等。

5.3.3 洛阳宫苑

光武帝刘秀建立的东汉,建都洛阳,对长安主要苑囿仍予保留,他吸取了西汉后期的教训,比较爱惜财力民力。明帝刘庄、章帝刘旦的统治也较平稳。至章和二年(88年),全国人口从东汉初的2 100多万增加到4 300多万。东汉前期(25年~88年),洛阳的主要苑囿有:鸿池苑,在洛阳东20里;上林苑,在洛阳西;广成苑,在洛阳南(今临汝西)。这三苑范围都很大。东汉初,伏波将军马援曾屯田上林苑,鸿池苑单水面就在百顷(万亩)以上。93年、106年、109年,皇帝曾数次下诏将这三苑"假与贫民,恣得采捕。""可垦辟者,赋与贫民。"说明占地之广。从和帝开始,东汉政权走向下坡路,但从112年至180年,仍造了一些苑囿,如:永初六年(112年)春正月庚申,诏越巂置长利、高望、始昌三苑,又令益州郡置万岁苑,犍为置汉平苑。这五个苑离都城洛阳都很远,主要用于牧马,也可能为巡游而准备。132年造西苑,158年造鸿德苑,159年造显阳苑,180年造毕圭苑、灵昆苑。灵帝光和五年(182年)始置圃囿署,以宦者为令,这是中央一级的园林管理机构,表明皇帝对苑囿的重视。以上九苑皆见于正史。此外,还有平乐、濯龙、芳林、屯阳等苑。毕圭苑在洛阳宣平门外,分东西两苑,东苑周一千五百步,中有鱼梁台,西苑三千三百步。这似乎是东汉最后建造的皇家苑囿,范围不大(秦汉时六尺为步,东汉时每尺约合今 0.236 米,每步为 1.416 米),由此推测,东汉后期苑囿趋向小型化,并由建筑为主转向山水林木为主,其中以广成苑最胜。

《后汉书》中有关广成苑的记载:明帝刘庄"车驾数幸广成苑",钟离意以为"从禽(即狩猎)废政"而谏阻。永和四年冬十月,"校猎上林苑,历函谷关而还。十一月丙寅,幸广成苑。"延熹六年冬十月"校猎广成,遂幸函谷关、上林苑。"光和五年"校猎上林苑,历函谷关,遂巡狩于广成苑。"函谷关有二:秦函谷关在今河南灵宝县南,汉函谷关在今河南新安东北,离洛阳较近。引文中的函谷关当为后者。可以看出,广成苑、上林苑、函谷关近乎连接,是东汉皇帝的一条游览线。这三地头尾有一百多千米,其范围相当于今河南省的临汝县西部和汝阳、伊川、宜阳、新安四县的全部面积,估计有七千多平方千米。其中,广成苑内,山岭起伏,河流纵横,尤宜于狩猎。目睹东汉由盛转衰的著名文人马融,为提倡蒐狩之礼,希求皇上文武相兼,写了一篇《广成颂》,对广成苑的起始、苑内外的山川形胜、泉水草木作了生动的描绘。从中可知,广成苑地域辽阔,一望无涯,登高纵目,天地莽莽。四周山林起伏,东观嵩山,西眺三涂,南面衡山之阴,北倚王屋峰岭。苑中有波逶紫洛四水,有金山石林两山。金山即金门山,在今河南宜阳境内;石林一名万安山,在今洛阳市东南,南接登封县。西山起伏盘回,曲折交错,山体雄浑,峰岭高耸。山侧有神奇的泉水,有美丽奇特的池潭。水中的怪石在波浪的冲激中发出耀眼的光芒。森林丛竹,覆盖了高丘大阜,芳草嘉树,丰茂挺拔,各种花卉,布被山野,在春风的吹拂下,色彩斑斓,难以形容。

从《广成颂》描写的大规模狩猎活动的收获看,苑内动物有虎、兕、熊、猗、苍、玄猿、游雉、晨凫,以及大量的水禽、鱼类。从巡狩结束后的游览活动看,广成苑内还有"禁囿",这禁囿当然只有皇帝和他的随从能进去,禁囿内有"昭明之观"、"高光之榭",有宏池、瑶台,水边有坚实的大堤,有婀娜的蒲柳,有大面积翠绿的莎草,水面广阔浩渺,天地一色。太阳仿佛升于池东,月亮似乎落于池西。池内可以行大船,荡轻舟,乘风破浪,在扬帆疾驰中,群起放歌,声震遐迩。由此,我们不仅可以了解到禁囿的游娱内容,而且可知它是以大水面为主体,在水滨建观榭,设堤台,铺绿莎。与以山石为主的景区迥然异趣,别是一番天地。

5.4 两汉私家园林

两汉私家苑囿,是指非国库开支所建的为私人独家所有的苑囿。秦代,因秦始皇晚年滥用民力财力,私家苑囿未见端倪,但两汉时期,是私家苑囿开始形成并有所发展的时期,它包括王侯官僚、富豪的苑囿和文人的宅园。

5.4.1 王侯官僚的苑囿

以西汉梁孝王刘武的兔园和东汉梁冀的苑囿为代表。

5.4.1.1 梁孝王兔园

梁孝王是汉武帝的叔叔,好宾客,尤爱与文人相交。司马相如、枚乘、邹阳、严忌等人都曾是他的宾客(文学待从)。兔园后称梁园,也称梁苑。兔园在西京长安,另说外在睢阳城东。据《西京杂记》载:"梁孝王好宫室苑囿之乐,作曜华之宫,筑兔园,园中有百灵山,山上有肤寸石、落猿岩、栖龙岫,又有雁池,池间有鹤洲、凫渚,宫观相连,延亘数里,奇果异树,珍禽怪兽,靡不毕备。王日与宫人宾客弋钓其中"。"宫观相连,延亘数里"。说明兔园的范围也颇可观,其形制仍以建筑为主,但山水、动植物已占很大的比重。园中以土为山,以石叠岩,这种土石结合的假山在中国园林史实为首创。由于受文士影响,园中布景、题名已开始出现诗画意境。这是我国古代园林中值得关注的发展倾向,文化因素对苑囿的影响由来已久。

5.4.1.2 梁冀园苑

梁冀是顺帝、桓帝的内兄,俗谓大舅子。其父梁商死后,他继任大将军,顺帝死后,他与梁太后专断朝政二十几年,骄奢横暴之极,又以为建苑囿而著称。据《后汉书》载,梁冀同他的妻子孙寿,各自在对街建造宅园,相互争奇斗胜。他们的堂屋和寝室都设有秘密房间,且相互连通。柱子墙壁上都雕镂花纹,油光闪亮,窗户上镂成连环花格,着以青漆,画上云纹神仙之类。楼台用廊连环接通,互为对景。河上砌的石阶拱桥,凌空若飞。家中的奇异珍宝积堆如山。

"又广开园囿,采土筑山,十里九坂,以像二崤,深林绝涧,有若自然,奇禽驯兽,飞走其间。冀、寿共乘辇车,张羽盖,饰以金银,游观第内,多从倡会,鸣钟吹管,醧讴竞路。……又多拓林苑,禁同王家,西至弘农,东界荥阳,南极鲁阳,北达河、淇,包含山薮,远带丘荒,周旋封域,殆将千里。又起菟苑于河南城西,径亘数十里,发属县卒徒,缮修楼观,数年乃成。移檄所在,调发生兔,刻其毛以为识,人有犯者,罪至刑死。"

这段文字,说明三种园和三方面的内容:一是园囿,此处指宅园。其中堆置了形似二崤绵延起伏的山丘,山上有大片树林,山下有深陡的溪涧,山林间放养奇禽驯兽。梁冀夫妇乘车游观时,有大型乐队、歌舞班子随从,一路上吹吹打打,歌唱呼喝,热闹非凡。二是"林苑",引文所说,似现今的大型自然公园。"多拓",实为大量侵占农民的山林土地,其范围大得惊人:西至弘农(今河南灵宝北),东界荥阳(今郑州市西),南极鲁阳(今河南鲁山县),北达黄河、淇水,这实际上比当时的全部皇室苑囿还要大得多。封域千里,禁同王家,可谓包含京城的一个独立王国。一个大官僚有如此之大的林苑,正反映出这位国舅的横暴。三是"兔苑",这是一个专类动物园。径亘数十里,也真够大的。其中的楼观,由属县建造,费时数年。他通知有关属县,送来大量活兔,并在这些兔子身上作出标记,如有不知情的捉了他的兔子,可能被处死。

中国历史上私家苑囿,就规模和豪华程度而言,大概没有超过梁冀的了。梁冀后来被迫自杀,家产被没收,价值30亿,皇帝因此减免天下税租之半。

5.4.2 富豪巨贾苑囿

西汉时茂陵(今陕西兴平东北)袁广汉可为代表。

5.4.2.1 袁广汉园

袁广汉在茂陵北山下大建宅园,其广长:东西四里,南北五里。园中楼台馆树,重屋回廊,曲折环绕重重相连,用石堆造假山,高十余丈,引激流水为池。池的面积很大,其中积沙为渚洲。园内山水间驯养奇兽珍禽,如白鹦鹉、紫鸳鸯、牦牛、青兕、鹤,栽植各种奇树异草。袁广汉后来获罪被诛,其园被没收作官园。(见《三辅黄图》)这里值得注意的是石假山:梁冀以其国舅的身份,"采土筑山,十里九坂"创造了土假山的记录,袁广汉则创造了石假山的记录。这个记录,以后也只有王侯能超越。它一方面反映了西汉时民间堆筑石山的水平,另一方面也反映了西汉社会经济的发展,部分富豪财大气粗。还可注意的是积沙为洲渚,这和堆假山一样,是人造(其中自有艺术手法)自然的大手笔。如果没有相当的胸襟和胆识,没有对自然美的欣赏为追求,是不可能有如此作为的,这在当时,是园林艺术美的创造,是我国古代园林中的神来之笔。

5.4.2.2 樊重园

东汉初年,樊重(其子樊宏,建武五年封长罗侯)因善于农务,精于经商,成为远近闻名的大地主兼木材商,他建的宅园,"皆有重堂高阁,陂渠灌注",方圆数十里绿树碧野,并在园内养鱼放牧。这是古代园林结合生产的一个典型(见《后汉书·樊宏传》)。据郦道元《水经注》说明,樊氏住宅位于新野县西南,称樊氏陂,又称凡亭,东西十里,南北五里,其范围比袁广汉的宅园大得多。

5.4.3　文人宅园

在汉代还处于滥觞阶段,史籍少有记述。汉代著名思想家董仲舒,为钻研儒家和黄老经典,下帷盖三年,"不观于舍园"(《史记·儒林列传》)。舍园情况如何,不得而知。但它至少告诉我们两重意思:一是他的宅园与生活区是隔开的,否则,不可能不观;二是他的园不太小,颇耐观赏。如果数分钟就兜得转,不怎么引人留连,他也不至于下狠心三年不观。其中,司马迁有"舍园"二字,这里的"舍"字,不仅说明是董仲舒自家的园子,而且含有休息、止息的意思,"舍园",可谓私家游园。

另外如侍中习郁,在襄阳岘山南建有宅园"高阳池"。秦末,郦食其求见刘邦时,自称高阳酒徒,习郁将家园名高阳,即用此典。可见他是以郦食其自比,意欲暂居田园以待机出山。他利用大小面广植芙蓉、菱、芡等,并在园内高堤上大种竹子和楸树(见《世说新语·任诞》)。

习郁种植这些植物,如同拟园名一样,有其含意。人类在将自然人化的过程中,由于生活和劳动的关系,首先将动植物拟人化,借熟悉的动植物表达自己的爱憎好恶。例如我国最早的诗歌总集《诗经》里的许多篇章,在用比兴手法抒情咏志时,引用植物104种,动物60多种。说明我们的祖先早在2 500多年前就有以物喻人的意识。《樛木》中以樛木喻君子,以葛藟喻福禄;在《桃夭》中以桃花喻姑娘的美貌,以桃花结果比喻新嫁女将生儿育女;《椒聊》中,以果实累累的花椒比喻、赞美多子的妇女;《泽陂》中,以清香、色美、形态端庄雅致的蒲草、荷花比喻一对恋人;《隰桑》中以形态婀娜,长势茂盛的桑树比喻自己爱戴的和感念的丈夫等。更有甚者,《小雅·斯干》中有道:"秩秩斯干,幽幽南山。如竹苞矣,如松茂矣。兄及弟矣,式相好矣,无相犹矣。"诗中以竹苞茂松比喻兄弟间的亲密和事业兴旺,而且写出了松竹生长的山水环境:南山林木森森,林下溪水潺潺,水滨松苍竹翠,一派生机。诗人不仅将植物人化,而且十分欣赏山水的自然美。……《诗经》经孔子修订后,几成为文人必读书,曾任侍中的习郁,对此当然非常熟悉。他既然能以"高阳池"命名自己的园子,那他所种植物,在感情上自然有所寄托。荷花优雅香洁,菱芡、角刺分明又朴野放浪,竹子"未曾出土先有节,纵临霄汉也虚心"。楸树是作棋枰的良材,这类植物的配置,恰如其分地体现了园主的情操和气质。

某些植物与众不同的形象特征,成为人的某种精神寄托,此类植物即被人格化,称之为"人化植物"。与《诗经》中的比兴手法一脉相承,我国文人园林中运用人化植物由来已久,高阳池可为先导。

5.4.4　隐士、隐逸思想对园林的影响

隐士自古有之,尧时的许逸遁耕箕山下,洗耳颍水滨,千古流传;春秋战国时期,曾有鹖冠子身披野鸡毛隐居深山,庄子濠濮观鱼以表安身之道。秦末汉初东园公、夏黄公、百里先生、绮里季隐住南山,俯仰自在,合称四皓。东汉初,光武帝刘秀的同学严光,隐住富春山下富春江边。隐士们或者厌恶官场生涯,或者避乱保身,但其共同的一点是寄情山水、寄身山水,与草木禽兽为伍。他们与大自然发生了非常密切的关系,加之有较好的文化素质,因而成为领略和欣赏自然美的先行者。有些文人虽未隐居,但倾心林泉的言行,也成为后世经始山川的思想基础。东汉末年的学者、旅行家仲长统,"常以为凡游帝王者,欲以立身扬名耳,而名不常存,人生易灭,优游偃仰,可以自娱,欲卜居清旷,以乐其志。"他常议论:"使居有良田广宅,背山临流,沟

池环节,竹木周布,场圃筑前,果园树后。……蹰躇畦苑,游戏平林,濯清水,追凉风,钓游鲤,弋高鸿。讽于舞雩之下,泳归高堂之上。……弹南风之雅操,发清商之妙曲。消摇一世之上,睥睨天地之间。不受当时之责,永保性命之期。如是,则可以陵霄汉,出宇宙之外矣。"(《后汉书·仲长统传》)这是桃花源式的隐遁游乐思想。南朝刘宋的谢灵运经始山川就受他的影响。东汉以后的隐士身上,大都有着仲长统的影子。隐士总要在一定范围内经始山川,以使山水草木填补他们的精神空缺,适应他们的生活需求。园林与隐士的关系就是这样的密切。

隐士、隐逸思想对东汉后期的园林山水化发生了重要影响,魏晋六朝山水园林风格形成于此不无关系,寺观僧侣对山林风景名胜的发现与开发同样受其影响,甚至唐宋至明清时期写意园林的诸多景题亦从中汲取了多方面精神营养。

第6章 中国园林体系的完成

（魏晋—隋）

6.1 时代背景

6.1.1 社会动荡，民生凋蔽

220年东汉灭亡后，军阀、豪强互相兼并，形成魏、蜀、吴三国鼎立局面。263年，魏灭蜀。两年后司马氏篡魏，建立晋王朝。280年吴亡于晋，结束了分裂的局面，中国复归统一，史称西晋。

经过将近100多年的持续战乱，社会经济遭到极大破坏，人口锐减，时人有"千里无鸡鸣"，"白骨蔽平原"的描写。据文献记载，东汉后期全国人口5 006万，到西晋初年仅537万，几乎减少了十分之九。因而到处农田荒芜，生产停滞，许多地方甚至出现人吃人的现象。西晋开国之初，允许塞外比较落后的少数民族移居中原从事农业生产以弥补中原人口锐减的状况，同时在律令、官制、兵制、税制方面作了适当的改革。由于这些措施，社会呈现短暂的安定景象。然而维系封建大帝国的地方小农经济基础并未完全恢复，庄园经济和豪强势力日益强大并转化为门阀士族。士族拥有自己的庄园和世袭的特权，有很高的地位足以和皇室抗衡，所谓"下品无士族，上品无寒门"。在皇家、外戚、士族之间的争权夺利的过程中又促使各种矛盾的激化。300年，爆发了"八王之乱"。流离失所的农民不堪残酷压榨而酿成"流民"起义，移居中原的少数民族也在豪酋的裹胁下纷纷发动叛乱。从304年匈奴族的刘渊起兵反晋开始，黄河流域完全陷入匈奴、羯、氐、羌、鲜卑等5个少数民族豪酋相继混战、政权更迭的局面。

西晋末北方的一部分士族和大量汉族劳动人民迁移到长江中下游，南渡的司马氏于317年建立东晋王朝。东晋在南渡的北方士族和当地士族的支持下，维持了103年之后。南方相继为宋、齐、梁、陈4个政权更迭代兴，史称南朝，前后共169年。

北方，五个少数民族先后建立十六个政权，史称"五胡十六国"。其中鲜卑族拓拔部的北魏势力最强大，于386年统一整个黄河流域，是为北朝，从此形成了南北朝对峙的局面。北魏积极提倡汉化，利用汉族士人统治汉民，北方一度呈现安定繁荣。但不久统治阶级内部开始倾轧，分裂为东魏和西魏，随后又分别为北齐，北周所取代。

589年，隋文帝灭陈，结束了魏晋南北朝这一历时369年的分裂时期，中国又恢复大一统的局面。

隋文帝定都长安，勤俭行事，在位20年。他为人好猜疑，先废长子勇，立次子广，后来后悔而打算废广立勇。于是杨广杀兄弑父而即帝位，就是隋炀帝。

隋炀帝性豪奢，一意孤行，不纳谏言。除去首都长安外，又以洛阳为东都，建显仁宫，开凿西苑，华丽至极。又在山西太原和汾阳修建晋阳宫和汾阳宫。为了政治军事的需要，同时满足宫中奢侈糜烂生活，炀帝征发天下民工，开凿大运河。北起幽云，南达余杭，全长四千华里。隋

炀帝几乎每年都要巡游他的出生地扬州,沿着大运河一路游山玩水。皇帝乘龙舟四重,上重有正殿、内殿、朝殿,中重有房一百二十间,皆饰金玉。皇后乘翔螭舟,另外有画舫千艘,供后宫、诸王、公主、百官、僧尼、道士、蕃客乘用。每次共用挽士八万余人。又有兵士所乘的船数千艘。舳舻相接二百余里,所过州县自五百里以内贡献食物。

隋炀帝又北巡,接受突厥、吐谷浑入贡。征发男丁一百余万人修筑长城。接受西域诸国朝贡。南平林邑(越南),东伐琉球(历史上为中国的附属国),又东征高丽(历史上朝鲜半岛几个民族的统称),全军遭到覆没。隋炀帝好大喜功,劳民伤财,终于招致社会动荡,群雄蜂起反对暴政。后来李渊太原起兵,炀帝正在江都寻花问柳,无心北归,被宇文化及杀死。自隋文帝统一全国至隋亡还不满三十年。

炀帝开凿大运河,虽有挥霍民财,穷极奢欲之嫌,但也不可不看到开凿大运河带来的积极影响。由于开凿运河而将南方富饶物产漕运至洛阳和长安,同时使北方文化与南方文化相互融合,加强了南北文化交流,加快了江南开发,从而导致唐代文化的繁荣。

6.1.2 思想解放,文化多元

在漫长的动乱分裂时期,政治上大一统局面的破坏势必影响到意识形态上的儒学独尊。人们敢于突破儒家思想的桎梏,藐视正统儒学制定的礼法和行为规范,向非正统的和外来的种种思潮探索人生的真谛。由于思想解放而带来了人性的觉醒,便成了这个时期文化活动的突出特点。

东汉末,由于社会动荡不安,普遍流行着消极悲观的情绪,因而滋长及时行乐的思想。即使曹操那样的大政治家也不免发出"对酒当歌,人生几何,譬如朝露,去日苦多"的感慨。魏晋之际,士族集团间的明争暗斗愈演愈烈,斗争的手段不是丰厚的贿赂与赏赐便是残酷的诛杀。士大夫知识分子一旦牵连政治斗争,则荣辱死生毫无保障。于是消极情绪与及时行乐的思想更有所发展并导致了行动上的多极倾向:或贪婪奢侈,或玩世不恭,或归隐田园,或皈依山门。

西晋朝廷上下敛聚财富,荒淫奢靡成风。《世说新语》记载了晋武帝时大官僚石崇与王恺争豪斗富的一段故事:武帝尝以一珊瑚树高二尺许赐恺,恺以示崇,崇视罢,以铁如意击之,命左右取来珊瑚树,高三四尺者六七株任恺挑选。

士大夫知识分子之中,出现了相当数量的"名士"。号称"竹林七贤"的阮籍、嵇康、刘伶、向秀、阮咸、山涛、王戎是名士的代表人物。名士们以纵情放荡、玩世不恭的态度来反抗礼教的束缚,寻求个性的解放。其行动则表现为饮酒、服食、狂狷、崇尚隐逸和寄情山水,也就是所谓的"魏晋风流"。

饮酒可以暂时回避现实、麻醉自己。刘伶自谓"天生刘伶,以酒为名;一饮一斛,五斗解醒",阮籍听说步兵厨中贮美酒数百斛,乃"忻然求为步兵校尉,于是入府舍,与刘伶酣饮"。狂喝滥饮甚至达到荒唐的程度,诸阮皆能饮酒,以大缸盛酒,围坐相向豪饮。时有群猪来饮,也全然不觉,与猪同饮,其醉如此云云。

服食指吃五石散或曰寒石散而言,经过何晏的提倡,魏晋名士遂服食成风。这种药吃了之后浑身发热,需要到郊野地方去走动谓之"行散",因此而增加了他们接近大自然的机会。《世说新语》载,刘伶脱衣裸形在屋中,人见讥之。伶说:"我以天地为房,以室为衣,诸君为何入我衣中?"由此可见魏晋名士玩世不恭、个性解放的极端表现了。

为了自我解脱而饮酒、服食、狂狷则在于放荡形骸,都无非是想要暂时摆脱名教礼制的束缚。对于他们来说,最理想的精神寄托则莫过于置身到远离人事红尘的大自然环境之中。

魏晋士人多有不满于现实政治礼教束缚,对隐逸寄予憧憬,尤其崇尚那些远离朝堂而栖息田园山水的隐士。当时的名士之中,就有不少辞官为隐士,甚至终生不仕而为隐士,如阮籍、嵇康、陶渊明、顾恺之、谢灵运之辈。伴随着对隐逸的崇尚,必然会产生无限向往大自然山水的情怀,从而在一定程度上促成了士人们普遍寄情山水的社会风尚。

在战乱频仍,命如朝露的残酷现实生活面前,又迫使人们对老庄的"无为而治、崇尚自然"的再认识。所谓自然即否定人为的,一切保持自然而然的状态,而大自然山林环境正是这种脱离人事红尘的,自然而然状态的最高境界。再者,玄学的返璞归真,佛家、道教的出世思想也都在一定程度上激发人们对自然山水的向往之情。玄学家和名士们还通过"清谈"来进行理论上的探讨,论证以名教礼法为纲的现实社会的虚伪,只有处于自然而然状态的大自然才是最纯真的。这种"真"同时也表现为社会意义的"善"和美学意义的"美",达到人格的自我完善。名士们这种寄情山水的思想基础,是魏晋哲学的鲜明特征。

佛教自东汉中叶传入中原以后,经过短暂文化嫁接而为魏晋乱世广大人民所接受。在佛陀那里,整个世界就是一个无边苦海,人们处在"三世因果"、"六道轮回"之中,承受着怨、憎、离别、生老、病、死的种种苦难。因此对于众生来说,一切皆苦,一切皆空。佛教以坐为空门,认为即使能够延年益寿,最终不免一死,主张"无生",追求超脱生死轮回,进入涅槃境界。道教产生于东汉末期,它假托先秦老庄道家,又承袭三代巫术和秦汉神仙方术之说,并逐渐吸收佛学经义而成,因此,在教理上表现出多重性。在人的肉体方面主张入世,"无死",追求养生延年,得道成仙;而在人的精神方面又主张出世,崇尚自然,清净无为,返璞归真等。这些宗教思想对乱世之中的人们苟全性命尚有很大的感召力。

在这种纷纭复杂的社会思潮之下,社会上逐渐形成游山玩水的浪漫风气,名士们都喜欢啸嗷行吟于山际水畔。阮籍、嵇康一旦入山,便流连忘返,数日不归。晋室南渡,江南一带的秀丽风景逐渐为人们所认识,游山玩水风气更盛。南方士族文人谢灵运为游山而自制登山木屐,甚至雇工专门为他开路。陶渊明辞官隐居,虽然贫穷,亦"三宿水滨,乐饮川界"。至于兰亭修禊盛会,则传为千古佳话。北方士族文人王献之"初渡浙江,便有终焉之志",会稽山水令他流连不已。画家顾恺之从会稽游玩归来,人问山川之美,顾云:"千岩竞秀,万壑争流;草木蒙笼其上,若云兴霞蔚。"这些都是对大自然的景物有感而发的由衷的讴歌。

山水风景陶冶了士人的性情,他们也多以爱好山水,能鉴赏风景之美而自负。"(晋)明帝问谢鲲:'君自谓何如庾亮?'答曰:'端委庙堂,使百僚准则,臣不如亮;一丘一壑,自谓过之'。"陶渊明亦自诩"少无适俗韵,性本爱丘山"。把先秦儒家强调人格与山水相结合的比德观又加以引伸,直接以自然物的形象作品评人物的标准。例如,《世说新语》这样描写嵇康的人品:"嵇叔夜之为人也,岩岩若孤松之独立;其醉也,傀俄若玉山之将崩。"雕塑艺术、绘画艺术在魏晋时期亦有长足发展。来自印度而杂有西方文化艺术的雕刻、绘画技术和中原艺术相结合而迸发出无穷魅力。敦煌的莫高窟、大同的云岗石窟、天水的麦积山石窟、洛阳的龙门石窟就是这一时期中西文化的融合,留给我们一座座珍贵的艺术宝库。花鸟画、山水画开始涌现,人物画、神仙佛像壁画渐次繁荣,人才辈出,如卫协、顾恺之、王羲之、戴逵、宗炳、张僧繇、王薇等艺术大师,对当时的文化艺术产生了革故鼎新的影响,同时对中国园林的艺术表现也有重大影响。

由于上述的种种因缘际会,大自然被揭开了秦汉以来披着的神秘外衣,摆脱了儒家"君子比德"的单纯功利,伦理附会,以它的本来面目———一个广阔无垠,奇妙无比的生活环境和审美对象而呈现在人们的面前。人们一方面通过寄情山水的实践活动取得与大自然的自我谐调，并对之倾诉纯真的感情。另一方面又结合理论的探讨去深化对自然美的认识，去发掘、感知自然风景构成的内在规律。于是，有关自然山水的艺术领域大为开拓，对大自然的审美鉴赏遂取代了过去所持的神秘、伦理和功利的态度，成为中国传统美学思想的核心。

早期的玄言诗很快势微，山水诗文大量涌现。这类题材的诗文尽管尚处于幼年期，不免多少带着矫揉造作的痕迹，但毕竟突破了两汉大赋的崇景华贵、排比罗列的浮华风气，而追求自然恬淡、情景交融的纯美风格，不能不说是具有划时代意义的创新。山水诗、画促进了园林的大开发，山水园林和山水风景区的发展则更为显著，尤其佛道之教，虽然筚路蓝缕，开发风景名胜之工却最大。后世所谓"天下名山僧占多"即在此时蔚为大观。寺观园林的出现，标志着中国山水园林体系的最终完成。

6.1.3　中国园林体系的完成

魏晋六朝长期处于动乱年代，而思想、文化艺术活动十分活跃，对中国园林体系的完成产生了深远影响。

在以自然美为核心的时代美学思潮的直接影响下，中国风景式园林由再现自然进而至于表现自然，由单纯地摹仿自然山水进而适当地加以概括、提炼、抽象化、典型化，开始在如何本于自然而又高于自然方面有所探索。

园林的狩猎、求仙、通神的功能已基本消失或者仅保留其象征的意义，游赏活动成为主导的甚至惟一的功能。游赏的内容主要是追求视觉景观美的享受，虽然已有迹象通过景观美来激发人们的寓情于景的感受，但毕竟尚处在简单、粗浅的状态。

私家园林作为一个独立的类型异军突起，集中地代表了这个时期造园活动的成就。它一开始即出现两种明显的倾向：一种是以贵族、官僚为代表的崇尚华丽、争奇斗富的倾向；另一种是以文人名士为代表的表现隐逸、追求山林泉石之怡性畅情的倾向，开后世文人园林即山水写意园林的先河。

寺观园林的出现开拓了造园活动的新领域，对于风景名胜区的开发起着主导作用。从此，中国园林形成了皇家、寺观、私家、陵寝等四大园林类型并行不悖的鼎立局面，标志着中国园林体系的完成。

建筑作为一个造园要素，与山水地形、花木鸟兽等自然要素取得了较为密切的谐调关系。园林的规划由粗放方式转变为细致精密的设计，升华到艺术创作的境界。

6.2　皇家园林

6.2.1　邺都园林

邺城（今河北临漳县西）是战国时期魏国的重要城池之一。魏文侯曾派西门豹治邺，兴修漳水十二渠，变荒原为鱼米之乡。东汉末，这里曾为袁绍割据，官渡之战后，为曹操夺取。曹操政治上挟天子以令诸侯，以许昌为"行都"，而锐意经营邺都城池宫苑，俨然以皇都自居。曹丕代汉后，定都洛阳，邺城仍为五都之一。后赵、前燕、东魏、北齐皆定都于邺，邺城成为这一时期政治、经济、文化中心之一，故而邺都园林魏晋时期独领风骚。

6.2.1.1　铜雀园

铜雀园在邺都城内西北，长3里，宽2里。园内修筑铜雀、金凤、冰井三台，台上设有精美的朱雀、凤凰等大型金属雕塑艺术品;铜雀台居中,高10丈,金凤在南,冰井在北,各8丈,宛若山峰耸峙。每台殿阁百十间,三台之间以可升降的阁道相连。冰井台有数井,深15丈,可以存储冰块、粮食或其他贵重物资。

铜雀园毗邻宫城,已初具"大内御苑"规模。引园外之水从铜雀台、金凤台之间穿入,园内凿有湖池,有鱼池塘、兰渚、石濑和钓台等。建筑物周围树林环绕,花果飘香,开阔之地生长着大片竹林和葡萄树。可见,铜雀园已具备生活、休憩、游览和观赏等多种功能。据说赤壁之战前,诸葛亮曾以"铜雀纳二乔"故事激怒周瑜。故唐代杜牧《赤壁》诗叹曰:"折戟沉沙铁未销,自将磨洗认前朝,东风不与周郎便,铜雀春深锁二乔。"

6.2.1.2 华林苑(华林园)

347年,石虎称帝(后赵)时有一沙门说胡运将衰,晋将复兴,所以应当役使晋人以厌其气。命尚书张群筑造华林苑,周围数十里,筑长墙连亘数十里,夜间燃点蜡烛,建起三观四门,三门通于漳水。园皆造铁门,遇暴风大雨死者数万,凿开北城引水入华林园,城崩压数百人(《晋书》)。

南北朝末期,北齐改修华林园。《邺中记》说,齐武成帝时,增饰华林园如神仙居所,改称仙都苑。《北史·魏收传》说,武成帝于华林园中作玄洲苑,备山水台观之美,苑中封土为五岳,五岳间分流四渎为四海,汇为大海,通船之行25里。园内亭台楼阁广布,酒肆杂处其间,又置飞禽走兽无数。

6.2.2 洛阳园林

6.2.2.1 芳林园

曹魏明帝在东汉旧苑基址上重新建芳林园(图6-1)。《魏略》载,景初元年(237年)。起土山于芳林园西北,使公卿群僚皆负土成山,树松竹杂木芳草于其上,捕山禽野兽置其中。

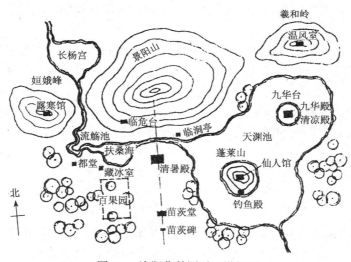

图6-1　洛阳华林园平面设想图
摹自游泳《园林史》

《三国志·魏书》载:百役繁兴,劳作者万数,公卿以下至于学子,莫不尽力,帝躬自掘土以督促造园的工程质量和进度。

扩建芳林园由皇帝亲自率领百官参加"劳动",可见这是当时最重要的一座皇家园林了。

116

园的西北面以各色文石堆筑为土石山——景阳山,山上广种松竹。东南面的池陂可能就是东汉天渊池的扩大,引来榖水绕过主要殿堂之前而形成完整的体系,创设各种水景,提供舟行浏览之便,这样的人为地貌基础显然已有全面缩移大自然山水景观的意图。流水与禽鸟雕刻小品结合于机枢而做成各式小戏,建高台"凌云台"以及多层的楼阁,养蓄山禽杂兽,殿宇森列并有足够的场地进行上千人的活动和表演"鱼龙漫延"的杂技。另外,"曲水流觞"① 的园景设计开始出现在园林中,为后世园林效法。芳林园后来因避齐王曹芳之讳而改名华林园。

西晋建都洛阳,宫苑一仍曹魏之旧,主要的御苑仍为华林园。此外,还有春王园、洪德苑、灵昆苑、平乐苑、舍利池、天泉池、濛汜池、东宫池等。天泉池在城外洛水之滨,往南引水作沟池,池西积石为禊堂。每年三月上巳,皇帝必率领后妃到此流杯饮酒,举行"修禊"活动。

北魏自平城迁都洛阳之后统一了北方,因连年战乱而濒于停滞的社会生产力得以恢复发展。北魏文帝太和十七年(493年)对洛阳进行了大规模的改造、整理、扩建,主要的大内御苑华林园位于城市中轴线的北端,是利用曹魏华林园的大部分基址扩建而成。

6.2.2.2 西苑

建于隋大业元年(605年)五月,位置在洛阳宫城的西面。在历代帝王营建的苑囿中,隋代的这个西苑或许不及汉代的上林苑,但其规模似乎能与秦始皇的阿房宫相比。在《海山记》、《洛阳县志》、《大业杂记》等书以及其他一些著作中,十分详细地记载着隋代西苑的状况。

西苑周围二百里,其内建造延光、明彩、合香等十六院,龙鳞渠屈曲环绕苑的周围。设置四品夫人十六人,各为一院之主。庭院里栽种名花,秋冬时则以剪彩为饰,一褪色就换新的,以新艳者为贵。在池沼里,冬季里也用剪彩做成芰荷,作为装饰。每院开西、东、南三个门,门并临龙鳞渠,渠面宽二十步,上跨飞桥。过桥一百步就有杨柳修竹,繁茂旺盛,名花美草映现于轩阶之间。其中有逍遥亭,四面合成,其结构之美,可称冠绝古今。每院各置一屯,屯即用院名以名之。设正一人,副二人,于屯内养刍豢,穿池养鱼,各园皆种植蔬菜和瓜果,看膳中水陆诸产无不齐备。此外还有数所游观之处,或泛轻舟画舸,习采菱之歌;或升飞桥阁道,奏春游之曲。苑内造山凿海,周围十余里,水深数丈,其中有方丈、蓬莱、瀛洲诸山,相去各三百步,山高出水面一百余尺。山上建有通真观、习灵台、总仙宫,分别建立在三座神山之上。其风亭月观都设有机关,或起或灭,犹如神变一般。海北有龙鳞渠,屈曲围绕十六院,然后注入海中。东边有曲水池,其间有曲水殿,为上巳禊饮之所。每年秋天八月,月明风清之夜,帝引宫人三五十,后有骑从,开闿阊门而进入西苑,奏清液游之曲。

又据《古今图书集成》引《海山记》载,兴建西苑时"诏天下境内所有鸟兽草木驿至京师,天下共进花木鸟兽鱼虫莫知其数"。六年后,苑内"草木鸟兽繁息茂盛,桃溪李经翠阴交合,金猿青鹿动辄成群"。

6.2.3 建康园林

建康的皇家诸园中,比较著名的是"华林园"和"乐游园"(图6-2)。

6.2.3.1 华林园

华林园作为大内御苑,位于宫城北面,玄武湖的南岸,包括鸡笼山的大部分。始建于三国

---

① 南梁沈约《宋书》载,东汉郭虞有三个女儿,上巳生一女,三月七日生二女,甚为可爱,然于两日内皆殇亡。于是以上巳日为忌,每到这一天,携全家人来此曲水东流之地祈祷,让盛满祭物的杯子顺水漂流,以避凶求吉,为亡女超度。后世称此为"曲水流觞",魏晋以降,人们亦仿效此法来表达百转千回的绵绵之情。

时的东吴,历经东晋、宋、齐、梁、陈的不断经营,是一座与南朝历史相始终的皇家园林。

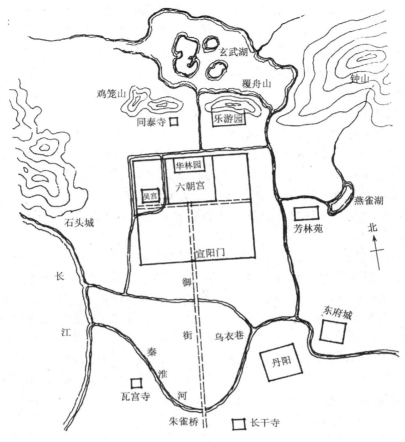

图 6-2　东晋、南朝建康平面图
(摹自周维权《中国古典园林史》)

　　早在东吴,即已引玄武湖之水入园汇为大池。东晋时园林已初具规模。故(东晋)简文帝
入华林园谓左右曰:"会心处不必在远,翳然林木,便有濠、濮间想也,觉鸟兽禽鱼自来亲人。"到
刘宋时大加扩建,保留景阳山、天渊池、流杯渠等山水地貌并整理水系。利用玄武湖的水位高
差"作大窦,通入华林园天渊池。引殿内诸沟,经太极殿,由东西掖门下注南埑。故台中诸沟
水,常萦流回转,不舍昼夜"。建筑物除保留上代的仪贤堂、祓禊堂之外,新建景阳楼、芳春琴
堂、清暑殿、华光阁、竹林堂、含芳堂等。另外还仿建市井的街道店铺,皇帝亲自参加酤买。园
内花木繁茂,栽培许多名贵品种如蔷薇等。梁武帝礼贤下士、笃信佛教,在园内的鸡笼山麓修
建佛寺、学舍、讲堂。佛寺"同泰寺"规模宏大,其中的大佛阁高七层。另在景阳山上修建"通天
观",以观天象。侯景叛乱,尽毁华林园。陈后主又予以重建,并在光昭殿前为宠妃张丽华修建
著名的临春、结绮、望仙三阁,阁高数丈,广数十间。窗牖、壁带、悬楣、栏槛之类皆以沉檀香木
为之,又饰以金玉,间以珠翠。朝日初照,光映后庭。其下积石为山,引水为池,植以奇树,杂以
花药。

6.2.3.2　乐游园

　　乐游园在华林园的东面,又名北苑,始建于刘宋。园林基址的自然条件十分优越,往东可

118

远眺钟山借景,北临玄武湖。园东北角上的复舟山多巉岩而陡峭,登山顶是观赏玄武湖景的最佳处。山上原有道观真武观,刘宋时加以扩充,建正阳殿,林光殿。除经常性的游乐以及饮禊等活动之外,皇帝还在园内的演武场观看将士的骑射操练。北朝使臣来聘,也在乐游园设宴招待。

此外,作为皇家狩猎场的上林苑在玄武湖之北;青林苑、博望苑、东田小苑在钟山东麓;芳林苑在秦淮大路北。

6.2.4 长安园林

长安皇家园林在魏晋六朝时破坏殆尽,隋统一后才有所改观。但因隋炀帝兴味于东都洛阳和行都扬州,故长安园林虽有名胜而少人问津。

6.2.4.1 芙蓉园

《陕西通志》载:"本古曲江,文帝恶其名曲,改名芙蓉园。为其水盛而芙蓉富也。芙蓉在京城东南隅,有青林重复,缘城弥漫,盖帝城胜境,驾时幸之,隋营京城,宇文恺以京城东南隅地高,故阙此地不为后人坊巷,凿之为池,以厌胜之。又会黄渠水,自城外南来,可以空城而入,故隋世遂从城外抱之入城为芙蓉池,且为芙蓉园也"。以上旨在说明隋世改曲江为芙蓉园,且凿池为水景苑。从文献资料可知,隋炀帝兴趣东移后,无意于西都长安,芙蓉园虽然满园明媚春色好,却终日不见车马来。

6.2.4.2 西苑

陕西长安隋朝亦有西苑,有雍正《陕西通志》一百卷和《关中胜迹图志》记载可证。《陕西通志》载:西苑在长安城中。《关中胜迹图志》载,西苑在长安城中。隋炀帝大业元年,筑西苑,周三百里,其内为海,周十余里,为方丈、蓬莱、瀛洲诸山。高出水百余尺,台观宫殿,罗络山上,各背如神。海北有龙鳞渠,萦纡注海内,缘渠十六院,门皆临深,每院以四品夫人主之,堂殿楼观,穷极华丽,宫树秋冬凋落,则剪彩为华叶,缀于枝条,色渝则易以新者,常如阳春。沼内亦剪采为芰荷菱芡,乘舆游幸,则去水而布之,十六院竟以餚羞精丽相尚,求市恩宠。上好以宫女月夜数千骑游西苑,作清液曲于马上奏之。

6.3 寺观园林

6.3.1 寺观园林兴起的历史原因

佛教早在东汉中期已从印度传入中国,汉明帝(58年~75年)曾派蔡愔、秦景等人到印度求法,指定洛阳白马寺庋藏佛经。"寺"本来是政府馆驿机构的名称,从此以后便用作佛教建筑的专称。东汉佛教并未受到朝廷的重视,仅把它作为神仙方术一类看待。魏晋南北朝时期,战乱频仍,各种宗教易于流行,思想的解放也为外来和本土成长的宗教学说提供了传播的条件。外来的佛教为了能够立足于中国,使它的教义和哲理在一定程度上适应汉民族的文化心理需要,融汇一些儒家和老庄思想,以佛理而入玄言,于是知识界也盛谈佛理。作为一种宗教,它的因果报应、轮回转世之说对于苦难深重的人民颇有迷惑力和麻醉作用。因而不仅受到人民的信仰,即使统治阶级也加以利用和扶持,佛教遂广泛地流行起来。

道教开始形成于东汉末叶,其渊源为原始的巫术、神仙、阴阳五行之说,奉老子为教主。张道陵倡导的五斗米道为道教定型化之始。经过东晋葛洪加以理论上的整理,北魏寇谦之制定乐章诵戒,南朝陆修静编著斋醮仪范,宗教形式更为完备。道教讲求养生之道,鼓吹长生不死,羽化登仙,正符合于统治阶级企图永享奢靡生活、留恋人间富贵的愿望,因而不仅在民间流行,同时也经过统治阶级的改造、利用而兴盛起来。

佛、道盛行,作为宗教建筑的佛寺、道观大量出现,由城市波及近郊而逐渐流行于远离城市的山野地带。例如北方的洛阳,佛寺始于东汉明帝时的白马寺,到晋永嘉年间已建置42所。北魏笃信佛教,迁都洛阳后佛寺的建置陡然大量增加。《三辅黄图》载:"逮皇魏受图,光宅嵩洛。笃信弥繁,法教逾盛。王侯贵臣弃象马如脱屣,庶士豪家舍资财若遗迹。于是昭提栉比,宝塔骈罗。争写天上之姿,竞模山中之景。金刹与灵台比高,广殿共阿房等壮"。最盛时城内及附廓一带梵刹林立,多至1 367所。南朝的建康也是当时南方佛寺集中之地,东晋时有30余所,到梁武帝时已增至700余所。故唐代诗人杜牧《江南春》诗描写道:"千里莺啼绿映红,水村山郭酒旗风;南朝四百八十寺,多少楼台烟雨中。"

由于汉民族儒家文化的先进地位和同化性的特点而形成对外来佛教文化的强有力的同化,也由于中国传统木结构建筑对于不同功能的适应性,以个体而组合为群体的灵活性;随着佛教的儒学化,佛寺建筑的古印度原型亦逐渐被汉化了。另一方面,由于深受儒家和老庄思想影响的中国人对宗教信仰一开始便持着平和、执中的态度,完全没有西方那样的狂热和偏执的激情,因此也并不要求宗教建筑与世俗建筑的根本差异,宗教建筑的世俗化意味着寺、观无非是住宅的放大和宫殿的缩小。再说,寺观建筑与世俗建筑相仿,也和当时民间皈依寺观、"舍宅为寺"活动流行分不开。当时的文献中多有"舍宅为寺"的记载,足见住宅大量转化为佛寺的情形。

随着寺、观的大量兴建,相应地出现了寺观园林这个新的园林类型。它也像寺、观建筑的世俗化一样,并不直接表现多少宗教的意味、显示宗教的特点,而是受到时代园林艺术思潮的浸润,更多地追求人间的赏心悦目、畅情舒怀。寺观园林包括三种情况:一是毗邻于寺观而单独建置的园林,犹如宅园之于邸宅。南北朝盛行"舍宅为寺"的风气,贵族官僚们往往把自己的邸宅捐献出来作为佛寺。原居住用房改造成为供奉佛像的殿宇,宅园则原样保留为寺院的附园。二是寺、观内部各种殿堂庭院的绿化或园林化。三是郊野地带的寺、观外围的园林化环境。

6.3.2 城市寺观园林

城市的寺、观不仅是举行宗教活动的场所,也是居民公共活动的中心,各种宗教节日、法会、斋会等都有大量群众参加。群众参加宗教活动,观看文娱表演,同时也游览寺、观园林。有些较大的寺观,它的园林定期或经常开放,游园活动盛极一时。

6.3.2.1 洛阳寺观

《洛阳伽蓝记》记载当时洛阳佛寺园林最为详尽,书中所举六十六所佛寺大部分都提到园林。其中有单独建置的,例如:宝光寺在西阳门外御道北,园中有一海,号咸池,葭菼被岸,菱荷覆水,青松翠竹,罗生其旁。京邑士女,至于良辰美日,休浴告归,征友命朋,来游此寺。雷车接轸,羽盖成阴,或置酒林泉,题诗花圃。

景明寺则房檐之外皆是山池。松竹兰芷,垂列两岸,寺有三池,葭蒲菱藕,水物生焉,或黄甲紫鳞,出没于繁藻,或青凫白雁,浮沉于绿水。

冲觉寺为清河王怿舍宅所立,西北有楼,出凌云台,俯临朝市,目极京师。楼下有儒林馆、延宾堂,形制并如清暑殿,土山钓台,冠于当世。斜峰入牖,曲沼环堂。树响飞嘤,草丛花药。

同书还提到庭院绿化和寺院园林化的情形,例如:景乐寺堂庑周环,曲房连接,轻条佛户,花蕊被庭;正始寺众僧房前,高林对牖,青松绿柽,连枝交映;龙华寺、追圣寺、报德寺园林茂盛,莫之与争;永明寺房庑连亘一千余间,庭列修竹,檐拂高松,奇花异草,交相辉映。

足见当时洛阳寺院之擅长山池花木,并不亚于私家园林,园林的内容与后者也没有什么不同的地方。河间寺本是河间王舍邸宅改建的,它的后园自然也保持着原宅园的面貌。景林寺园林之幽邃,则体现了城市建园的闹中取静的立意。

6.3.2.2　建康寺观

梁郭祖深曾上书道:"都下佛寺,五百余所,穷极宏丽。僧尼十余万,资产丰沃。所在郡县,不可胜言"。这是当时南京佛寺大兴的实录。

同泰寺是建康寺院中规模最大,宏伟壮丽的寺观园林。从东吴起就一直作为皇宫后苑,梁普通八年(527年)始建同泰寺。梁武帝萧衍先后四次舍身同泰寺,令群臣为同泰寺共捐4亿钱才得以还俗。有皇帝的扶持,又居大内御苑之风水宝地,同泰寺遂成为僧徒向往之圣地。同泰寺座落于大内后苑的笼鸡山上,林深径幽,佛音萦绕,精舍林立,佛阁高七层,木塔达11层。借景条件十分发达:北邻美丽的玄武湖,湖水碧波荡漾,湖岸曲线阿娜,桃雪柳浪,湖光山色,风景如画;南望中轴延长线,两边参差错落而对称的建筑,五光十色的琉璃屋顶,如画的秦淮河,还有朱雀桥、乌衣巷,令人目不暇接;东接华林园,与乐游园、芳林园相望,四季花开,鸟鸣猿啼,又有钟山(紫金山)苍岭屹立,紫气缭绕;西面遥看群山连绵,翠峰栉比,云蒸霞蔚,气象万千。梁末发生侯景之乱,同泰寺同时毁于战火,从此一蹶不振。

建康城内外的寺观多选在林木葱茏、溪流潺潺的风景宜人之地,当时城南的凤凰山,城东的紫金山,城西的石头山,大小寺观如星罗棋布。此外,建康内外各寺观造像宏丽,蔚为大观。宋孝武帝造无量寿金像,宋明帝造丈四金像,梁武帝造金、银、铜像更多,曾以丈八铜像置光宅寺。僧佑造剡溪石像,坐躯高五丈,立形高十丈,又建三层高的大堂来保护这些石像。另外,瓦棺寺有顾恺之的《维摩诘像》壁画,戴安道雕塑的五尊佛像及狮子国(锡兰)赠送的白玉佛像,时称"三绝",前往观赏者络绎不绝。园林讲究装饰艺术成为当时江南寺观园林的重要风格。

6.3.3　郊野寺观园林

郊野地带的寺观,除了经营本身的园林之外,尤其注意其外围的园林环境。

远离城市的山野,虽然自然风景绮丽,但生活条件却十分艰难,文人名士不辞跋涉辛苦游山玩水,毕竟只能走马观花来去匆匆。真正长期扎根于斯,作筚路蓝缕的开发,锲而不舍的建设,实际上乃是借助于方兴未艾的佛教和道教的力量才得以初步完成。佛、道作为山野风景开发建设的先行者,固然出于宗教本身的目的和宗教活动的需要,也是受到时代美学思潮直接影响的必然结果。

佛经中记载佛祖释迦牟尼在灵鹫峰山说法的故事。古印度气候炎热,往往在深山修建石窟作为僧舍,僧侣们白天托钵乞食,晚间即栖息山林。这些情形与老庄的避世和道家的隐逸颇有合拍之处,中国的僧侣们起而仿效,纷纷到远离城市的山野中去寻求幽静清寂的修持环境。五台山、峨嵋山的佛寺、道观选址最具特色。

五台山位于山西五台县东北角,周回250千米,由五座山峰环抱而成,如图6-3所示。五峰高耸,峰顶平

图6-3　五台山

121

坦宽阔,如垒土之台,故名五台山。五峰之外称台外,以内称台内,以台怀镇为中心。五台各有其名,东台望海峰,西台挂月峰,南台锦乡峰,北台叶斗峰,中台翠岩峰。山中气候寒冷,每年四月解冻,九月积雪,台顶坚冰累年,盛夏气候凉爽,故又名清凉山。山上长满松柏和松栎、桦等混交林,清泉长流,鸟兽来往频繁,充满野趣天然。早在东汉永平年间(公元 58 年～公元 75 年),印度来华高僧摄摩腾和竺法兰就已在五台山修建佛寺,因五台山西山与印度灵鹫峰相似而名之曰"大孚灵鹫寺"。经过魏晋六朝时期数代僧徒荜路蓝缕,锐意经营,至隋唐时,五台山已作为佛教名山远播海内外。

峨嵋山位于四川峨嵋县西南,因山势逶迤"如蟆首蛾眉,细而长,美而艳",故名峨嵋山,如图 6-4 所示。有大峨、二峨、三峨之分。整个山脉峰峦起伏,重岩叠翠,气势磅礴,雄秀幽奇。山麓至峰顶五十多千米,石径盘旋,直上云霄。气候差异较大,从山麓到山顶依次为亚热带、温带和亚寒带。动、植物非常丰富,且呈垂直分布。山深林幽,野趣横生。道教讲究清心寡欲,炼丹行气。相传东汉末年天师道的创始人张道陵曾在峨嵋山修持、炼丹。炼丹采药需要山高林密,植物丰富,行气吐纳需要环境清静、空气新鲜,峨嵋山恰好满足了道士炼丹所需要的环境条件。魏晋六朝时期,峨嵋山作为道教名山而驰名天下。

图 6-4　峨嵋山

那时僧侣、道士怀着虔诚的宗教感情,克服生活上的极大困难进入人迹罕至的山野。为了长期住下来进行宗教活动,就必须修建佛寺、道观和相应的设施。当时的僧、道一般都有相当高的文化素养,他们精研老庄、谈论玄理。出家人没有任何牵挂,更容易接受隐逸思想而飘然栖身于尘世之外,颇有些隐士、名士的气味。社会上也把著名的僧侣,道士与名士相提并论。东晋孙绰《道贤论》即以当时的七位名僧比拟于"竹林七贤"。许多僧、道也像文人名士一样广游名山大川。选择什么自然环境来营建寺观,就不仅着眼于宗教活动的需要,也必然追求自然景观的赏心悦目。在荒无人烟的山野地带营建寺观又必须满足三个基本条件:一是靠近水源以便获得生活用水;二是靠近树林以便采薪和采集食物;三是地势向阳背风、易于排洪、小气候良好。但凡具备这三个条件的地段也就是风景美好的部位。寺观的选址与风景的建设相结合,意味着宗教的出世感情与世俗的审美要求相结合。殿宇僧舍往往因山就水、架岩跨涧,布局上讲究曲折幽致、高低错落。因此,这类寺观不仅成为自然风景的点缀,其本身也无异于园林。

在许多自然风景优美地带,寺观成为宗教基地和接待场所。于是,以宗教信徒为主的香客、以文人名士为主的游客纷至沓来,甚至成为皇帝、贵族们听喧避政,游山赏景的世外桃园。远离城市的名山大川不再是神秘莫测的地方,它们已逐渐向人们敞开其无限幽美的丰姿,形成早期旅游的风景名胜区。

这类寺观的园林经营,与私家园林的别墅颇有异曲同工之处。庐山的东林寺便是一个典型的例子。东晋佛教高僧慧远,遍游北方的太行山、恒山,南下荆门,于晋孝武帝太元九年(384年)来到庐山,流连于此地的山光水色。遂在江洲刺史恒伊的帮助下建寺营居,这就是庐山的第一座佛寺——东林禅寺。该寺北负香炉峰,傍带瀑布之壑,表石垒基,即松栽构,周回玉阶青泉,森树烟凝,宛若仙境。

慧远不愧为一位相地的高手,出色的造园家。慧远还组织一个社团名叫"白莲社",参加的有佛教徒、玄学家、儒生共 123 人。他们除了讲论佛学、探讨玄理之外,也在慧远的带动下品玩山水风景,营建园林别墅。

6.4 私家园林

魏晋六朝时期的私家园林有建在城市里面的城市型私园——宅园、游憩园,也有建在郊外,与庄园相结合的别墅园。由于园主人的身份、素养、趣味不同,官僚、贵戚的园林在内容和格调上与文人、名士的并不完全一样。而北方和南方的园林,也多少反映出自然条件和文化背景的差异。

6.4.1 北方的私家园林

北方私家园林以洛阳地区最为繁华。魏文帝迁都洛阳,实行九品中正制,同时奖励军功。晋承魏制,世家大族贪暴恣肆,官僚贵族奢侈荒淫。于是,在京畿洛阳夸豪斗富,大兴园苑。

北魏自武帝迁都洛阳后,进行全面汉化并大力吸收南朝文化,人民由于北方的统一而获得暂时的休养生息。作为首都的洛阳,经济和文化逐渐繁荣,人口日增,乃在汉、晋旧城的基址上加以扩大。内城东西长二十里,南北三十里,内城之外又加建外廓城。共有居住坊里二百二十个,大量的私家园林就散布在这些坊里之内。北魏杨衒之《洛阳伽蓝记》这样描写道:"当时四海晏清,八荒率职……。于是帝族王侯,外戚公主,擅山海之富,居川林之饶,争修园宅,互相夸竞。崇门丰室,洞户连房;飞馆生风,重楼起雾。高台芳树,家家而筑;花林曲池,园园而有。莫不桃李夏绿,竹柏冬青。"

6.4.1.1 城廓宅园

洛阳城东的"寿丘里"位于退酤以西,张方沟以东,南临洛水,北达邙山,这是王公贵戚邸宅和园林集中的地区,民间称之为王子坊。园、宅极华丽考究。

敬义里南有昭德里,内有司农张伦等五宅,惟伦最为豪侈。园林山池之美,诸王莫及。张伦造景阳山有若自然,其中重岩复岭,嵌崟相属,深蹊洞壑,逦递连接。高林巨树,使日月蔽亏;悬葛垂罗,令风烟出入。珍禽异鸟,林壑交鸣;崎岖石路,似壅而通;峥嵘涧道,盘纡复直。山情野兴之士,游以忘归。

张伦宅园的大假山景阳山作为园林的主景,已经能够把天然山岳形象的主要特征比较精练而集中地表现出来。它的结构相当复杂,显然是以土、石凭借一定的技巧筑叠而成的土石山。园内高树成林,使日月蔽亏,足见历史悠久,可能是利用前人废园的基址建成。畜养多种的珍贵禽鸟,尚保持着汉代天然野趣之遗风。

高阳王雍宅,据《洛阳伽蓝记》载,雍为尔朱荣所害,舍宅为寺。正光中,雍为宰相,贵极人臣,富兼山海,居止第宅匹帝宫。白殿丹楹,窈窕连亘,飞檐反宇,辚辚周通,童仆六千,妓女五百。自汉晋以来,诸王之豪侈未之有也,其竹林鱼池连接禁苑,芳草如积,珍木连阴。雍过着山珍海味,花天酒地的腐朽生活,一食必化费数万钱。

6.4.1.2　郊野庄园别墅

当时北方著名的庄园别墅以西晋石崇的金谷园为代表。

石崇,晋武帝(265年~290年)时为荆州刺史,后拜太仆,出为征虏将军。此人长期滥用权力,敲诈勒索商贾,盘剥百姓,聚敛了万贯资财,生活十分奢华。晚年辞官后,卜居洛阳城西北郊金谷涧畔之河阳别墅,即金谷园。

关于这座别墅园,石崇的《思归引》、《金谷诗》和潘岳的《金谷园诗》皆有介绍。

石崇经营金谷园的目的,是为了下野之后安享山林之乐趣,兼作服食咏吟的场所。这是一座临河的,地形略有起伏的天然水景园。金谷园有前庭和后园之分,亭台楼阁备极华丽,建筑内外金碧辉煌。园内有清泉茂林、众果、竹柏、药草之属,有许多"观"和"楼阁",有从事生产的水碓、鱼池、土窟等,从这些建筑物的用途可以推断金谷园是一座巧妙利用地形和水系的园林化庄园。人工开凿的池沼和由园外引来的金谷涧水穿梭萦流于建筑物之间,河道能行驶游船,沿岸可供垂钓。湖水清澈甘甜,菱荷竞美,鱼跃蛙鸣。园内树木繁茂,植物配置以柏树为主调,其他的种属则分别与不同的地貌或环境相结合而突出其成景作用。例如前庭的沙棠,后园的乌椑、石榴,柏木林中点缀的梨花等。可以设想金谷园的那一派赏心悦目,恬适宜人的风貌。石崇生平善于结交文人如潘岳、左思、陆机、陆云、欧阳建、郭彰、齐琨等二十四人,晚年常聚集金谷园,号"金谷二十四友。"这些人吟诗作画,赏花弄月。石崇死于"八王之乱"中,死前,有爱姬绿珠者不堪凌辱,坠楼殉节,金谷园被没入官。唐代诗人杜牧目睹金谷园遗迹,写下《金谷怀古》诗句:凄凉遗迹洛川东,浮世荣枯万古同;桃李香消金谷在,绮罗魂断玉楼空。繁华事散逐香尘,流水无情草自春;日暮东风怨啼鸟,落花犹似坠楼人。

6.4.2　南方的私家园林

南方的私家园林也像北方一样,多为贵戚、官僚所经营。为了满足侈奢糜烂的生活享受,也为了争奇斗富,很讲究山池楼阁的华丽格调,刻意追求一种近乎绮靡的园林景观。

文人、名士的别墅园并不太讲究甚至鄙夷官僚、贵戚宅园所追求的那种馆阁华丽的富贵气,为了更多地体现超然尘外的隐逸情调而着重突出"带长阜、倚茂林"的自然天成之美。别墅地处郊野的环境,也为仿写自然之美提供优越条件。

6.4.2.1　城廓宅园

据《南史·茹法亮传》载,茹法亮,吴兴武康人。齐武帝即位,为中书通事舍人,势倾天下,广开宅宇,杉斋光丽与延昌殿相媲美。宅后为鱼池、钓台、土山,楼馆长廊达一里。竹林花药之美,皇家苑囿所不能及。茹园既有辉煌殿阁的富贵气,也有山池花药的休闲之情。

又据《宋书·徐湛之传》载广陵城旧有高楼,徐湛之重新加以修整,南望钟山。城北有陂泽,水物丰盛。湛之再起风亭、月观、吹台、琴室,果竹繁茂,花药成行。文士尽游,一时之盛。徐园以水景为主,伴以小巧玲珑的建筑,果林花木繁荣,多为文人游憩。

南齐的文惠太子于建康开拓私园"玄圃",园址地势较高,与台城北堑比肩。其中起土山、池、阁、楼、观、塔宇,多聚异石,妙极山水。为了不被皇帝从宫中望见,乃独出心裁,于傍门列修竹,内施高鄣,造游墙数百间,施诸机巧,把园子的华丽景观障蔽起来。园林建筑繁多,精致婉约,掇山理水造诣高超;施高郭,设游墙,显示较高技术水平。

梁武帝之弟,湘东王萧绎在他的封地江陵建"湘东苑"。这是南朝的一座著名的私家园林,《渚宫故事》有详细记载。

湘东王在城中造湘东苑,穿池构山,长数百丈,植莲蒲被岸,杂以奇木。其内亭台楼阁,著名的有鞭蓉堂、隐士亭、连理堂、临风亭、明月楼等,架山跨水,山水明媚,石洞幽深。

此园的建筑形象相当多样化,或倚山,或临水,或映衬于花木,或观赏园外借景,均具有一定的主题性,发挥点景和观景的作用。假山的石洞长达二百余步,足见叠山技术已达到一定的水平。表明,湘东苑在山池、花木、建筑以及创造园林景观方面是经过精心构思和总体规划的。

6.4.2.2 郊野庄园别墅

会稽谢家庄园可谓这一时期南方私家庄园别墅的杰出代表。据谢灵运《山居赋》记载,这是谢家在会稽的一座大庄园,其中有"南北两居",南居为灵运父、祖早先卜居之地,北居即灵运新营之别墅。

《山居赋》载:"其居也,左湖右江,往渚还汀,面山背阜,东徂西倾,抱含吸吐,款跨纡萦,绵联邪亘,侧直齐平"。描写出庄园周围山水环抱,一派旷远、幽静的田园景色。

无论新营的或者旧有的宅居,园墅都能完全契合于天然山水地形。文中着重谈到它们在布局上如何收纳远近借景,如何方便于农业耕作,还指出这些远近自然景观的各具性格的形象特征。又叙述了庄园的水、草、竹、木、野生花卉和鱼、鸟、野兽等动物资源的分布情况,以及农田耕作、灌溉的情况,勾画出一幅大自然淳朴可爱的情景和自给自足的庄园图景。

谢灵运在《山居赋》的注文中特别详细地描写南山的自然景观特色、建筑布局如何与山水风景相结合,道路敷设如何与景观组织相配合的情况。

南居是谢家的老宅所在,也是庄园的主体部分。所居之处,自西山开道迄于东山二里有余,南悉连岭叠障,青翠相接,云烟霄路,殆无倪际。路初入,行干竹径,半路阔以竹,渠涧既入,东南傍山,渠展转幽,奇异处同美路北。茸基构宇在岩林之中,水卫石阶,开窗对山,仰眺曾峰,俯镜濬壑。去岩半岭复有一楼,回望周眺既得远趣,还顾西馆望对窗户。绿崖下者密竹蒙径,从北直南悉是竹园,东西百丈,南北百五十五丈,北倚近峰,南眺远岭。四山周回,溪涧交过,竭尽水石林竹之美,岩岫崽曲之好。

谢家的庄园可以说是一座典型的园林化庄园。其山水风景相结合方面的确花费一番心思。相地卜宅体现了传统的天人合一的哲学思想,反映了门阀士族的文化素养,与两晋南北朝开始形成的堪舆风水的学说也不无关系。

从园林角度看,《山居赋》涉及到卜宅相地、选择基址、道路布设、景观组织等方面的情况。这些都是在汉赋中所未见的,是风景式园林升华到一个新阶段的标志。

第7章 中国园林的写意化

（唐宋时代）

7.1 时代背景

7.1.1 政治盛极而衰

618年，唐高祖豪强李渊太原起兵，很快削平割据势力，统一全国，建立唐王朝。唐初汲取隋亡的教训，实行轻徭薄赋政策，励精图治。政治上继承隋朝创立的三省六部制，经济上采取北魏以来的均田制和租庸调制，并有所改革创新。因而经济发展，政局稳定，开创了中国历史上空前繁荣兴盛的局面。盛唐以后，均田制遭到破坏，边塞各地的节度使拥兵自重，又逐渐形成藩镇割据。天宝末年，节度使安禄山、史思明发动叛乱，唐玄宗被迫逃亡四川。从此藩镇之祸愈演愈烈，吏治腐败，国势衰落。907年，节度使朱全忠自立为帝，唐王朝亡，中国又陷入五代十国的分裂局面，政治动荡持续半个世纪。

960年，宋太祖赵匡胤陈桥兵变，黄袍加身，建都开封（汴梁），改名东京。从此，封建王朝的都城便逐渐东移。宋朝实行以文治国，解除骄兵悍将的兵权，出现兵不识将，将不专兵的局面，但也极大的削弱了军队的战斗力。在异族侵略战争中节节败退，称臣纳贡。1126年，金军攻下东京，又改名汴梁。次年金太宗废徽、钦二帝，北宋灭亡。宋高宗赵构逃往江南，建立半壁河山的南宋王朝，1138年定杭州为"行在"，改名临安，意思是临时安顿，实质上已乐不思蜀了。南宋王朝政治上苟且偷安，卖国投降，生活上纸醉金迷，终于不能享国日久，在经历了几番异族的铁蹄蹂躏之后，被元朝取而代之。

7.1.2 经济文化持续繁荣

唐代国势强大，版图辽阔，初唐和盛唐成为古代中国继秦汉之后的又一个昌盛时代。这是一个朝气蓬勃、彪炳功业、意气风发的时代，贞观之治和开元盛世把中国封建社会推向繁荣兴旺的高峰。文学艺术方面，诸如诗歌、绘画、雕塑、音乐、舞蹈等，在弘扬汉民族优秀传统的基础上汲取其他民族甚至外国文化，呈现出群星灿烂、盛极一时的局面。绘画的领域已大为开拓，除了宗教画之外还有直接描写现实生活和风景、花鸟的世俗画。花鸟、人物、神佛、鞍马、山水均成独立的画科，山水画已脱离在壁画中作为背景处理的状态而趋于成熟，山水画家辈出，开始有工笔、写意之分。天宝中，唐玄宗命画家吴道子、李思训于兴庆宫大同殿各画嘉陵山水一幅。事后，玄宗评曰："李思训数月之工，吴道子一日之迹，皆极其妙"。无论工笔或写意，既重客观物象的写生，又能注入画家的主观意念和感情。即所谓"外师造化，内法心源"，确立了中国山水画创作的准则。通过对自然界山水形象的观察、概括，再结合毛笔、绢素等工具而创造皴擦、泼墨等特殊技法。山水画家总结创作经验著为"画论"，山水诗、山水游记已成为重要的文学体裁，这些都表明人们对大自然山水风景的构景规律和自然美又有了更深一层的把握和认识。

唐代已出现诗、画互渗的艺术风格，大诗人王维的诗作生动地描写了山野、田园如画的自然风光。他的画也同样饶有诗意，宋代苏轼评论王维艺术创作的特点在于"诗中有画，画中有诗"。同时，山水画也开始影响造园艺术，王维、杜甫、白居易等一大批文人、诗人、画家直接参与造园活动，使诗文、绘画、园林这三个艺术门类互相渗透，园林艺术开始呈现诗情画意。

传统的木构建筑无论在技术或艺术方面均已完全成熟，建筑物的造型丰富，形式多样，这一点从迄今保留的一些殿堂、佛塔、石窟、桥梁、壁画以及山水画等文物中可以看出。花木栽培技术也有很大进步，能够引种驯化、移栽异地花木。李德裕在洛阳经营私园平泉庄，曾专门写过一篇《平泉山居草木记》。记录园内珍贵的观赏植物七八十种，其中大部分是从外地移栽的。在这样的历史、文化背景下，中国园林开始向写意化发展，仿佛一个人结束了幼年和少年阶段，进入风华正茂、聪明睿智的青春时代。

中唐到北宋，是中国文化史上的一个重要的转化阶段。作为传统文化主体的儒、道、佛三大思潮都处在一种蜕变之中。儒学转化成为新儒学——理学，佛教衍生出完全汉化的禅宗，道教从民间的道教分化出向老庄、佛教靠拢的士大夫道教。与汉唐相比，两宋人士心目中的宇宙世界缩小了。文化艺术已由面上的外向拓展转向于纵深的内在开掘，其所表现的精微细腻的程度则是汉唐所无法达到的。著名史学家陈寅恪先生所说："华夏民族之文化历数千载之演进，造极于赵宋之世。"中国园林作为文化的重要载体深受繁荣的文化大背景影响，在唐代山水园林写意化的道路上，继续前进，最终达到全盛时代。

两宋城市商业和手工业空前繁荣，资本主义因素已在封建经济内部孕育。像东京、临安这样的繁华都城，传统的坊里制已经名存实亡。高墙封闭的坊里被打破而形成繁华的商业大街，张择端《清明上河图》所描绘的就是这种繁华大街的景象。而宋代又是一个国势赢弱的朝代，处于隋唐鼎盛之后的衰落之始。北方和西北的辽、金、西夏相继崛起，强大的铁骑挥戈南下。宋王朝从"澶渊之盟"经历"靖康之难"，最后南渡江左，偏安于半壁河山，以割地赔款的屈辱政策换来了暂时的偏安局面。一方面是城乡经济的高度繁荣，另一方面长期处于国破家亡忧患意识的困扰中。社会的忧患意识固然能激发有志之士的奋发图强，匡复河山的行动，相反也滋长了部分人沉湎享乐、苟且偷安的心理。而经济发达与国势赢弱的矛盾状况又成为这种心理普遍滋长的温床，终于形成了宫廷和社会生活的浮荡、侈靡和病态的繁华。

在这种浮华、侈靡、讲究饮食服舆和游赏玩乐的社会风气的影响之下，上自帝王、下至富豪，无不大兴土木、广营园林。这一时期皇家园林、私家园林、寺观园林大量修建，其数量之多，分布之广，造诣之高，无不远迈前代。

宋代的科技成就在当时的世界上居于领先的地位。世界文明史上占着极重要地位的四大发明均完成于宋代，在数学、天文、地理、地质、物理、化学、医学等自然科学方面有许多开创性的探索，或总结为专论，或散见于当时的著作中。建筑技术方面，李诫的《营造法式》和喻培的《木经》是官方和民间对当时发达的建筑工程技术实践经验的理论总结。园林建筑的个体、群体形象以及建筑小品的丰富多样，从宋画中也可以看得出来。例如，王希孟的《千里江山图》（图7-1），仅一幅山水画中就表现了个体建筑的各种平面—字形、曲尺形、折带形、丁字形、十字形、工字形的各种造形；单层、二层、架空、游廊、复道、两坡顶、歇山顶、庑殿顶、平顶、平桥、廊桥、亭桥、十字桥、拱桥、九曲桥等应有皆有；还表现了以院落为基本模式的各种建筑群体组合的形象及其倚山、临水、架岩跨涧结合于局部地形地物的情况。建筑或作为构图中心，或用来充分发挥点缀风景的作用。园林观赏树木和花卉栽培技术在唐代的基础上又有所提高，已出现嫁接和利用实生变异发现新种的繁育方式。周师厚的《洛阳花木记》记载了近600个品种的观赏花木,其中牡丹103种、芍药132种、桃6种、梅6种、杏16种、梨27种、李27种、樱桃11种、石榴9种、林檎6种、木瓜5种、奈10种、刺花37种、草花89种、水花19种、蔓花6种。还分别介绍了许多具体的栽培方法:四时变接法、接花法、栽花法、种祖子法、打剥花法、分芍药法。范成大《桂海花木志》记载了桂林花卉10多个品种。除了这些综合性的著作之外,还有专门记述某类花木的如《梅谱》、《兰谱》、《菊谱》等,范成大《菊谱》定名35种菊花。王观《扬州芍药谱》定名扬州地区39种芍药。太平兴国年间由政府编纂的类书《太平御览》从卷953到卷976共登录了果、树、草、花近300种,卷994到卷1000共登录了花卉110种。品石已成为普遍使用的造园素材,江南地区尤甚。相应地出现了专以叠石为业的技工,吴兴叫做"山匠",苏州叫做"花园子"。园林叠石技艺水平大为提高,人们更重视石的鉴赏品玩,刊行出版了多种《石谱》。这些都为园林的繁荣昌盛提供了技术上的保证。

图 7-1　宋画中的建筑
（王希孟《千里江山图》片段）

　　知识分子的数量陡增,地主阶级,城镇商人以及富裕农民中的一部分文化人而跻身知识界。宋徽宗政和年间,光是由地方官府廪给的州县学生就达十五六万之多,这在当时的世界范围内实属罕见。科举取士制度更为完善,政府官员绝大部分由科举出身担任,唐代尚残留着的门阀士族左右政治的遗风已完全绝迹。开国之初,宋太祖杯酒释兵权,根除了晚唐以来军人拥兵自重的祸患。中枢主政的丞相、主兵的枢密使、主财的三司均由文官担任。文官的地位、所得的俸禄高于武官,文官执政可说是宋代政治的特色。这固然是宋代积弱的原因之一,但却成为科技文化繁荣的一个重要因素。政府官员多半是文人,能诗善画的文人担任中央和地方重要官职的数量之多,在中国整个封建时代无可比拟。许多大官僚同时也是知名的文学家、画家、书法家,甚至最高统治者的皇帝如宋徽宗赵佶亦跻身于名画家、书法家之列。再加之朝廷执行比较宽容的文化政策,提供了封建时代极为罕见的一定范围内的言论自由。文人士大夫率以著述为风尚,新儒学"理学"学派林立,各自开设书院授徒讲学。因而两宋人文之盛,远迈前代。这些特殊文化背景刺激了文人士大夫的造园活动,民间的士流园林更进一步文人化,又掀起"文人园林"的高潮,皇家园林、寺观园林亦更多地受到士流园林和文人园林的影响。

宋代诗词失去唐代闳放的、波澜壮阔的气度,而主流转向缠绵悱恻、空灵婉约的风格,其思想境界进一步向纵深挖掘。宋代是历史上以绘画艺术为重的朝代。政府特设"画院"罗织天下画师、兼采选考的方式培养人才。考试常以诗句为题,因而促进了绘画与文学的结合。画坛上呈现以人物、山水、花鸟鼎足三分的兴盛局面,山水画尤其受到社会上的重视而达到最高水平。

五代、北宋山水画的代表人物为董源、李成、关仝、荆浩四大家,从他们的全景画幅上,我们可以看到崇山峻岭、溪壑茂林,点缀着野店村居、楼台亭榭。以写实和写意相结合的方法表现了"可望、可行、可游、可居"的士大夫心目中的理想境界,说明了"对景造意,造意而后自然写意,写意自然,不取琢饰"的道理。南宋马远、夏珪一派的平远小景,简练的画面构图偏于一角,留大片空白,使观者的眼光随之望入那片空虚之中,顿觉水天辽阔、发人幽思而萌生出无限的意境。另外文人画异军突起,造就了一批广征博涉、多才多艺、集哲理、诗文、绘画、书法诸艺于一身的文人画家。苏轼便是其中的佼佼者。这些意味着诗文与绘画在更高层次上的融糅,诗画作品对意境的执著追求。在这种情况下,士流和文人广泛参与园林规划设计,园林中熔铸诗画意趣比唐代更为精致。不仅私家园林如此,皇家和寺观园林也同样如此。山水诗、山水画、山水园林互相渗透的密切关系,到宋代已经达到诗、画、园三位一体的艺术境界。

7.1.3 园林成就蜚声中外

中国园林在唐宋时期独具特色的政治、经济、文化等综合因素影响下,诗文、绘画、园林三者互相渗透,各展其长,使园林更富诗情画意,异乎寻常地出现了写意山水园林的新阶段。

皇家园林的"皇家气派"已经完全形成,这个园林类型所独具的特征,不仅表现为园林规模的宏丽,而且反映在园林总体的布置和局部的设计处理上面。皇家气派是皇家园林的内容、功能和艺术形象的综合而予人一种整体的审美感受。它的形成,标志着皇权的神圣独尊和封建经济、文化的繁荣。因此,皇家园林出现了像兴庆宫、九成宫、寿山艮岳等具有划时代意义的作品。同时,皇家园林还不断吸取各家园林所长,尤其是文人园林的诗情画意,呈现出文人化园林风格的倾向。

私家园林的艺术性较之前代又有所升华,着意于刻画园林景物的典型性格以及局部小品的细致处理。中唐以后,文人如王维、白居易、杜甫等均参与经营园林。到了宋代,儒家的现实生活情趣、道家的清心寡欲和神清气朗、新兴的佛家禅宗依靠自醒而寻求解脱,此三者得以合流融汇于知识分子的造园思想中,从而形成独特的文人园林观。所有这些,都在私家园林的创作中注入了新鲜血液,促成了士流园林的全面"文人化"。文人园林作为一种活动,推动整个皇家、私家、寺观园林的全面写意化。

山水画、山水诗文、山水园林这三个艺术门类互相渗透,互相融合,形成中国山水园林的独特艺术风格,从而影响及于亚洲汉文化圈内的广大地域。当时的朝鲜、日本全面吸收唐宋文化,其中也包括园林在内。随着佛教禅宗传入日本,促成了盛极一时的禅宗园林,如书院庭园,枯山水及茶庭的相继兴起。

皇家、寺观、私家三大园林类型都已完全具备中国风景式园林的主要的特点,另外,文人园林经过唐代发展至两宋,其园林风格为:简远、疏朗、雅致、天然,正是中国风景式园林主要特点的外伸,成为中国写意山水园林的杰出代表。

佛教禅宗兴盛,佛寺确立七堂伽蓝制度表明佛教建筑已完全汉化。禅宗与儒学结合,文人的禅悦之风,僧道的文人化等因素促成了寺观园林由世俗化更进一步地文人化。同时,寺观园林更多地发挥其城市公共园林职能,对于全国范围内的风景名胜区,尤其是山岳风景名胜区的再度大开发也起到了积极的推动作用。

7.2 皇家园林

唐代皇家园林集中分布在两京——长安、洛阳,数量之多,规模之宏,远迈秦汉,显示了"九天阊阖开宫殿,万国衣冠拜冕旒"[①] 的泱泱大国气概。皇家园居生活多样化,相应的大内御苑、行宫御苑和离宫御苑这三个类别的区分更为明显,它们各自的规划布局特点也更为突出。这时期的皇家造园以初唐、盛唐最为频繁,天宝以后随着唐王朝国势的衰落,许多宫苑毁于战乱,皇家园林的全盛局面逐渐消退,一蹶不振。

宋代的皇家园林集中在东京和临安两地,若论园林的规模和造园的气魄,远不如盛唐,但园林规划设计日益精致,园林的内容较少皇家气派,而风格更多地接近于私家尤其文人园林,南宋皇帝就经常把行宫御苑赏赐臣下或者把臣下的私园收归皇室作为御苑。宋代皇家园林之所以出现规模较小和接近文人园林的情况,固然由于国力国势的影响,而与上文所述的当时朝廷的文化风尚也有直接的关系。

长安、洛阳、汴梁和临安四地的宫苑最具代表性。

7.2.1 长安皇家园林

7.2.1.1 唐城三大内

唐长安城中,有三大宫殿区,史称"三大内",即西内太极宫,东内大明宫,南内兴庆宫。"三大内"是唐代各个时期政治活动的中心,是建筑宏伟壮丽,山水花木配置恰当,又各具特点的三个园林胜区。

1. 西内太极宫

太极宫即隋之大兴宫,唐初改名太极宫并加以扩建。太极宫位于宫城的中央,南与皇城相接,北抵西内苑,东临东宫,西界掖庭宫,据考古实测,面积约 1.9 平方千米,约相当于北京明清故宫的 2.7 倍。

宫中的建筑布局依据周代"前朝后寝"的原则,把宫内划分为前朝与内廷前后两个部分。朱明门、虔化门以外为"前朝"部分,其中以承天门、太极殿为皇帝举行大典和听政视朝之处。朱明门等宫院门墙以内,属"内廷"部分,其中有两仪殿、甘露殿等殿院及山水池、中海池,是皇帝进行日常活动和后妃居住的生活区域。

太极宫有殿、阁、亭、馆三四十所。主要建筑有太极殿、两仪殿、万春殿、凌烟阁、鹤羽殿、海池、相思殿,形成一个井然有序的庞大的宫殿建筑群,加以山池水树、梧桐、青槐绿荫满殿,构成宫内的园林胜境。其中,凌烟阁建于太宗贞观年间,是专门悬挂唐王朝开国功臣画像的三层楼阁,象征英雄凌云气概。

海池在太极后宫区,分为东、西、南、北四海,因其水域宽广,碧波荡漾,故名海池。它是太极宫中以湖色山光为主的风景区,东海池在玄武门以东,由龙首渠引浐河水注入而成,北海池在玄武门以西,西海池在凝阴阁北,南海池在咸池殿东,这三海之水均由清明渠引城南潏水分

---

① 王维(唐),《和贾至舍人早朝大明宫之作》。

注其中。池岸杨柳婆娑,桃李婀娜,碧波倒映,风情万种,趣味盎然。

　　2. 东内大明宫

　　东内大明宫是唐太宗为其父高祖李渊专修的"清暑"行宫,始建于贞观八年(公元 634 年)十月,大规模修建于高宗龙朔时期。以后屡有增修,不断易名,后复取大明宫名,为唐王朝的主要朝会之地。

　　"大明宫在禁苑东南,西接宫城之东北隅"。《唐两京城坊考》记其南北五里,东西三里,为长安在大内中规模最大的一组宫殿群,据考古实测,面积为 3.3 平方千米。

　　大明宫的建筑布局,因受旧宫遗址和地形的限制,加之两次大修之间相隔 30 年之久,所以它的平面形制不是传统的中轴线对称格局,其平面布局相对对称,建筑物错落有致,较显灵活变化。但从大的方面,仍采用"前朝后寝"的传统建筑的设计思想,宫内建筑,以紫宸门为界划分为前朝、后廷两大部分(图 7-2),紫宸门以前,为"前朝"区,其间有丹凤门、含元殿、宣政殿等主要建筑,是皇帝举行"外朝"大典和"中朝"听政视事之处;紫宸门以后是"后寝"区,为皇帝与后妃起居生活之处。

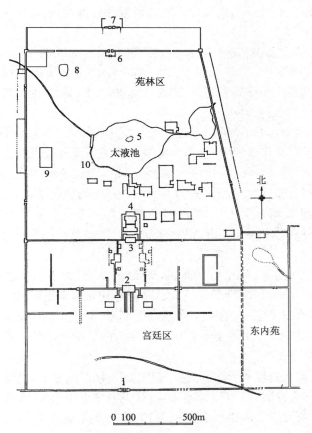

图 7-2　大明宫重要建筑遗址
(摹自《中国古代建筑史》)

1—丹凤门;2—含元殿;3—宣政殿;4—紫宸殿;5—蓬莱山;6—玄武门;7—重玄门;8—三清殿;9—麟德殿;10—沿池回廊

　　《唐两京城坊考》载,大明宫中有 26 门、40 殿、7 阁、10 院及楼台堂观池亭等,各种建筑百余处,是长安三大内中规模最大,建筑物最多的宫殿建筑群。

入丹凤门,自南而北排列有含元殿、宣政殿、紫宸殿、蓬莱殿。这是大明宫的主要宫殿,几乎所有宫殿由南而北,一字排列,位于全宫的中轴地区。因其地形高低起伏,宫殿均建于山原的高处。《雍录》载:"唐大明宫尤在高处,故含元殿基高于平地四丈,含元之北为宣政,宣政之北为紫宸,地每退北,辄又加高,至紫宸则极矣"。高处建殿,使其愈显雄伟壮观。

其中含元殿为大明宫之正殿,位于丹凤门正北,是皇帝听政和举行朝会的大殿,大凡册封、改元、大赦、受贡、献俘等大典及试制举人等活动,亦多在此举行,其朝会之盛况后人如斯描述:"千都望长安,万国拜含元",足见大唐王朝当时在世界上所享有的盛誉,含元殿也就愈显其地位重要。

宣政殿在含元殿之北,为大明宫第二大殿,规模与含元殿大体相当。宣政殿是皇帝举行"中朝"之地,凡朔望朝会,大册拜,布大政,皇帝召见朝集使、贡使与试制举人,皆在此殿举行。紫宸殿是大明宫的内衙正殿,皇帝日常一般议事于此殿,故又称天子便殿。由于入紫宸殿,必须经过宣政殿左右的东西上阁门,故入紫宸殿又称为"入阁"。紫宸殿位于宣政殿之北,它与含元殿、宣政殿合为东内三大殿。东内绿化主要以梧桐和垂柳为主,桃李为辅,所谓"春风桃李花开日,秋雨梧桐落叶时"。

太液池是大明宫的主要园林建筑之一。它位于大明宫北面的中部,在龙首原北坡的平地低洼处,凿于贞观或龙朔时期,宪宗元和十二年(817年)闰五月又加浚修,池周建有回廊百间,使其绿水弥漫,殿廊相连。池中筑有蓬莱山,山上遍种花木,犹以桃花繁盛,湖光山色,碧波荡漾,成为宫中的园林风景区。

太液池平面分东西两部分,中间以渠道相通。据考古探测,西池面积较大,东西长 500 米,南北宽 320 余米,位于宫城北部的中间,为太液池与蓬莱山园林景观的主要部分。东池面积较小,南北长 220 米,东西宽 150 余米。池的东西距宫城东墙仅 5 米,位于宫城北部偏东。

大明宫之大,建筑之多,园林之胜,得到不少文人雅士的赞叹歌咏。唐代贾至《早朝大明宫呈两省僚友》诗云:"绛烛朝天紫陌长,禁城春色晓苍苍。千条弱柳重金锁,百啭流莺绕建章。剑佩声随玉墀步,衣冠身若御烟香。共沐恩波凤池上,朝朝染翰传君王。"

3. 南内兴庆宫

位于皇城东南,开元初置,至开元十四年又增修扩充,称为南内。唐长安皇城东南隅的兴庆坊,原有一天然水池,唐玄宗李隆基为皇太子时曾与其兄弟宁王宪、冉王枞、歧王苑、薛王业,在池北筑有府邸,号"五王子宅"。后来李隆基当了皇帝,于开元二年将原来兴庆坊藩邸扩而广之,大兴土木,建成兴庆宫,合并北面永嘉坊的一半,往南纳隆庆池于其中,为避玄宗之讳,改"隆庆池"为兴庆池,又名龙池。

兴庆宫自开元之初兴建以来,屡有增修,范围渐大,楼阁渐多,园林渐盛,占地约 133 公顷,分为南北两部分,北部为宫殿区,南部为园林区,其规模虽小于太极、大明二宫,但其建筑之精,为两宫所不及。虽在长安三大内中位居第三,但与明清北京故宫相较,比故宫大近 2 倍。《唐两京城坊考》载,兴庆宫西、南、北三面共开 7 门,东面无门。如图 7-3 所示。

兴庆宫的建筑布局是唐三大内中较为特殊的一处,它不硬套传统的"前朝后寝"和以中轴线左右对称的建筑格局,而呈不规则状,颇类后世的自由式建筑布局。譬如它的宫城正门兴庆门,不在宫城的南面而在西面,其正殿兴庆殿也不与兴庆门对直,而是偏居于宫城的西北隅,主要处理政务的勤政务本楼与花萼相辉楼,却偏处于宫城的西南隅,其他殿、阁的分布也较为自然浪漫,未采取左右对称的排列格局。总之,南内兴庆宫的宫殿楼阁建筑较少,多分布于北部之宫殿区。兴庆宫的建筑布局以南部的园林为主,但在南部的园林胜区中,却耸立着两座主要处理政务的勤政务本楼与花萼相辉楼,煞是清幽。花萼相辉象征玄宗兄弟们手足情深,勤政务本,以百废待兴,励精图治自勉。

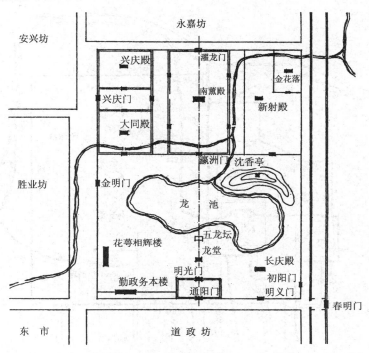

图 7-3 唐兴庆宫平面设想图

兴庆宫有殿、阁、楼、堂、亭、门等建筑二三十处,其中主要建筑勤政务本楼、花萼相辉楼、兴庆殿、大同殿、南薰殿和长庆殿等都是楼阁式建筑,与东内、西内的建筑比较更显得高大与豪华,也体现了盛唐时期皇家宫苑建筑的发展趋势。

兴庆池初利用天然池塘,后引龙首渠水入池,池面日广。中宗时,池周已弥漫数顷,深数丈,"广袤五七里",据考古探测,面积 182 000 平方米,池呈椭圆形。兴庆池是南内以水面湖色为主的水景区,因其上常有云气,被附会有黄龙出现,故称为"龙池"。池中荷菱藻茨弥望,绕岸杨柳婆娑,景色宜人。唐王朝皇帝常在此结彩为楼,大宴侍臣,轻舟泛游,观景赏玩。龙池东北岸,利用挖池取土堆掇沉香山,遍种牡丹、芍药,山顶建沉香亭,文人学士,常到此应酬唱和,留下不少瑰丽诗篇。

玄宗携贵妃在沉香亭赏牡丹,曰"赏名花,对妃子,焉用旧乐词为?"乃召李白赋新诗。李白《清平调·三章》,其中一首为:"云想衣裳花想容,春风拂槛露华浓。若非群玉山头见,会向瑶台月下逢。"

7.2.1.2 大内三苑

唐朝皇帝"三大内"既有园林之胜,又专门辟地为苑,专供皇帝游观和狩猎,于是在都城之北建三苑,即西内苑、东内苑和禁苑,亦称大内三苑,成为著称于世的皇家园林风景区(图7-4)。兹以禁苑为代表分述于后。

唐禁苑即隋之大兴苑,唐加以扩充,并更名为禁苑。在宫城之北,是三苑中最大的一苑。禁苑地域广阔,据《唐两京城坊考》载:禁苑东界浐水、北枕渭河,西面包入汉长安故城,南接都城。东西27里,南北23里,方圆120里。南面的苑墙即长安城墙,因此可以说,禁苑实际包括西内苑和东内苑三部分。故以"三苑"相称谓。

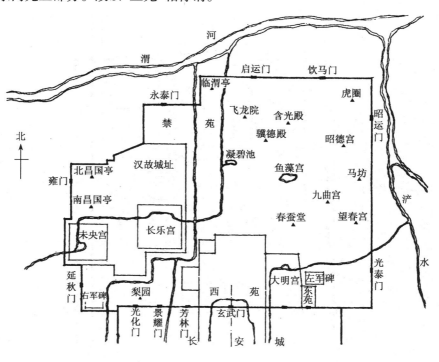

图7-4 唐禁苑平面图

禁苑四面共有10门。其管理机构为东、西、南、北四监,分别掌管各区种植及修葺园苑等,又置苑总监全盘负责禁苑事宜。

禁苑是唐长安城郊皇家的主要风景园林区和狩猎区。苑址设在北郊,其地形地貌高下参差,坡原起伏,林木葱郁,虎啸鹿鸣,潭池相接,鸟翔鱼跃。建有宫观、楼阁、殿院、台亭等20处,其中主要建筑有望春宫、鱼藻宫、梨园。

望春宫,在禁苑东面龙首原上,东临浐水,风光旖旎,清流碧浪,鱼翔浅底,它是一处以浐河水色为主的风景区。内有升阳殿、望春亭、放鸭亭等。天宝二年(743年)陕郡太守韦坚曾引浐水至望春楼下为大潭,以聚江淮漕船,名为广运潭,皇帝多到此游幸。

鱼藻宫,因宫建于鱼藻池中的山上,故名。是一处以水景为主的风景区,曾多次修浚,池深一丈四尺,皇帝与臣僚在此欢宴,或观竞渡,或泛舟轻荡。据载,德宗曾在此"张水戏彩舰",还在"池底张锦引水被之,令其光艳透见也"。可见此池水清澈见底。唐王建《宫词》云:"鱼藻宫中锁翠娥,先皇行处不曾过。而今池底休铺锦,菱角鸡头积渐多。"先皇指德宗皇帝。贞元十二年,诏令再淘四尺,引灞河水于鱼藻宫后,水位上涨,穆宗观赏竞渡。

梨园,位于禁苑之南,光化门正北。园中有梨园亭,并建有毬场,举行打马毬的激烈比赛。开元二年(714年)唐玄宗在此置院,这是我国最早的一所"皇家艺术学院",专门传习"法曲"和音乐舞蹈,男女艺人三百余人,玄宗亲自点授,号为"梨园弟子"。安史之乱后,梨园虽遭涂炭,但许多梨园弟子宁死不屈,表现出强烈的爱国主义精神。从此,"梨园"成为艺人的雅号而受人尊敬。

7.2.1.3 离宫别馆

1. 华清宫(图7-5)

临潼骊山,素负盛名。这里峰峦叠翠,松柏蓊郁,山色纯清,形似骊马,故名骊山。

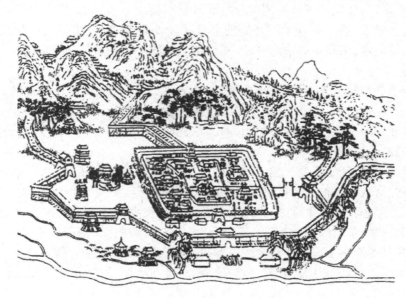

图7-5 唐华清宫示意图
(《关中胜迹图志》)

唐代辟为风景游览区,帝王臣僚亲赴山坡植树,因有东绣岭、西绣岭景区。另有女娲谷、玉蕊峰、金砂洞、石瓮谷、走马岭、饮鹿槽、丹露泉、牡丹沟、骆驼峰、鹦鹉谷、燕子龛等奇峰异景,每当夕阳晚照,山呈金色,疑若烽火,"入暮晴霞红一片,尚疑烽火自西来"的"骊山晚照"被誉为长安八景①之一。

华清宫因骊山奇异而出名,亦因温泉宜人而风流。它位于骊山北麓,以天然景色著称于世。周幽王曾钟情于此山水,留下了"烽火戏诸侯"的故事,秦皇汉武在此建离宫别馆,此后,历代累毁累建。唐贞观末年,又在此大兴土木,离宫别馆,弥山跨谷,遂成宏丽的风景名胜区。

华清宫有津阳门、开阳门、望京门,南阳门等四门。宫内殿阁栉比,主要有长生殿、飞霜殿、玉女殿、笋殿、七圣殿、老君殿、明珠殿、斗鸡殿、重阳阁、朝元阁、瑶光楼、观风楼、羯鼓楼、钟楼与毬场等,分列于山麓上下,林阴花草丛中。

华清宫内有浴殿汤池多处,其中御汤九龙殿,专为玄宗嫔妃沐浴之所,池周砌以安禄山专从范阳所进刻有鱼龙凫雁的白玉石,池中有双石雕成的白莲,池水从莲蓬中喷出,故名莲花汤。九龙汤西南,有芙蓉汤,池周砌以红石,白石铺底,上刻莲花,制作精美,因杨贵妃在此沐浴,故

---

① 长安八景:1.骊山晚照;2.太白积雪;3.灞柳风雪;4.咸阳古渡;5.雁塔晨钟;6.曲江风荷;7.华岳仙掌;8.草堂烟雾。

称为贵妃赐汤。白居易《长恨歌》中云:"春寒赐浴华清池,温泉水滑洗凝脂。侍儿扶起娇无力,始是新承恩泽时。"另外还有太子汤、少阳汤、尚食汤、宜春汤,以及其他嫔妃沐浴的池汤16所。华清宫值得特别一提的是,在天然苑林的基础上,进行了大量的人工绿化种植,"天宝所植松柏,满山遍谷望之郁然"。不同植物的配置,突出了各景区、景点的风景特色。据文献记载,仅华清宫种植的就有松、柏、槭、梧桐、柳、榆、桃、梅、李、海棠、枣、榛、芙蓉、石榴、紫藤、芝兰、竹子、旱莲等三十多种,还生产各种果蔬供应宫廷,因此,骊山北坡花木繁茂,如锦似秀。尽管这里也有许多名花异果,然而惟有千里之外的荔枝才能令贵妃欢心,唐诗人杜牧《过华清宫》诗云:"长安回望绣城堆,山顶千门次第开。一骑红尘妃子笑,无人知是荔枝来。"

2. 曲江池

曲江池位于唐都长安东南隅,一半在城内,一半在城外。唐代曲江池是都城地区最著名的风景区,每年中和、上巳节,竟能"倾动皇州,以为盛观"。

曲江池的开发始于秦代,秦代称恺州,西汉称宜春苑(上林苑内)。隋营大兴城时,凿以为池,辟为都城的风景区。

唐玄宗开元时期,开始了曲江池大规模的扩建和营造,引潏水入池,水面达70万平方米,曲江四岸皆有行宫台殿,有司衙署。安史之乱后,园林尽废,文宗太和九年(835年)二月发神策军修淘曲江,沿池岸修造亭馆,把曲江池的开发扩建又推向高潮。原因是文皇帝读了杜甫"江头宫殿锁千门,细草新蒲为谁绿"的诗句,乃知天宝以前曲江的盛况,才突发奇想,淘池建宫,使其恢复往日的繁华景象。曲江池经过修浚开发,沿岸宫殿连绵,楼阁玲珑,参差异态,杨柳成行,烟水明媚,它与邻近的芙蓉园、乐游原、慈恩寺与杏园一起,形成了以曲江池为中心的风景游览胜地。

曲江池以湖面景色为主,沿岸盛植杨柳花卉,加之宫殿楼阁高低参差,与花草树木相映生辉,巍巍终南,倒映湖中,湖光山色,煞是迷人。尤其入夏以后"菰蒲葱翠,柳阴四合,碧波红渠,湛然可爱",一年四时,游人不绝,每年尤以中和(二月一日)。上巳(三月三日)和重阳(九月九日)三节,游人如织,摩肩接踵。此时,皇帝要举行"曲江宴"、"曲江会"之类的活动,使"倾城纵观,钢车珠幕,栉比而至"。对这些美景时人多有记录,摘两首诗以证。

唐,杜甫《丽人行》:"三月三日天气新,长安水边多丽人,态浓意远淑且真,肌理细腻骨肉匀。"

唐,卢纶《曲江春望》:"菖蒲翻叶柳交枝,暗上莲舟鸟不知。更到无花最深处,玉楼金殿影参差。"

曲江池风景区南岸有芙蓉园。芙蓉园本名曲江园,隋文帝杨坚改其名为芙蓉园。这里荷花满池,亭亭玉立,开元时在该园增修了紫云楼、彩霞亭等园林建筑,遂使园内清林重复,绿水弥漫,成为帝都之胜景。

曲江池风景区亦包括杏园在内。杏园是唐代著名的风景区,因园内盛植杏树而得名杏园,位于城南通善坊,北临大慈恩寺,东近曲江池。每逢早春,满园杏花盛开、蜂蝶翩翩起舞,士女游观者,络绎不绝。唐人姚合有诗云:"江头数顷杏花开,车马争先尽此来。欲待无人连夜看,黄昏树树满尘埃。"

3. 九成宫

九成宫在今宝鸡市麟游县境,建于隋开皇十三年(593年),初名仁寿宫,取"尧舜行德,而民仁寿"之意。唐贞观五年(631年)加以复修、扩建,改名九成宫。永徽二年(651年)改名万年宫,乾封二年(667年)又恢复了九成宫之名。

九成宫修建在"万叠青山但一川"的杜水之阳,被誉为"离宫之冠",见图7-6。此地东障童山,西临凤凰,南有石臼,北依碧城,天台山突兀川中,石骨棱棱,松柏森森。三伏酷暑时节,这里却微风轻拂,沁人心脾,实为消暑之胜境。

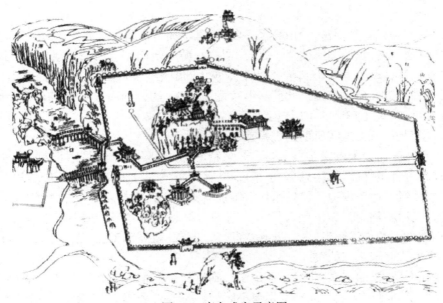

图 7-6　唐九成宫示意图
(摹自周云庵《陕西园林史》)

九成宫以天台山为中心,建有内城与外城。全城冠山抗殿,山顶建大殿。绝壑为池,分岩竦阙,跨水架楹。杜水南岸高筑土阶,阶上建阁,阁北筑廊至杜水,水上架桥直通宫内。天台山极顶建有面阔5间、进深3间的大殿,殿前绕以南北走向的长廊,人字拱顶、逶迤宛转。大殿前建两阙,比例和谐,高大庄重。天台山东南角有东西走向的大殿,四周殿阁林立。据《唐书》、《隋书》记载,九成宫有大宝殿、丹霄殿、咸离殿、御容殿、排云殿、梳妆楼等,屏山下聚杜水成湖,时称西海。

唐太宗李世民修复九成宫的同时,制订了一套严格管理的规章,置九成宫总监管理宫室,总监以下分设有司。

九成宫为唐王朝的避暑行宫,一度成为其政治活动中心。唐太宗李世民、高宗李治曾先后13次驾幸九成宫,在此消暑度夏,处理国政。

唐贞观六年(632年),有一天李世民信步九成宫西城之阴,视其土湿润,遂以杖疏导,有水出,便于此地掘出清澈的泉水。群臣以为是天赐祥瑞,乃由魏征奉旨撰文,太子率更令欧阳询书丹,立九成宫醴泉铭碑,留下了一段千古佳话。

九成宫是结合自然山水设计的离宫代表作,其建筑豪华壮丽,其布局因势随形,各得其宜。九成宫所在地山林荟萃,芳草如茵,常有千百头麋鹿往来其中。一年四季泉流密布,山岚气清,风光宜人,迁客骚人,为之倾倒。王维诗"隔窗云雾生衣上,卷幔山泉入镜中。林下水声喧语笑,岩前树色隐房栊。"李商隐云:"星沉海底当窗见,雨过河源隔坐看。若是晓来明又空,一生

137

长对水晶盘。"

7.2.2 汴梁园林

北宋建都汴梁后,步前代帝王之后尘,在此大兴土木,但由于重文轻武,数代皇帝多才多艺,深受文人风习感染,园林艺术追求文人风格,因此,其宫室御苑,离宫别馆的规划设计思想,工艺水平远迈前代。

7.2.2.1 大内御苑

著名的大内御苑有延福宫,寿山艮岳等园林,犹以艮岳最具代表性。

宋徽宗赵佶笃信道教,因听信道士之言,谓在京城内筑山则皇帝必多子嗣,乃于政和七年(1117年)"命户部侍郎孟揆于上清宝箓宫之东筑山,仿余杭之凤凰山,号曰万岁山,即成更名曰艮岳",又叫做寿山、艮岳寿山。此后又继续凿池引水、建造亭阁楼观,栽植奇花异树。直到宣和四年(1122年)终于建成这座历史上最著名的皇家园林。园门的匾额题名"华阳",故又称"华阳宫"。华阳者,象征道教所谓洞天福地也。

艮岳的建园工作由宋徽宗亲自参与。徽宗精于书画,是一位素养极高的艺术家。具体主持修建工程的宦官梁师成"博雅忠荩,思精志巧,多才可属。"二人珠联璧合,经过周详的规划设计,然后制成图纸,"按图度地",使艮岳具有浓郁典雅的文人园林意趣。徽宗经营此园,不惜花费大量财力、人力和物力。为了广事搜求江南的石料和花木,特设专门机构"应奉局"于平江(苏州)。凡被选中的奇峰怪石、名花异卉"皆越海、渡江、凿城郭而至",这就是殚费民力、激起民愤的"花石纲",北宋王朝的覆灭,与此不无关系。

艮岳建成之后,宋徽宗亲自撰写《艮岳记》,到过艮岳的僧人祖秀也写了一篇《华阳宫记》,对园内景物作了详尽的描述。此外,《枫窗小牍》、《宋史·地理志》、《大宋宣和遗事》,也有片段记载。根据这些文献,我们可以大致获得艮岳的概貌。

艮岳也属于大内御苑的一个相对独立的部分(图7-7),建园的目的主要是以山水而"放怀适情,游心赏玩"。建筑物为游赏性的,没有朝会、仪典或居住的建筑。园林的东半部以山为主,西半部以水为主,成"左山右水"的格局。寿山先是用土筑成,大轮廓体型模仿杭州凤凰山。主峰高九十步是全园的制高点,上建"介亭"。后来从洞庭、湖口、丝溪、仇池的深水中,以及泗滨、林虑、灵璧、芙蓉等山上开采上好石料运抵东京,土山乃加上石料堆叠而成为大型土石山。主峰之南又有"两峰并峙",山上"蹬道盘纡索曲,扪石而上,既而山绝路隔,继之以木栈,倚石排空,周环曲折,有蜀道之难"。山南坡怪石林立,如紫石岩,均极险峻,建龙吟堂、降霄楼、揽秀轩,山南麓"植梅万数,绿萼承跌,芬芳馥郁",建萼绿华堂、书馆、八仙馆、承岚亭、昆云亭。从主峰顶上的介亭遥望景龙江"长波远岸,弥十余里,其上流注山间,西行潺溪",景界极为开阔。寿山三峰的西面隔溪涧为侧岭"万松岭",上建巢云亭,与主峰之介亭东西呼应成对景。寿山的东南面为小山横亘二里曰芙蓉城,仿佛前者的余脉。从园的西北角引来景龙江之水,入园后扩为一个小型水池名"曲江",可能是摹拟唐长安的曲江池。池中筑岛,岛上建蓬莱堂。然后折而西南,名曰回溪,沿河道两岸建置漱玉轩、清澌阁、高阳酒肆、胜筠庭、萧闲阁、蹑云台、飞岑亭等建筑物,至寿山东北麓水分为两股。一股绕过万松岭,注入凤池;另一股沿寿山与万松岭之间的峡谷南流入山涧,"水出石口、喷薄飞注如兽面",名叫白龙沜、濯龙峡,旁建蟠秀、练光、跨云诸亭。涧水出峡谷南流入方形水池"大方沼",池中筑二岛,东曰芦渚,上建浮阳亭。西曰梅渚,上建雪浪亭。大方沼"沼水西流为凤池,东出为研池。中分二馆:东曰流碧,西曰环山。馆有阁曰巢风,堂曰三秀"。雁池是园内最大的一个水池,"池水清澈涟漪,凫鹰浮泳其面,栖息石间,不

138

可胜计"。雅池之水从东南角流出园外,构成一个完整的水系。寿山之西有两处园中之园,药寮、西庄。前者种"参、术、杞菊、黄精、芎穷,被山弥坞";后者种"禾、麻、菽、麦、黍、豆、粳秫,筑室若农家,故名西庄",也作为皇帝行籍耕礼的籍田。这座历史上著名的人工山水园,其造园成就如下:

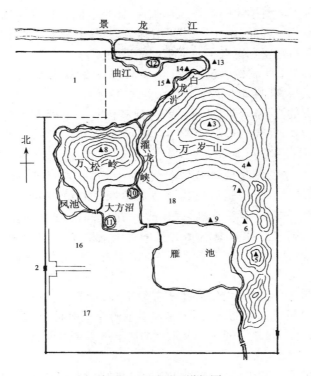

图 7-7　艮岳平面设想图
(摹自周维权《中国古典园林史》)

1—上清宝箓宫;2—华阳门;3—介亭;4—萧森亭;5—极目亭;6—书馆;7—粤绿华堂;8—巢云亭;9—绛霄楼;10—芦渚;
11—梅渚;12—蓬壶;13—消闲馆;14—漱玉轩;15—高阳酒肆;16—西庄;17—药寮;18—射圃

　　1.园林掇山构思独特,精心经营。寿山的主峰居于主位,两侧峰是宾位。西面的万松岭与主峰相互呼应,东南面的芙蓉城为山脉的余势,构成一个宾主分明,有远近呼应,有余脉延展的完整山系。既是天然山岳的典型化的概括,又体现了山水画论所谓"先立宾主之位,决定远近之形","客山供伏、主山始尊"的构图规律。整个山系"岗连阜属,东西相望,前后相续"并非各自孤立的山丘。其位置经营也正合于"布山形、取峦向,分石脉"(荆浩《山水诀》)的画理)。

　　掇山的用石也有许多独到之处。石料都是从各地运来的"瑰奇特异瑶混之石",而以太湖石、灵壁石之类为主,均按照图样的要求选择加工成型。经过优选的石料千姿百态,故艮岳大量运用石的单块"特置"。在西宫门华阳门的御道两侧辟为太湖石的特置区,布列着上百块大小不同、形态各异的峰石,有如人工的"石林"。

　　艮岳无论石的特置或者叠石为山,其规模均为当时之最大者,而且反映了颇高的艺术水平。故《癸辛杂识》载,前世叠石为山,未见显著者。至宣和,艮岳始兴大役。连舻辇致,不遗余力。其大峰特秀者,不特封侯,或赐金带,且各图为谱。为美石封侯拜相,赐绶金带,并把它们

139

的形象摹绘下来作为石谱。可见,徽宗癖石,天下莫之能比。为了安全运输巨型太湖石,还创造了以麻筋杂泥堵洞之法。

2. 园内形成一套完整的水系,它几乎包罗了内陆天然水体的全部形态:河、湖、泉、沼、溪、涧、瀑、潭等。水系与山系配合而形成山嵌水抱的态势,这种态势是大自然界山水成景的最理想的地貌的概括,符合于堪舆学说的上好风水条件,体现了儒、道思想的最高哲理——阴阳、虚实的相生互补、统一和谐。后世"画论"所谓"山脉之通,按其水径,水道之达,理其山形"的画理,在艮岳的山水关系的处理上也有了一定程度的反映。

3. 动、植物珍奇丰富,且成为景题对象,使皇家园林平添诗情画意。园内植物已知七十余种,包括乔木、灌木、果树、藤本植物、水生植物、药用植物、草本花卉、木本花卉以及农作物等,其中不少是从南方的江、浙、荆、楚、湘、粤引种驯化的。主要有枇杷、橙、柚、橘柑、栝、荔枝之木,金蛾、玉羞、虎耳、凤尾、素馨、渠那、茉莉、含笑之草。它们有种在栏槛下面的,有种在石隙里的,漫山遍冈,沿溪傍陇,连绵不断,几乎到处为花木淹没。植物的配置方式有孤植、对植、丛植、混交,大量的则是成片栽植。《枫窗小牍》记华阳门御道两旁有丹荔八千株,园内按景分区,许多景区、景点都是以植物之景为主题,如:植梅万本的"梅岭",在山岗上种丹杏的"杏岫",在叠山石隙遍栽黄杨的"黄杨巘",在山岗险奇处丛植丁香的"丁嶂",在赪石叠山上杂植椒兰的"椒崖",水泮栽种龙柏万株的"龙柏陂",寿山西侧的竹林"斑竹麓",以及海棠川、万松岭、梅渚、芦渚、萼绿华堂、雪浪亭、药寮、西庄等。因而到处郁郁葱葱、花繁林茂。

林间放养珍禽奇兽不下数十万,仅大鹿就有数千头,设专人饲养。另有仙鹤、孔雀等珍禽饲养区。园内还有受过特殊训练的鸟兽,能在宋徽宗游幸时列队接驾。金兵围困东京时,"钦宗命,取山禽水鸟十余万尽投之汴河……又取大鹿数百千头杀之以啖卫士"。足见艮岳蓄养禽鸟之多,无异于一座天然动物园。

4. 园林建筑几乎包罗了当时的全部建筑形式,建筑的布局绝大部分均从造景的需要出发,充分发挥其"点景"、"引景"和"观景"的作用。山顶制高点和岛上多建亭,水畔多建台、榭,山坡上多建楼阁。唐代已开始在风景优美的地带兴建楼阁,至宋代此风大盛,楼阁建筑的形象也更为精致,屡屡出现在宋人的山水画中。作为重要的点景、引景建筑物,同时也提供观景的场所。除了游赏性的园林建筑之外,还有道观、庙、藏书楼、水村、野居以及摹仿民间镇集市肆的"高阳酒家"等,可谓集宋代建筑艺术之大成。

5. 假托道教风格,创设多样意境。宋徽宗崇佞道教,艮岳景观以道骨仙风为基本格调,如华阳宫、介亭、老君洞、蓬壶等充满道教洞天仙地的意境。但是,宋徽宗毕竟是一国之君,又是集文学、书画、造园艺术于一身的艺术大师,因此,通过造园创设了多样意境。就"曲江"有曲院风荷之妙,"回溪"有曲水流觞之境,"龙吟堂"有奔腾咆哮之势,"巢凤堂"有筑巢引凤之愿,"萼绿华堂"有兄弟同胞、君臣联袂之情,"芦渚"、"雁池"有归隐江湖之志,"高阳酒肆"取郦食其,习郦故事,有暂栖园田、待机而行之策。因而,艮岳称得起是一座掇山、理水、花木、鸟兽、建筑完美结合的具有浓郁诗情画意而较少皇家气派的人工山水园林。它把大自然生态环境和山水风景加以高度的概括、提炼和典型化,汲取了私家园林,尤其是文人写意园林的创作艺术,把皇家园林艺术提高到前所未有的水平。

7.2.2.2　离宫别馆

即所谓"东京四苑"——琼林苑、玉津苑、宜春苑、含芳园,均为北宋初年建成,分布于城外各处。

1.琼林苑

在外城西墙新郑门外干道之南,乾德二年(964年)始建。太平兴国元年(976年),又在干道之北开凿水池,引汴河注入,另成一区名"金明池",作为琼林苑的附园,到政和年间才全部完成。苑东南隅掇山高数丈,名"华觜冈"。上有"横观层楼,金碧相射"。下为"锦石缠道,宝砌池塘,柳锁虹桥,花萦凤舸。其花皆素馨、茉莉、山丹、瑞香、含笑、射香",大部分为广闽、江浙所进贡的名花。花间点缀梅亭,牡丹亭等小亭兼作赏花之用。入苑门"道皆古松怪柏,两傍有石榴园、樱桃园之类,各有亭榭"。

可以设想,此园除殿亭楼阁、池桥画舫之外,还以树木和南方的花草取胜,是一座以植物为主体的园林。

金明池方形,周长九里三十步。据孟元老《东京梦华录》载,池南岸的正中有高台,上建玉津楼,楼之南为宴殿,殿之东为射殿及临水殿。宝津楼下架仙桥连接于池中央的水心殿,仙桥"南北约数百步,桥面三虹,朱漆阑循,下排雁柱,中央隆起,谓之骆驼虹"。池北岸正中为奥屋,即停泊龙舟之船坞。环池均为绿化地带。金明池原为宋太宗检阅"神卫虎翼水军"的水操演习的地方,后来水军操演变成了龙舟竞赛的夺标表演,宋人谓之"水嬉"。金明池每年定期开放任人参观游览,每逢水嬉之日,东京居民倾城来此观看,宋代画家张择端的名画《金明池夺标图》生动地描绘了这个热闹场面(图7-8)。琼林苑亦与金明池同时开放,届时苑内百戏杂陈,允许百姓设摊做买卖,所有殿堂均可入内参观。金明池东岸地段广阔,树木繁茂,则辟为垂钓区。

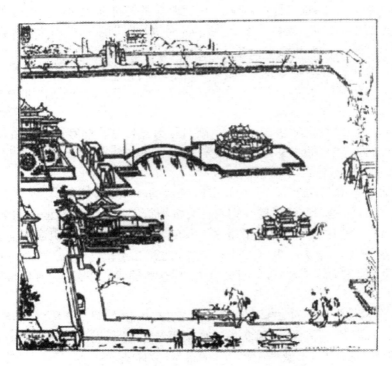

图7-8 金明池夺标图
(北宋张择端绘)

2．玉津园

在南熏门外，原为后周的旧苑，宋初加以扩建。苑内仅有少量建筑物，环境比较幽静，林木特别繁茂，故俗称"青城"。空旷的地段上"半以种麦，岁进节物，进供入内"。每年夏天，皇帝临幸观看刈麦。在苑的东北隅有专门饲养远方进贡的珍奇禽兽的园苑，养畜大象、麒麟、驺虞、神羊、灵犀、狻猊、孔雀、白鹇、吴牛等珍禽异兽。

3．宜春苑

在新宋门外干道之南，原为宋太祖三弟秦王别墅园，秦王贬官后收为御苑。此园以栽培花卉之盛而名闻京师。"每岁内苑赏花，则诸苑进牡丹及缠枝杂花。七夕、中元，进奉巧楼花殿，杂果实莲菊花木，及四时进时花入内"。诸苑所进之花，以宜春苑的最多最好，故后者的性质又相当于皇家的"花圃"。宋人有诗云："宜春苑里报春回，宝胜缯花百种催，瑞羽关关迁木早，神鱼泼泼上冰来。"可见当日百鸟啾啾于含苞之木，游鱼浮沉于破冰层下，各种生物冲破春寒，在温暖阳光下萌动的情景。

4．含芳园

在封丘门外干道之东侧，大中祥符三年（1010年）宋真宗将自泰山迎来"天书"供奉于此，改名瑞圣园。此园以竹林繁茂而出名，宋人曾巩有诗为证："北上郊园一据鞍，华林清集缀儒冠；方塘潭潭春光渌，密竹娟娟午更寒。"描写此园方塘密竹的景色。

7.2.3　洛阳园林

洛阳是唐朝的东京，也是北宋的西京。洛阳山水甲天下，皇家园林素称发达。唐宋两朝数代皇帝住跸于此，上朝宣政、策将拜相，遥控京都。

神都苑堪称洛阳地区皇家园林的代表。唐朝时代的神都苑就是隋朝时代的会通苑，亦叫做上林苑。武德初年（618年）改名芳华苑，到了武后执政时期改称神都苑。神都苑东抵宫城，西至于孝水，北负邙山，谷水和洛水会流于其间。周围一百二十里，东面十七里，南面二十九里，西面五十里，北面二十四里。

苑内最西边的建筑物称为合璧宫，东边有凝碧池，池的东西为五里，南北为三里，池中有亭曰凝碧亭。

合璧宫的东南方、以水相隔者是明德宫，隋时称为显仁宫。此宫南依南山，北临洛水。宫内建有射堂、官马坊。合璧宫的东边为黄女宫，其三面临洛水，在水深处有潭，称为黄女湾。黄女宫的正南方，有芳树亭与之以水相隔。

苑内的西北方建有高山宫，是司农卿韦机建造的。苑的东北隅为宿羽宫，也是韦机所建。其南临大池，水流盘屈。武后曾在宿羽台设宴招待突厥使者。苑的东南隅有望春宫、冷泉宫、积翠宫。冷泉宫由于泉水极冷而得名。积翠宫这个名称是由积翠池而得来的。谷水和洛水会流于西苑之中，唐太宗开元二十四年，为防止二水泛滥，于是筑成三道陂堤以为预防的设施，这三个陂称为积翠、月陂、上阳。除上述这些建筑物以外，还有青城宫、金谷亭、凌波宫等。

隋末唐初，苑内建有朝阳宫、栖云宫、景华宫，建有成和殿、大顺殿、文化殿、春林殿、春和殿，建有华渚堂、以阜堂、流芳堂、清风堂、崇兰堂、丽景堂、鲜云堂。还有一些亭：回流亭、流星亭、露华亭、飞香亭、芝田亭、长城亭、芳洲亭、翠阜亭、芳林亭、飞华亭、留春亭、澄秋亭、洛浦亭。到了武德和贞观时代后大多渐渐毁废。唐太宗贞观四年（630年）夏季，动员士兵修治洛阳城的时候，见宫中凿池起山，甚为奢华，太宗怒而下令急速拆毁。

唐高宗显庆年间,司农卿韦机受诏管理东都营田园苑事务。高宗对韦机说"两都是朕东西二宅也,今之宫馆为隋代所造,经岁既淹,渐皆颓毁,欲修造之,费财力如何?"韦机奏答说"臣任司农已十年,今储钱见三千万贯。供葺理可不劳而就。"于是高宗非常喜悦,在苑中建造宿羽、高山二宫。因为是建于东都禁苑之内,所以其制度极为壮丽。又将洛水的中桥从立德西街移到长夏通衢,公私无不称便。高宗登上洛水岸边的高地上,向远处眺望,见那一带地方风景甚为佳美,于是又下诏,命令韦机在那个地方建造上阳宫。

上阳宫临洛水,建有长廊延亘一里。这个宫建成后,皇帝迁入其中。武则天及后来不少皇帝迷恋这里的山水园林,甚至到了如醉如痴、乐不思蜀的地步。

7.2.4　临安皇家园林

南宋以杭州为行都,改名临安。宋人吴自牧《梦粱录》:"杭城之西,有湖曰西湖,旧名钱塘。湖周三十余里,自古迄今,号为绝景。"城西紧邻山青水秀的西湖风景区,历来就是一座风景城市。西湖原为钱塘江入海的湾口处,由泥沙淤积而成的"泻湖",秦汉时叫做武林水,唐代改称钱塘湖,又以"其地负会城之西,故通称西湖"。东晋、隋唐以来,佛寺、道观陆续围绕西湖建置,地方官府对西湖也不断疏浚、整治。唐代李泌任杭州刺史时曾开凿六井、兴修水利。白居易在杭州刺史任内主持筑堤保湖、蓄水溉田,浇灌杭州到海宁一带万顷良田的工程,同时还大量植树造林,修造亭、阁以点缀风景。杭州因此而成为"绕郭荷花三十里、拂城松树一千株"的闻名全国的风景城市了。唐末五代,吴越国建都杭州,对西湖又进行了规模颇大的风景建设,置军士军人专门疏浚西湖,名"撩湖兵"。疏通涌金池,把西湖与南运河联系起来。北宋废撩湖兵,历任的地方官都对西湖作过整治,其中成效最大的当推苏轼。元祐四年(1089年),苏轼第二次出任杭州知府时,西湖葑积为田,漕河航运阻滞,江湖舟行多淤。为此,他采取了根治的措施,用二十万个民工把湖上的葑草打撩干净,并用封草和淤泥筑起一条长三里的大堤,沟通南北交通。堤上遍植桃柳以保护堤岸,后人把它叫做"苏堤"。在湖中建石塔三座,塔以内的水面一律不许种植,塔以外则让百姓改种菱芡,从而彻底改变了湖面葑积的状况。同时又浚茆山、盐桥二河以通漕,"复造堰闸以为湖水之蓄泄"。经过这番整治之后,西湖面貌焕然一新,绿波盈盈,烟水森森。正如苏轼赞美的那样:"水光潋滟晴方好,山色空濛雨亦奇;欲把西湖比西子,淡妆浓抹总相宜。"

南宋建都于此,又对西湖作更进一步的整治,因而"湖山之景,四时无穷;虽有画工,莫能摹写"。著名的"西湖十景"[①],南宋时就已形成了。千百年来,歌咏西湖十景者不胜枚举,而以明人马浩的《南乡子》十首最为著名。

临安是在吴越和北宋杭州旧城的基础上,增筑内城和外城的东南部而加以扩大,如图7-9所示。内城即皇城,位于外城之南,北宋杭州府旧址的凤凰山。皇城之内为宫城即大内,直到南宋末年才全部建成。据《武林旧事》的记载,宫城包括宫廷区和苑林区,在周长九里的地段内有殿三十、堂三十、广二、阁十二、斋四、楼七、台六、亭九、轩一、观一、园六、庵一、祠一、桥四,这些建筑都是雕梁画栋,十分华丽。虽然仍保持着御街—衙署区—大内的传统皇都规划的中轴线格局,但限于复杂的地形已不成规整的形式,在方向上亦反传统祖制,宫廷在前、衙署在后,百官上朝皆需由后门进入。这种宫城布局形式当时被称之为"倒骑龙"。这种宫苑布置形式与

---

①　西湖十景:1.苏堤春晓;2.平湖秋月;3.花港观鱼;4.柳浪闻莺;5.三潭印月;6.双峰插云;7.南屏晚钟;8.雷峰夕照;9.曲院风荷;10.断桥残雪。

南宋小朝廷一贯屈辱求和,面北称臣的卖国方略似有渊源。

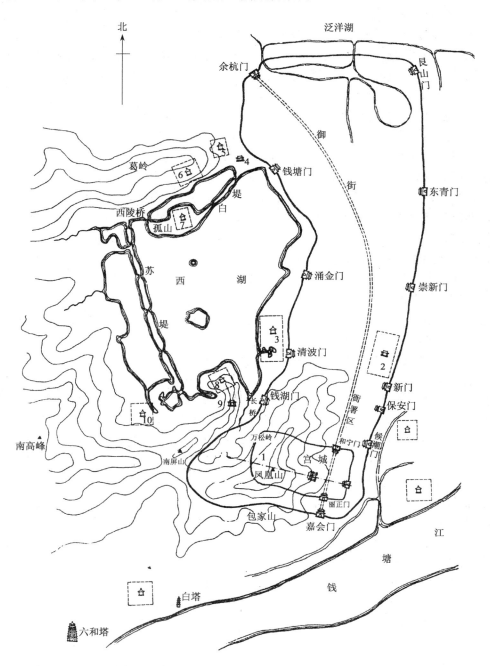

图 7-9　南宋临安城平面及主要宫苑分布示意图

1—大内御苑;2—得寿宫;3—聚景园;4—昭庆寺;5—玉壶园;6—集方园;7—延祥园;8—屏山园;9—净慈寺;10—庆乐园

7.2.4.1　大内御苑

大内御苑即宫城的苑林区,又名后苑,位置大约在凤凰山的西北部,是一座风景优美的山地园。这里地势高爽,面迎钱塘江的江风,小气候比杭州的其他地方凉爽得多。地形旷奥兼

144

备,视野广阔,故为宫中避暑之地。据《武林旧事》、《马可波罗游记》等文献记载:禁中避署多至复古、选德等殿,及翠寒堂纳凉。这里长松修竹,浓翠蔽日。层峦奇岫,静窈萦深。寒瀑飞空,下注十亩大池。池中红白菡萏万柄,都是园丁以瓦罐育苗,再沉入水底,时易新卉,因而非常美观。又置茉莉、素馨、建兰、麝香藤、朱槿、玉桂、红蕉、阇婆、蔷葡等南花数百盆于广庭,鼓以风轮,清芬满殿。

所谓大池即山下人工凿的"小西湖",由一条长一百八十开间的爬山游廊"锦胭廊"与山上的宫殿相连。

一些丛植的花木均加以命名,而且颇有意境。建筑物布置疏朗,大部分是小体量的。如亭、榭之类,一般都按周围的不同植物景观特色而分别加以命名。此外,尚有专门栽植某一种花木的小园林和景区,如小桃园、杏坞、梅岗、瑶圃、柏木园等,这都是仿效东京艮岳的做法。

7.2.4.2 离宫别馆

南宋的行宫御苑很多,樱桃园和德寿宫在外城,大部分则分布在西湖风景优美的地段,较大的如:湖北岸的集芳园、玉壶园,湖东岸的聚景园,湖南岸的屏山园、南园,湖中小孤山上的延祥园,三天竺的下天竺御园等处。这些御苑"俯瞰西湖,高挹两峰,亭馆台榭,藏歌贮舞"。其余的分布在城南郊钱塘江畔和东郊的风景地带,如玉津园、富景园等。

1. 德寿宫位于外城东部望仙桥之东。宋高宗晚年倦怠,不治国事,于绍兴三十二年(1162年)将原秦桧府邸扩建为德寿宫并移居于此,宋人称之为"北内"而与宫城大内相提并论,足见其规模和身份不同一般的行宫御苑。据《梦粱录》、《建炎以来朝野杂记》等文献记载:宫内殿堂楼阁森然,以聚远楼为中心。后苑分为东、西、南、北四区,亭榭很多,花木尤盛。

东区以观赏各种名花为主,如香远堂赏梅花、清深堂赏竹、清研堂赏酴醾、清新堂赏木樨等。南区主要为各种文娱活动场所,如宴请大臣的载忻堂,观射箭的射厅,以及跑马场、毬场等。西区以山水风景为主调,回环萦流的小溪与大水池沟通。北区则建置各式亭榭,如用日本锣木建造的绛华亭,茅草顶的倚翠亭,观赏桃花的春桃亭,周围栽植苍松的盘松亭等。后苑四景区的中央为人工开凿的大水湖,湖中遍植荷花,可乘画舫作水上游。引西湖之水注入,叠石为山以像飞来峰,有堂匾曰"冷泉",把西湖的一些风景缩移写仿入园,又名"小西湖"。园内的叠石大假山极为精致,山洞可容百余人。

2. 玉津园在嘉会门外,绍兴十七年(1147年)建。"孝宗数临幸,命群臣燕射于此"。南宋大臣任希夷《宴玉津阁江楼》诗:"参天官柏翠,布地杏花红,台沼如文圃,规模有汴风。"朝廷宴请金朝派来的使臣亦在此园内,并观看骑射表演。

3. 聚景园在清波门外西湖之滨,园内沿湖的湖岸上遍植垂柳,故有柳林之称。主要殿堂为会芳殿,亭榭有瑶津、滟碧、凉观、桂景等20余座,桥有学士、柳浪等。宋孝宗临幸此园最多,故殿堂亭榭的匾额亦多为孝宗所题。每当阳春三月,柳浪迎风摇曳,浓阴深处莺啼阵阵,是西湖十景之一的"柳浪闻莺"之所在。

7.3 寺观园林

7.3.1 寺观园林从世俗化到文人化

佛教经过东晋、南北朝的广泛传布,到唐代13个宗派都已经完全确立。道教的南北天师道上清、灵宝、净明逐渐合流,教义、典仪、经籍均形成完整的体系。唐代的统治者出于维护封建统治的目的,采取儒、道、释三教并尊的政策,在思想上和政治上都不同程度地加以扶持和利用。

唐代的20个皇帝中,除了唐武宗之外其余都提倡佛教,有的还成为佛教信徒。随着佛教的兴盛,佛寺遍布全国,寺院的地主经济亦相应地发展起来。大寺院拥有大量田产,相当于庄园的经济实体。田产有官赐的、有私置的、有信徒捐献的,高级僧侣过着大地主一般的奢侈生活。农民大量依附于寺院,百姓大批出家为僧尼,政府的田赋、劳役、兵源都受到影响,以至于酿成武宗时的"会昌灭佛"。但不久后,佛教势力又恢复旧观。唐代皇室奉老子为始祖,道教也受到皇室的扶持。宫苑里面建置道观,皇帝贵戚多有信奉道教的。各地道观也和佛寺一样,成为地主庄园的经济实体。无怪乎时人要惊呼"凡京畿上田美产,多归浮图"。

寺、观的建筑制度已趋于完善,大的寺观往往是连宇成片的庞大建筑群,包括殿堂、寝膳、客房、园林四部分的功能分区。封建时代的城市,市民居住在封闭的坊里之内,没有任何为群众提供公共活动场所的设置。在这种情况下,寺、观往往于进行宗教活动的同时也开展社交和公共娱乐活动。佛教提倡"是法平等,无有高下",佛寺更成为各阶层市民平等交往的中心。寺院每到宗教节日举行各种法会、斋会。届时还有杂技、舞蹈表演,商人设摊做买卖,吸引大量市民前来观看,平时一般都是开放的。市民可入内观赏殿堂的壁画,聆听通俗佛教故事的"俗讲",无异于群众性的文化活动。寺院还兴办社会福利事业,为贫困的读书人提供住处,收养孤寡老人等。道观的情况,亦大抵如此。

由于寺观进行大量的世俗活动,成为城市公共交往的中心,它的环境处理必然会把宗教的肃穆与人间的愉悦相结合考虑,因而更重视庭院的绿化和园林的经营。许多寺、观以园林之美和花木的栽培而闻名于世,文人们都喜欢到寺观以文会友、吟咏、赏花,寺观的园林绿化亦适应于世俗趣味,追摹私家园林。

寺观不仅在城市兴建,而且遍及于郊野。但凡风景幽美的地方,尤其是山岳风景地带,几乎都有寺观的建置,"天下名山僧占多"。全国各地的以寺观为主体的山岳风景名胜区,到唐代差不多都已陆续形成。如佛教的大小名山,道教的洞天、福地、五岳、五镇等,既是宗教活动中心,又是风景游览的胜地。寺观作为香客和游客的接待场所,对风景名胜区的区域格局的形成和原始型旅游的发展起着决定性的作用。佛教和道教的教义都包含尊重大自然的思想,又受到魏晋南北朝以来所形成的传统美学思想的影响,寺、观的建筑当然也就力求和谐于自然的山水环境,起着"风景建筑"的作用。郊野的寺观把植树造林列为僧、道的一项公益劳动,也有利于风景区的环境保护。因此,郊野的寺观往往内部花繁叶茂,外围古树参天,成为风景名胜之地。许多寺观园林注意绿化,栽培名贵花木,保护古树名木,因而,使一些珍稀花木得以繁衍。

佛教发展到宋代,内部各宗派开始融汇,相互吸收而复合变异。天台、华严、律宗等唐代盛行的宗派已日趋衰落,禅宗和净土宗成为主要的宗派。禅宗势力尤盛,不仅成为流布甚广的宗教派别,而且还作为一种哲理渗透到社会思想意识的各个方面,甚至与传统儒学相结合而产生新儒学——理学,成为思想界的主导力量。

虽然宋代禅宗在宗教思想和教理上并没有多少创新,但与唐代相比却有一个主要的不同之点,即大量的"灯录"和"语录"的出现。早期的禅宗,提倡"教外别传"、"不立文字",以"体认"、"参究"的方法来达到"直指人心、见性成佛"的目的,不需要发表议论,也不借助于文字著述。后来由于这种方法对宗教的传播不利,"禅"不仅只是"参"、"悟",而且要靠讲说和宣传。于是,大量文字记载的"灯录"和"语录"便应运而出现了。它们标志着佛教进一步地汉化,也十分切合于文人士大夫的口味,他们之中的一些人还直接参与灯录的编写工作,这样,佛教就与文人士大夫在思想上沟通起来,反过来又促进了禅宗的盛行。

北宋初期,朝廷一反后周斥佛毁寺的政策,对佛教给予保护。宋太祖建隆元年(960年)度僧8万余人,太宗太平兴国元年(976年)到七年(982年)共度僧17万人。真宗时(998年~1022年)在东京和各路设立戒坛72所,放宽度僧名额,僧、尼大量增加,寺院也相应地增加到4万所。寺院一般都拥有田地、山林,享有豁免赋税和徭役的特权,有的还经营第三产业。北宋很重视佛经的印行,官刻、私刻的大藏经共有五种版本,其中蜀版大藏经被公认为海内珍品。南宋迁都临安,本来佛教势力就大的江南地区较前更为隆盛,逐渐发展成为佛教禅宗的中心,著名的"禅宗五山"都集中在江南地区。

随着佛教的完全汉化,大约在南宋时禅宗寺院已相应地确立了"伽蓝七堂"的制度,完全成为中国传统的一正两厢的多进院落的格局,就连唐时尚保留着的一点古印度佛寺建筑的痕迹也已消失了。禅宗寺院既如此,其他宗派的寺院当然亦步亦趋。所以说,佛寺建筑到宋代已经全部汉化,佛寺园林世俗化的倾向也更为明显。随着禅宗与文人士大夫思想上的沟通,儒、佛的合流,一方面在文人士大夫之间盛行禅悦之风,另一方面禅宗僧侣也愈文人化。许多禅僧都擅长书画,诗酒风流,以文会友,经常与文人交往,文人园林的趣味也就更广泛地渗透到佛寺的造园活动中,从而使得佛寺园林由世俗化而更进一步地文人化。

道教方面,宋代南方盛行天师道,金王朝统治下的北方盛行全真道。全真道的创始人是王重阳,道士一律出家,教旨以"澄心定意、抱元守一、存神固气"为真功,"济贫扶苦、先人后己、与物无私"为真行。宋末,南方与北方的天师道逐渐合流。到元代,天师道的各派都归并为正一道,授张道陵的第三十八代后裔为"正一教主",世居江西龙虎山。正一道的道士绝大多数不出家,俗称"火居道士"。从此以后,在全国范围内正式形成正一、全真两大教派并峙的局面。道教从它创立的时候起,便不断吸收佛教的教义内容,摹仿佛教的仪典制度。宋代继承唐代儒、道、释三教共尊的传统更加以发展儒、道、释互相融合。宋徽宗相信道教,自称为道君皇帝,甚至一度诏令佛教与道教合并,改佛寺为道观,把佛号和僧、尼的名称道教化,表明道教更向佛教靠拢。这一时期,道观建筑的形制亦受到禅宗伽蓝七堂之制的影响而成为传统的一正两厢、多进院落的格局。

道教从魏晋以后发展起来的那一套斋醮符禁咒以及炼丹之术,固然迎合了许多人的享受欲望和迷信心理,但也受到不少具有清醒理性头脑的士大夫的鄙夷,因而逐渐出现分化的趋势。其中一种趋势便是向老、庄靠拢,强调清净、恬适、无为的哲理,表现为高雅闲逸的文人士大夫情趣。同时,一部分道士也像禅僧一样逐渐文人化,"羽士"、"女冠"经常出现在文人士大夫的社交圈里。相应地,道观园林由世俗化而进一步地文人化,当然也是不言而喻的。

随着宗教由世俗化进而达到文人化的境地,寺观园林与私家园林之间的差异,除了尚保留着一点烘托佛国、仙界的功能之外,其他已基本上消失了。

两晋、南北朝,僧侣和道士纷纷到远离城市的山水风景地带建置佛寺、道观,促成了全国范围内山水风景的首次大开发。宋代,佛教禅宗崛起。禅宗教义着重于现世的内心自我解脱,尤其注意从日常生活的细微小事中得到启示和从对大自然的陶冶欣赏中获得领悟。禅僧的这种深邃玄远、纯静清雅的情操,使得他们更向往于远离城市尘俗的幽谷深山。道士讲究清静简寂,栖息山林犹如闲云野鹤,当然也具有类似禅僧的情怀。再加上僧道们的文化的素养和对自然美的鉴赏能力,从而掀起了继两晋、南北朝之后的第二次全国范围内山水风景大开发的高潮。过去已开发出来的风景名胜,如传统的五岳和五镇,佛教的大小名山,道教的洞天福地等,则设施更加完善,区域格局更为明确。因此,宋代以寺观为主体的风景名胜区的数量之多,远迈前代,从而奠定了我国风景名胜区和寺观园林的基本格局。在这些风景名胜区内,寺观注重经营园林、庭院绿化和周围的园林化环境,逐渐成为风景名胜区的保护者、管理者和游客、香客的接待场所。

7.3.2 长安寺观园林

长安是寺观集中的大城市,这种情况尤为明显。

据《长安志》等的记载,唐长安城内的寺观共195所,建置在77个坊里之内。其中大部分为唐代兴建的,或为皇帝、官僚、贵戚舍宅改建,还有一部分为隋代留下来的旧寺观。这些寺观的占地面积都相当可观,规模大者竟占一坊之地。几乎每一所寺观内均莳花植树,尤以牡丹花最为突出。长安的贵族显官多喜爱牡丹,因此,一些寺观甚至以出售各种珍品牡丹牟利。长安城内水渠纵横,许多寺观引来活水在园林里面建置山池水景。寺观园林及庭院山池之美、花木之盛,往往使得游人流连忘返。描写文人名流到寺观赏花、观景、饮宴、品茗的情况,在唐代的诗文中屡见不鲜。新科进士到慈恩寺塔下题名、在崇圣寺举行樱桃宴,则传为一时美谈。足见长安的寺观园林和庭院园林的盛况,也表现了寺观园林所兼具的城市公共园林的职能。

7.3.2.1 大慈恩寺

该寺(图7-10)始建于隋代,原名无漏寺,武德初年废弃。唐贞观二十二年(648年)十二月二十四日,高宗为其母文德皇后立为寺,故以慈恩命名。《唐两京城坊考》记载,该寺占晋昌坊东半部,规模宏大,凡十余院,总1 897间,寺僧300人。寺中有唐代著名画家阎立本、吴道子、尉迟乙僧等人所作的多幅壁画,为长安三大译经院之一。玄奘还在此创立了慈恩宗(亦称"法相宗"),使大慈恩寺在中国佛教史上更负盛名。

图7-10 慈恩寺图
(《关中胜迹图志》)

永徽三年(652年)玄奘为了安置从印度带回的经像,在高宗的资助下,依照印度的建筑形制,在寺西院建立了一座砖表土心的5层佛塔。由于风雨剥蚀而颓坏,武则天于长安元年(701年)又新建7层浮图,方形,立于高4.2米,边长25米的四方基座上,塔高64米。塔身立锥状,用砖砌成,磨砖对缝,坚固异常,塔下面两层为9间,三、四两层为7间,最上层为5间,塔内有螺旋木梯可盘旋而上,每层的四面各有一拱券门洞,可以凭栏远眺。此塔气势雄伟,是我国劳动人民的艺术创造。塔底层的四面门楣上,有精美的唐石刻建筑图式和佛像,传为大画家阎立本的手笔。塔南面东西两侧的砖龛内,嵌有唐代著名书法家褚遂良书写的《大唐三藏圣教序》和《述三藏圣教记》二古碑。碑边有乐舞人形浮雕,是极具艺术价值的珍品。此塔,宏伟壮观,登临远眺,京都繁华一览无余,因此成为城南游览胜区。文人雅士到此,无不吟诗作赋,或写景,或抒怀,歌诗精湛,为人称道。岑参的"塔势台涌出,孤高耸天宫。登临出世界,蹬道盘虚空。突兀压神州,峥嵘如鬼工。四角碍白日,七层摩苍穹",传为咏塔之名篇。唐进士及第,曲江饮宴之后,必入寺登塔,题壁留念,称"雁塔题命"。

唐代的慈恩寺与杏园、曲江池、芙蓉苑、乐游原同在一个大的风景名胜区内,一年四季,风光宜人,桃花杏蕊,莲菖芙蓉,晨钟点点,佛声吟吟,香客不断,游人如织。

7.3.2.2 玄都观

玄都观位于唐长安城崇业坊,在大兴善寺之西。周大象三年(581年),始建于汉长安城,名通达观。隋开皇二年(582年)移至新都,名玄都观。

玄都观是长安道教主要寺观之一。开元时观中有道士伊崇,身通儒、道、佛三教,积儒书万卷。天宝年间道士荆胐,深有道学,为时所贤,太尉房琯每执师资还礼,当代知名之士,无不游荆公之门。刘禹锡自序说,贞观二十一年(647年)他为屯田员外郎时,此观未有花。当年出牧连州,贬朗州司马,元和十年(815年),被召至京师,人人皆言有道士手植仙桃,满观如仙霞,便写有《戏赠看花诸君子》诗云:"紫阳红尘拂面来,无人不道看花回。玄都观里桃千树,尽是刘郎去后栽。"后来,刘禹锡又出牧14年,复为主客郎中官,重游玄都观,荡然无复一树,只有葵燕麦,动摇于春风。于是再题诗一首,"以俟后游",诗曰"百亩庭中半是苔,桃花净尽菜花开。种桃道士归何处,前度刘郎今又来。"前后两首游诗,反映了玄都观景观变迁的历史。

7.3.2.3 兴教寺

兴教寺在长安少陵塬畔,是唐樊川八大寺之一。此地为东西15千米的高原,南对终南山,俯临潏河,北部平缓,南部高耸如山崖,因汉代此园在上林苑内,而凤凰集上林,故得凤栖塬的美名。南麓景色旖旎,坡间林木苍翠,泉水涌流,为历代皇家园林。隋唐以来,源上广兴佛教,樊川八大寺院中的四大寺:兴教寺、兴国寺、华严寺、牛头寺皆倚塬而建,其中兴教寺为八寺之首。

兴教寺始建于唐高宗总章二年(669年),是唐朝著名僧人玄奘法师遗骨的迁葬地,并建寺立塔以示纪念。兴教寺内有3座砖砌的舍利塔,中间最高的5层塔为玄奘的葬骨塔。塔身为仿木结构的斗拱建筑形式,塔底层北侧镶有《唐三藏大遍觉法师塔铭》的刻石,左右两侧的小砖塔,是玄奘的两位大弟子圆测(新罗王之孙)和窥基(尉迟敬德之侄)的墓塔。

兴教寺屡遭兵火,除3座砖塔外,殿宇及园林荡然无存。现寺内的大宝殿、法堂、跨院、慈恩塔院、藏经楼等均为近代建筑。这里倚塬俯川,风景如画,是人们缅怀玄奘法师和游观的佳境。

7.3.3 洛阳寺观园林

洛阳为唐宋二都之一,又是唐宋时期佛道宗教活动的中心,佛寺众多。比较有名的有白马寺、奉先寺、潜溪寺、看经寺,著名的龙门石窟就位于洛阳城的南部。洛阳北背邙山,西、南两面都有山丘为屏障,洛、穀二水贯流其中,水源丰沛,沟壑溪涧,花木繁茂,景色宜人,为修造园林提供了良好的自然环境。其城内、郊野寺观园林之盛可与长安比肩。历经沧桑变迁,寺观园林大多毁弃,仅留一些寺观供善男信女朝贡拜佛,仅举二例。

7.3.3.1 潜溪寺

又名斋祓堂。在洛阳市龙门山(西山)北端,为此处第一大窟。唐代初年开凿,洞窟内雕刻有一佛、二弟子、二菩萨和二天王。主佛阿弥陀佛端坐须弥座上,比例匀称、面部丰满、神情睿智慈祥。二菩萨丰腴圆润,双目俯视,造型敦厚,是唐初雕塑艺术中的佳作。天王身着甲胄,足踏鬼怪,竖眉挺立,表现了武士神情。

7.3.3.2 奉先寺

在洛阳市龙门山(西山)南端,唐咸亨三年(672年)创建,历时四年竣工,是龙门石窟中规模最大的露天大龛,也是唐代雕塑艺术中的代表作。佛龛南北宽36米、东西深41米,有卢舍那佛、弟子、菩萨、天王、力士等11尊雕像。主佛卢舍那佛高17.14米,面容丰腴秀丽,修眉长目,嘴角微翘,流露出对人间的关注和智慧的光芒。两旁的弟子,迦叶佛严谨持重,阿难佛温顺虔诚,菩萨端庄矜持,天王蹙眉怒目,力士威武刚健,布局严谨,刀法圆熟。该窟是龙门石窟的代表,体现了唐代雕塑艺术的最高水平。据造像铭载,武则天为建造此寺曾"助脂粉钱两万贯",并亲率朝臣参加卢舍那佛的"开光"仪式。伊水东岸有一巨石,俗称擂鼓石,相传为武则天当年礼佛时击鼓奏乐的地方。

7.3.4 汴梁(东京)寺观园林

北宋东京城内及附廓的许多寺观都有各自的园林,其中大多数在节日或一定时期内向市民开放,任人游览。寺观的公共活动除宗教法会和定期的庙会之外,游园活动也是一项主要内容,因而这些园林多少具有类似现代城市公园的职能。寺观的游园活动不仅吸引成千上万的市民,皇帝游览寺观园林也是常有的事。《东京梦华录》卷六有一条,详细记载了正月十四日皇帝到五岳观迎祥池观览,并赐宴群臣的盛况。每年新春灯节之后,东京居民出城探春,届时附廓及近郊的一部分皇家园林和私家园林均开放任人参观,但开放最多的则是寺观园林,如玉仙观、一丈佛园子、祥祺观、巴娄寺、铁佛寺、鸿福寺等,均是"四时花木,繁盛可观",形成了以佛寺为中心的公共游览地。京师居民不仅到此探春,而且消夏,或访胜寻幽。所见皆是"万花争出,粉墙细柳,斜乱绮陌;香轮暖辗,芳草如茵;骏骑骄嘶,杏共如绣;莺啼芳树,燕舞晴空"的繁荣景象。

7.3.4.1 相国寺

在河南开封市内,我国著名的佛教寺院之一,战国时为魏公子信陵君的故宅。北齐天保六年(555年)在此创修建国寺,后毁于兵火。唐睿宗旧封相王时重建,改名大相国寺,并御书题额,习称相国寺。寺广达545庙。明末黄河泛滥,开封被淹,建筑全毁。清乾隆三十一年(1766年)重修。现存清代建筑藏经阁和大雄宝殿,均为重檐歇山,斗拱层层相叠,黄绿琉璃瓦覆盖。殿与月台周围绕以白石栏杆,八角琉璃殿中央高亭耸起,四周附围游廊,顶盖琉璃瓦件,翼角皆悬铃铎,迎风作响。殿内置木雕密宗四面千手千眼观世音巨像,高约7米,全身贴金。相传为一棵大银杏树雕成,精美异常。钟楼内存清代巨钟一口,高约4米,重万余斤,故有"相国晨钟"之称,为汴梁八景之一。

7.3.4.2 祐国寺塔

俗称铁塔,在河南开封市东北隅,建于北宋皇祐元年(1049年)。平面呈八角形,13层,高54.66米,外壁镶以褐色琉璃砖,近似铁色,故名。因黄河泛滥,塔基已淹埋于地下。塔身用不同形制的琉璃砖砌筑成各种仿木结构,檐下配置斗拱,檐上茸以黄瓦,造型宏伟挺拔,俨如擎天巨柱。塔身细部的琉璃砖雕有飞天、降龙、麒麟、菩萨、力士、狮子、宝相花等图案50余种,雕工精细,神态生动,为宋代琉璃砖雕艺术的佳作。历经地震、河患、狂风暴雨等自然灾害侵袭,仍巍然屹立。登塔眺望,古城在目。塔南八角亭内有宋金时期的铜佛一尊,高5.14米,重11.7吨,亦为珍品。

7.3.5 临安寺观园林

南宋杭州的西湖风景名胜区是寺观建设、园林建设与山水风景开发相结合的典范。

早在东晋时,环西湖一带已有佛寺的建置,咸和元年(326年)建成的灵隐寺便是其中之一。隋唐时,各地僧侣慕名纷至沓来,一时西湖南、北两山寺庙林立。吴越国建都杭州,更广置伽蓝寺庙,如著名的昭庆寺、净慈寺等均建成于此时。与佛教广泛建寺的同时,道教也在西湖留下了踪迹,东晋的著名道士葛洪就曾在北山筑庐炼丹,建台开井。西湖之所以逐渐成为风景名胜区,历来地方官的整治建设固然是一个因素,但寺观建置所起的作用也不容忽视。

南宋时,在西湖山水间大量兴建私家园林和皇家园林,而佛寺兴建之多,也绝不甘为其后。由于大量佛寺的建置,杭州成了东南的佛教胜地,前来朝山进香的香客络绎不绝。东南著名的佛教禅宗五山十刹[①],有三处在西湖——灵隐寺、净慈寺和中天竺寺。为数众多的佛寺一部分位于沿湖地带,其余分布在南北两山。它们都能够因山就水,选择风景优美的基址,建筑布局则结合于山水林木的局部地貌而创为园林化的环境。因此,佛寺本身也就成了西湖风景区的重要景点。西湖风景因佛寺而成景的占着大多数,而大多数的佛寺均有单独建置的园林,这种情况一直持续到明代。

7.3.5.1 灵隐寺

清康熙南巡时赐名"云林禅寺"。位于西湖西北妙高峰下,前临冷泉,面对飞来峰。东晋咸和元年(326年)有印度僧人慧理,见飞来峰叹到:"此天竺灵鹫山之小岭,不知何年飞来?佛在世日,多为仙灵所隐。"遂面山建寺,取名"灵隐寺",峰名曰"飞来峰"。唐宋时期,寺院持续繁荣,尤其在五代吴越统治时期拥有九楼、十八阁、七十二殿,僧徒三千人,盛极一时。寺院古木苍郁,遮天蔽日。传说骆宾王曾隐居此寺,写下了"楼观沧海日,门对浙江潮,桂子月中落,天香云外飘"的不朽诗篇。寺前飞来峰岩石突兀,古木参天,峰下有许多天然岩洞,回旋幽深,洞壁布满石窟造像。当年济公和尚出家灵隐寺,长期在此下榻。

唐宋时期,灵隐寺以优美的外围园林化环境倍受文人青睐。据《西湖记述》载,寺最奇胜,门景尤好。由飞来峰至冷泉亭一带,涧水溜玉,画壁流青,是山之极胜处。亭在山门外,白乐天(白居易)曾有记云:"亭在山下水中,寺西南隅,高不倍寻,广不累丈,撮奇搜胜,物无遁形。春之日,草薰木欣,可以导和纳粹;夏之日,风冷泉淳,可以蠲烦析酲。山树为盖,岩石为屏。云从栋生,水与阶平。坐而玩之,可濯足于床下;卧而狎之,可垂钓于枕上,潺溪洁澈,甘粹柔滑。眼目之器,心舍之垢,不待涤盥,见澈除去。"

7.3.5.2 三天竺寺

在灵隐寺之南,三寺相去不远,因选址得宜而构成一处优美清静的小景区。据《武林旧事》

---

① 禅宗五山:指余杭的径山寺,钱塘的灵隐寺、净慈寺,宁波的天童寺、育王寺。
　　禅院十刹:指钱塘的中天竺寺,湖州的道场寺,温州的江心寺,金华的双林寺,宁波的雪窦寺,台州的国清寺,福州的雪峰寺,建康的灵谷寺,苏州的万寿寺、虎丘寺。

描述：灵竺之胜，周围数十里，岩壑尤美，自飞来峰转至下竺寺后，诸岩洞皆嵌空玲珑，莹滑清润，如虬龙瑞凤，如层华吐萼，如绉谷迭浪，穿幽深，不可名貌。林木皆岩骨拔起，无土而生。由下竺而进，夹道溪流有声，沿途所见多山桥野店。

7.3.5.3 净慈寺

位于西湖南屏山慧日峰下，依山面湖，有南屏晚钟之景为世人称道。始建于五代后周显德元年(954年)。吴越王钱镠为永明禅师所造，所以原名慧日永明院。南宋绍兴九年(1139年)改名净慈寺("净慈报恩光孝禅寺")。寺分前、中、后三殿。寺院西侧有济公殿，供奉宋代高僧道济塑像。东侧有运木古井，是从济公运木建寺的传说而来。史载，济公走出灵隐寺后，晚年住净慈寺，在此圆寂。当年的净慈寺是文人骚客聚居之地，他们同僧人一道在此饮酒、赋诗、作画。净慈寺门右边有座"南屏晚钟"的碑亭，为杭州西湖十景之一。每当盛夏六月，夜听悦耳晚钟，晓看一湖碧波，万柄荷花，清爽可人，其乐陶陶。有诗为证："毕竟西湖六月中，风光不与四时同；接天莲叶无穷碧，映日荷花别样红。"(杨万里《晓出净慈寺送林子方》)

7.4　私家园林

唐代随着政治、经济、文化繁荣昌盛，相对稳定的局面达300年之久。魏晋战乱以来，人们世世代代渴望的太平盛世和安定局面已变为现实。生活上求富，精神上求乐，居住上求适已成为人们的普遍追求，特别是达官显宦、皇亲国戚、富豪巨商和文人学士，他们追求的档次和品位自然要高出一般人。争相营构豪华的宅第和园池，使私家园林自魏晋以来进入高潮阶段。

唐承隋制，实行了开科取士的制度，即通过科举考试遴选各级官吏。因此，皇帝以下的政治机构已不再为门阀士族所垄断，广大的庶族地主知识分子有了进身之阶。他们一旦取得了官僚的身份，便有了优厚的俸禄和崇高的社会地位，然而却没有世袭的保证。宦海浮沉，升贬无常，身处高位，不无后顾之忧。这些明察善辨的庶族知识分子，因此也给自己设计了一套进可以"上"，退可以"享"的合理方案和处世哲学，所谓"穷则独善其身，达则兼济天下"。在朝为官，尽职尽责，希望有所作为。退而为民，则经营园墅别业，以便隐退林下，独善其身，清静无为。因此，园林不仅是在野者安身立命之所，也是为官宦所向往的"桃园"，大凡为官宦者几乎都要修造园林。

盛唐以后，中国园林已由自然山水园发展到写意山水园，写意山水园也称文人山水园。一些文人直接参与造园，把诗情画意带进园林，寓情于景，情以境出，园林的艺术风格焕然一新，从而奠定了两宋文人园林繁荣的基础。

唐宋时期，私家园林之兴盛远迈前代，逐渐形成王公贵戚园林、官宦园林、商贾园林、士流园林、文人园林等园林类型，其中文人园林从诸多私家园林中脱颖而出，以其浓郁的诗画风格独树一帜，迥然不同，成为中国写意山水园林的杰出代表。

7.4.1　长安私家园林

唐代长安私家园林颇盛，郊野别墅园林极多。一般来说，凡贵族官僚的园林几乎都集中在东郊一带，而文人、士流园林多半集中在南郊樊川和终南山一带。代表性的园林如下。

7.4.1.1　韦、杜别业

韦、杜两家，历代士流显宦，世居樊川形胜之地。唐韦安别业，林石花亭，号为胜地。杜甫有"韦曲花无赖,家家恼杀人"的诗句。史称杜佑郊居城南,有樊川亭,有桂亭,卉木幽邃,日与公卿宴集其间,元和七年佑以太保致仕居于此地。甲第在长安东,而有别墅,亭馆林池,为城南之最。《长安志图》载:"韦、杜二氏,轩冕相望,园池栉比。"韦、杜二家的城南庄园别墅,名冠天下,时人俗语称"城南韦杜,去天尺五"。可想而知,其园之富丽,可与皇家比肩。

7.4.1.2 定昆池

定昆池位于长安城外西南隅,是安乐公主的私园,安乐公主是中宗最小的女儿,景龙二年(708年)七月,安乐公主恃宠欲以西苑昆明池① 为私沼,中宗不许,公主怒,于是在昆明池之东,以其西庄之地,并夺民田,卖官鬻爵,敛财百亿,另掘一池,延绵十数里。因欲胜过昆明池,故取名定昆池。《唐书·安乐公主传》载:"安乐公主中宗最幼女也,帝迁房陵生主。中宗即位之二年闰正月丙午,制太平、长乐、安乐、宜城、新都、安定、金城七公主并开斋,使置官属,此宫闱权势倾内外之始。长乐以下六公主皆中宗女,就中安乐最有宠,骄横专恣无不至"。"时请昆明池,欲大营园囿,亦不许。乃更请民田,凿一大池,累石像华山,引水于天津,欲胜昆明池,命名定昆池。其平生所系裙值钱一亿,所织花卉鸟兽皆如粟粒"。景龙三年十一月,中宗幸公主新宅,大宴群臣,沈佺期奉命作《侍宴安乐公主新宅》诗:"皇家贵主好神仙,别业初开云汉边。山出尽如鸣凤岭,池成不让饮龙川。妆楼翠幌教春住,舞阁金铺借日悬。敬从乘舆来此地,称觞献寿乐钧天。骎骎羽骑历城池,帝女楼台向晚极。露洒旌旗云外出,风回岩岫雨中移。当轩半落天河水,绕径金低月树枝。箫鼓宸游陪宴日,和鸣双凤喜来仪。"

7.4.1.3 辋川别业

长安附近的"辋川别业"是一座比较有代表性的、依附于庄园的文人别墅园林。由于园林主人王维是当时的大诗人、大画家而名重一时,也由于王维曾著文、赋诗咏赞、绘画园景而成为历史上的一座名园。它是唐代文人山水园林即写意山水园林的代表作之一。

辋川别业(图7-11)在蓝田县西南约20千米,这里山岭环抱,溪谷辐辏有若车轮,故名"辋川"。原是大诗人宋之问的庄园,后为王维所得,就天然山水地形和植被稍加整治规划并作局部的园林化处理。王维《辋川集》记录了20个景区和景点的景题命名,每个景区或景点都有他和裴迪唱和的两首诗。王维早年仕途顺利,官至给事中,天宝十四年(755年)安禄山叛军占据长安时未能出走,被迫做了新朝散官。其间,发生了梨园弟子凝碧池罢唱事件②,使王维深受感动,愤而作诗,以表达对唐王朝的忠心。因此,安史之乱平叛后朝廷并未追究王维二臣之罪,官迁尚书右丞。但王维终因这个污点,晚年对名利十分淡薄,辞官终老辋川。王维母亲是虔诚的佛徒,逝世后,王维为超度母亲亡灵,改别业名为"鹿苑寺",并修建七级浮屠于山腰。王维后来也安葬于此。辋川别业的规划整理,凝聚着王维的心血和智慧。

从王、裴唱和的四十首诗在《辋川集》中排列的顺序及其前后关系判断,这个顺序大概也就是园内的一条主要的游览路线。我们不妨循着这条路线,分析代表性园林诗句所表达的诗情画意,推断辋川别业的风格特征。

孟城 坳谷地上的一座古城堡遗址,也就是园林的主要入口。

---

① 昆明池是隋朝长安西苑中最大的湖沼,其中设有蓬莱、方丈、瀛洲三座仙山。

② 某日,安禄山大宴群臣于禁苑凝碧池,命梨园弟子奏乐献技。有雷海青者,宁死不从,面向西北伤心恸哭,被戮于廊下。王维有感于梨园弟子的爱国精神,吟诗赞曰:"万户伤心生野烟,百官何日更朝天。秋槐落叶深宫里,凝碧池头奏管弦。"

华子冈　以松树为主的丛林植被披覆的山岗。

文杏馆　以文杏木为梁、香茅草作屋顶的厅堂,这是园内的主体建筑物,它的南面是环抱的山岭,北面临大湖。裴迪诗:"迢迢文杏馆,跻攀日已屡。南岭与北湖,前看复回顾。"王维诗:"文杏裁为梁,香茅结为宇。不知栋里云,去作人间雨。"裴诗反映了文杏馆居高临下,控制全园的中心地位,且有借景、点景和引景等功能;王诗表达到了结庐山野,了却红尘的精神境界。

图7-11　辋川局部图

(《关中胜迹图志》)

斤竹岭　山岭上遍种竹林,一弯溪水绕过,一条山道相通,满眼青翠掩映着溪水涟漪。裴迪诗:"明流纡且直,绿篠密复深;一径通山路,行歌望旧岑。"王维诗:"檀栾映空曲,青翠漾涟漪;暗入商山路,樵人不可知。"裴诗反映了竹林深邃、山径通幽的山林景观;王诗表达了隐居山林,乐于空寂,断绝一切交往的心情。

鹿柴　用木栅栏围起来的一大片森林地段,其中放养麋鹿。裴迪诗:"日夕见寒山,便为独往客。不知深林事,但有麕鹿迹。"王维诗:"空山不见人,但闻人语响。返景入深林,复照青苔上。"裴诗反映了日暮山空,森林幽深,嗷嗷鹿鸣的天然野趣;王诗表达了自然的博大、空旷,人事的渺小和无奈,就像空谷中的几声回音,也似深林下的几块光斑。

木兰柴　用木栅栏围起来的一片木兰树林,溪水穿流其间,鸟儿雄飞雌从,环境十分幽邃。

茱萸沜　生长着繁茂的山茱萸花的一片沼泽地。王维诗:"结实红且绿,复如花更开。山中傥留客,置此芙蓉杯。"表现了王维归隐田园后常在此地赏花、饮酒、赋诗,恬淡而愉快的生活情趣。

宫槐陌　两边种植槐树(守宫槐)的林阴道,一直通往名叫"欹湖"的大湖。

临湖亭　建在欹湖岸边的一座亭子,凭栏可观赏开阔的湖面水景。王维诗:"轻舸迎上客,悠悠湖上来。当轩对樽酒,四面芙蓉开"。王诗描绘的临湖亭犹如轻舸在湖面轻轻漂荡,宾主举杯,换盏之间,水中的芙蓉也悄悄绽开了。据此可知,临湖亭就像后世园林湖岸边设置的旱船,具有赏景、点景、引景等功能。

南垞　欹湖的游船停泊码头之一,建在湖的南岸。

欹湖　别业内的大湖,可泛舟作水上游。裴迪诗:"空阔湖水广,青荧天色同,舣舟一长啸,四面来清风。"描绘了一幅碧波万顷,水天一色的壮美画面,表达了人与碧水、清风、山林和谐相处的无为情操。

柳浪　敧湖岸边栽植成行的柳树,倒映入水最是婉约多姿。王维诗:"分行接绮树,倒影入清漪。不学御沟上,春风伤别离。"相传汉宫苑中有宫女取柳叶写诗其上,顺水漂流园外,以此与情郎约会。王维借此表明自己自愿归隐园林,终身无怨无悔之愿。

栾家濑　这是一段因水流湍急而形成平濑水景的河道。王维诗:"飒飒秋雨中,浅浅石榴坞。跳波自相溅,白鹭惊复下。"描写一幅秋雨之中白鹭戏水的图景。

金屑泉　泉水涌流荡漾呈金碧色。

白石滩　敧湖边白石遍布成滩,赤足趟水,则兴味盎然。

北垞　敧湖北岸的游船码头,可能还有船坞的建置。

竹里馆　大片竹林环绕着的一座幽静的建筑物。王维诗:"独坐幽篁里,弹琴复长啸。深林人不知,明月来相照。"竹是隐士的形象,坚贞节操的象征。诗歌表达到了园主人归隐竹林,弹琴吹箫,与天、地和明月相伴,心心相印的感情。

辛夷坞　以辛夷的大片种植而成景的岗坞地带,辛夷形似荷花。王维诗,"木末芙蓉花,山中发红萼。涧户寂无人,纷纷开且落。"美丽的辛夷花开在山林却无人欣赏,花开花落,自生自灭,年复一年。但王维认为,这才是真正的纯粹的美,只要自己把美丽献给大自然,管别人怎么看呢?

漆园　种植漆树观赏漆叶的园地。裴迪诗:"好闲早成性,果此谐宿诺。今出漆园游,还同庄叟乐。"庄子当年曾做过漆园吏,裴迪将王维比作庄子,王维亦乐此不疲。

椒园　种植椒树观赏椒香的园地。裴迪诗:"丹刺罥人衣,芳香留过客。幸堪调鼎用,愿君垂采摘。"描述椒园采椒的情景,暗含劝君归隐田园之意。

从上引文及分析可判断,辋川别业有山、岭、岗、坞、湖、溪、泉、沂、濑、滩等自然景观,亦有茂密的植被和丰富的鸟兽活动,总体上是以天然风景取胜,局部的园林化则偏重于各种树木花卉的大片成林或丛植成景。建筑物并不多,形象朴素,布局疏朗。王维长于诗歌绘画,园林造景尤重意境。王维晚年笃信佛事,从王、裴的唱和诗中反映出辋川别业极力追求自由、恬淡和静寂安宁的氛围,表达万机空灵、民胞物与、返璞归真的至高境界。

7.4.2　洛阳私家园林

洛阳为唐朝东都,北宋西京,乃历代名园荟萃之地。公卿贵戚捷足先登,跑马圈地,文人士流,竞相效尤。私家园林之盛可与长安匹敌。宋人李格非写一篇《洛阳名园记》,记述他所亲历的比较名重于当时的园林十九处,大多数是利用唐代废园的基址。其中十八处为私家园林,包括宅园、游憩园和专门培植花卉的花园。城内私园也像长安一样,纤丽和清雅两种格调并存。白居易的履道坊园,李德裕的平泉山庄,富弼的富郑公园,裴度的湖园,司马光的独乐园等冠于洛中,其中以白居易的履道坊宅园最具代表性。

7.4.2.1　履道坊宅园

这座宅园位于履道坊之西北隅,洛水流经此处,被认为是城内"风土水木"最胜之地。园建成后,白居易专门为它写了一篇韵文《池上篇》。篇首的长序详尽地描述此园的内容:园和宅共占地十五亩,其中"屋室三之一,水五之一,竹九之一,而岛树桥道间之",屋室包括住宅和游憩建筑,水指水池而言。在水池的东西建粟廪,北面建书库,西面建琴亭。他本人"罢杭州刺史时,得天竺石一,华亭鹤二以归,始作西平桥,开环池路。罢苏州刺史时,得太湖石、白莲、折腰菱、青版舫以归,又作中高桥,通三岛径。罢刑部侍郎时,有粟千斛、书一车"。友人陈某曾经教授他酿酒之法,崔某赠他以古琴,姜某教授他弹奏《秋思》之乐章,杨某赠予他三块方整平滑、可以坐卧的青石。太和三年（829年）夏天，白居易被委派到洛阳任"太子宾客"的官职，遂得以经常优游于此园。于是，便把过去为官三任之所得，四位友人的赠授全都安置在园内。"每至池风春、池月秋，水香莲开之旦、露青鹤唳之夕，拂杨石，举陈酒，援崔琴，弹姜《秋思》。颓然自适，不知其他。酒酣琴罢，又命乐童登中岛亭，合奏《霓裳·散序》。声随风飘，或凝或散，悠扬于竹烟波月之间者久之，曲未尽而天陶然，已醉睡于石上矣。"

看来白居易对这座园林的筹划是用过一番心思的，造园的目的在于寄托精神和陶冶性情，那种清心幽雅的格调和"城市山林"的气氛也恰如其分地体现了当时文人的园林观——以泉石竹树养心，借诗酒琴书怡性。《池上篇》颇能道出这个营园主旨："十亩之宅，五亩之园；有水一池，有竹千竿。勿谓土狭，勿谓地偏；足以容膝，足以息肩。有堂有庭，有桥有船；有书有酒，有歌有弦。有叟在中，白须飘然；识分知足，外无求焉。如鸟择木，姑务巢安；如龟居坎，不知海宽。灵鹤怪石，紫菱白莲；皆吾所好，尽在吾前。时饮一杯，或吟一篇；妻孥熙熙，鸡犬闲闲。优哉游哉，吾将终老于其间。"

白居易将他所得的太湖石陈设在履道坊宅园之内，足见太湖石在唐代已作为造园用石了。但唐代私园筑山仍以土石山居多，石料一般为就地取材。太湖石产在江南的太湖，开采、运输都很困难。故在私园中仅作为个别的"特置"，是一种十分名贵的石材，深为文人所珍爱。对于它的特殊形象，文人多有诗文吟咏。

7.4.2.2 平泉庄

平泉庄位于洛阳城南三十里，靠近龙门伊阙。园主人李德裕出身官僚世家，出将入相。他年轻时曾随其父宦游在外十四年，遍览名山大川。入仕后即卷入残酷持久的牛李党争中，而瞩目伊洛山水风物之美，郁闷顿消，便有退居之志。于是购得龙门之西的一块废园地，"剪荆莽，驱狐狸，如立斑生之庐，渐成应叟之宅。又得江南珍木奇石，列于庭除。平生素怀，于此足矣"。园既建成，却又"杳无归期"。他深知仕途艰险，怕后代子孙难于守成，因此告戒子孙也："鬻吾平泉者非吾子也，以平泉一树一石与人者非佳士也。"关于此园之景物，康骈《剧谈录》这样描写："（平泉庄）去洛城三十里，卉木台榭，若造仙府。有虚槛对引，泉水萦回。疏凿像巴峡、洞庭、十二峰、九派，迄于海门。江山景物之状，以间行径。有平石，以手磨之，皆隐隐现云霞、龙凤、草树之形。"

李德裕官居相位，权势显赫。各地的地方官为了巴结他，竞相奉献异物置之园内，时人有《题平泉》诗曰："陇右诸侯供鸟语，日南太守送名花。"故园内"天下奇花异草，珍松怪石，靡不毕致"。怪石名品甚多，《剧谈录》提到的有醒酒石、礼星石、狮子石等。

此园用石的品类，李德裕写的《平泉山居草木记》中记录了"日观、震泽、巫岭、罗浮、洼水、严湍、庐阜、漏泽之石"，以及"台岭、茅山、八公山之怪石，巫峡、严湍、琅琊台之水石，布于清渠之侧；仙人迹、马迹、鹿迹之石列于佛榻之前"。

平泉庄内栽植树木花卉数量之多，品种之丰富、名贵，尤为著称于当时。《平泉山居草木记》中记录的名贵花木品种计有：金松、海棠、红豆、温树等六十余种。

李德裕平生癖爱珍木奇石，宦游所至，随时搜求。再加上他人投其所爱之奉献，平泉庄无异于一个收藏名种花木和奇石的大花园。此外，园内还建置"台榭百余所"，有书楼、瀑泉亭、流杯亭、西园、双碧潭、钓台等，驯养了鸂鶒、白鹭鸶、猿等珍禽异兽。可以推想，这座园林的"若造仙府"的格调正符合于园主人位居相国在朝的显宦身份地位，与前述白居易一般文人官僚所营园墅是迥然不同的。

156

7.4.2.3　富郑公园

　　此园(图7-12)为宋仁宗、神宗两朝宰相富弼的宅园,也是洛阳少数几处不利用旧址而新开辟的私家园林之一。园在邸宅的东侧,出邸宅东门的探春亭便可入园。园林的总体布局大致为:大水池居园之中部偏东,由东北方的小渠引来园外活水。池之北为全园的主体建筑物四景堂,前为临水的月台,"登四景堂则一园之胜景可顾览而得",堂东的水渠上跨通津桥。过桥往南即为池东岸的平地,种植大片竹林,辅以多种花木。"上方流亭,望紫筠堂而还。右旋花木中,有百余步,走荫樾亭、赏幽台,抵重波轩而止"。池之南岸为卧云堂,与四景堂隔水呼应成对景,大致形成园林的南北中轴线。卧云堂之南一带土山,山上种植梅、竹林,建梅台和天光台。二台均高出于林梢,以便观览园外风景。四景堂之北亦为一带土山,山腹筑洞四,横一纵三。洞中用大竹引水,洞上为小径。大竹引水出地成明渠,环流于山麓。山之北是一大片竹林,"有亭五,错列竹中,曰丛玉,曰披风,曰漪岚,曰夹竹,曰兼山"。此园的两座土山分别堆掇于水池的南、北面,"背面通流,凡坐此,则一园之胜可拥而有也"。据《洛阳名园记》的描述

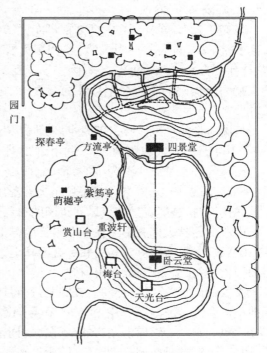

图7-12　富郑公园平面设想图

情况看来,全园大致分为北、南两个景区。北区包括具有五个水洞的土山及其北的竹林,南区包括大水池、池东、西的平地和池南的土山。北区比较幽静,南区则以开朗的景观取胜。

　　另外,根据《洛阳名园记》对十九座名园的状写,有四点值得一提:①除宅园之外,还有许多单独建置的游憩园。无论宅园或游憩园,都经常用作公卿士大夫们宴集、游赏的场所。因此,私园的面积不会太小,园内一般都有广阔的回旋余地,如在树林中辟出空地"使之可张幄",又多有宏大的堂、榭建筑,如环溪的"凉榭、锦厅,其下可坐数百人"。②洛阳的私家园林都以莳花栽木著称。有大片树林而成景的林景,如竹林、梅林、桃林、松柏林等,尤以竹林为多。另外,在园中划出一定区域作为"圃",栽植花卉、药材、果蔬。某些游憩园的花木特别多,以花木造景取胜。相对而言,山池、建筑之景仅作为陪衬。如李仁丰园"花木有至千种者,归仁园内北有牡丹、芍药千株,中有竹千亩,南有桃李弥望",则是专供赏花的花园。③当时中原私家园林的筑山仍以土山为主,仅在特殊需要的地方如构筑洞穴时掺以少许石料,一般少用甚至不用。究其原因,一方面,土山容易生长草木,且草木茂则鸟兽栖焉,一派天然野趣,返璞归真的景象,这是当时许多士流文人所追求的理想场所;另一方面,由于上好的掇山用石需远道从南方运来,成本太高,园主人不愿在这上面花费过多,中原私家园林因佳石不易得,而提倡堆筑土山或石少土多的土石山,就好像江南的吴兴地近太湖盛产优质石料之处故尔造园多用石掇山、以石取胜一样,都是因地制宜而产生的各不相同的地方特色。④园内建筑形象丰富,但数量不多,布局疏朗。园中筑"台",有的作为园景之点缀,有的则有登高俯瞰园景和观赏园外风景之用。建筑

物的命名均能点出该处景观的特色,而且有一定的意境含蕴,如四景堂、卧云堂、含碧堂、知止庵等。

7.4.3 临安私家园林

临安作为南宋的"行在",西邻西湖东面钱塘,群山滴翠,碧水映天。政治、经济、文化中心转移于斯,又有美丽的湖山胜境,这些都为民间造园提供了优越的条件,因而自绍兴十一年(1141年)与金人达成和议以来,临安私家园林的盛况比之北宋的洛阳有过之而无不及。各种文献中所提到的私园名字总计约近百处,它们大多数分布在西湖一带,其余在城内和钱塘江畔。

西湖一带的私家园林,《梦粱录》卷十九记述了比较著名的16处。《武林旧事》卷五记述了45座,其中分布在三堤路的5座,北山路21座,葛岭路14座。

园林的分布是以西湖为中心,南、北两山为环卫,随地形及景色之变化,借广阔湖山为背景,采取分段聚集,或依山,或滨湖,起伏疏密,配合得宜,天然人工浑为一体,充分发挥了诸园的点景作用,扩展了观景的效果。诸园的布局大体上分为三段:南段、中段和北段。

南段的园林大部分集中在湖南岸及南屏山、方家峪一带。这里接近宫城,故以行宫御苑居多,如胜景园、翠芳园等。私家和寺观园林也不少,随山势之婉蜒,高低错落。其近湖处之集结名园佳构,意在渲染山林、借山引湖。

中段的起点为长桥,环湖沿城墙北行,经钱湖门、清波门、涌金门,至钱塘门,包括耸峙湖中的孤山。在沿城滨湖地带建置聚景、玉壶、环碧等园缀饰西湖,并借远山及苏堤作对应,以显示湖光山色的画意。继而沿湖西转,顺白堤引出孤山,是为中段造园的重点和高潮。孤山耸峙湖上,碧波环绕,本是西湖风景最胜处,唐以来即有园亭楼阁之经营,婉若琼宫玉宇。南宋时尚遗留许多名迹,如白居易之竹阁,僧志铨之柏堂,名士林逋之巢居梅圃等。绍兴年间南宋高宗在此营建御苑祥符园,理宗作太乙西宫,扩展御苑而成为中段诸园之首。以孤山形势之胜,经此妆点,更借北段宝石山、葛岭诸园为背景,与南段南屏一带诸园及中段之滨湖园林互相呼应,蔚为大观。不仅如此,还于里湖一带布置若干别业小圃,以为隔水之陪衬。孤山及其附近遂成为西湖名园荟萃之区,以至于"一色楼台三十里,不知何处觅孤山"了。

北段自昭庆寺循湖而西,过宝石山,入于葛岭,多为山地小园。在昭庆寺西石涵桥北一带集结云洞、瑶池、聚秀、水丘等名园,继之于宝石山麓大佛寺附近营建水月园等,再西又于玛瑙寺旁建置养乐、半春、小隐、琼花诸园,入葛岭更有集芳、挹秀、秀野等园,形成北段之高潮。复借西泠桥畔之水竹院落衔接孤山,又使得北段之园林高潮与中段之园林高潮凝为一体,从而贯通全局之气脉。

综观三段园林之布置,虽说未经事先之规划,但各园基址的选择均能着限于全局,因而形成总体结构上的起、承、转、合,疏密有致,轻重急缓的韵律,长桥和西泠桥则是三段之间的衔接转折的重要环节。这里皇家、私家、寺观园林三足鼎立,蔚为大观。园林既因借于湖山之秀色,又装点了湖山之画意。西湖山水之自然景观,经过他们的点染,配以其他的亭、榭,以及南北两山对峙呼应之雷峰塔和宝俶塔作为总揽全局之构图重心,西湖通体形成为既有自然风景之美而又渗透着以建筑为主的人文景观之胜的风景名胜区,也无异于一座由许许多多小园林集锦而成的特大型的天然山水园林。这些小园林"俯瞰西湖,高挹两峰。亭馆台榭,藏歌贮舞。四时之景不同,而乐也无穷矣"。在当时国家山河破碎、偏安半壁的情况下,诗人林升感慨于此,因题壁为诗云:"山外青山楼外楼,西湖歌舞几时休。暖风薰得游人醉,直把杭州作汴州。"

环湖园林,除南、中、北段比较集中之外,也还有一些散布在湖西面的山地以及北高峰、三台山、南高峰、泛洋湖等地,试举几例。

7.4.3.1 南园

在长桥附近,为平原郡王韩侂胄的别墅园。据《梦粱录》记载,园内"有十样亭榭,工巧无二,俗云'鲁班造者'。射圃、走马廊、流杯池、山洞,堂宇宏丽,野店邨庄,装点时景,观者不倦"。另据《武林旧事》记载,园内"有许闲堂、相容射厅、寒碧台、藏春门、凌风阁、西湖洞天、归耕庄、清芬堂、岁寒堂、夹芳、豁望、矜春、鲜霞、忘机、照香、堆锦、远尘、幽翠、红香、多稼、晚节香等亭。秀石为上,内作十样锦亭,并射圃、流杯等处"。这座园林是南宋临安著名的私园之一,陆游《南园记》对此园有比较详尽的描述:南园之选址"其地实武林之东麓,而西湖之水汇于其下,天造地设,极湖山之美",因而能够"因其自然,辅之雅趣"。经过园主人的亲自筹划,乃"因高就下,通室去蔽,而物像列。奇葩美木,争列于前;清流秀石,拱揖于外。飞观杰阁,虚堂广厦,上足以陈俎豆,下足以奏金石者,莫不毕备。升而高明显敞,如蜕尘垢;入而窈窕邃深,凝于无穷"。所有的厅、堂、阁、榭、亭、台、门等均有命名,以示其建筑和景观的特点。"自始兴以来,王公将相园林相望,皆莫能及南园之仿佛者"。

7.4.3.2 水乐洞园

在满觉山,为权相贾似道之别墅园。据《武林旧事》记载,园内"山石奇秀,中一洞嵌空有声,以此得名","又即山之左麓壁荦确为径,循径而上,亭其山之颠。杭越诸峰,江湖海门尽在目睫,淘奇观也"。建筑有声在堂、界堂、爱此留照、独喜玉渊、漱石宜晚、上下四方之宇诸亭,水池名"金莲池"。

7.4.3.3 后乐园

原为御苑集芳园,后赐贾似道。据《西湖游览志》记载,此园"古木寿藤,多南渡以前所植者。积翠回抱,仰不见日"。建筑物皆御苑旧物,皇帝宋高宗御题之名均有隐寓某种景观之意。例如,"蟠翠"喻附近之古松,"雪香"喻古梅,"翠岩"喻奇石,"倚绣"喻杂花,"挹露"喻海棠,"玉蕊"喻荼蘼,"清胜"喻假山。此外,山上之台名"无边风月见天地心",水滨之台名"琳琅步归舟"等。架百余"飞楼层台,凉亭燠馆"。"前挹孤山,后据葛岭,两桥映带、一水横穿,各随地势,以构筑焉"。山上"架廊叠磴,幽渺透迤",极其营度之巧,并"隧地通道,抗以石梁,旁透湖滨"。

7.4.3.4 裴园

即裴禧园,在西湖三堤路。此园突出于湖岸,故诚斋诗云:"岸岸园亭傍水滨,裴园飞入水心横,傍人莫问游何处,只拣荷花开处行。"

临安东南部之山地以及钱塘江畔一带,气候凉爽,风景亦佳,多有私家别墅园林之建置,《梦粱录》记载了六处。其中如内侍张侯壮观园、王保生园均在嘉会门外之包家山,"山上有关,名桃花关,旧匾'蒸霞',两带皆植桃花,都人春时游者无数,为城南之胜境也"。"钱塘门外溜水桥东西马塍诸圃,皆植怪松异桧,四时奇花,精巧窠儿多为龙蟠凤舞飞禽走兽之状,每日市于都城,好事者多买之,以备观赏也"。

临安城内的私家园林多半为宅园,内侍蒋苑使的宅园则是其中之佼佼者。据《梦粱录》之记载,蒋于其住宅之侧"筑一圃,亭台花木,最为富盛。每岁春月,放人游玩,堂宇内顿放买卖关扑,并体内庭规式,如龙船、闹竿、花篮,花工用七宝珠翠奇巧装结,花朵冠梳,并皆时样。宫窑碗碟,列古玩具,铺陈堂右。仿如关扑歌叫之声,清婉可听。汤茶巧细。车儿排设进呈之器。桃村杏馆酒肆,装成乡落之景。数亩之地,观者如市"。

7.4.4 成都私家园林(浣花溪草堂)

大诗人杜甫为避安史之乱,流寓成都,得到友人剑南节度使严武的襄助。于上元元年(760年)择地城西之浣花溪畔建置草堂,两年后建成。杜甫在《寄题江外草堂》诗中简述了兴建这座别墅园林的经过,"诛茅初一亩,广地方连延;经营上元始,断手宝应年。敢谋土木丽,自觉面势坚;亭台随高下,敞豁当清川;虽有会心侣,数能同钓船"。该园占地初仅一亩,随后又加以扩展。建筑布置随地势之高下,充分利用天然的水景,"舍南舍北皆春水,但见群鸥日日来"。园内的主体建筑物为茅草葺顶的草堂,建在临浣花溪的一株古楠树的旁边,"倚江南树草堂前,故老相传二百年;诛茅卜居总为此,五月份佛闻寒蝉"。园内大量栽植花木,"草堂少花今欲栽,不问绿李与红梅"。主要有果树、桤木、绵竹等。因而满园花繁叶茂,阴浓蔽日,再加上浣花溪的绿水碧波以及翔泳其上的群鸥,构成一幅极富田园野趣而寄托着诗人情思的天然图画。杜甫在《堂成》诗中这样写道:"背郭堂成荫白茅,缘江路熟俯青郊。桤木碍日吟风叶,笼竹和烟滴露梢。暂止飞乌将数子,频来语燕定新巢。旁人错比扬雄宅,懒惰无心作解嘲。"

三年后,草堂因八月大秋风所破,大雨接踵而至,诗人又作《茅屋为秋风所破歌》,虽写数间茅屋,表现的却是诗人忧国忧民的仁爱情怀和改变现实的理想。

7.4.5 庐山私家园林(庐山草堂)

唐代,文人到已开发的山岳风景名胜区择地修建别墅的情况比较普遍。元和年间,白居易任江州司马时在庐山修建"草堂"并自撰《草堂记》。记述了园林的选址、建筑、环境、景观以及作者的感受。

建园基址选择在香炉峰之北,遗爱寺之南的一块"面峰腋寺"的地段上,这里"白石何凿凿,清流亦潺潺;有松数十株,有竹千余竿;松张翠缴盖,竹倚青琅玕。其下无人居,悠哉多岁年;有时聚猿鸟,终日空风烟。"

草堂建筑和陈设极为简朴,三间两柱,二室四墉。洞北户,来阴风,防徂暑,敞南甍,纳阳日,寒堂中设木榻四,素屏二,漆琴一张,儒道佛书各三两卷。窗前为一块十丈见方的平地,平地当中有平台,大小约为平地之半。台之南有方形水池,大小约为平台之一倍。"环池多山竹野卉,池中生白莲、白鱼"。

草堂南面"抵石涧,央涧有古松。老杉,大仅十人围,高不知几百尺,……松下多灌丛、萝茑,叶蔓骈织,承翳日月,光不到地。盛夏风气如八九月时。下铺白石为出人道。"草堂"北五步,据层崖,积石嵌空垤圾,杂木异草,盖覆其上。又有飞泉,植茗以烹煇"。"草堂东有瀑布,水悬三尺,泻阶隅,落石渠,昏晓如练色,夜中如环珮琴筑声"。"草堂西依北崖右趾,以剖竹架空,引崖上泉,脉分线悬,自檐注砌,累累如贯珠,霏微如雨露,滴沥漂洒,随风远去"。

草堂附近景观亦冠绝庐山,"春有'锦绣谷'花,夏有'石门涧'云,秋有'虎溪'月,冬有'炉峰'雪,阴晴显晦,昏旦含吐,千变万状,不可殚记。所谓甲庐山"。

白居易贬官江州,心情十分悒郁,尤其需要山水泉石作为精神的寄托。司马又是一个清闲差事,有足够的闲暇时间到庐山草堂居住,"每一独往,动弥旬日"。因而把自己的全部情思寄托于这个人工经营与自然环境完美和谐的园林上面。他的《香炉峰下新置草堂即事咏怀题于石上》一诗表白了一个历经宦海浮沉、人生沧桑的知识分子对于退居林下、独善其身作泉石之乐的向往之情:"何以洗我耳,屋头飞落泉;何以净我眼,砌下生白莲。左手携一壶,右手挈五弦;傲然意自足,箕踞于其间。兴酣仰天歌,歌中聊寄言;言我本野夫,误为世网牵。时来昔捧日,老去今归山;倦鸟得茂树,涸鱼还清源。舍此欲焉往,人间多险艰。"

7.4.6 吴兴私家园林

正当唐末五代中原战乱频仍的时候,割据江南的南唐和吴越国却一直维持着安定承平的局面,因而直到北宋时江南的经济、文化都得以保持着历久不衰发展的势头,在某些方面甚至超过中原。宋室南渡,偏安江左,江南遂成为全国最发达的地区,私家园林之兴盛,自是不言而喻。

吴兴是江南的主要城市之一,靠近富饶的太湖,山水清远,士大夫多居之。城中二溪横贯,多园池之胜。南宋人周密写了一篇《吴兴园林记》,记述他亲身游历过的吴兴园林三十六处,其中最有代表性的是南、北沈尚书园,即南宋尚书沈德和的一座宅园和一座别墅园。

7.4.6.1 南尚书园

南园在吴兴城南,占地百余亩,园内"果树甚多,林擒尤盛"。主要建筑聚芝堂,藏书室位于园的北半部。聚芝堂前临大池,池中有岛名蓬莱。池南岸竖立着三块太湖石,"各高数丈,秀润奇峭,有名于时。"足见此园是以太湖石的"特置"而名重一时的。沈家败落后这三块太湖石被权相贾似道购去,花了很大代价才搬到他在临安的私园中。

7.4.6.2 北尚书园

北园在城北奉胜门外,又名北村,占地三十余亩。此园"三面背水,极有野意",园中开凿五个大水池均与太湖沟通,园内园外之水景连为一体。建筑有灵寿书院、治老堂、溪山亭,体量都很小。有台名叫"对湖台",高不逾丈。登此台可面对太湖,远山近水历历在目,一览无余。

南园以山石之美见长,北园以水景之秀取胜,两者为同一园主人而造园立意迥然不同。

7.4.7 苏州私家园林

苏州是另一个濒临太湖的城市。宋徽宗修造东京的艮岳,曾在苏州设应奉局专事搜求民间奇花异石,足见当时的私家园林不在少数。它们主要分布在城内、石湖、尧峰山、洞庭东山和洞庭西山一带,沧浪亭便是城内较有名气的宅园之一,如图7-13所示。

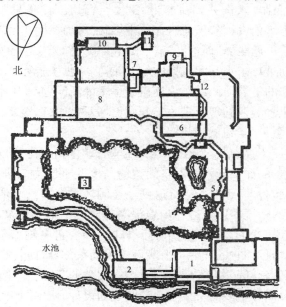

图7-13 沧浪亭平面图

1—大门;2—面水轩;3—沧浪亭;4—观鱼处;5—御碑亭;6—清香馆;7—五百名贤祠;8—明道堂;
9—翠玲珑;10—瑶华境界;11—见山楼;12—仰止亭

161

沧浪亭在苏州城南,据园主人苏舜钦自撰的《沧浪亭记》记载,北宋庆历年间(1044年),因获罪罢官,旅居苏州。购得城南废园,据说是吴越国中吴军节度使孙承佑别墅废址。"纵广合五六十寻,三向皆水也。杠之南,其地益阔,旁无民居,左右皆林木相亏蔽"。废园的山池地貌依然保留原状,乃在北边的小山上构筑一亭,名沧浪亭。苏舜钦有感于《孟子》"沧浪之水清兮,可以濯吾缨;沧浪之水浊兮,可以濯吾足"。"前竹后水,水之阳又竹,无穷极,澄川翠干,光影会合于轩户之间,尤与风月为相宜"。看来园体的内容简朴,很富于野趣。又据苏舜钦《答韩持国书》载:"家有园林,珍花奇石,曲池高台,鱼鸟留连,不觉日暮"。可知沧浪亭一派天然野趣中不乏人工点缀之美。苏舜钦死后,此园屡易其主,后归章申公家所有。申加以扩充、增建,园林的内容较前丰富得多。据《吴县志》记载:"为大阁,又为堂山上。堂北跨水,有名洞山者,章氏并得之。既除地,发其下,皆嵌空大石,人以为广陵王时所存,益以增累其隙。两山相对,遂为一时雄观。建炎犹存。山堂曰寒光,傍有台,曰冷风亭,又有翙运堂。池侧曰濯缨亭,梅亭曰遥华境界,竹亭曰翠玲珑,木犀亭曰清香馆,其最胜则沧浪亭也"。清初,有人将苏舜钦和欧阳修的名句联缀成联,"清风明月本无价","近水远山皆有情",其诗情画意与沧浪亭的深远意境高度融合在一起。

7.4.8　唐宋文人园林(写意山水园林)

7.4.8.1　文人园林繁荣背景

唐宋时代科举取仕,许多文人以文入官,入官之后又不忘吟诗赏景。由于文人经常写作山水诗文,对山水风景的鉴赏必然具备一定的能力和水平。许多著名文人担任地方官职,出于对当地山水风景的向往之情并利用他们的职位和权力对风景的开发多有建树。例如,中唐杰出的文学家柳宗元在贬官永州期间,十分赞赏永州风景之佳美并且亲自主持、参与了好几处风景区的开发建设,为此而写下了著名的散文《永州八记》。柳宗元经常栽植竹树、美化环境,把他住所附近的小溪、土丘、泉眼、水沟分别命名为"愚溪"、"愚丘"、"愚泉"、"愚沟"。他还负土垒石,把愚沟的中段开拓为水池,命名"愚池",在池中堆筑"愚岛",池东建"愚堂",池南建"愚亭"。这些命名均寓意于他的"以愚触罪"而遭贬谪,"永州八愚"遂成当地名景之一。诗人白居易在杭州刺史任内,曾对西湖进行了水利和风景的综合治理。他力排众议,修筑湖堤,提高西湖水位,解决了从杭州至海宁的上塘河两岸千顷良田的旱季灌溉问题。同时,沿西湖岸大量植树造林、修建亭阁以点缀其风景。西湖得以进一步开发而增添魅力,以至于白居易离任后仍对之眷恋不已,"未能抛得杭州去,一半勾留是此湖"。

这些文人出身的官僚不仅参与风景的开发、环境的绿化和美化,而且还参与营造自己的私园。根据他们对自然风景的深刻理解和对自然美的高度鉴赏能力来进行园林的规划,同时也把他们对人生哲理的体验、宦海浮沉的感怀融注于造园艺术之中。于是,文人官僚的士流园林所具有的那种清沁雅致的格调得以更进一步地提高、升华,披上一层文人的写意色彩,这便出现了"文人园林"。所以说,文人园林乃是士流园林的发展,它更侧重于以赏心悦目而寄托理想,陶冶性情,表现隐逸情趣。它的渊源可上溯西汉中期董仲舒舍园,经过魏晋六朝的发展,唐代白居易、王维、杜甫、柳宗元等文人开辟了写意山水园林的新途径。两宋时期,司马光、苏轼、陆游、欧阳修、林逋、苏舜钦等更多的文人参与造园规划设计,使中国山水园林完全写意化。

唐宋时代文人园林大盛的原因,还有更深刻的社会文化背景。从殷周到汉代,绘画一般都是工匠的事,两晋南北朝以后逐渐有文人参与,绘画逐渐摆脱狭隘的功利性而获得美学上的自觉和创作上的自由,成为士流文化的一个组成部分。唐代"文人画"兴起,尤其是宋代"文人画"

呈现繁荣局面,意味着绘画艺术更近一步地文人化而与民间的工匠画完全脱离。文人画是出自文人之手的抒情表意之作,其风格的特点在于讲求意境而不拘泥细节描绘,强调对客体的神似更甚于形似。文人园林的特点与文人画的风格特点有某些类似之处,文人所写的"画论"可以引为指导园林创作的"园论"。园林的诗情正是文人诗词风骨的复现,园林的意境与文人画的意境异曲同工。诗词、绘画以园林作为描写对象的屡见不鲜。诸如此类的现象,均足以说明文人画与文人园林的同步兴起,绝非偶然。

诗画艺术逐渐放弃外部拓展而转向开掘内部境界,出现了诸如"壶中天地"、"须弥芥子"、"诗中有画,画中有诗"之类的审美概念。促成了各个艺术门类之间的广泛地互相借鉴和触类旁通。在这种情况下,文人画之影响文人园林当属势之必然。

诗、画艺术给予园林艺术的直接影响是显然的,而宋代所确立的独特的艺术创作和鉴赏方法对于文人园林的间接浸润也不容忽视。

唐宋时期,诗画艺术的创作和鉴赏,在老庄哲学和佛教玄机妙理的启迪下,运用直觉感受、主观联想的方法,把中国传统比兴式的象征引喻发展为"以形传神"的理论。特别重视作品的风、骨、气、神,尤其到了宋代,在佛教禅宗的影响下发生了质的变化。

宋代社会的忧患意识和病态繁荣,文人士流处处进退祸福无常,逐渐在这个阶层中间造成了出世与入世的极不平衡的心态,赋予他们一种敏感、细致、内向的性格特征。唐代逐渐兴盛起来的佛教禅宗到这时已经完全中国化了。禅宗的"直指本心,见性成佛"的教义与文人士大夫的敏感、细致、内向的性格特征最能吻合,因而也为他们所乐于接受。于是,在文人士大夫之间"禅悦"之风遂盛极一时。禅宗倡导"梵我合一"之说,认为人世的沧桑全是一片混沌,合我心者是,不合我心者非,"顿悟"而后是,未"顿悟"则非。南禅的所谓顿悟,就是完全依靠自己内心的体验与直觉的感受来把握一切,无须遵循一般认识事物的逻辑、推理和判断的程序。这种通过内心观照、直觉体验而产生顿悟的思维方式渗入到宋代文人士大夫的艺术创作实践中,便促成了艺术创作之更强调"意",也就是作品的形象中所蕴含的情感与哲理,以及更追求创作构思的主观性和自由无羁,从而使得作品能够达到情、景与哲理交融的境界——完整的"意境"创造的境界。因此,宋人的艺术创作轻形似、重精神,强调直写胸臆、个性之外化。所谓"唐人尚法,宋人尚神"、"书画之妙,当以神会"。苏轼、米芾、文同都是倡导、运用这种创作方法的巨匠,也都是善于谈论禅机的文人。鉴赏方面,则由鉴赏者自觉地运用自己的艺术感受力和艺术想象力去追溯、补充作家在构思联想时的内心感情和哲理体验。所谓"说诗如说禅,妙处在解悟",形成以"意"求"意"的欣赏方式。这种中国特有的艺术创作和鉴赏方法在宋代的确立,乃是继两晋南北朝之后的又一次美学思想的大变化和大开拓,它对于宋代园林艺术的潜移默化从而促进了文人园林的发展产生不可估量的作用。

7.4.8.2 文人园林风格特征

文人园林的风格特征由著名园林史专家周维权先生概括为简远、疏朗、雅致、天然四个方面。

1. 简远

简远即景象简约而意境深远,这是对大自然风景的提炼与概括,也是创作方法更多地趋向写意的表征。简约不意味着简单、单调,而是以少胜多、以一当十。造园要素如山形、水体、花木、鸟兽、建筑不追求品类之繁富,不滥用设计之技巧,也不过多地切分景域或景区。所以,以司马光的独乐园因其在"洛中诸园中最简素"而名重于时。简约是宋代艺术的普遍风尚。

意境的创造在宋代文人园林中普遍受到重视,除了以视觉景象的简约而留有余韵之外,还借助于景物题署的"诗化"来获致意外之旨。用文字题署景物的做法已见于唐代,如王维的辋川别业,以诗歌形式来表达园林的深邃意境。两宋时则代之以诗的意趣,即景题的"诗化"表现园林意境。北宋人晁无咎致仕后在济州营私园"归去来园",园中景题皆"摭陶(渊明)词以名之",如松菊、舒啸、临赋、遐观、流憩、寄傲、倦飞、窈窕、崎岖等,意在"日往来其间则若渊明卧起与俱"。洪迈的私园"盘洲园"园内景题有洗心、啸风、践柳、索笑、橘友、花信、睡足、林珍、琼报、绿野、巢云、濠上、云起等。景题能够寓情于景,抒发园主人的襟杯,诱导游赏者的联想。景象的简约,景题的"诗化"所创造的意境比之唐代园林以诗歌表现的意境,则更为含蓄深远,耐人寻味。

2. 疏朗

园内景物的数量不求其多,因而园林的整体性强、不流于琐碎。园林掇山往往主山连绵、客山拱伏而构成一体,且山势多平缓,不作故意的大起大伏,《洛阳名园记》所记洛阳诸园甚至全部以土山代石山。水体多半以大面积来造成园林空间的开朗气氛。如《吴兴园林记》描写莲花庄:"四面皆水,荷花盛开时,锦云百顷";文潞公东园"水涉弥甚广,泛舟游者如在江湖间也"。植物配置亦以大面积的丛植或群植成林为主,林间留出隙地,虚实相衬,于幽奥中见旷朗。建筑的密度低,数量少,而且个体多于群体。不见有游廊连接的描写,更没有以建筑而围合或划分景域的情况。因此,就园林总体而言,虚处大于实处。正由于造园诸要素特别是建筑布局着眼于疏朗,园林景观更见其开阔。

3. 雅致

文人士流园林追求高蹈、雅趣,并把这种志趣寄托于园林中的山水花木,并通过它们的拟人化而表现得淋漓尽致。

唐宋时期,园中种竹十分普遍而且呈大面积的栽植,《洛阳名园记》所记十九处园林绝大多数都提到以竹成景的情况,有"三分水,二分竹,一分屋"的说法。竹是宋代文人画的主要题材,也是诗人吟咏的主要对象,它象征人的高尚节操,苏轼甚至说过这样的话,"可使食无肉,不可居无竹;无肉令人瘦,无竹令人俗"。园中种竹也就成了文人追求雅致情趣的手段,作为园林的雅致格调的象征,当然是不言而喻的了。再如菊花、梅花也是入诗入画的常见题材,北宋著名文人林逋写下了"疏影横斜水清浅,暗香浮动月黄昏"的咏梅名句。在私家园林中大量栽植梅、菊,除了观赏之外也同样具有诗、画中的"拟人化"的用意。唐代的白居易很喜爱太湖石,宋代文人爱石成癖则更甚于唐代。米芾每得奇石,必衣冠拜之呼为"石兄"。苏轼因癖石而创立了以竹、石为主题的画体,逐渐成为文人画中广泛运用的体裁。因此,园林用石盛行单块的"特置",以"漏、透、瘦、皱"作为太湖石的选择和品评的标准亦始于宋代。它们的抽象造型不仅具有观赏的价值,也表现了文人爱石的高雅情趣。此外,建筑物多用草堂、草庐、草亭等,亦示其不同流俗。景题的命名,主要为了激发人们的联想而创造意境。这种由"诗化"的景题而引起的联想又多半引导为操守、哲人、君子、清高等的寓意,抒发文人士大夫的脱俗的、孤芳自赏的情趣,也是园林雅致特点的一个主要方面。

4. 天然

天然之趣表现在两方面:力求园林本身与外部自然环境的契合,园林内部的成景以植物为主要内容。园林选址很重视因山就水,利用原始地貌,园内建筑更注意收纳、摄取园外之景,使得园内园外两相结合而浑然一体。文献中常提到园中多有高出于树梢的台,即为观赏园外风景而建置的。

　　临安西湖诸园,因借远近山水风景,更是千变万化,各臻其妙。园林的天然之趣,更多地得之于园内大量的植物配置。文献和宋代画作中所记载、描绘的园林绝大部分都以花木种植为主,多运用树木的成片栽植而构成不同的景域主题,如竹林、梅林、桃林等,也有混交林,往往借助于"林"的形式创造幽深而独特的景观。例如司马光的独乐园在竹林中把竹梢扎结起来做成两处庐、廊的摹拟,代替建筑物而作为钓鱼时休息的地方,环溪留出足够的林间空地,以备树花盛开时的游览观赏场地。宋人喜欢赏花,园林中亦多种植各种花卉,每届花时则开放任人游赏参观,园中还设药圃、蔬圃等,甚至有专门种植培育花卉的"花园子"。蓊郁苍翠的树木,姹紫嫣红的花卉,既表现园林的天然野趣,也增益浓郁的生活气息。另外,在园林中放养飞禽走兽,听取虎啸猿啼,更使园林野趣横生。

第8章 中国园林的成熟

（元明清）

8.1 时代背景

8.1.1 政治盛衰交替，三起三落

　　1206年，铁木真统一蒙古诸部，号称成吉思汗，起兵西征，创建了版图辽阔、幅员广大的帝国，后意图灭金而在南征西夏的途中病死。其第三子窝阔台即帝位，继其父太祖遗志，率军南征，与南宋联合而灭金。然后东降高丽，西平波斯，征服欧洲诸地。定宗（窝阔台之子贵由）享国日短，宪宗蒙哥旋即竞争为帝，派其弟旭烈兀征服波斯及小亚细亚诸地，完成了四大汗国的设计①。又派其弟忽必烈经略南国，征服大理及吐蕃，平交趾，正将攻宋的时候，宪宗死于军中，忽必烈不得已暂时与南宋议和。宋朝的奸相贾似道将此次议和伪称为大捷，粉饰太平，而失于戒备。忽必烈即帝位后，再图南征。南宋抵抗乏术，虽有忠义之士如文天祥、陆秀夫辈而不能胜，终归灭亡。

　　1264年忽必烈定都于燕京，称为大都，改国号为元。世祖意图渡海征日本，但突遇台风，樯倾楫摧，数万将士或为鱼鳖。遂向南征服缅民族、安南、爪哇诸地，版图之大，历代罕见。元朝统治者起自漠北，征服四方而得以统治广大地域，由于民族文化所限，故需广为招收人才，辽、金遗臣来归者皆授以官职，汉人之有才能者则延为幕宾。那个时代，远自波斯、阿拉伯、欧罗巴亦有不少人来仕于元。例如马可·波罗由意大利渡海来到中国，在元朝任扬州都督、枢密副使等官职。

　　元代的统一虽然是空前罕见的伟大事业，但是由于频频外征而荡尽国力，于是加重聚敛苛捐杂税，终于招致国家紊乱。原来为了治理西藏等地而赋予喇嘛以特权，结果却带来了僧人跋扈。另一方面，实行民族压迫之策，汉人不论才识多么高明，但总是不得不屈居蒙古人、色目人之下，从而招致汉人反抗。再说海都之乱② 连续30年，成为元帝国分裂的根源。元世祖以后每遇帝位继承时总要发生党争纠纷，有野心的大臣乘机专恣，这也成为元朝崩溃的祸根。

　　元朝末年，各地纷纷起义，但是元顺帝依然耽于淫乐，不顾国政。这时濠州人朱元璋随郭子兴起兵，经过15年东征西讨，1368年建都于金陵。朱元璋就是明太祖，年号为洪武。

　　后来明太祖平定北方各族，分封诸王子于全国各地。他认为元朝帝室因为孤立无援而灭

---

　　① 蒙古诸部统一后，开始向外扩张，经过成吉思汗西征，拔都西征，旭烈兀西征，先后建立了钦察汗国、察合台汗国、窝阔台汗国、伊利汗国。

　　② 海都是窝阔台的嫡孙，对大汗位旁落拖雷系不满，从至元5年（1268年）发动叛乱，参加叛乱的有东北诸王，西北诸王。1302年，海都败死。1306年，其子察八儿投降，动乱平息。

亡,所以分封诸王,并将从军立功的众将或罢免或杀死。明太祖在位 31 年而死。其孙朱允炆继帝位,就是惠帝。此时藩王逐渐跋扈,惠帝意图削弱诸王的势力。于是燕王朱棣以"靖难"为号召,率兵大举南下,攻陷金陵而登帝位,是为明成祖。明成祖改北平为北京,改旧都金陵为南京。他又怀抱雄图壮志,远征四方,北征鞑靼,南平安南,又收南海,派郑和七下西洋,布皇恩于天下。成祖以后,经历仁宗而至于宣宗,纲纪修明,天下大治,史称"洪宣之治"。英宗正统以降,开始重演历史上宦官专权、外戚干政、朋党纷争的悲剧,使朝纲紊乱、吏治腐败,内忧外患蜂起,终于导致明末农民大起义。

1644 年正月,李自成改西安为西京,接着拥兵东进,攻取居庸关,威逼北京。崇祯皇帝万般无奈,于 3 月 29 日爬上煤山自缢而亡。

同一时期,女真族的杰出人物努尔哈赤起兵于建州,经过多年奋斗而建立后金国,于 1616 年称汗,年号为天命。经过抚顺东郊撒尔浒之战击败明军,后又攻占沈阳以为都城(1625 年)。努尔哈赤去世后,其子太宗皇太极继位,1636 年,改国号为清,次年攻陷朝鲜京城。清太宗逝世后,世祖顺治帝嗣位(1644 年)。当年 3 月李自成攻下了明都北京城,驻在山海关防清的明将吴三桂"冲冠一怒为红颜",引狼入室,联合清军攻打李自成。清人利用这个机会,宣称为明帝报仇,遂于该年 5 月进入北京城,取得了全国的统治地位。

康熙之世,削平三藩之乱,收取台湾,与俄国签定尼布楚条约,西征准葛尔,平定西藏。乾隆继祖雄风,平定回疆,使缅甸入贡,击败廓尔喀,使安南入贡,剿灭郑氏割据,收复台湾。乾隆晚年时,世风渐趋奢华,政治和武力出现缓怠之。清朝在康熙、雍正、乾隆三代连续有 130 年的治世,出现了中国封建社会最后一个灿烂辉煌的太平盛世。

从这个时代起,欧洲诸国锐意向东方强制通商,实行侵略。英国殖民印度,近而威胁中国。清朝政治软弱无力,军队腐败,致使在鸦片战争中失败,于是割地赔款,丧权辱国。又经过第二次鸦片战争、中法战争、中日甲午战争、八国联军侵华,清政府不断丧师失地,与法、英、日、俄、德、意、比、荷、奥等列强签订一系列不平等条约。在此民族危机的岁月中,先后发生了太平天国、戊戌变法、义和团等救亡图存运动,但由于帝国主义和封建顽固派的联合剿杀都归于失败。

然而,帝国主义列强和封建顽固派的屠刀并没有吓倒英勇的中国人民。伟大的民主革命先行者孙中山先生,审时度势,提出"驱逐鞑虏,恢复中华,建立民国,平均地权"等战斗号召,掀起了轰轰烈烈的武装推翻满清王朝的斗争。1911 年 10 月,在武昌起义的炮声中,统治中国长达 268 年的最后一个封建王朝,终于轰然倒塌了。

8.1.2 商品经济长足发展,文化艺术异彩纷呈

元朝统一全国后,随着农业、手工业的恢复和发展,商品生产逐渐兴盛。在国内市场上,北至益兰州(蒙古乌鲁克木河流域),南自海南诸岛,西至西藏,东达海滨,驿站邮传遍布各地,商队往来络绎不绝,陆运、河运、海运畅通无阻。而在国际市场上,元大都成为世界著名经济中心之一。从欧罗巴、中亚到非洲海岸,从日本、朝鲜到南洋各地都有商队前来贸易,而元朝管辖或控制的地区,遵奉统一的政令,使用统一的货币,且纸币的价值与纯金相等。国内城乡消费市场扩大,国际贸易开拓,都为商业资本的积累和更广泛的商业活动带来了新的机遇。明代,开始在一些发达地区出现资本主义的生产关系,一大批半农半商的工商地主和市民阶层崛起。但由于封建制度和中央集权政治尚处于"超稳定"状态,皇权用不着像西欧中世纪末期那样与市民阶层结成同盟,也无意促进商品经济的更大规模的发展。尽管如此,资本主义生产方式毕

竟会给社会的经济生活和政治生活打上某些烙印。像北方的陕、晋商人,南方的徽州商人,大批外出经商形成强大的帮伙,在全国范围内声势之大,分布之广均独步于当时。就徽州商人而言,长江中下游及南方各省都有他们的足迹。尤其在当时最发达地区的江南,徽商几乎控制了主要城镇的经济命脉,所谓"无徽而不成镇"。明末清初,朝廷颁行"纲盐法",准许商人承包食盐的专卖业务。两淮食盐贩运获利最大,盐商几乎为徽州人所垄断。居住在扬州的大盐商绝大多数是徽州籍和徽籍后裔,"两淮八总商(盐商中的地位最高者),邑人(徽州人)恒占其四"[①],足见势力之强大。这些商人大多拥资数万,奢丽相尚。经济实力的急剧膨胀使得商人的社会地位比起宋代大为提高,他们中的一部分向士流靠拢,从而出现"儒商合一",反过来更有助于商人地位的提高。因此,以商人为主体的市民作为一个新兴的阶层,对社会的风俗习尚、价值观念等的转变,发生了明显的影响。

于是,宋代开始出现的具有人本主义色彩的市民文化,到明初加快了发展的步伐,明中叶以后随着商品经济的发展而大为兴盛起来。诸如小说、戏曲、说唱等通俗文学和民间的木刻绘画等十分流行,民间的工艺美术如家具、陈设、器玩、服饰等也都争放异彩。市民文化的兴盛必然会影响民间的造园艺术,给后者带来某种前所未有的变异。如果说,宋代的民间造园活动尚以文人、士大夫的文人、士流园林为主,那么,明中叶以后这种垄断地位已逐渐被冲破。市民的生活要求和审美意识在园林的内容和形式上都有了明显的反映,从而出现以生活享乐为主要目标的市民园林与重在陶冶性情的文人、士流园林分庭抗礼的局面。

明代废除宰相制,把相权和君权集中于皇帝一身。清代以满族而入主中原,皇帝的集权更有过之。绝对集权的专制统治需要更严格的封建秩序和礼法制度。影响及于意识形态,由宋代理学转化为明代理学的新儒学更加强化上下等级之名分、纲常伦纪的道德规范。因而皇家园林又复转向表现皇家气派,规模又趋于宏大了。元代在蒙古族的统治下,汉族文人地位低下。明初大兴文字狱,对知识分子施行严格的思想控制。清朝入关后,为了实现民族征服,同样大兴文字狱。因而,宋人的相对宽容的文化政策已不复存在,整个社会处于人性压抑的状态。但与此相反,明中叶以后资本主义因素的成长和相应的市民文化的勃兴则又要求一定程度的个性解放,在这种矛盾的情况下,知识界出现一股人本主义的浪漫的思潮,以快乐代替克己,以感性冲动突破理性的思想结构,在放荡形骸的厌世背后潜存着对尘世的眷恋和一种朦胧的自我实现的追求,这在当时的小说、戏曲以及通俗文学上表现得十分明显。文人士大夫由于苦闷感、压抑感而企求摆脱礼教束缚,追求个性解放的意愿比之宋代更为强烈,也必然会反映在园林艺术上面并且通过园林的游赏而得到一定程度的满足。因此,文人造园的意境就更披上一层追求个性自由的色彩。这种情况促成了私家园林的文人风格的深化,把园林的发展推向了更高的艺术境界。元朝统治时期,知识分子不屑于侍奉异族,或出家为僧道,或遁迹山林,或出入柳街花巷,放浪形骸。即使出仕为官的,也一样心情抑郁。在绘画上所表现的就是借笔墨以自示高雅,山水画发展了南宋马远、夏珪一派的画风而更重意境和哲理的体现。黄公望、王蒙、倪瓒、王冕、吴镇各家皆另辟蹊径,别开生面。他们用水墨或浅绛描绘山水,形成宋以来山水画的主流,对明清山水画的发展有较大影响。明初由于专制苛严,画家动辄得咎,画坛一时出现泥古仿古的现象。到明中叶以后,元代那种自由放逸、别出心裁的写意画风又复呈光辉灿烂。文人画则风靡画坛,竟成独霸之势。在文化最发达的江南地区,山水画的吴门派、松江

---

① 周维权著. 中国古典园林史. 引自鲍琮《棠樾鲍氏宣宗堂支谱》P_{97}。

派、苏松派崛起。明中期,以沈周、文征明为代表的吴门派主要继承宋元文人画的传统而发展成为当时画坛的主流。比宋代文人画更注重笔墨趣味即所谓"墨戏",画面构图讲究文字落款题词,把绘画、诗文和书法三者融为一体,文人、画家直接参与造园的比过去更为普遍,个别的甚至成了专业的造园家。造园工匠亦努力提高自己的文化素养,从他们中间涌现出一大批知名的造园家。诸如此类的情况必然会影响园林艺术尤其是私家园林的创作,相应地出现两个明显的变化:其一是由以往的全景山水缩移摹拟的写实与写意相结合的创作方法,转化为以写意为主的趋向。明末造园家张南垣所倡导的叠山流派,截取大山一角而让人联想到山的整体形象,即所谓"平岗小坂"、"陵阜陂陀"的做法,便是此种转化的标志,也是写意山水园林的意匠典型。其二是景题、匾额、对联在园林中普遍使用犹如绘画的题款,意境信息的传达得以直接借助文学、语言而大大增加信息量,意境表现手法亦多种多样,状写、寄情、言志、比附、象征、寓意、点题等。园林意境的蕴籍更为深远,园林艺术比以往更密切地融化诗文、绘画趣味,从而赋予园林本身以更浓郁的诗情画意。

在全国范围内的一些发达地区,市民趣味渗入园林艺术。不同的市民文化、风俗习尚形成不同的人文条件制约着造园活动,加之各地区之间的自然条件的差异,逐渐出现明显不同的地方风格。其中,经济、文化最发达的江南地区,造园活动最兴盛,园林的地方风格最为突出。北京自永乐迁都以后成为全国统治中心之所在,人文荟萃,园林在引进江南技艺基础上逐渐形成北方风格的雏型。岭南地区虽受江南、江北园林艺术影响,但由于特殊的气候物产,加之地处海疆,早得外域园林艺术的影响,而逐渐形成自己的独特风格。不同的地方风格既蕴涵于园林总体的艺术格调和审美意识之中,也体现在造园的手法和使用材料上面。它们制约于各地社会的人文条件和自然条件,同时也集中反映了各地园林风格特点,标志着中国古典园林完全成熟。

8.1.3 园林分化显著,艺术高度成熟

这一时期私家、皇家、寺观三大园林类型都已完全具备文人园林的四个主要的特点。另外,文人园林经唐、宋的繁荣发展,再度大盛于明末清初。文人园林的臻于极盛是中国园林已经达到成熟境地的标志。

这个时期,园林的创作方法完全写意化,元、明文人画盛极一时,形成独霸画坛之势,影响及于园林而促成了写意创作的主导地位。同时,精湛的叠石技艺,造园普遍使用叠石假山,也为写意山水园的发展创设了更有利的技术条件。

这个时期的特定的政治、经济和文化背景,促成了士流园林的全面"文人化"。导致私家园林在明清之际达到了它所取得的艺术成就的高峰,江南园林便是这个高峰的代表。

由于封建社会内部资本主义因素的成长,工商业繁荣,市民文化勃兴,市民园林亦随之而兴盛起来。它作为一种社会力量浸润于私家造园艺术,又出现文人园林的多种变体,民间造园活动广泛普及,结合于各地的人文条件和自然条件而产生各种地方风格的乡土园林,这些又导致民间的私家园林呈现为前所未有的百花争艳的局面,最终形成江南、北方、岭南三大地方园林风格鼎峙的局面。其他地区的园林受到三大地方园林风格的影响,又出现各种亚风格。这一时期地方园林风格都能够结合于各地的人文条件和自然条件,具有浓郁的乡土气息,蔚为大观。

明末清初,在经济文化发达、民间造园活动频繁的江南地区涌现了一大批杰出的造园家,有的出身于文人阶层,有的出身于叠山工匠。而文人则更广泛地参与造园,个别的甚至成为专

业的造园家。丰富的造园经验不断积累,再由文人或文人出身的造园家总结为理论著作刊行于世。这些情况都是前所未有的,这是人的价值观念改变的结果,同时,也是江南民间造园艺术成就达到高峰境地的另一个标志。造园家的涌现,造园匠师社会地位的提高,也有助于园林创作的个人风格的逐渐成长。这在园林叠山的技艺方面表现尤为明显。如李渔倡导的土石山与流俗的石山相抗衡;张南垣、计成创造的摹拟真山的片段或截取大山一角的做法,而与传统的缩移写仿真山全貌的做法相抗衡等。因而一时叠山流派纷呈,各臻其妙,大大地丰富了造园艺术的内容,形成了园林创作的活泼生动的局面。乾嘉以降,造园的理论探索停滞不前,再没有出现像上一个时期那样的有关造园的理论著作。许多精湛的造园技艺始终停留在匠师们口授心传的原始水平上,未能得到系统地总结、提高,从而升华为科学理论。文人涉足园林亦不像上一个时期那样比较结合于实践,诗文中论及园林艺术的虽有一些精辟的见解,但大多是一鳞半爪,偏于心领神会,因而难免浮泛空洞,无补于世,失去了上一个时期文人园林进取积极的富于开创的精神。

皇家园林经历了大起大落的波折。康、乾时期,其建设的规模和艺术的造诣都达到了后期历史上的高峰境地。大型园林的总体规划、设计有许多创新,全面地引进和学习江南民间的造园技艺,形成南北园林艺术的大融糅,为宫廷造园注入了新鲜营养,出现一批具有里程碑性质的、优秀的大型园林作品。然而,皇家园林中亦不乏模仿的痕迹。另外,随着封建社会的由盛而衰,经过外国侵略军的焚掠之后,皇室再没有那样的气魄和财政来营建苑囿,宫廷造园艺术相应地一蹶不振,从高峰跌落为低谷。

清中叶后,宫廷和民间的园居活动频繁,园林已由赏心悦目、陶冶性情为主的游憩场所转化为多功能的活动中心。同时又受到封建末世的过分追求形式和技巧纤缛的艺术思潮的影响,园林里面的建筑密度较大,山石用量较多,大量运用建筑来围合、分隔园林空间或者在建筑围合的空间内经营山池花木。这种情况,一方面固然得以充分发挥建筑的造景作用,促进了叠山技法的多样化,有助于各式园林空间的创设;另一方面则难免或多或少地削弱园林的自然天成的气氛,助长了园林创作的形式主义倾向。

康、乾之际,中、西园林文化交流得到一定发展。秦、汉以降,历代皇家园林都曾经引进国外园林花木、鸟兽,乃至建筑、装饰等艺术。与此同时,中国造园艺术亦远播海内外。乾隆年间任命供职内廷如意馆的欧洲籍传教士主持修造圆明园内的西洋楼,西方的造园规划艺术首次全面引进中国宫苑。一些对外贸易的商业城市,华洋杂处,私家园林出于园主人的赶时髦和猎奇心理而多有摹拟西方的。东南沿海地区因地缘关系,早得西风欧雨,大量华侨到海外谋生,致富后在家乡修造邸宅或园林,其中便掺杂不少西洋的因素。同时,中国园林通过来华商人和传教士的介绍而远播欧洲。在当时欧洲宫廷和贵族中掀起一股"中国园林热",首先在英国,促进了英国风景式园林的发展,法国则形成独特的"英中式"风格,成为冲击当时流行于欧洲大陆规整式园林的一股强大潮流。

8.2 皇家园林

8.2.1 大内御苑

8.2.1.1 元大内御苑

元大都城略近方形,城市形制为三套方城:外城、皇城、宫城,如图 8-1 所示。大都城的总体规划继承发展了唐宋以来皇都规划的模式：三套方城、宫城居中、中轴对称的布局，但不同的是突出了《周礼·考工记》所规定的"前朝后市，左祖右社"的古制。社稷坛建在城西的平则门（阜成门）内，太庙建在城东的齐化门（朝阳门）内，商市集中于城北。

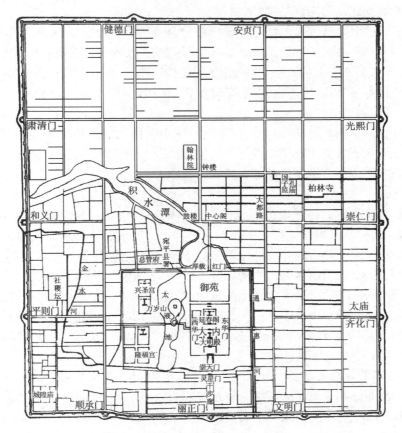

图 8-1　元大都宫城图
（摹自赵兴华《北京园林史话》）

　　元代的大内御苑十分广阔空旷，占去了皇城北部和西部的大部分地段。主体为开拓后的太液池，池中三岛布列，沿袭皇家园林的"一池三山"的传统模式。最大的岛屿即金代的琼华岛改名万岁山，山的主峰之顶建广寒殿，南坡居中为仁智殿，左、右两侧为介福殿、延和殿。主峰前的两侧峰之顶建荷叶殿和温石浴室，此外尚有若干小厅堂和亭子点缀其间。万岁山上的山石堆叠仍为金代故物，其中一部分即移自艮岳。据《辍耕录》载，万岁山皆堆叠玲珑石，峰峦隐映，松桧浓郁，秀若天成。一殿一亭，各擅一景，山之东，为灵圃，多奇兽珍禽。从山顶正殿之命名"广寒"看来，万岁山显然是以摹拟月宫仙山琼阁的境界为其规划设计的立意。山上还有一处特殊的水景，仿效寿山艮岳之法引金河水至山后，转机运夹斗，汲水至山顶石龙口注方池；伏流至仁智殿后，有石刻蟠龙昂首喷水仰出，然后分东、西两流入太液池。太液池中的其余二岛较小，一名"圆坻"，一名"犀山"。圆坻居中，筑土为圆形高台，上建仪天殿。北面有汉白玉石桥与万岁山（琼华岛）连接，东、西两面有木桥连接太液池两岸，西面的木桥桥面可以开启，以备舟船通行。太液池遍种芙蓉，沿岸没有殿堂建置，均为一派林木蓊郁的自然景观。太液秋风，琼

171

岛春阴成为"燕京八景"① 中闻名遐迩的景区。

8.2.1.2　明大内御苑

明成祖即位后,自南京迁都北京。永乐十八年(1420 年),在大都的基础上建成新的都城——北京,并确立北京与南京的"两京制"。

永乐时期营建北京城,放弃大都城北的一部分,将南城墙往南移,这就是内城。内城面积比大都略小。宫城即大内,又称紫禁城,位于内城的中央,大内的主要朝宫建筑为三大殿,高踞在汉白玉石台基之上。整个宫城呈"前朝后寝"的规制,最后为御花园。宫城之外为皇城,包括大内御苑、内廷宦官各机构、府库及宫城,皇城的正南门为承天门(清代改称天安门),左右建太庙及社稷坛。

明代的大内御苑(图 8-2)共有六处:位于紫禁城中轴线北端的御花园,位于紫禁城内廷西路的建福宫花园,位于皇城北部中轴线上的万岁山(清初改称景山),位于皇城西部的西苑,位于西苑之西的兔园,位于宫城东南部的东苑。

1. 西苑

明代初期,西苑大体上仍然保持着元代太液池规模和格局。到天顺年间(1457 年～1464年),进行了第一次扩建。扩建工程包括三部分内容:一、填平圆坻与东岸之间的水面,圆坻由水中的岛屿变成了突出于东岸的半岛,把原来的土筑高台改为砖砌城墙的"团城";横跨团城与西岸之间水面上的木吊桥,改建为大型的石拱桥——"玉河桥"。犀山也改为半岛并易名"蕉园(椒园)"。二、往南开凿南海,扩大太液池的水面,奠定了北、中、南三海的布局,玉河桥以北为北海,北海与南海之间的水面为中海。三、在琼华岛和北海北岸增建若干建筑物,改变了这一带的景观。以后的嘉靖、万历两朝,又陆续在中、南海一带增建新的建筑,开辟新的景点,使得太液池的天然野趣,更增益了人工的点染。

西苑的水面占园林总面积的二分之一以上。东面沿三海东岸筑宫墙,设三门:西苑门、乾明门、陟山门。西面仅在玉河桥的西端一带筑宫墙,设棂星门。"西苑门"为苑的正门,正对紫禁城之西华门。循东岸往北为蕉园,又名椒园,崇智殿平面呈圆形,屋顶饰黄金双龙。殿后药栏花圃,有牡丹数百株。殿前小池,金鱼游戏其中。西有小亭临水名"临漪亭",再西一亭建水中名"水云榭"。再往北,抵团城。

团城有两披洞门拾级而登,东为昭景门,西为衍祥门。城中央的正殿承光殿即元代仪天殿旧址,平面圆形,周围出廊。殿前古松三株,皆金、元旧物。团城的西面,大型石桥玉河桥跨湖,桥之东、西两端各建牌楼"金鳌"、"玉蝀",故又名"金鳌玉蝀桥"。桥中央长约丈余,用木枋代替石拱券,可以开启以便行船。桥以西的御路过棂星门直达西安门,桥之东经乾明门直达紫禁城东北,是为横贯皇城的东西干道。

团城北面,过石拱桥,"太液桥"即为北海琼华岛,也就是元代的万岁山。桥之南、北两端各建牌楼"堆云"、"积翠",故又名"堆云积翠桥"。琼华岛上仍保留着元代的叠石嶙峋、树木翁郁的景观和疏朗的建筑布局。循南面的石蹬道登山,有三殿并列,仁智殿居中,介福殿和延和殿配置左右。山顶为广寒殿,天顺年间就元代广寒殿旧址重修,是一座面阔七间的大殿。广寒殿的左右有四座小亭环列:方壶亭、瀛洲亭、玉虹亭、金露亭。岛的西坡,水井一口

---

① "燕京八景"定名于金章宗时期,完成于清乾隆时期。著名景区有:太液秋风、琼岛春阴、金台(道陵)夕照、蓟门烟树、西山晴雪、玉泉趵突、卢沟晓月、居庸叠翠。

深不可测,有虎洞、吕公洞、仙人庵。岛上的奇峰怪石之间,还分布着琴石、棋局、石床、翠屏之类。琼华岛浮现北海水面,每当晨昏烟霞弥漫之际,苑若仙山琼阁。由琼华岛东坡过石拱桥抵陟山门,东岸往北为凝和殿,前有涌翠、飞香二亭临水。再往北为藏舟浦,是停泊龙舟风舸的大船坞。

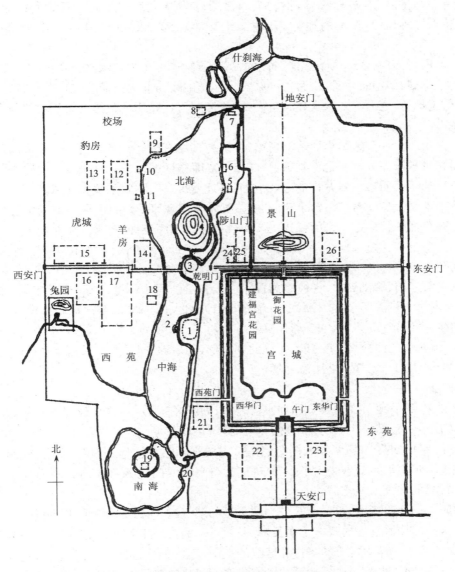

图 8-2 明北京皇城西苑及其他大内御苑分布图

1—蕉园;2—水云榭;3—团城;4—万岁山;5—凝和殿;6—藏舟浦;7—金海神祠、涌玉亭;8—北台;9—太素殿;10—天鹅房;
11—凝翠殿;12—清馥殿;13—腾禧殿;14—玉熙宫;15—西什库、西酒房、西花房、果园厂;
16—光明殿;17—万寿宫;18—平台(紫光阁);19—南台;20—乐成殿;21—灰池;
22—社稷坛;23—太庙;24—元明阁;25—大高玄殿;26—御马苑

西苑之东北角为什刹海流入三海之进水口,设闸门控制水流量,其上建"涌玉亭"。嘉靖十五年(1536 年)在其旁建"金海神祠",祝宣灵宏济之神、水府之神、司舟之神。自此处折而西即

173

为北海北岸的一组佛寺建筑群——"大西天经厂",其西为"北台"。台顶建"乾佑阁",与琼华岛隔水遥相呼应。天启年间,钦天监言其高过紫禁城三大殿,于风水不利。遂将北台平毁,在原址上建嘉乐殿。

北海北岸之西端为太素殿。这是一组临水的建筑群,正殿屋顶以锡为之,不施砖甍,其余皆茅草屋顶,不施彩绘,风格朴素。夏天作为皇太后避暑之居所,后来改建为先蚕坛,作为侍奉蚕神、后妃养蚕的地方,嘉靖二十二年(1543年)又把临水的南半部改建为五龙亭。

过太素殿折而南,西岸为天鹅房,有水禽馆两所饲养水禽。临水建三亭:映辉、飞露、澄碧。再往南为迎翠殿,殿前有浮香、宝月二亭临水。迎翠殿之西北为清馥殿,前有"翠芳"、"锦芬"二亭。"金鳌玉𬭊桥"之西为一组大建筑群——"玉熙宫",这是明代梨园子弟荟萃的地方,皇帝经常到此观看"过锦水戏"演出。

中海西岸的大片平地为宫中跑马射箭的"射苑",中有"平台"高数丈。台上建圆顶小殿,南北垂接斜廊可悬级而升。平台下临射苑,是皇帝观看骑射的地方。后来废台改建为紫光阁,每年端午节皇帝于阁前参加赛龙舟的水戏活动,并观看御马监的骑手驰骋往来。

南海中堆筑大岛"南台"。台上建昭和殿,殿前为澄渊亭,降台而下,左右廊庑各数十楹,其北滨水一亭名涌翠是皇帝登舟的御码头。南台一带林木深茂,沙鸥水禽如在镜中,苑若村舍田野之风光。皇帝在这里亲自耕种"御田",以示劝农之意。南海东岸设闸门泻水往东流入御河。闸门转北别为小池一区,池中有九岛三亭,构成一处幽静的小园林。

三海水面辽阔,榆柳夹岸,古槐多为百年以上树龄。海中萍荇蒲藻,交青布绿。北海一带种植荷花,南海一带芦苇丛生,沙禽水鸟翔泳于山光水色间。皇帝经常乘御舟做水上游览,冬天水面结冰,则做拖冰床和冰上掷球比赛之游戏。

总体看,明代的西苑,建筑疏朗,树木蓊郁,既有仙山琼阁之境界,又富水乡田园之野趣,无异于城市中保留的一大片天然生态环境。

2. 御花园

御花园又名"后苑",在内廷中路坤宁宫之后,如图8-3所示。这个位置也是紫禁城中轴线的尽端,体现了封建都城规划的"前宫后苑"的传统格局。

明永乐年间,御花园与紫禁城同时建成。它的平面略成方形,面积1.2公顷,约占紫禁城总面积的1.7%。南面正门坤宁门通往坤宁宫,东南和西南隅各有角门分别通往东、西六宫,北门顺贞门之北即紫禁城之后门。

这座园林的建筑密度较高,十几种不同类型的建筑物一共二十多幢,几乎占去全园1/3的面积。建筑布局按照宫廷模式即主次相辅、左右对称的格局来安排,园路布设亦呈纵横规整的几何式,山池花木仅作为建筑的陪衬和庭院的点缀。这在中国园林中实属罕见,主要由于它所处的特殊位置,同时也为了更多地显示皇家气派。但建筑布局能于端庄严整之中力求变化,虽左右对称而非完全均齐,山池花木的配置则比较自由随意。因而御花园的总体于严整中又富有浓郁的园林气氛。

御花园于明初建成后,虽经多次重修,个别建筑物也有易名的,但一直保持着这个规划格局未变。全园的建筑物按中、东、西三路布置。中路居中偏北为体量最大的钦安殿,内供玄天上帝像,明代皇帝多有信奉道教的,故以御花园内的主体建筑物钦安殿作为宫内供奉道教神像的地方,以后历朝均承传未变。

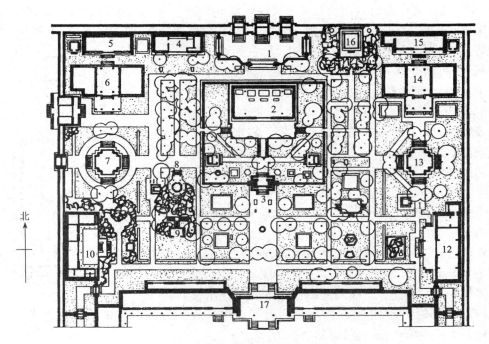

图 8-3　御花园平面图

（引自《清代内廷宫苑》）

1—承光门；2—钦安门；3—天一门；4—延晖阁；5—位育斋；6—澄瑞亭；7—千秋亭；8—四神祠；9—鹿圈；
10—养性斋；11—井亭；12—绛雪轩；13—万春亭；14—浮碧亭；15—摛藻堂；16—御景亭；17—坤宁门

8.2.1.3　清大内御苑

明、清改朝换代之际，北京城并未遭到重大的破坏。清王朝入关定都北京，全部沿用明代的宫殿、坛庙或苑林，仅有个别的改建、增损和易名。宫城和坛庙的建筑及规划格局基本上保持着明代的原貌（图 8-4），皇城的情况则随着清初宫廷规划的改变而有较大的变动。

大内御苑方面，兔园、景山、御花园、慈宁宫花园，均保留明代旧观。东苑之小南城的一部分于顺治年间赐为睿亲王府，康熙年间收回改建为玛哈噶喇庙，其余悉为佛寺、厂库、民宅，仅有皇史宬和苑林区内的飞虹桥、秀岩山以及少数殿宇保存下来，西苑则进行了较大的增建和改建。

顺治八年（1651 年），毁琼华岛南坡诸殿宇建为佛寺——"永安寺"，在山顶广寒殿旧址建喇嘛塔——"小白塔"，琼华岛因而又名白塔山。

康熙年间，北海沿岸的凝和殿、喜乐殿、迎翠殿等处建筑均已坍废，玉熙宫改建为马厩，清馥殿改建为佛寺"宏仁寺"，中海东岸的崇智殿改建为万善殿。

南海的南台一带环境清幽空旷，顺治年间曾稍加修葺。康熙时，选中此地作为康熙帝日常处理政务、接见臣僚和御前进讲、耕作"御田"的地方，因而进行了规模较大的改建、扩建。延聘江南著名叠山匠师张然主持叠山工程，增建许多宫殿、园林以及辅助供应用房。改南台之名为"瀛台"，在南海北堤上加筑宫墙，把南海分隔为一个相对独立的宫苑区。

北堤上新建的一组宫殿名"勤政殿"，北面的宫门德昌门也就是南海宫苑区的正门。"瀛台"之上为另一组更大的宫殿建筑群，共四进院落，自北而南呈中轴线的对称布列。第一进前

175

殿"翔鸾殿",北临大石台阶蹬道,东、西各翼以延楼十五间。第二进正殿涵元殿,东西有配楼和配殿。第三进后殿"香扆殿"。第四进即临水的南台旧址,台之东、西为堪虚、春明二楼,南面深入水中的为"延薰亭"。这一组红墙黄瓦、金碧辉煌的建筑群的东、西两侧叠石为假山,其间散布若干亭榭,种植各种花木,则又表现浓郁的园林气氛。隔水看去,宛若海上仙山的琼楼玉宇,故以瀛台为名。

勤政殿以西为互相毗邻的三组建筑群。靠东的丰泽园四进三路:第一进为园门,第二进"崇雅殿",第三进澄怀堂是词臣为康熙进讲的地方,第四进邃瞩楼北临中海;东路为"菊香书屋",西路是一座精致的小园林——"静谷",其中的叠石假山均出自张然之手,为北方园林叠山的上品之作。

勤政殿之东,过亭桥"垂虹"为御膳房。南海的东北角上即三海出水口的部位,在明代乐成殿旧址上改建为一座小园林——"淑清院"。此园的山池布置颇具江南园林的意趣,东、西二小池之间叠石为假山,利用水位落差发出宛如音乐之玲琮声,故名其旁的小亭为"流水音"。

南海东岸,淑清院南面为春及轩、蕉雨轩两组庭园建筑群。再南为云绘楼、清音阁、大船坞、同豫轩、鉴古堂。

8.2.2　行宫御苑

清王朝在入关前,即与内蒙各部结成同盟,到康熙年间,采取一系列团结蒙、藏各族人民的政策,外蒙各部亦相继内附,中国作为多民族的国家日臻壮大。北京的西北郊解除了蒙古部族的军事威胁,塞外也处于相对稳定的局面。北京西北郊野,群山环布,流水汇翠,春夏萍藻蒲荇,交青布绿,野鸟虫鱼翔泳其间,风光明媚,清爽异常。这些风景、气候条件较好的郊野地区也就成为清皇室修建"避喧听政"的宫苑时选择的风水宝地。

8.2.2.1　静宜园

香山是西山山脉北端转折部位的一个小山系,形似香炉,峰峦涌翠的地貌形胜为西山其他地方所不及。早在辽、金时即为帝王游猎之地,许多著名的古寺也建置在这里,更增益了人文景观之胜。康熙十六年(1677年),在原香山寺旧址扩建香山行宫,作为"质明而往,信宿而归"的临时驻跸的一处行宫御苑。至乾隆十年(1745年),再一次扩建香山行宫,十二年(1747年)改名为"静宜园",成为著名的三山五园①之一。

全园分为"内垣"、"外垣"和"别垣"三部分,共有大小景点五十余处,为著名的"西山雪晴"观赏区。其中乾隆题署的二十八景即:勤政殿、郦瞩楼、绿云舫、虚朗斋、璎洛岩、翠微亭、青未

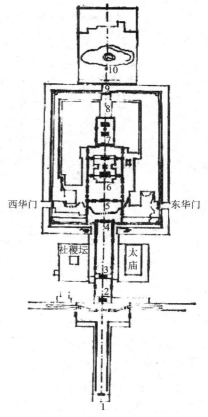

西华门　　　　东华门

社稷坛　　太庙

图8-4　清代北京故宫总平面图
(摹自缪启珊《中国古建筑简说》)
1—大清门;2—天安门;3—端门;4—午门;
5—太和门;6—外朝;7—内廷;8—御花园;
9—神武门;10—景山

①　位于北京西郊的皇家园林中,最为宏大壮丽的五座园林:香山静宜园,玉泉山静明园,万寿山清漪园、畅春园、圆明园。

了、驯鹿坡、蟾蜍峰、栖云楼、知乐濠、香山寺、听法松、来青轩、唳霜皋、香岩室、霞标蹬、玉乳泉、绚秋林、雨香馆、睎阳河、芙蓉坪、香露窟、栖月崖、重翠崦、玉华岫、森玉笏、隔云钟。从二十八景题名看，人文典故与自然景观相融，诗画凝结其中，而深化了意境。如"青未了"出自杜甫"岱宗夫如何，齐鲁青未了"的诗句；又如"知乐濠"典出庄子与惠子在濠上观鱼的对话，虽谓无果之争，却成为中国园林流传不衰的景题。

8.2.2.2 静明园

位于北京西郊玉泉山麓，玉泉山小山岗平地突起，山形秀美，林木葱翠，尤以"玉泉趵突"水景而著称。金代已有行宫的建置，寺庙也不少。康熙十九年(1680年)，在玉泉山的南坡建成另一座行宫御苑——"澄心园"，康熙二十三年(1648年)改名"静明园"。

乾隆十八年(1753年)扩建，将玉泉山及山麓的河湖地段全部圈入宫墙之内，成为一座以山景为主兼有小型水景的天然山水园。园内经乾隆命名的景点有十六处，即静明园十六景：廓然大公、芙蓉晴照、玉泉趵突、圣因综绘、绣壁诗态、溪田课耕、清凉禅窟、采香云径、峡雪琴音、玉峰塔景、风篁清听、镜影函虚、裂帛湖光、云外钟声、碧云深外、翠云嘉荫。乾隆五十七年(1792年)，全园进行过一次大修，是为该园的全盛时期。

8.2.3 离宫御苑

畅春园、避暑山庄、圆明园是清初的三座大型的离宫御苑，它们代表着清初宫廷造园活动的成就，集中地反映了清初宫廷园林艺术的水平和特征。这三座园林经过此后乾隆、嘉庆两朝的增建、扩修，成为北方皇家园林空前的全盛局面的重要组成部分。清漪园(颐和园)则是清中叶以降皇家离宫御苑的又一枝奇葩，虽屡经战火兵燹而不亡，为现存的我国古代皇家园林中规模较全而艺术成就最高的一座美丽园林。

8.2.3.1 畅春园

康熙二十三年(1684年)，康熙帝首次南巡，对于江南秀美的风景和精致的园林印象很深。归来后立即在北京西北郊的东区、明代皇亲李伟的别墅——"清华园"的废址上，修建这座大型的人工山水园，如图8-5所示。

畅春园至迟于康熙二十六年(1687年)竣工，由供奉内廷的江南籍山水画家叶洮参与规划，延聘江南叠山名家张然主持叠山工程。所以说，畅春园也是明清以来首次较全面地引进江南造园艺术的一座皇家园林。

畅春园建成后，每年的大部分时间康熙均憩于此，处理政务，接见臣僚，这里遂成为与紫禁城联系着的政治中心。为了上朝方便，在畅春园附近明代私园的废址上，陆续建成皇亲、官僚居住的许多别墅和"赐园"。畅春园曾经过乾隆时的局部增建，但园林的总体布局仍然保持着康熙时的原貌。如今园已全毁，遗址也夷为平地。

8.2.3.2 避暑山庄

康熙四十二年(1703年)，在承德兴建规模更大的第二座离宫御苑——"避暑山庄"，四十七年(1708年)建成。园址之所以选择在塞外的承德，固然由于当地优越的风景、水源和气候条件，也与当时清廷的重要政治活动"北巡"有着直接的关系。

清王朝入关前与漠南蒙古各部结成联盟，建立蒙古八旗，入关后一直对蒙族上层人士采取怀柔笼络的团结政策。自康熙十六年起，皇帝定期出古北口北巡塞外，对蒙古王公作例行的召见。当时，向东方扩张的沙俄乘清廷用兵南方，镇压三藩叛乱无暇北顾之机，唆使蒙族上层分裂势力的首领噶尔丹公开叛乱，率兵二万余进袭漠南乌珠穆沁一带，渡过西拉木仑河深入到乌

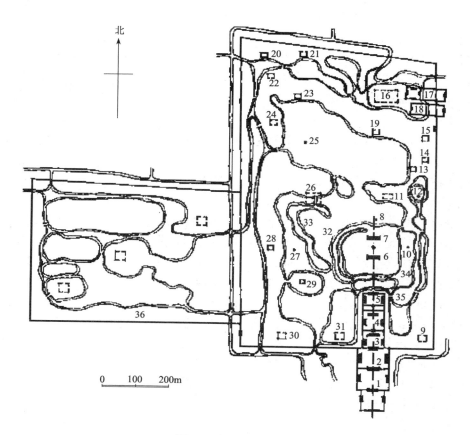

图 8-5　畅春园平面图

1—大宫门;2—九经三事殿;3—春晖堂;4—寿春永;5—云涯馆;6—瑞景轩;7—延爽楼;8—飞鱼跃亭;9—澹宁居;10—藏辉阁;
11—渊鉴斋;12—龙王庙;13—佩文斋;14—藏拙斋;15—疏峰轩;16—清溪书屋;17—恩慕寺;18—恩佑寺;
19—太仆轩;20—雅玩斋;21—天馥斋;22—紫云堂;23—凤澜榭;24—集凤轩;25—蕊珠院;
26—凝春堂;27—娘娘庙;28—关帝庙;29—韵松轩;30—无逸斋;31—玩芳斋;
32—芝兰堤;33—桃花堤;34—丁香堤;35—剑山;36—西花园

兰布通。清廷为了维护国家统一和领土主权,对噶尔丹的军事叛乱采取坚决镇压措施。当年八月,康熙亲自坐镇波罗河屯,指挥大军大败叛军于乌兰布通。这次战役虽获胜利,但康熙深知噶尔丹居心叵测,尤其是与沙俄势力相勾结实为边疆隐患,来自北部的威胁并没有消除。他注意到这个威胁的严重性,同时也注意到八旗军队在镇压三藩叛乱中所逐渐暴露出来的腐败习气。现实的形势,迫使他认真考虑两个问题:必须严格训练八旗部队,保持初入关时的吃苦耐劳的战斗素质;必须加强对蒙族人民的团结,才能从根本上巩固祖国的北部边疆。这位颇具雄才大略的皇帝,有鉴于以往各朝代的北方边疆单纯采取军事防卫措施,而防不胜防的历史教训,一方面继续镇压叛乱,巩固胜利果实;另一方面则更多地强调民族团结,采取以安抚为主的策略来大力加强对蒙古各部的管理。康熙二十年(1681 年),在塞外的木兰地区建立广大的围场,定期举行“木兰秋狝”,其目的便是为了解决训练军队和团结蒙古各部这两个有关国家防务的大问题。从康熙二十二年(1683 年)起,康熙帝北巡几乎连年不断。每年秋季率领万余人的军队到围场行围,政府高级官员、蒙古王公陪同。行围期间,通过带有军事训练性质的狩猎活动来严格锻炼部队,以排场盛大的宴会、比武、召见、赏赐、封赠等活动来团结、笼络蒙古各部的上层人士,成效很大。木兰围场原是内蒙古喀喇沁、敖汉、翁牛特诸部游牧之地,东西宽约 150 千米,南北长约 100 千米。北部为"坝下"草原,气候温和,雨量充沛,森林繁茂,野兽成群,是行围狩猎的理想地方。木兰围场距北京 350 千米,皇帝及随行人员需中途休息、打尖和生活用品的补给,为此而在沿途建立一系列的行宫。其中比较大的一处在喀喇河屯。这里"中界滦河,依山带水,比之金口浮玉,热河以南,此为最胜景"。康熙十六年首次北巡时就看中这里水甘土肥、泉清峰秀,故驻跸于此,未尝不饮食倍加,精神爽健。所以就在此地建离宫数十间。但自从康熙二十二年开始木兰秋狝之后,塞外政治活动的规模日愈扩大、频繁,简单的行宫已不能适应这种要求。于是,待清政府财力比较充裕的时候,便在往北一站的"上营"修建更理想的、规模更大的行宫,这就是康熙四十七年建成的避暑山庄(图 8-6)。修建山庄的最初立意,康熙皇帝概括为"静观万物,俯察庶类"。

园内的建筑和景点大部分集中在湖区及其附近,一部分在山区、平原区。其中,有康熙帝题名的康熙三十六景。乾隆时期,在原来的范围内修建新的宫廷区,把"宫"和"苑"区分开来。另在苑林区内增加新的建筑,增设新的景点,其中有乾隆帝题名的乾隆三十六景(三个字命名),使园林景观更为丰富,离宫别苑更为突出。但个别地方因建筑密集,使康熙时的天然野趣不免削弱了。

避暑山庄占地 564 公顷,北界狮子沟,东临武烈河。经过人工开辟湖泊和水系整理之后的地貌环境具备以下五个特点:第一,有起伏的峰峦、幽静的山谷,有平坦的原野,有大小溪流和湖泊罗列,几乎包含了全部天然山水的构景要素。第二,湖泊与平原南北纵深联成一片,山岭则并列于西、北面,自南而北稍向东兜转略成环抱之势,坡度也相应由平缓而逐渐陡峭。松云峡、梨树峪、松林峪、西峪四条山峪通向湖泊平原,是后者进入山区的主要通道,也是两者之间风景构图上的纽带。山坡大部分向阳,既多幽奥僻静之地,又有敞向湖泊和平原的开阔景界。山庄的宫苑建筑注意契合地形、地貌环境,构成了全园的四大景区鼎列的格局,宫殿区、山岳景区、平原景区、湖泊景区,各具不同的景观特色又融合为一个有机的整体。彼此之间能够互为成景的对象,最能发挥画论中所谓高远、平远、深远的观赏效果。第三,狮子沟北岸的远山层峦叠翠,武烈河东岸一带多奇峰异石,都能提供很好的借景条件。第四,山区的大小泉沿山峪汇集入湖,武烈河水从平原北端导入园内再沿山麓流到湖中,连同湖区北端的热河泉,是为湖区的三大水源。湖区的山水则从南宫墙的五孔闸门再流入武烈河,构成一个完整的水系。这个水系充分发挥水体的造景作用,以溪流、瀑布、平濑、湖沼等多种形式来表现水的静态和动态的美,不仅观水形而且听水音,成为山庄景观最精彩的部分。第五,山岭屏障于西北挡住了冬天的寒风侵袭;夏日酷暑,由于高峻的山峰、密茂的树木再加上湖泊水面的调剂,园内夏天的气温比承德市区低一些,确具冬暖夏凉的优越小气候条件。

8.2.3.3 圆明园

圆明园位于畅春园的北面,早先是明代的一座私家园林,清初收归内务府,康熙四十八年(1709 年)赐给皇四子作为赐园。它的规模比后来的圆明园要小得多,大致在前湖和后湖一带。园门设在南面,与前湖、后湖构成一条中轴线的较规整的布局。雍正三年(1725 年)开始扩建,这就是清代的第三座离宫御苑。

乾隆(弘历)在做皇子的时候,赐居在圆明园内长春仙馆,把桃花坞作为他读书的地方。乾隆登皇位后,在乾隆二年(1737 年)命画院朗世宁、唐岱、孙祜、沈源、张万邦、丁观鹏绘圆明园全图,张挂在清晖阁。乾隆在世的时候,对圆明园曾累续不断地有新的修建。1744 年,乾隆把

到这时为止的圆明园取景四十,各赋有诗,命沈源、唐岱绘四十景图,汪由敦书四十景诗,加上
胤禛的圆明园记和弘历的后记,合为御制圆明园图咏。凡是雍正圆明园记中没有题咏的景区,
大半部分是乾隆所建,计有月地云居、山高水长、慈鸿永祜,多稼如云、北远山村、方壶胜景、别
有洞天、澡身浴德、涵虚朗鉴、坐古临流、曲院荷风十一区。

图8-6 避暑山庄平面图

1—丽正门;2—正宫;3—松鹤斋;4—德汇门;5—东宫;6—万壑松风;7—芝径云堤;8—如意洲;9—烟雨楼;10—临芳墅;
11—水流云在;12—濠濮间想;13—莺啭乔木;14—莆田丛樾;15—苹香沜;16—香远益清;17—金山亭;18—花神庙;
19—月色江声;20—清舒山馆;21—戒得堂;22—文园狮子林;23—殊源寺;24—远近泉声;25—千尺雪;
26—文津阁;27—蒙古包;28—永佑寺;29—澄现斋;30—北枕双峰;31—青枫绿屿;32—南山积雪;
33—云容水态;34—清溪远流;35—水月庵;36—斗老阁;37—山近轩;38—广元宫;39—敞晴斋;
40—含青斋;41—碧静堂;42—玉岑精舍;43—宜照斋;44—创得斋;45—秀起堂;
46—食蔗居;47—有真意轩;48—碧峰寺;49—锤峰落照;50—松鹤清越;
51—梨花伴月;52—观瀑亭;53—四面云山

长春园跟圆明园并列而居其东。圆明园的东南又有一园叫做万春园或绮春园。乾隆时以圆明、长春、万春号称三园,由圆明园总管大臣统辖,因此后人习惯上把三园总称为圆明园(图8-7),把长春、万春园的景物纳入在圆明园中。到了嘉庆时候,仁宋(颙琰)曾修缮圆明园的安澜园、舍己城、同乐园、永乐堂,并在园的北部营造省耕别墅。嘉庆十九年(1814年)构竹园一所,1817年曾修葺接秀山房。道光时候,曾在1836年重修圆明园殿、奉三无私殿、九洲清晏殿这三殿,又新建清辉殿,在咸丰九年(1859年)落成。

圆明园是中国园林艺术上一个光辉的杰作,有我国传统的民族风格,是我国劳动人民和无数园林匠师们的智慧和血汗的结晶。然而,这座人类历史上独一无二的壮丽园林,在19世纪中叶为帝国主义侵略军所焚毁,园中所藏中国历代珍贵图籍、历史文物以及各种金珠宝物皆丧失殆尽。

圆明园位于北京西郊一个泉源丰富的地段。圆明园的创作能够巧妙地利用这一地区自然条件特点,西南设一座进水闸,东北设两座出水闸,又把自流泉水四引,用溪涧方式构成了水系,同时可作为构图上分区的划分线。又把水汇注中心地区形成较大水面,或称池、称湖(如前湖),大的称海(如福海)。在挖溪池的同时就高地叠土垒石堆成岗阜,彼此连接,形成众多的山谷,在溪岗萦环的各个空间,构筑有成组的建筑群。无论山岗上、山坡上、庭院中遍植林木,尤以花木为多。因为水源好,土壤条件优越,所以"槛花堤树,不灌溉而滋荣,巢鸟池鱼,乐飞潜而自集"。

宏伟壮丽的圆明园大体上可依水系构图分为五区。第一区包括朝贺理政的正大光明殿、勤政亲贤殿、保合太和殿等,可称为官区。第二区可称为后湖区,包括环后湖为中心的九处(即九洲清晏殿,慎德堂,镂月开云,天然图画,碧桐书院,慈云普护,上下天光,杏花春馆,坦坦荡荡,茹古涵今),以及后湖东面的曲院风荷,九孔桥;东南面的如意馆,洞天深处,前垂天贶;西面的万方安和,山高水长;西南面的长春仙馆,四宜书屋,十三所,藻园等。第三区虽有水系连接,但不像第二区那样有后湖为中心而明显。就地位来说,大致万总春之庙和濂溪乐处一组居中,东部包括西峰秀色,舍己城,同乐园,坐石临流,澹泊宁静,多稼轩,天神台,文源阁,映水兰香,水木明瑟,柳浪闻莺,南面有武陵春色;西部包括汇芳书院,安佑宫,瑞应宫,日天琳宇;西南有法源楼,月地云居等;北面有菱荷香。第四区可称为福海区,中心为蓬岛瑶台。环着汪洋大水的福海有十四处景观,即南岸有湖山在望,一碧万顷,夹镜鸣琴,广音宫,南屏晚钟,别有洞天,东岸有观鱼跃,接秀山房及东北隅的蕊珠宫,方壶胜景,三潭印月,安澜园等。第五区包括内宫北墙外的长条地区,从东面起有天宇空明,清旷楼,关帝庙,若帆之阁,课农轩,鱼跃鸢飞,顺木天,到西端的紫碧山房为止。

长春园中有人工堆成的大小叠山五十余座,四条长河,两处湖池。以水体为主分隔各个景区。玉玲馆在东,思永斋在西,形成东西对称布局。茹园在东,茜园在西,映清斋位东,小有天园于西,形成均衡对称之势。狮子园、茹园、茜园、小有天园、鉴园五处为园中之园。另外,北面狭长的东西带为欧式宫苑区,人称西洋楼,包括谐奇趣、蓄水楼、养雀笼、方外观、海晏堂、远瀛万花阵、大水法等景观,如图8-8所示。从总体规划看,西洋楼是欧洲园林风格,但在细部处理上又吸收了中国的造园手法。西洋楼是自元末明初以来,欧洲园林建筑传播到中国所出现的第一批规模完整的作品,开中国园林、欧洲园林及建筑体系融合的先河。

万春园(绮春园)由若干个小园合并,建于不同时期,因此没有统一的布局,小园之间,各自独立,以河渠湖泊沟通,把全园连成整体。

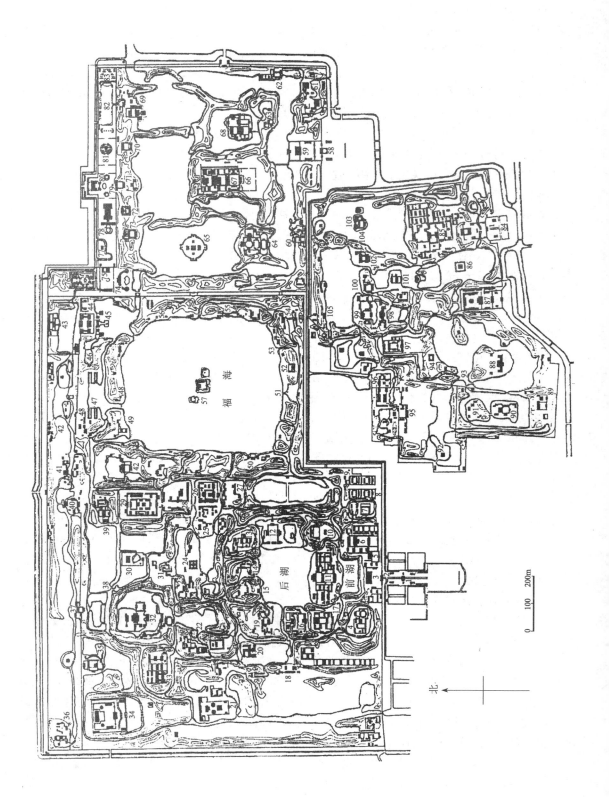

北

0 100 200m

图8-7　乾嘉时期圆明三园平面图

1—大宫门;2—出入贤良门;3—正大光明;4—长春仙馆;5—勤政亲贤;6—保合太和;7—前垂天贶;8—洞天深处;9—如意馆;10—镂月开云;11—九洲清晏;12—天然图画;

13—碧桐书院;14—慈云普护;15—上下天光;16—坦坦荡荡;17—茹古涵今;18—山高水长;19—杏花春馆;20—万方安和;21—月地云居;22—武陵春色;23—映水兰香;

24—澹泊宁静;25—坐石临流;26—同乐园;27—曲院风荷;28—买卖街;29—舍卫城;30—文源阁;31—水木明瑟;32—濂溪乐处;33—日天琳宇;34—鸿慈永祜;

35—汇芳书院;36—紫碧山房;37—多稼如云;38—柳浪闻莺;39—西峰秀色;40—鱼跃鸢飞;41—北远山村;42—廓然大公;43—天宇空明;44—蕊珠宫;

45—方壶胜境;46—三潭印月;47—大船坞;48—双峰插云;49—平湖秋月;50—澡身浴德;51—夹镜鸣琴;52—广育宫;53—南屏晚钟;54—别有洞天;

55—接秀山房;56—涵虚朗鉴;57—蓬岛瑶台(以上为圆明园);58—长春园大宫门;59—澹怀堂;60—茜园;61—如园;62—鉴园;63—映清斋;

64—思永斋;65—海岳开襟;66—养雀笼;67—含经堂;68—淳化轩;69—狮子林;70—转香帆;71—泽兰堂;72—宝相寺;73—法慧寺;

74—谐奇趣;75—线法墙;76—万花阵;77—方外观;78—海晏堂;79—远瀛观;80—大水法;81—观水法;82—方河;

83—线法山(以上为长春园);84—绮春园大宫门;85—敷春堂;86—鉴碧亭;87—正觉寺;88—含晖楼;

89—河神庙;90—畅和堂;91—喜雨山房;92—招凉榭;93—别有洞天;94—云绮馆;95—含晖楼;

96—延寿寺;97—四宜书屋;98—清夏斋;99—生冬室;100—春泽斋;101—庄严法界;

102—涵秋馆;103—凤麟洲;104—承露台;105—松风梦月(以上为绮春园)

兴建圆明园的基本思想,在胤禛的《圆明园记》中已提得很明确,就是为了要"宁神受福少屏烦喧","而风土清佳,惟园居为胜"。在此思想指导下营建的富苑,必然是规模宏敞,邱壑幽深,风土草木清佳,亭榭楼台具备,古今中外兼有,恨不得收尽天下名胜于一园,以此来满足皇家的占有欲,卧游享受。乾隆曾六下江南把国内四大名园,即海宁的安澜园,江宁的瞻园,苏州的狮子林,无锡的秦园和西湖等江南名景,图画以归,把它们规制的精华仿置园中,哪儿有奇异峰石,他也要罗致到圆明园中。

谐奇趣

大水法正立面

远瀛观

海晏堂

图8-8　圆明园西洋楼局部图

就圆明园在园林艺术上的成就来观察,它的主题虽也是山水风景的创作,但跟北京其他的宫苑是不同的。圆明园不像颐和园那样有着万寿山上佛香阁建筑群或北海琼华岛上白塔建筑群那样宏伟的建筑作为全园的中心,并以此来表现帝王的至尊庄严。然而圆明园以包罗丰富的景区(圆明园计有100多处景区),众多的精美建筑群,来表现帝王的尊荣富贵。从总平面图约略地一看,可以看出圆明园虽然有福海和后湖为水系的中心,但主要还是溪涧四引和区阜限坞的安排,在溪岗曲线或迴抱中形成的处所,就是一个景区,同时很明显的跟北宋山水宫苑即宋徽宗的寿山艮岳那样以艮岳为主体,亭榭台阁,列于上下,水流横于前的表现形式是不同的。圆明园的每个景区各有其不同的风景主题的表现,从平面构图上看,都是以不同组合的建筑群为主体。除了少数例外,大部景区都是四面临水,也就是说每个景区就好比是隋炀帝时西苑的每个院都有水渠曲绕。因此,圆明园的表现形式跟隋西苑可说是属于同一类型的,即山水建筑宫苑型。

前面说过,圆明园的创作上,确能巧妙选地,利用自然条件的特点——泉源,引水四注并组成完整的水系。然而圆明园并不是以水景为主题的水景园,水系的构成,结合岗阜的堆叠,成为平面构图上分区的,即创作景区的骨干。因此就全园布局来说,是曲水周绕,岗阜回抱,创作了众多的可以构景的形势,或者说景域。古人对于布局的基本原则之一,叫做"景以境出",就是说景物的丰富和变化,都要从"境"产生,这里所谓"境"就是布局。

下面再来观察一下各个景区的形势,并以环绕后湖和福海的景区为例。或背山面水如上下天光,镂月开云,平湖秋月,君子轩,藏密楼等处;或左山右水,如柳浪闻莺,涵虚朗鉴,雷峰西照,接秀山房等处;或在山岗环抱之中,好似盆地一般,如武陵春色,安佑宫,廓然大公等处;或居隈溪之中,西面临水,好似水乡一般,如曲院荷风,濂溪乐处等处;或正临水面,以水取胜,如九孔桥,花神庙,淡泊宁静,汇芳书院,方壶胜境等处。这些是就其总的形势来说,当然每一景区又各有其独特的形势,只要处处匠心独运就能异境独辟。

园林的布局当然不是单纯的地形创作。圆明园的布局不但从地形创作上着手,同时还从建筑布局上着眼,因为建筑也是园的主题,除了少数为帝王后妃等居住寝所的建筑群,例如九洲清宴,保合太和殿,十三所等格局严整,以及像茹古涵今,长春仙馆等建筑组合略有变化外,各个景区的建筑组合都是富有变化的。虽然都是平屋曲室,但在组合上或错前或错后,并依势而用爬山,叠落等游廊连接组成。不仅平屋的图式有异,廊的样式也不同,或墙廊,或复廊,或敞廊,或直,或曲,或弯,各依景而定。总之,各个室屋的安排看起来好像散乱,实际是左呼右应,曲折有致而富于变化。这些错落曲折的变化,绝不是平面构图上单纯地追求形式上的变化,而是为了构景的需要,主题的需要。令人惊奇的是圆明园中数十组建筑群的组合没有两组是雷同的。

8.2.3.4 清漪园(颐和园)

清漪园位于北京城西北郊离城约十千米,在一千多年前,北京的颐和园还只是一座荒山。山前的湖泊,经元代疏浚后,作为通惠河的一个水源。明代,人们在这里开辟田垅,种植水稻、菱和莲等水生植物,始有北国江南水乡风景之誉。

清代乾隆皇帝看上了这一带的自然山水,开始建园,挖湖堆山,两年后初具规模,并命名为"清漪园",将原来的瓮山命名万寿山(乾隆为太后祝六十大寿改名),西湖命名为"昆明湖"。原来纯朴自然的山水,经过造园家的巧妙布置,遂成为峰峦凝翠,洞壑幽深,碧波荡漾,绰约多姿,秀美的湖山景色。

1860年,清漪园如同圆明园一样,遭受到英法联军的破坏,几乎全部焚毁。1888年慈禧太后挪用海军经费,为养老计,重新修复,改名颐和园。1900年,在"八国联军"侵占时,颐和园又遭到极大的破坏,直到1903年才修复成现在所见的情景,如图8-9所示。

颐和园的面积约为285公顷,其中水面约占五分之四。它的总体布局是根据所处自然地势条件和使用要求,因地制宜地划分成四个景区:东宫门和万寿山东部的廊庭;万寿山的前山部分;后湖及万寿山的后山部分;昆明湖的南湖及西湖部分。

园中主体建筑佛香阁,作为全园的构图中心。它北面依山,以取山林意境;南面临湖,以得观水的意境。从临湖的牌坊经排云门、排云殿、佛香阁直达山顶的智慧海构成一条明显的中轴线,而且层层上登,仰之弥高,气魄雄伟。佛香阁原是仿黄鹤楼设计修建的,阁基为八方式,阁高达38米,富丽堂皇为全园建筑之冠。置于万寿山前山的正中,地位适中得体,起到控制全园的作用。

沿着昆明湖边,东起乐寿堂,西到前山的最西端,建了一条728米的长廊,像一条纽带把前山上下的各组建筑联系在一起,并且成为各组建筑的大通道。可以在这里漫步,或坐在栏杆上欣赏远近建筑和大自然的景色。长廊建筑本身在一定距离内又布置了亭子或通到临湖的轩榭,把它分成有节奏的段落,又蜿蜒曲折。长廊把万寿山与昆明湖联系在一起,既起空间分割作用,又有使园林空间有机过渡的作用,丰富了空间的变化与层次。

图 8-9　清漪园平面图
(摹自赵兴华《北京园林史话》)

1—东宫门;2—勤政殿;3—玉澜堂;4—宜芸馆;5—乐寿堂;6—水木自亲;7—养云轩;8—无尽意轩;9—大报恩延寿寺;10—佛香阁;
11—云松巢;12—山色湖光共一楼;13—听鹂馆;14—画中游;15—湖山真意;16—石丈亭;17—石舫;18—小西泠;19—蕴古室;
20—西所买卖街;21—贝阙;22—大船坞;23—西北门;24—绮望轩;25—赅春园;26—构虚轩;27—须弥灵境;
28—后溪河买卖街;29—北宫门;30—花承阁;31—澹宁堂;32—昙花阁;33—赤城霞起;34—惠山园;
35—知春亭;36—文昌阁;37—铜牛;38—廓如亭;39—十七孔长桥;40—望蟾阁;41—鉴远堂;
42—凤凰礅;43—景明楼;44—畅观堂;45—玉带桥;46—耕织图;47—蚕神庙;48—绣绮桥

颐和园后山的景色与前山迥然不同。前山广阔明朗,后山山路盘旋上下,曲折自然,道旁松柏掩映,鸟语声声。山下一条弯曲的河水,忽宽忽窄,间以石、木桥梁,沿溪流缓行,绿水清新,淡远幽静,令人眼耳俱适,心旷神怡。

颐和园的东北角,后山的东端,地势低下,因地就势,构成以水面为中心的谐趣园。这是模仿无锡寄畅园景观设计的一个园中之园。园以水池为中心,在水面周围布置亭、台、楼、榭,用游廊、小桥相连,配以古树修竹,又有满池荷花,自成一个与外界隔绝的宁静小天地。

颐和园南部的昆明湖,是一片广阔的水面,用筑堤和洲岛的分隔将湖面划分为四个湖区。昆明湖上长150米的十七孔桥,模仿卢沟桥,每个石栏柱顶都雕有石狮子,姿态各异,犹如一道长虹飞架湖上,使水面既分割又有联系,湖山因此大为增色。在西堤上又建造不同形式的六座桥梁,有玉带桥、界湖桥、练桥、镜桥、驼背桥等,它们的姿态与自然景色十分协调。这种水面分割的办法,增加了湖面的空间层次和深远感,把宽阔昆明湖点缀得更加明媚秀丽。

据记载,清漪园的布局与设计,在许多地方都取法于杭州西湖,深受江南园林的影响。如西堤六桥仿杭州苏堤六桥,杭州西湖湖心亭式的岛屿。水面的形状也尽量模仿西湖,也有"雷峰塔"式的报恩寺塔(后为佛香阁),也有模仿无锡寄畅园的谐趣园等。

颐和园的总体布置继承了中国造园的传统手法。颐和园是以山水风景为主的山水宫苑,辽阔的昆明湖跟巍然的万寿山是平面和立面的对比,是动和静的对比。成为对比的湖、山又互相借姿而呈现了湖光山色的多种形态,荡舟湖上时,万寿山娇美的轮廓线及其松涛林海中冒出的豪华壮丽的建筑群都是视景的焦点。身在山上时,昆明湖绿水清波、堤桥辉映、天光云影、渔舟画舫又成为风景的焦点。

颐和园也运用了中国造园中巧妙的借景手法。如布置一些适当的眺望点,使西山、玉泉山诸峰的景色组织到园里来。至于园内各组景色则通过曲径、高台、游廊、亭阁等联系起来,互相衬托,极尽变幻之能事。

颐和园是中国现存皇家园林中规模宏大,富贵华丽,且保存修复相对完整的园林。

8.3 寺观园林

8.3.1 北京寺观园林

8.3.1.1 元朝

元朝实行多教并尊以笼络人心,鼓舞士气,在开疆拓土的统一战争中尽显神威。同样,在实现统一以后,对稳定社会,凝聚人心,缓和社会矛盾都发挥了重要作用。因此,元代各种宗教进一步繁荣,寺观遍布城乡郊野,尤其以大都(北京)地区最为发达。元朝新皇登基,立即营建寺观,已成惯例。因而,都城内外,寺观林立,僧众之多,远迈前代。据《析律志》的记载:大都一地就有庙15所、寺70所、院24所、庵2所、宫11所、观55所,共计177所。其中多有附属园林的,就外围园林环境的经营而言,位于西湖之滨的大承天护圣寺是比较出色的一例。

西湖在元代时,为皇帝来此休憩护圣之所。于元文宗天历二年(1329年),在西湖岸畔兴修了大承天护圣寺,到至顺三年(1332年),始告落成。大承天护圣寺规模宏大壮丽,为玉泉、西湖增色不少。

大承天护圣寺位于西湖的北岸偏西,坐落于玉泉山脚下,始建于元文宗天历二年(1329

年）。此寺规模宏大,建筑极为华丽,但最精彩的则是它的临水处的园林化的艺术处理。当时到过大都的朝鲜人写的《朴通事》一书中对此有详尽生动的描写,从中可知,湖心中有两座琉璃阁。远望高接青霄,近看远浸碧汉。殿是缠金龙木香柱,泥椒红墙壁,龙凤凹面花头筒瓦和仰瓦。两角兽头,都是青琉璃,地基铺饰都是花斑石、玛瑙幔地。两阁中间有三叉石桥,栏杆都是白玉石。桥上丁字街中间正面上,有白玉玲珑龙床,西壁厢有太子坐地的石床,东壁也有石床,前面放着一个玉石玲珑酒桌。北岸上坐落一座大寺,即大承(天护圣寺),内外大小佛殿、影堂、半廊、两壁钟楼、金堂、弹堂、斋堂、碑殿错落有致。殿前阁后,有擎天耐寒傲雪苍松,也有带雾披烟翠竹,名花奇树不知其数。寺观前水面上鸳鸯成双成对,快活地亲昵,湖心中一群群鸭子浮上浮下,无数的水老鸭还在河边窥鱼,大小鱼艇正在撒网垂钓,还有弄水穿波觅食的鱼虾,无边无涯的浮萍蒲菱,喷鼻眼花的红白荷花。大承天护圣寺以其外围的园林化的环境而成为西湖游览区的一处独秀的景点。

8.3.1.2 明朝

明代,自成祖迁都北京之后,随着政治中心的北移,北京逐渐成为北方的宗教中心。寺观建筑又逐年有所增加,佛寺尤多。永乐年间撰修的《顺天府志》登录了:寺111所、院54所、阁2所、宫50所、观71所、庵8所、佛塔26所,共计300余所。到成化年间,京城内外仅敕建的寺、观已达636所,民间建置的则不计其数。

1. 法源寺

法源寺在北京外城宣武门外教子胡同,前身为唐代的“悯忠寺”。以后屡毁屡建,较大规模的重建是在明正统二年(1437年),改名崇福寺。此后,明万历年间及清初均进行过多次修整和增建,雍正十二年(1733年)改名法源寺。它的庭院花木繁荣,四季如春,园林绿化在明清的北京颇负盛名,素有“花之寺”的美称。

法源寺前后一共六进院落:山门之内第一进为天王殿,第二进为大雄宝殿,第三进为观音殿,第四进为毗卢殿,第五进为大悲坛,第六进为藏经阁。每进的庭院均有花木栽植,既予人以曲院幽深和城市山林之感,又富于花团锦簇的生活气息。其中不乏古树名木,当然,其他品种的树木也不少,而最为世人所称道的则是满院的花卉佳品如海棠、牡丹、丁香、菊花等,所谓“岁岁年年花不同”,成为当地居民赏花游玩,文人作诗、聚会的佳境。

法源寺花事之盛大约始于乾隆年间。海棠为该寺名花之一,主要栽植在第六进的藏经阁前,如图8-10所示。直到清末,法源寺之海棠仍十分繁茂,不断吸引游人,所谓“悯忠寺前花千树,只有游人看海棠”。此外,牡丹、丁香、菊花等,亦是法源寺之名花。

另外,法源寺种植的花卉还出售供应市场之需要,为此而专设花圃、雇用专业的花匠。为了补偿寺内井水灌溉之不足而远道取水于阜成门外,足见花圃的规模是很大的。

2. 月河梵院

这座小园利用月河溪水结合原始地形而巧妙构

图8-10　法源寺藏经阁庭院

188

筑,《天府广记》引《月河梵院记》对此园有详细的描述:苑之池亭景为都城之最。苑后为一粟轩,轩前峙以巨石,西辟小门,门隐花石屏。北为聚皇亭,亭东石盆池高三尺许,玄质白章,亭之前后皆盆石,石多采自崑山、太湖、灵壁、锦川。亭少西为石桥,桥西为雨花台,上建石鼓三。台北为草舍一楹,曰希古,桑枢瓮牖。草舍东聚石为假山,西峰曰云根,曰苍雪,东峰曰小金山,曰壁峰。下为石池,接竹以溜泉,泉水涓涓自峰顶下,竟日不竭,台南为石方池,贮水养莲。池南为槐室。古槠一株,枝柯四布,荫于阶余,俗呼龙爪槐,槐室南为小亭,中度鹦鹉石,其重二百斤,色净绿,凡亭屋台池四周皆编竹为藩,诘曲相通。花树多碧梧、万年松及海棠、榴。自一粟轩折南以东,为老圃,圃之门曰曦先,曦先北为窖,冬藏以花卉。窖东为春意亭,亭四周皆榆杜桑、柳丛列密布。游者穿小径,逼仄以行,亭东为板凳桥,桥东为弹琴处,中置石琴,上刻苍雪山人作。西为下棋处,少北为独木桥,折而西曰苍雪亭,亭为击壤处,有坐石三。逾下棋处,为小石浮图。浮图东循坡陀而上,凡十余弓,为灰堆山。山上有聚景亭,上望北山及宫阙,历历可指。亭东隙地植竹数挺,曰竹坞,下山少南门曰看清,入"看清"构松为亭,逾松亭为观澜处。自聚景而南,地势转斗如大堤,远望月河之水,自城北逶迤而来,下触断岸潺潺有声。别有短情,以障风雨,曰考槃榭。出"看清"西渡小石桥,行丛莽中,回望二茅亭,环以苇樊,隐映如画。盘旋而北,未至"曦先",结老木为门曰野芳。出曦先少南为蜗居,东为北山晚翠楼,楼上望北山,视聚景尤胜。出楼后为石级,乃至楼下,楼处高阜,下视洞然。楼下为北窗,窗悬藤篮。僧阁出小牖为梅屋,盆梅一株,花时聚观者甚盛。梅屋东为兰室,室中莳兰,前有千叶碧桃,尤北方所未有。

诸如此类的寺观园林,以池亭风月取盛,每为文人雅士聚会之地,故而留下大量描写园景的诗文题咏。

3. 香山寺

位于香山东坡,正统年间由宦官范弘捐资七十余万两,在金代永安寺的旧址上建成。此寺规模宏大,佛殿建筑极壮丽,园林也占有着很大比重。建筑群坐西朝东沿山坡布置,有极好的观景条件,所谓"一径香回会,双壁对山灵。虽称土木盛,未掩云林致。凭轩眺湖山,一一见所历。千峰青可扫,凉飔飒然至"。入山门即为泉流,泉上架石桥,桥下是方形的金鱼池。过桥循长长的石级而上,即为五进院落的壮丽殿宇,院内婆罗树参天蔽日。这组殿宇的左右两面和后面都是广阔的园林化地段,散布着许多景点,其中以流憩亭和来青轩两处最为世人称道。流憩亭在山半的丛林中,能够俯瞰寺垣,仰望群峰。来青轩建在面临危岩的主台上,凭槛东望,五泉、西湖以及平畴千顷,尽收眼底。冬季白雪皑皑,秋天满山红叶,香山寺因此而赢得当时北京最佳名胜之美誉:"京师天下之观,香山寺当其首游也"。直到清末,寺周围松柏林中间杂枫树、黄栌、柿树和山花椒,每当深秋霜降,红叶片片,绿海红波,更惹人爱。文人墨客多会于此,吟诗作赋,好不快哉。

8.3.1.3 清朝

1. 大觉寺

大觉寺在北京西北郊小西山山系的旸台山。寺后层峦叠嶂,林莽苍郁,前临沃野,景界开阔。寺始建于辽代,名清水院,为金章宗时著名的"西山八院"[①]之一。明宣德三年(1428 年)重修扩建,改今名。清康熙五十九年(1720 年),当时的皇四子、后来的雍正帝对该寺进行了一

---

① 指金章宗在燕京西山兴建的八座行宫,也称"八大水院",即金水院(颐和园)、清水院(大觉寺)、香水院(妙高峰)、温汤院、潭水院(香山寺)、双泉院、灵水院、圣水院。

次大规模的修建。乾隆十二年(1747年)重修。以后又陆续有几度增改、修葺,遂成为今日之规模,如图8-11所示。

寺观建筑群坐西朝东,包括中、北、南三路。中路山门之后依次为天王殿、大雄宝殿、无量寿佛殿、大悲坛等四进院落。北路为方丈(北玉兰院)、僧房和香积厨等生活用房。南路为戒坛和清代皇帝行宫,后者即南玉兰院、憩云轩等几进院落,引流泉绕阶下,花木扶疏,缀以竹石,景观清幽雅致之至。

寺后的小园林即大觉寺附属园林,位于地势较高的山坡上。西南角上依山叠石,循蹬道而上,有亭翼然名"领要亭"。居高临下可一览全寺和寺外群山之景,园的中部建龙王堂,堂前开凿方形水池"龙潭"。环池有汉白玉石栏杆,由寺外引入山泉,从石雕龙首吐水注入潭内。池水清澈见底,游鱼可数。乾隆曾赋诗咏之曰:"天半涌天池,淙泉吐龙口;其源远莫知,郁葱叠冈数。不溢复不涸,自是灵明守。"园内还有辽碑和舍利塔等古迹,但水景与古树名木却是此园的主要特色。参天的高树大部分为松、柏,间以槲、栎、梨树等。浓阴覆盖,遮天蔽日,为夏日之清凉世界。

早在辽代即因水景之胜而得名为"清水院"。由寺外引入两股泉水贯穿全寺,既作为饮用水,也创为多层次的各式水景。道光年间,麟庆所著《鸿雪因缘图记》中有一段文字描写这个水系的情况:"垣外双泉,穴墙而入,环楼左右,汇于塘,沉碧冷然,于牣物鱼跃。东泉位置较高,经蔬圃入香积厨而下。西泉经领要亭,因山势三叠作飞瀑,随风锵堕。由憩云轩双渠浇泻而下,同汇寺门前方池中。"

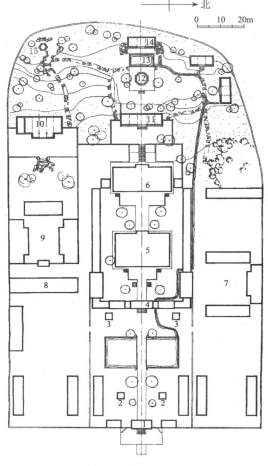

图8-11 大觉寺平面图
(摹自周维权《中国古典园林史》)

1—山门;2—碑亭;3—钟鼓楼;4—天王殿;5—大雄宝殿;
6—无量寿佛殿;7—北玉兰院;8—戒坛;9—南玉兰院;
10—憩云轩;11—大悲坛;12—舍利塔;13—龙潭;
14—龙王堂;15—领要亭

方池即中路山门内之功德池。其上跨石桥,水中遍植红白莲花。

以松柏银杏为主的古树遍布寺内,尤以中路为多。四季常青,把整个寺院覆盖在万绿丛中。南、北两路的庭院内还兼植花卉,如太平花、海棠、玉兰、丁香、玉簪、牡丹、芍药等,更有多处修竹成丛。因此,大觉寺于古木参天的郁郁葱葱之中又透出万紫千红、如锦似绣的景象。至今寺内尚有百龄以上的古树近百株,三百年以上的十余株,而无量寿佛殿前的千年银杏树早在明、清时已闻名京师。

2. 白云观

白云观在北京阜成门外,为道教全真派的著名道观之一,如图8-12所示。始建于唐开元年

190

间,原名"天长观",金代重建,改名"太极宫"。元代初年作为著名道士长春真人邱处机的居所,改名"长春宫"。明洪武年间改用今名,又经晚清时重修为现在的规模。

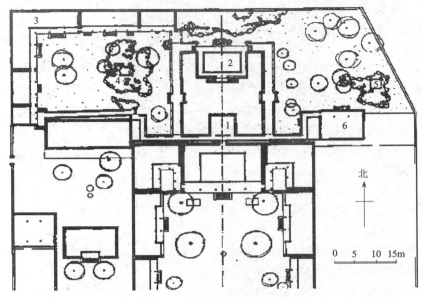

图 8-12　白云观后部平面图
(摹自周维权《中国古典园林史》)
1—戒台;2—云集山房;3—退居楼;4—妙香;5—有鹤;6—云华仙馆

　　白云观建筑群坐北朝南,呈中、东、西三路之多进院落布局,其后的园林是光绪年间增建的。此园的总体布局略近于对称均齐,以游廊和墙垣划分为中、东、西三个类似庭院的景区。

　　中区的庭院正当中为建于石砌高台上的"云集山房",这是全园的主体建筑物和构图中心。它的前面正对着中路的"戒台",后面对土石假山。假山的周围古树参天,登山顶则近处的天宁寺塔在望,远处可眺览西山群峰,故时人有诗句描写此山为"一丘长枕白云边,孤塔高悬紫陌前"。中区两侧有游廊分别与东、西两区连接。西区建角楼"退居楼",院中的太湖石假山为此区的主景,山下石洞额曰"小有洞天",寓意于道教的洞天福地。自石洞侧拾级登山,有碣,上书"峰回路转"。山顶建小亭"妙香"作为点缀,兼供游人小憩。东区的院中亦以叠石假山为主景,山上建亭名"有鹤"。亭旁特置巨型峰石,上携"岳云文秀"四字,诱发人们对五岳名山的联想,从而创造道家仙界洞府之意境。假山之南建置三开间、坐南朝北之"云华仙馆",有窝角游廊连接于中区之回廊。

　　白云观每年春节开庙之后,游人香客纷至沓来,尤其以正月十九日的"燕九节"[①] 最为热闹。这一天,门庭若市,各种曲艺杂耍、秧歌高跷等民间花会云集于此,摊贩叫卖声声,院内香烟袅袅,吹笙鼓钟,盛况空前。

　　3. 普宁寺

　　普宁寺(图8-13)在河北承德避暑山庄东北约2.5千米山脚下,始建于乾隆二十年(1755

---

①　燕九节,也称"宴邱节",是纪念邱处机诞辰的节日。

年），为著名的"外八庙"①之一。寺院建筑群沿南北中轴线纵深布置，分为南、北两部分。

南半部为"汉式"部分，建筑布局按照我国内地佛寺"七堂伽蓝"的汉族传统格式，由山门、钟楼、鼓楼、天王殿、大雄宝殿及其两配殿组成三进院落。

北半部为"藏式"部分，建在高出于南半部地平约9米的金刚墙之上，建筑物沿山坡布置，均为藏、汉混合的形式。这北半部的总体布局仿照西藏的一座著名古寺"桑耶寺"形象地表现出佛经《阿里达摩俱舍论》中所描写的一个"世界"的缩影。正当中的四层高阁"大乘之阁"象征佛和众神居住的须弥山，周围象征茫茫的"咸海"。它的东、南、西、北四面各有一个藏式平台及其上的汉式小殿，象征咸海中的"四大部洲"。南面的梯形小殿为"南瞻部洲"，北面的方形小殿为"北俱卢洲"，东面的半月形小殿为"东胜身洲"，西面的椭圆形小殿为"西牛贺洲"，此四殿各自的左右或两侧另有八个平台及其上的小殿象征"八小部洲"。这十二部洲就是人类居住的地方。大乘之阁的东、西两侧为"日殿"和"月殿"，象征出没于须弥山两侧和佛的两肩的太阳和月亮，位于大乘之阁的四角方位上的红、绿、蓝、白四色塔则象征佛教密宗的"四智"。根据佛经的说法，所谓"大千世界"，即是由上千个这样的"世界"组成的。

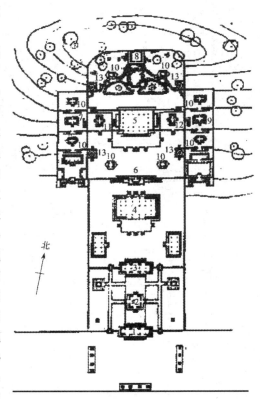

图 8-13　普宁寺平面图

1—山门；2—碑亭；3—天王殿；4—大雄宝殿；5—大乘之阁；6—南瞻部洲；7—西牛贺洲；8—北俱卢洲；9—东胜身洲；10—小部洲；11—日殿；12—月殿；13—四色塔

大乘之阁以北，寺院的围墙略成半圆形，象征"世界"的终极边缘"铁围山"。这部分利用山坡叠石为起伏的假山，山间蹬道蜿蜒，遍植苍松翠柏，形成小园林的格局，相当于普宁寺的附属园林。

园林内的五幢建筑物呈对称均齐的布置。中轴线上靠后居高的为北俱卢洲殿，它的前面，左右分列两小部洲殿和白色、黑色塔建在不同标高的台地上。这座略近于规整式的小园林因山就势，堆叠山石，真山与假山相结合。在假山叠石与各层台地之间，蹬道盘曲，树木穿插，殿宇塔台布列于嶙峋山石之间，色彩斑斓的琉璃映衬在浓郁的苍松翠柏里，构成别具风味的山地小园林的景观。它把宗教的内容与园林的形式完美地结合起来，寓佛教的庄严气氛于园林的赏心悦目之中，运用园林化的手法来渲染佛国天堂的理想境界。这在我国内地的寺观园林中乃是罕见的一例。

---

① "外八庙"建于康熙至乾隆年间（1713年～1780年），由溥仁寺、溥善寺、普乐寺、安远庙、普宁寺、普佑寺、须弥福寿庙、普陀宗乘庙、殊像寺、广安寺、罗汉堂等11座寺观园林组成，分为八处受雍和宫管辖，故称"外八庙"。

8.3.2 江南寺观园林

8.3.2.1 黄龙洞

　　黄龙洞在杭州西湖北山栖霞岭的西北麓。始建于南宋淳祐年间,原为佛寺,清末改为道观,它的特点是园林的分量远重于宗教建筑的分量。全观一共只有三幢殿堂,山门、前殿、三清殿,但却穿插着大量的庭园和园林,如图 8-14 所示。这是一所典型的"园林寺观",园林气氛远远超过宗教气氛,为西湖新十景之首,有"黄龙吐翠"之美誉。

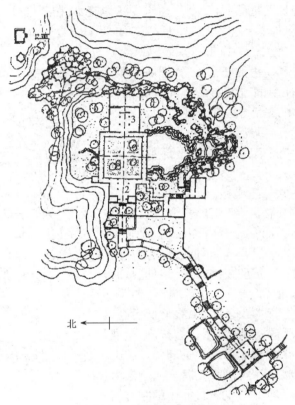

图 8-14　黄龙洞平面略图
(摹自周维权《中国古典园林史》)
1—山门;2—前殿;3—三清殿

　　黄龙洞的地段三面山丘环绕,西面的平坡地带敞向大路,基址选择能做到闹中取静。

　　三清殿与前殿之间的庭院十分宽敞,两厢翼以游廊,把庭院空间与两侧的园林空间沟通起来,益显前者的开朗。北侧的庭园以竹林之美取胜,其中有名贵的品种"方竹"。南侧为寺内的主要园林,以一个水池为中心。水池北临游廊,山石驳岸曲折有致,利用石矶划分为大小两个水域,小水域上跨九曲平桥沟通东西两岸交通。池的东西和南面利用山势以太湖石堆叠为假山,山后密林烘托,虽不高却颇具峰谷起伏的气度,为杭州园林叠山中之精品。从栖霞岭上引来泉水,由石刻龙首中吐出形成多叠的瀑布水景,再流入池中。池的西面集中布置各式园林建筑,二厅、一舫、一亭随地势之高下而错落,再以三折的曲廊接于主庭院,把西岸划分为两个层次的空间。东西的假山一直往北延伸,绕过三清殿之后在寺之东北角上倚山就势堆叠。上建亭榭稍加点缀,又形成一处山地小园林。假山腹内洞穴蜿蜒,山上有盘曲的蹬道把这两处园林联系起来。

前殿以西是一片开阔的略有起伏的缓坡地,地势东高西低。在这片坡地上遍植竹林和高大的乔木,形成一个以林景为主的园林环境。连接山门与前殿之间的石板道路,沿着园林的边缘布设。三开间的门楼式山门面临大道,入门后的道路微弯,随坡势缓缓升起,夹道高树参天,显示一派刚健之美。往北经陡坡之转折,一侧是粉墙漏窗,另一侧是凤尾婀娜,景色一变而为柔媚之美。道路穿过竹林再经转折,便是前殿的入口小院了。这条不长的石板道路,采取"一波三折"的方式,结合地形的地势起伏,利用树木竹林的掩映,在渐进过程中创作了极力多样化的景色变换。

8.3.2.2　太素宫

太素宫在安徽休宁县境内的祁云山,如图 8-15 所示。祁云山群岭毓秀,奇峰挺拔,为典型的丹霞地貌景观,也是江南的道教名山之一。山上有正一派的道观十余所,太素宫便是其中规模较大的一所,始建于宋代宝庆年间。后经历代多次重修,最后一次重修是在光绪年间。"文革"期间建筑全部被毁,现仅剩遗址。

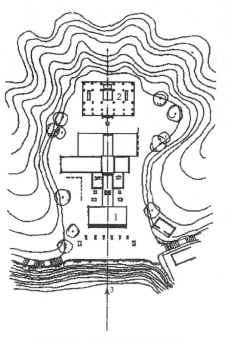

图 8-15　太素宫现状平面图
(摹自周维权《中国古典园林史》)
1—山门;2—真武殿;3—香炉峰

太素宫建筑群前后共三进院落,两侧有跨院。正殿"真武殿"内供奉元始天尊,当年屋宇轩昂,绿色琉璃瓦布顶,殿前有方形水池,池上跨石桥,山门前耸立着五开间的石牌坊。太素宫因其建筑之壮丽而成为江南著名的道观,但它的独特之处还在于选址之绝佳,从而创设了不同一般的园林化环境。

建筑群的左、右、后三面群山环抱,山势前低后高、前缓后陡。这是堪舆家所谓"交椅背"的上好风水,道观的三进院落正好位于这个袋形山坳的中央部位。后山即"椅背",较高,呈半月状,五峰崎列,九溪分流。作为建筑群的背景烘托,益显浑宏庄严的气度。山的左右两翼较低,向前张开形成喇叭口。道观的山门居中,前为月台。月台之前地势陡然下降,面临深渊大壑。大壑之中,一座孤峰"香炉峰"自谷底拔地耸立。峰顶建铁亭,狮、象二山环抱峙立它的左右,有若君臣朝揖之势,月台与山道交汇为山门广场。道观建筑群的中轴线通过广场往前延伸,正好与香炉峰对位重合。因此,在道观的三重殿堂内均可透过明间两柱和枋、槛的框景,看到香炉峰上半部的挺秀形象。山门广场上设置栏杆、坐凳,种植花卉点缀,它既是交通枢纽,也是一处园林化的观景场地,游人到此稍事驻足休息。往后观赏,呈现在眼前的是葱郁苍翠的"交椅背",山峦环拱,衬托着金碧璀璨的建筑群。往前极目远眺,以香炉峰为近景构图中心,远方群山起伏,黄山的天都、莲花诸峰隐约可见,无异于一幅壮阔的江山画卷。每当晨昏,大壑之中白云翻滚缭绕,冉冉升起,香炉峰浮现于云海之上宛若蓬莱仙岛。寺观周围环境真可谓气象万千,经园林化的处理而创设的种种景观又让人目不暇接,把太素宫烘托得犹如仙山琼阁一般。诸如此类的立意与太素宫作为洞天福地的道观性质均十分贴切,乃是名山风景区的宗教建设与风景建设完美结合的一例。

8.3.3 西南寺观园林

8.3.3.1 圆觉寺

　　圆觉寺在云南巍山县境内的巍宝山,山脉自东北走向西南,山下的瓜河蜿流如襟带。山体内秀外雄,天然植被极好,远看层峦叠嶂,苍翠欲滴。巍宝山是唐代地方政权南诏国开国的彝族国王细奴逻微时耕田放牧之地,相传当年细奴逻曾在山上受到太上老君的点化,为此而陆续有道观的建立。到明、清时巍宝山已成为西南地区的道教全真派的名山之一,先后建成二十余所道观分布在中山区和高山区。这座道教名山除了众多的道观之外,还有两所佛寺,圆觉寺(图8-16)便是其中之一。

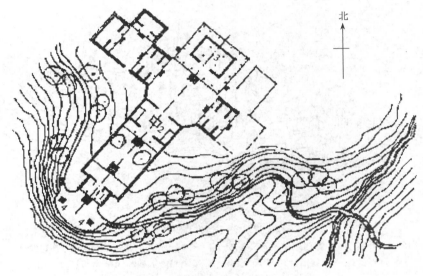

图 8-16　圆觉寺平面图
(摹自周维权《中国古典园林史》)
1—山门;2—天王殿;3—大雄宝殿;4—双塔

　　该寺位于山的西南麓,寺的规模并不大,平面略呈丁字形,建置在有如舌状突出的山嘴上。山门之后为天王殿和大雄宝殿两进院落,沿坡势迭起为两重台地,左右跨院为偏殿和僧房。院内植树莳花,庭院绿化十分精致。寺的周围古树参天,把建筑隐蔽在一片浓阴之中。山门前的半月形台地形成小广场,左右双塔并峙。这个台地也就是山嘴的最前沿。地形至此陡然下降成大壑。站在山门的前廊,可以俯瞰山下平坝的开阔的田野景观,左右双塔犹如画框则又构成一幅景界深远、层次分明的天然图画。山门广场兼作交通枢纽,右侧山道沿山嘴缓缓迂曲上升,左侧山道缓缓下降,蜿蜒起伏于幽谷之中,几经转折而下至跨溪的小桥。但见流水潺潺,即著名的"两流三叠"之景,也成了山门的入口延伸线的起点。这条短短的山道完全利用地形地物,不假人工建置而构成渐进的序列,因此,圆觉寺虽小,却颇能引人入胜,而成为巍宝山风景名胜区的一个出色的景点。

8.3.3.2 乌尤寺

　　乌尤寺在四川乐山嘉陵江畔的一个小岛上,始建于唐天宝年间,现存规模则为清末修建的,如图8-17所示。寺院的建筑布局充分利用地形的特点,把建筑群适当地拆散、拉开,沿着岛的临江一面延展为三组。当中的一组为寺院的主体部分,坐北朝南,包括弥勒殿、大雄宝殿、藏经楼三进院落及东、西的若干小跨院。东侧的一组是由天王殿直到江岸山门码头之间的漫长迂曲山道的渐进序列。西侧的一组即罗汉堂。罗汉堂以西循台阶登上山顶的台地。台地上建置小园林即乌尤寺的附属园林。这样沿江展开的布局可以一举四得:一是能够最大限度地收摄江面的风景,获得最佳的观景;二是能够最大限度地发挥寺院建筑群的点景作用,成为泛舟江上的主要观赏对象;三是有利于结合岛屿地形地貌作外围园林化的处理;四是把码头与山门合而为一,满足了交通组织的合理功能要求。

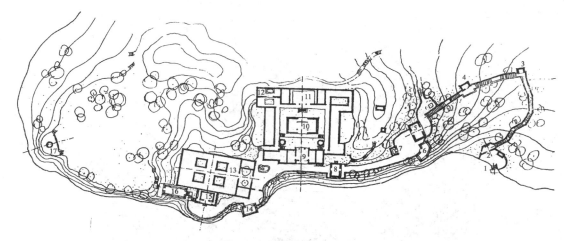

图 8-17　乌尤寺总平面图
(摹自周维权《中国古典园林史》)

1—码头;2—山门;3—止息亭;4—普门殿;5—天王殿;6—扇面亭;7—弥勒佛;8—过街楼;9—弥勒殿;10—大雄宝殿;11—藏经楼;12—观音阁;13—罗汉堂;14—旷怡亭;15—尔雅台;16—听涛轩;17—山亭

　　香客和游人乘渡船登上码头,迎面即为山门。过山门循石级蹬道北上以"止息亭"作为对景,到此可稍事休息。再转折而东南继续前进,山道两旁竹林茂密,环境幽邃。过"普门殿",高台之上的"天王殿"翼然在望。循高台一侧的石级而登,经天王殿正对山岩构成小广场,岩壁上刻弥勒佛像作为对景。小广场的南侧建扇面形敞亭,凭栏观赏江上风景如画。自扇面亭以西,道路的北侧为陡峭的山岩,南侧濒临大江。经"过街楼"即到达寺院主体部分的弥勒殿前。殿以西的道路继续沿江迂曲,临江的"旷怡亭"又可稍事休息,凭栏观赏江景。绕过罗汉堂,则上达山顶台地上的小花园。

　　乌尤寺的这条由江边码头直到山顶小园林的交通道路,也就是经过园林化的序列所构成的游动观赏路线。天王殿以东的一段以幽邃曲折取胜,以西的一段则全部为开朗的景观。一开一合形成对比,颇能激发游人情绪上的共鸣。在沿线适当的转折处和过渡部位建置不同形式的小品建筑物,以加强这个漫长序列上的空间韵律感,同时也提供游人以驻足小憩、观景的场所。因此,它不仅充分发挥了步移景异的观赏效果,而且还具有浓郁的诗情画意。

8.3.4　西北寺观园林

8.3.4.1　重阳宫

　　重阳宫,在陕西户县城西 10 千米祖庵镇,是元代关中道教全真教的著名圣地。全真教是北宋遗民在金人统治下以隐居不仕,自食其力,逐渐聚徒讲道而形成的。

全真教祖师姓王名喆,号曰重阳,咸阳大魏村人,是南宋末著名道学家,有门徒邱处机、刘长生、谭长真和马丹阳等人。王喆死后葬于道宫,马丹阳在宫内修建了一座大厅,亲书横额"祖庭"二字,从此各方门徒称这里为"祖庭",以后改称"灵虚观"。

元代统治阶级对这里很重视,赐王喆为重阳真人。邱处机又请旨改灵虚观为重阳宫。1265 年又被加封为重阳万寿宫,并增建了许多殿阁楼台,遂成为关中西部的道教大观。

重阳宫在元代最盛,为全国七十二路道教的总集合点。宫址的范围东到东甘河,西到西甘河,南抵终南山,北近渭河,内有成道宫、重阳宫、玉皇宫、北极宫等建筑共计 5 048 间。道观范围内的土地、水磨等物产,均属重阳宫所有,并控制着许多佃农,为其佃耕,供养着宫内万人左右的道士和元朝皇帝派来保护宫殿的 3 500 名道兵。"圣旨碑"明文规定,宫内财物"别人休得争夺",平民百姓不得和皇帝提倡的所谓"高等人"来往,免去此宫的"大小差役铺马",可见当时道宫显赫的权势。

今重阳宫仅余遗址,一座小小的道观,前有五间北门,北有五间殿,东边有几间厢房。

现在这里保存了三十余通用汉文和蒙文写成的碑石,因此,人们称这里为"祖庵碑林"。这些碑石,是研究元代历史和道教发展的宝贵史料。其中"大元敕藏御服之碑"和"皇元孙真人道行碑"均为元代大书法家赵孟頫所书。前者是元仁宗延祐二年(1315 年)赵青年时所书,因称"小赵";后者是元顺帝元统三年(1335 年)赵晚年时所书,人称"大赵"。两碑都是书法艺术中的珍品。

8.3.4.2　楼观台

楼观台在陕西周至县东南 10 千米焦镇。相传,周大夫函谷关令尹喜在此结草为楼,以观天体,叫做草楼观。老子西游入关便迎归草楼。老子著《道德经》五千言,并在楼南高岗筑台授经,因而又叫说经台,或授经台。这就是楼观台命名的由来。

这里风景幽美,依山带水,茂林修竹,绿阴蔽天。人们称道:"关中河山百二,以终南为最胜,终南千峰耸翠,以楼观为最名"。

又传周穆王曾游历这里,建造宫室,名楼观宫。秦始皇建庙于楼南,亲来求神拜仙。汉武帝立宫于楼北。曹魏时,道士梁谌来此布道。晋惠帝元康年间,植树十万余株,迁来居民三百多户维修保护。隋文帝初年,又在此进行了大肆修葺。唐高祖李渊自称老子后裔,大兴楼观宫。唐玄宗改"宗圣宫"。

宋、元、明、清各代,这里都有过维修。唐宋以来的文人、学士,如唐代欧阳询、王维、李白,宋代米芾,元代赵孟頫,明代康海,清代王阮亭等,都游历过这里,咏诗题字,刻石留念。

登上楼观台,通过浓郁的橡树林,就可仰见半露于树梢处的说经台。沿着一条斜坡石径,向东通向山门口,南边是亭亭竹林,东边是参天古木。山门左右有碑厅,其中唐代书法家欧阳询隶书《大唐宗圣观记》碑石最为珍贵。碑厅前各有六角亭一座。两亭之间原有一池水,清澈见底,名为"上善池"。左边亭内竖立着元代书法家赵孟頫书"上善池"碑石一通,碑阴是草书记述,圆润丰满。山门以上是一条宽广的石条阶路,几经转折,通到台顶。路右边的断崖上,嵌镶了一些历代名人的诗词石碣。台顶上为老子祠,据碑文载,系唐代创建,明代重修。门朝南,门内两旁分立《道德经》石碑四通。两边两通是元代至元年间张志伟所写的篆书;东边两通是楷书,未署笔者姓名,碑阴有米芾题"第一山"三字,碑侧刻苏东坡游楼观台题诗。院内有正殿、配殿、左右厅房、斋舍等建筑。院中央是一座四方亭形的正殿,出檐斗拱,东西两面砖砌的墙头上,雕刻着精细的斗拱纹饰。殿后松柏森森,耸立庙外。极目四望,千峰叠翠,曲水环青,周秦遗墟,汉唐故迹,尽在云烟变化中。

8.3.4.3　仙游寺

仙游寺,在陕西周至县城南约17千米的黑水峪口。原为隋代仙游宫遗址,隋文帝常来此避暑。唐代咸通元年(860年)改为三寺。一寺废弛无存,现留二寺,分隔在黑水南北两岸。

南岸的为仙游寺,一般通称为南寺,明英宗正统六年(1441年)一度改为普缘禅寺,清朝重修。现存正殿五间,内有泥塑、铜铸和木刻佛像多尊,雕塑均极精巧。殿前后有大小不同的古塔四座,最大的为法王塔,砖砌方形,上小下大,形如锥立,高约27米,底边宽约8米,塔七层,层间有出檐斗拱。塔西南角有一块黑色痕迹,人们讹传为灯烟所黄,时暗时亮,称为仙游寺十景之一"宝塔放光"。

黑水北岸为中兴寺,一般通称为北寺,有殿宇二十余间。正殿东南面大房三间,传为宋朝苏东坡读书处,门前有清朝道光年间书写的"苏公藏书处"匾额。寺东有"玉女洞",洞内飞泉,名"玉女泉",传说是秦穆公女弄玉吹箫引凤的地方。泉水甘洌,苏东坡签书凤翔府判官厅公事时,常差人远来取水,用竹书签,剖分为二,一存寺内,一归自藏,备作往来之信,戏谓"调水符。"再东边是芒谷,有一石洞残迹,为汉朝马融读书处,人们呼为"马融石室",为仙游寺十景之一。

南、北寺之间有潭名"黑水潭",也叫"仙游潭",又号"五龙潭",宽约二丈余,水色黛黑,深不可涉,唐人岑参有"石潭积黛色,每岁投金龙"之诗句。潭上石壁峭绝,形似"龙潭虎穴",誉为仙游寺十景之一。

此外,这里的胜景还有"斜阳晓照"、"狮山象岭"、"西山登雾"、"九峰叠翠"、"仙桥古渡"、"猫狐警步"等。唐代伟大诗人白居易曾在此写出了不朽诗篇《长恨歌》。

8.3.5　藏传佛寺园林

8.3.5.1　布达拉宫

在西藏拉萨市西北,玛布日山上。是我国著名的宫堡式建筑群,藏族古建筑艺术的精华。布达拉,或译普陀,梵语意为"佛教圣地"。相传7世纪时,吐蕃赞普松赞干布与唐太宗联姻,为迎娶文成公主,在此首建宫室,后世屡有修筑。至17世纪中叶达赖五世受清朝册封后,又由其总管第巴·桑结嘉措主持扩建重修工程,历时近五十年,始具今日规模。为历代达赖喇嘛的冬宫,也是西藏历代封建农奴主政教合一的统治中心。布达拉宫占地10万平方米,宫体主楼13层,高117米,东西长360米,全部为石木结构。内有宫殿、佛堂、习经室、寝宫、灵塔殿、庭院等。全部建筑依山势垒砌,群楼重叠,殿宇嵯峨,气势雄伟,体现了藏式建筑的鲜明特色和汉藏文化融合的雄健风格。有达赖喇嘛灵塔8座,塔身以金皮包裹,宝玉镶嵌,辉煌壮观。各殿堂墙壁绘有题材丰富、绚丽多姿的壁画,工笔细腻,线条流畅。宫内还保存有大量珍贵文物,如明、清两代皇帝封赐西藏官员的诏敕、封诰、印鉴、礼品和精雕细镂的工艺珍玩,罕见的经文典籍以及各类佛像、店卡(卷轴佛画)、法器、供器等。解放后,经多次维修整理,已成为游览胜地。

8.3.5.2　塔尔寺

藏语称"衮本",意为"十万佛像"。在青海湟中县鲁沙尔镇西南隅。得名于大金瓦寺内纪念喇嘛教格鲁派(黄教)创始人宗喀巴的大银塔。始建于明嘉靖三十九年(1560年),历时17年建成。是我国喇嘛教格鲁派六大寺院之一(其余五寺为西藏的色拉寺、哲蚌寺、扎什伦布寺、甘丹寺和甘肃的拉卜楞寺），全寺占地 39 万平方米。整个寺院依山势起伏，由大金瓦寺、小金瓦寺、小花寺、大经堂、大厨房、九间殿、大拉浪、如意宝塔、太平塔、菩提塔、过门塔等大小建筑，组成完整的藏汉结合的建筑群。每年农历正月、四月、六月、九月举行四大法会，十月、二月举行两小法会，尤其是正月十五日的大法会，以许多美妙的宗教传说、神话故事和艺术水平很高的"三绝"（指酥油花、壁画、堆绣），吸引数以万计的藏、蒙、土、汉等各族群众，来寺瞻仰朝拜。从而使全寺成为西北地区佛教活动的中心，并在全国和东南一带享有盛名。

8.3.5.3 罗布林卡

罗布林卡（图 8-18）藏语意思是"珍珠宝贝似的园林"，位于拉萨西郊，占地约 36 公顷。园内建筑物相对集中为东、西两大群组，习惯上把东半部叫做"罗布林卡"，西半部叫做"金色林卡"。这里曾是达赖喇嘛居住的夏宫。历代达赖驻园期间，作为藏政府的首脑经常在这里处理日常政务、接见噶厦官员，作为宗教领袖也在这里举行各种法会，接受僧俗人等的朝拜。因此，罗布林卡不仅是供达赖避暑消夏、游憩居住的行宫，还兼有政治活动和宗教活动中心的功能。

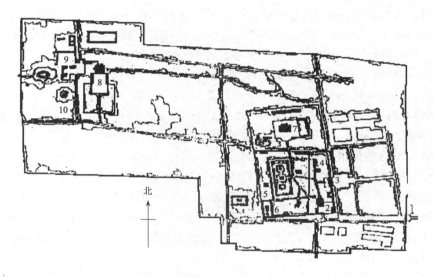

图 8-18　罗布林卡平面图
1—大宫门；2—格桑颇章；3—威镇三界阁；4—辩经台；5—持舟殿；6—观马宫；
7—新宫；8—金色颇章；9—格桑德吉颇章；10—凉亭

这座大型的别墅型寺观园林并非一次建成，乃是从小到大经过近二百年时间，三次扩建而成。

乾隆年间，当时的七世达赖格桑嘉措体弱多病，夏天常到此处用泉水沐浴治病。清廷驻藏大臣看到这种情况，便奏请乾隆皇帝批准特为达赖修建了一座供浴后休息用的简易建筑物"乌尧颇章"（"颇章"是藏语"殿"的音译）。

稍后，七世达赖又在其旁修建一座正式宫殿"格桑颇章"，高三层，内有佛殿、经堂、起居室、卧室、图书馆、办公室、噶厦官员的住房以及各种辅助用房。建成后，经皇帝恩准每年藏历三月中旬到九月底达赖可以移住这里处理行政和宗教方面的事务，十月初再返回布达拉宫。这里遂成为名副其实的夏宫，罗布林卡亦以此为胚胎经三次扩建，逐渐地充实、扩大。

罗布林卡的外围宫墙上共设六座宫门,大宫门位于东墙靠南,正对着远处的布达拉宫。园林的布局由于逐次的扩建而形成园中有园的格局。三处相对独立的小园林建置在古树参天,郁郁葱葱的广阔的自然环境里,每一处小园林均有一幢宫殿作为主体建筑物,相当于达赖的小朝廷。

全园占地约36万平方米,有三组宏伟的宫殿建筑群,分为宫区、宫前区、森林区三个主要部分。宫内林木葱郁,花卉繁茂,宫殿造型庄严别致,亭台池榭曲折清幽。园内还饲养有鹿、豹等多种珍禽奇兽,以动物点缀风景,更添山林情趣,为西藏最富特色的著名园林。

第一处小园林包括格桑颇章和以长方形大水池为中心的一区。前者紧接园的正门之后具有"宫"的性质,后者则属于"苑"的范畴。苑内水池的南北中轴线上三岛并列,北面二岛上分别建置湖心宫和龙王殿,南面小岛种植树木。池中遍植荷花,池周围是大片如茵的草地,在红白花木掩映于松、柏、柳、榆的丛林中若隐若现地散布着一些体量小巧精致的建筑物,环境十分幽静,这种景象正是我们在敦煌壁画中所见到的那些"西方净土"的复现,也是通过园林造景的方式把《阿弥陀经》中所描绘的"极乐净土"的形象具体地表现出来。这在现存的中国古典园林中,乃是孤例。园林东墙的中段建置"威镇三界阁",阁的东面是一个小广场和外围一大片绿地林带,每年的雪顿节,达赖及其僧俗官员登临阁的二楼观看广场上演出的藏戏。每逢重要的宗教节日,哲蚌、色拉两大寺的喇嘛云集这里举行各种宗教仪式。

第二处小园林是紧邻于前者北面的新宫一区。两层的新宫位于园林的中央,周围环绕着大片的草地,树林的绿化地带,其间点缀少量的花架、亭、廊等小品。

第三处小园林即西半部的金色林卡。主体建筑物,金色颇章高三层,内设十三世达赖专用的大经堂、接待厅、阅览室、休息室等。底层南面两侧为官员等候觐见的廊子,呈左右两翼环抱之势,其严整对称的布局很有宫廷的气派。金色颇章的中轴线与南面庭园的中轴线对位重合,构成规整式园林的格局。从南墙的园门起始,一条笔直的园路沿着中轴线往北直达金色颇章的入口。庭园略成方形,大片的草地和丛植的树木,除了园路两侧的花台、石华表等小品之外,别无其他的建置。庭园以北,由两翼的廊子围合的空间稍加收缩,作为庭园与主体建筑物之间的过渡。因而这个规整式园林的总体布局形成了由庭园的开朗自然环境渐变到宫殿的封闭建筑环境的完整的空间序列。

金色林卡的西北部分是一组体量小巧、造型活泼的建筑物,高低错落呈曲尺形随意展开,这就是十三世达赖居住和习经的别墅。它的西面开凿一泓清池,池中一岛象征须弥山。从此处引出水渠绕至西南汇入另一圆形水池,池中建圆形凉亭。整组建筑群结合风景式园林布局而显示出亲切近人的尺度和浓郁的生活气氛,与金色颇章的严整恰成强烈的对比。

罗布林卡以大面积的绿化和植物成景所构成的粗犷的原野风光为主调,也包含着自由式的和规整式的布局。园路多为笔直,较少蜿蜒曲折。园内引水凿池,但没有人工堆筑的假山,也不作人为的地形起伏,故而景观均一览无余。藏族的"碉房式"石造建筑不可能像汉族的木构建筑那样具有空间处理上的随意性和群体组合上的灵活性。因此,园内不存在运用建筑手段来围合成景域,划分为景区的情况,一般都是以绿地环绕着建筑物,或者若干建筑物散置于林木花卉之中。园林意境的表现均以佛教为主题,园林建筑为典型的藏族风格,局部亦受到汉族和西方建筑风格的影响。

8.4 私家园林

8.4.1 私家园林融合与分化

8.4.1.1 "雅俗抗衡"局面的形成

元代私家园林史不绝书,而成就不高。明末和清初,作为两宋私家园林的传承和发展,经济、文化发达的地区如扬州、苏州和北京出现文人园林、市井园林和士流园林"雅俗抗衡"的新局面。

明代文人画已经完全成熟并且占据着画坛的主要地位。文人作画都要在画幅上署名、盖印、题诗、题跋,甚至以书法的笔力入画,真正把诗、书、画融为一体,因而人们赞誉一个画家就常用"诗、书、画三绝"一类的词句。文人画的"三绝"再结合它清淡隽永的韵味,便呈现出所谓的"书卷气"和"雅逸",即包含着隐逸情调的雅趣,也就是相对于代表市民文化趣味的"市井气"和"流俗"而言的一种艺术格调。江南地区作为文人画的发祥地和大本营,"三绝"的文人画家辈出。山水画的吴门派、松江派、苏松派诸大家都是文人出身,他们生活富裕却淡于仕途,作品主要描绘江南风光和文人优游山池林园之雅兴,抒写宁静清寂之情怀,又兼有诗、书、画的三位一体。画坛的这种主流格调必然在一定程度上影响及于民间造园活动的趋向。士流园林便更多地以追求雅逸和书卷气来满足园主人企图摆脱礼教束缚、获致返璞归真的愿望,也在一定程度上寄托他们不满现状、不合流俗的情思。士流园林更进一步地文人化促成了文人园林的大发展,同时文人园林也与新兴市民园林的"市井气"和贵戚园林的"富贵气"相抗衡。雅俗抗衡的情况不仅表现于园林的创作实践,在当时的造园理论著作中也有所反映。著名的文人造园家李渔在《一家言》一书中大声疾呼"宁雅勿俗"。文震亨的《长物志》更是把文人的雅逸作为园林总体规划、直到细部处理的最高指导原则。扬州的影园、休园,苏州的拙政园,无锡的寄畅园,北京的梁园、勺园,大抵都是当时文人园林的代表作。由文献记载,我们不难看出这些园林实际上为两宋文人园林的承传。它们之所以成为饮誉一时的名园,亦足见文人园林风格受到社会上称许推崇的情况。北京西北郊米万钟的勺园与李伟的清华园,前者为书卷气的文人园林,后者则为富贵气的士流园林。两者相比邻而"李园壮丽,米园曲折;李园不酸,米园不俗",表明士流园林的发展趋势。

一方面是士流园林的全面文人化而促成文人园林的大发展,另一方面,富商巨贾由于儒商合一、附庸风雅而在造园上效法士流园林和文人园林,或者虽本人文化不高而延聘文人为他们苦心经营,势必会在市井园林的基调上增添或多或少的文人化的色彩。市井气与书卷气相融合的结果冲淡了市民园林的流俗性质,从而出现文人园林风格的变体。由于此类园林的大量营造,这种变体风格又必然会影响当时的民间造园艺术,这在江南地区尤为明显。明末清初的扬州园林便是文人园林风格与它的变体并行发展的典型代表。

8.4.1.2 文人与造园工匠的互相转化

清初,康熙帝南巡江南,深慕江南园林风物之美,归来后延聘江南文士叶洮和江南造园家张然,参与畅春园的规划设计,首次直接把江南民间造园专家引进宫廷,同时也把江南文人趣味掺入宫廷造园艺术,在园林的皇家气派中增添了雅逸清沁的韵致。

过去的造园工匠在长期实践中积累了丰富的经验,世代薪火承传,共同创造了优秀的园林艺术。宋代文献中已有园艺工人和叠山工人(即"山匠")的记载,明代江南地区的造园工匠技艺更为精湛。过去造园师的社会地位一直很低,除了极个别的经文人偶一提及之外,大都是名不见经传。但到明末清初,情况有所变化,经济、文化最发达的江南地区,造园活动十分频繁,工匠的需求量当然也很大。由于封建社会内部资本主义萌芽的成长、市民文化的勃兴而引起社会价值观念的改变,造园工匠中之技艺精湛者逐渐受到社会重视而知名于世。他们在园主人或文人与一般匠人之间起着承上启下的桥梁作用,大大提高了造园的效率。其中的一部分人努力提高自己的文化素养,甚至有擅长于诗文绘画的则往往代替文人而成为全面主持规划设计的造园家。文人士大夫很尊重他们并乐于与之交往,他们的社会地位非一般工匠可比。张南垣便是此辈中杰出的一人。

张南垣,名涟,原籍江苏华亭,生于明万历十五年(1587 年),晚岁徙居嘉兴,毕生从事掇山造园。据戴名世《张翁家传》记载:"君治园林有巧思,一石一树,一亭一沼,经君指画,即成奇趣,虽在尘嚣中,如入岩谷。诸公贵人皆延翁为上客,东南名园大抵多翁所构也"。钱谦益、吴伟业皆江南名士,与南垣为布衣之交甚至颇不拘形迹,足见他已因掇山巧艺而名满江南公卿间了。南垣的文化素养较高,因而他的叠山作品亦最为时人所推崇。南垣反对传统的缩移摹拟大山整体的叠山方法,他从追求意境深远和形象真实的可入可游出发,主张堆筑"曲岸回沙"、"平岗小坂"、"陵阜陂陀","然后错之以石,缭以短垣,簪以密条",从而创造出一种幻觉,仿佛园墙之外还有"奇峰绝峰",人们所看到的园内叠山好像是"处于大山之麓"而"截溪断谷,私此数石者,为吾有也"。这种主张以截取大山一角而让人联想大山整体形象的做法,开创了叠山艺术的一个新流派。

南垣死后,其子侄均继承其业。南垣子张然,于康熙初年应聘至北京。先为冯溥经营万柳堂,为王熙改建伯园。随后供奉内廷,参与了西苑瀛台、玉泉山行宫以及畅春园的叠山及园林规划事宜。他的后人世代承传其业,成为北方著名的掇山世家——"山子张"。

另一方面,文人园林的大发展也需要有高层次文化的人投身于具体的造园活动。由于社会价值观的改变,文化人亦不再把造园技术视作壮夫不为的雕虫小技。于是,一些文人、画士直接掌握造园叠山的技术而成为名家,个别的则由业余爱好而"下海"成为专业的造园家,计成便是其中的代表人物。

计成,字无否,江苏吴江人,生于明万历十年(1582 年)。少年时即以绘画知名,继承和发展了关仝、荆浩的画派和技艺。中年曾漫游北方及两湖,返回江南后定居镇江。从此以后,便精研造园技艺。为江西布政使呈又予在武进营造宅园,园成,有江南风光之胜。又应汪士衡中书的邀请,为他在銮江之西营造了一座园林。这两座园林都获得了社会上的好评。于是,计成后半生便专门为人规划设计园林,足迹遍于镇江、常州、扬州、仪征、南京各地,成为著名的专业造园家,并于造园实践之余,总结其丰富之经验,写成《园冶》一书,于崇祯七年(1634 年)刊行,是中国历史上最重要的一部园林理论著作。

一方面是叠山工匠提高文化素养而成为造园家,另一方面则是文人画士掌握造园技术而成为造园家。前者为工匠的"文人化",后者为文人的"工匠化"。两种造园家合流,再与文人和一般工匠结合而构成"梯队"。这种情况的出现固然由于当时江南地区特殊的经济、社会和文化背景以及频繁的造园活动的需要,也反过来促进了造园活动的普及,它标志着江南园林的发达兴旺。文人营园的广泛开展,影响及于全国各地则形成了明末清初的文人园林大普及,文人园林艺术臻于登峰造极的程度。

8.4.1.3 私家园林的区域分化——三大地方园林

从明中叶到清末,民间的私家造园活动遍及于全国各地,在一些少数民族地区也有相当数量的私家园林建成,从而出现不同的地方园林风格。在众多的地方园林风格中,江南、北方、岭南是风格成熟、特征迥异的三大地方园林。其中,江南园林形成于明中后期,北方园林接踵而至,形成于明末清初,而岭南园林最晚,形成于清中后期。江南园林以苏、扬为中心,波及范围至整个长江流域,尤以长江中下游最为繁荣;北方园林以北京为中心,波及范围至整个黄河流域,尤以黄河中下游最为发达;岭南园林以珠江三角洲为中心,包括两广、海南、福建、台湾等地。就全国范围内的造园活动而言,除了某些少数民族地区之外,几乎都受到三大地方园林风格的影响而呈现出许多"亚风格"。三大地方风格集中地反映了成熟期私家造园艺术所取得的主要成就,也是这个时期的中国园林的精华所在。

处在封建社会将解体的末世,文人士大夫普遍追逐名利,追求生活享乐,传统的清高、隐逸、避世的思想越来越淡薄了。园林的娱乐、社交功能上升,陶冶性情、赏心悦目已由过去的主导地位下降为从属地位。私家园林,尤其是宅园的绝大多数,都成为多功能的活动中心,成为园主人夸耀财富和社会地位的手段,这种趋向越到后期越显著,唐宋以来文人园林的简远、疏朗、雅致、天然的特色逐渐消失,所谓雅逸和书卷气亦逐渐溶解于流俗之中。从表面上看来,文人园林风格似乎更广泛地涵盖于私家的造园活动,但就实质而言,其中相当多的一部分只不过是僵化的模式,徒具外表而内蕴缺失。

江南园林、北方园林、岭南园林这三大地方风格主要表现在各自造园要素的用材、形象和技法上,园林的总体规划也多少有所体现。

1. 江南园林

江南园林叠山石料的品种很多,以太湖石和黄石两大类为主。石的用量很大,大型假山石多于土,小型假山几乎全部叠石而成。能够模仿真山之脉络气势,做出峰峦丘壑、洞府峭壁、曲石矶,或仿真山之一角创为平岗小坂,或作为空间之屏障,或散置,或倚墙而筑为壁山等,手法多样,技艺高超。江南气候温和润湿,花木生长良好,种类繁多。园林植物以落叶树为主,配合若干常绿树,再辅以藤萝、竹、芭蕉、草花等构成植物配置的基调,并能够充分利用花木生长的季节性构成四季不同的景色。花木也往往是观赏的主题,园林建筑常以周围花木命名。还讲究树木孤植和丛植的画意经营,尤其注重古树名木的保护利用。园林建筑则以高度发达的江南民间乡土建筑作为创作的源泉,从中汲取精华。苏州的园林建筑为苏南地区民间建筑的提炼。扬州则利用优越的水陆交通条件,兼收并蓄扬州、皖南乃至北方地区民间建筑而加以融糅,因而建筑的形式极其多样丰富。江南园林建筑的个体形象玲珑轻盈,具有一种柔媚的气质。室内外空间通透,木构件髹饰为赭黑色,灰砖青瓦、白粉墙垣配以山石花木组成的园林景观,显示一种恬淡雅致犹若水墨渲染画的艺术格调。木装修、家具、各种砖雕、木雕、漏窗、洞门、匾联、花街铺地均表现极精致的工艺水平,园内有各式各样的园林空间,纯山水空间,山石与建筑围合的空间,庭院空间,天井,甚至院角、廊侧、墙边亦作成极小的空间,散置花木,配以峰石,构成楚楚动人的小景。由于园林空间多样富丽又富于变化,为静观组景、动观组景以及对景、框景、透景创造了更多的条件。

2. 北方园林

北方气候寒冷,建筑形式比较封闭、厚重,园林建筑亦别具一种刚健之美。北京是帝王之都,私家园林多为贵戚官僚所有,布局就难免于较注重仪典性的表现,因而规划上使用轴线亦较多。叠山用石以当地所产的青石和北太湖石为主,堆叠技法亦属浑厚格调。植物栽培受气候的影响,冬天叶落,水面结冰,很有萧索寒林之感。规划布局的轴线,对景线运用较多,当然也就赋予园林以更为浑厚凝重的气度。

3. 岭南园林

岭南园林以宅园为主,多为庭院和庭园的组合。叠山常用姿态磷峋、皴折繁密的英石包镶即所谓"塑石"的技法,山体的可塑性强、姿态丰富,具有水云流畅的形象。在沿海一带也常见用石蛋和珊瑚礁石叠山的,则又别具一格。小型叠山与小型水体相结合而成的水局,尺度亲切而婀娜多姿。少数水池的方整几何形式,则是受到西方园林的影响。园林建筑由于气候炎热必须考虑自然通风,故形象上的通透开敞更胜于江南,以装修、壁塑、细木雕工见长。岭南地处亚热带,观赏植物品种繁多,园内一年四季都是花团锦簇、绿阴葱翠,老榕树大面积覆盖遮蔽的阴凉效果尤为宜人。就园林的总体而言,要求通风良好则势必加大室内高度,因而建筑物体量偏大,楼房又较多,故略显壅塞,深邃幽奥有余而开朗之感不足。

8.4.1.4 良莠不齐,模拟多于创新

以江南、北方、岭南三大地方风格为代表的私家园林都创作出许多优秀的园林作品,标志着中国园林在古代的全面成熟。但另一方面,暴露其过分拘泥于形式和技巧、流于纤巧琐细和因循守旧的倾向。这种矛盾的现象主要表现为以下五个方面:

1. 宅园的性质发生变化,园林与邸宅的关系比过去更为密切

一是邸宅向园林延伸而使园林可游可居,二是邸宅也在一定程度上园林化,普遍出现用山石花木点缀的庭院。这种庭院反映了当时居住生活与园林享乐更进一步相结合的倾向,也标志着"小中见大"、"咫尺山林"的园林审美意识的进一步升华。乾隆时的著名画家郑板桥在题画词《竹石》中对这种庭院空间作了精彩的描述:"十笏茅斋,一方天井,修竹数竿,石笋数尺,其地无多,其费亦无多也。而风中雨中有声,日中月中有影,诗中酒中有情,闲中闷中有伴。非惟我爱竹石,即竹石亦爱我也"。

2. 园林建筑物的类型改变,数量随着园林性质的转化而逐渐增多

匠师们因势利导,创造了一系列丰富多彩的个体建筑形象和群体组合方式,为园林造景开拓了新的领域。高明的匠师可以运用这些形象和组合,与其他的造园要素相构配而求得园景婉约多姿的艺术效果。但人工建筑分量过重、建筑密度过大,削弱了园林的自然天成的气氛,在一定程度上丧失了风景式园林的主旨。园内的各种园居活动频繁,必然要求相应的功能分区,而城市繁荣,人口增殖,城市用地紧张,宅园面积不可能太大。在用地比较小,而又要求分隔多的情况下,造园就必然会凭借园内较多的建筑物来围合,分隔空间。于是便出现一种倾向:园林从原来的在自然环境里面布置建筑物,逐渐演变为在建筑环境里面再现大自然。这种倾向所形成的造景手法固然为园林的艺术创作开拓了新的领域,高明的匠师们得以运用多样的建筑形象或者建筑与山石、花木相结合而创设丰富多彩的园林空间,在有限的地段内获取无限深远的观赏效果,把中国园林建筑群落的空间经营推向了一个更高的境地。其中庭院、游廊、墙垣、漏窗、洞门等大量运用的技巧尤为发挥到了极致。然而,就园林的总体而言,空间划分过多在一定程度上不免削弱了园林的整体,个别的甚至流于支离破碎,也有悖于风景式园林的创作原则。

3. 园内用石掇山更为普遍

主要是由于园地小,空间划分过多,不宜于堆掇高广的土山,但与明清时期流行的以造园来争奇斗富的风尚也有一定的关系。园主往往用重金罗致奇石,堆置园内。以假山摹拟真山,毕竟要依赖于特定场合下的意境联想,方能得到本于自然而高于自然的感受。由于匠师们的

文化素养和技艺的不同,南北各地出现很多石山和土石山的优秀作品,但也出现不少徒具矫揉造作的外表,而不能激发人们对真山的意境联想的"假山"。这类叠山的存在,也正好代表了园林的形式主义、程式化和缺乏创造性的倾向。

4．园林的植物配置,重艺而不重技

宋以来,植物栽培技术在明末清初虽有所发展,而栽培和繁殖方法始终没有较大突破。中国本是世界上花木种质资源最多的国家,被誉为"园林之母",本应繁育出更多的园林花木,但明清时期往往囿于传统花木,没有更深入地挖掘花木种质资源。在园林花木配置方面,因园林空间缩小,而改变了传统园林花木以片植为主,体现疏朗、简远和天然的风格,代之以花木的丛植、孤植成景,从而获取"见一木如见森林,观一叶如观春秋"的象征意义。尤其到了乾、嘉之际,英国和荷兰的东印度公司已开始派人到中国沿海一带收集花木运往欧洲。同治、光绪年间,西方的植物学者接踵而来,深入内地有计划地大量采集野生花木,然后在欧洲大陆、英国和美国各地的植物园中加以培育驯化,成为西方崭新的观赏花木。相比之下,中国缺乏系统的园艺科学,在一定程度上阻碍了园林之利用丰富的植物资源和广泛地发挥植物的造景作用。唐、宋以来逐渐形成的文人园林中花木配置重诗情画意的优良传统,亦未能够在坚实的科学基础上得以进一步地升华、提高。

5．私家园林景题盛行,形式倾向日益突出

唐宋时期的文人园林开始采用景题,赋予园林以标题的性质,仿佛绘画的题款,它直接通过文学形式来抒发园主人的情怀,传达创作者的审美信息,加深鉴赏者对园景的理解和感受,从而使园林的意境深化。成熟期的私家园林沿袭这个传统,景题更加流行,也涌现出许多优秀的景题,给予游人以艺术的享受。但也有不少空洞浮泛,或言过其实,或曲高和寡,与园林景观并不默契,有的甚至故作无病呻吟,充斥着文人的酸腐气。园林的意境创造方面出现的这种矫揉造作的倾向,也是造园艺术趋向形式主义的表现之一。

从唐宋开始逐渐繁荣兴盛的文人园林经过明末清初而演变到清后期的结果,一方面是造园的精湛技艺促进了对园林形式的更完美的追求,另一方面却又流于形式主义而多少背离了风景式园林的主旨,出现矫揉造作的倾向。这正是私家园林发展成熟的必然趋势,体现封建文化盛极而衰的历史规律。

8.4.2 北方园林(以北京为例)

元代的统治者,一任王公贵族,功臣外戚跑马圈地,大兴土木,修建了很多豪华宅园,而园林艺术无大成就,故略而不论。

8.4.2.1 明代私家园林

北京的西北郊,太行山余脉的西山自南蜿蜒而北分为两支:一支直北走,另一支以香山为枢纽折向东翼即寿安山,形成诸峰连绵的小山系,好像屏障一样拱列于广阔的西北郊平原的西缘和北缘。在平原的腹心地带,两座小山岗平地突起,靠西的为玉泉山,其东邻为瓮山和山南麓的西湖。这一带湖泊罗布,农民开辟水田,风景宛似江南,早在元代即已成为京师居民的游览胜地。瓮山和西湖以东的平坦地段地势较低,泉水丰沛,汇聚着许多沼泽,俗称"海淀"。明初,从南方来的移民在这里又大量开辟水田。经多年的经营,把这块低洼地改造成为西北郊的另一处风景优美的地区,它与玉泉山、西湖连成一片。明代京师的居民常到这里郊游、饮宴,文人对此处也颇多题咏。充足的供水和优美的风景招来了贵戚官僚们纷纷到这里占地造园,海淀及其附近逐渐成为西北郊园林最集中的地区。在这些众多园林之中,文献记载较详,文人题咏较多,当时最有名气的当推"清华园"和"勺园"。

1. 清华园

清华园在海淀镇的北面。园主人李伟(一说为李伟的后人)是明神宗的外祖父,官封武清侯,是一位身世显赫的皇亲国戚。园的规模根据清康熙时在它的废址上修建的畅春园的面积来推算,估计在八十公顷左右,其占地之广,在当时无疑是一座特大型的私家园林。

清华园是一座以水面为主体的水景园,水面以岛、堤分隔为前湖、后湖两部分。重要建筑物大体上按南北中轴线成纵深布置。南端为两重的园门,园门以北即为前湖,湖中蓄养金鱼。前、后湖之间为主要建筑群"挹海堂"之所在,这也是全园风景构图的重心。堂北为"清雅亭",大概与前者互成对景或椅角之势。亭的周围广植牡丹、芍药之类的观赏花木,一直延伸到后湖的南岸。后湖之中有一岛屿与南岸架桥相通。岛上建亭"花聚亭",环岛盛开荷花。后湖的北岸,利用挖湖的土方摹拟真山的脉络气势堆叠成高大的假山。山畔水际建高楼一幢,楼上有台阁可以清楚地观赏园外西山玉泉山的借景,这幢建筑物也是中轴线的结束。后湖的湖面很大,很开阔,冬天可以走冰船,西北岸临水建水阁观瀑和听水音,园林的理水,大体上是在湖的周围以河渠构成水网地带,便于因水设景。河渠可以行舟,既作水路游览之用,又解决了园林供应的交通运输问题。

园内的叠山,除土山外,使用多种的名贵山石材料,其中有产自江南的。山的造型奇巧,有洞壑,也有瀑布。

植物配置方面,花卉大片种植得比较多,而以牡丹和竹最负盛名于当时,大概低平原上土地卑湿,北方极少见的竹子在这里比较容易生长。

园林建筑有厅、堂、楼、台、亭、阁、榭、廊、桥等,形式多样,装修彩绘雕饰都很富丽堂皇。

清华园建成至迟在万历十年(1582年),李伟以皇亲国戚之富,经营此园可谓不惜工本。像这样的私家园林,不仅在当时的北方绝无仅有,即使在全国范围内也不多见。所以清康熙时在清华园的故址上修建畅春园,这个选择恐怕不是偶然的。一则可以节省工程量,二则它的规模和布局也能适应于离宫御苑在功能和造景方面的要求。由此看来,清华园对于清初的皇家园林有一定的影响。就其规划而言,也可以说是后者的"先型"。

2. 勺园

据《日下旧闻考》考证,可知勺园在清华园之东南面。但具体位置究竟在哪里,则有两种说法:一说在今北京大学未名湖一带,一说在未名湖的西南面。勺园大约建成于万历年间,稍晚于清华园。园主人米万钟,字仲诏,号友石,官太仆寺少卿,是明末著名的诗人、画家和书法家。他平生好石,家中多蓄奇石。他曾在江南各地做官多年,看过不少江南名园,晚年曾把勺园的景物亲自绘成《勺园修楔图》传世。西北郊还有米万钟的另一座别墅"湛园",但文人的题咏几乎全部集中于勺园,足见勺园的造园艺术自有其独到之处,而这与园主人的艺术素养又是分不开的。

勺园比清华园小,建筑也比较朴素疏朗,"虽不能佳丽,然而高柳长松,清渠碧水,虚亭小阁,曲槛回堤,种种有致,亦足自娱"。勺园虽然在规模和富丽方面比不上清华园,但它的造园艺术水平较之后者略胜一筹。

米万钟曾手绘《勺园修楔图》长卷,展示全园景物一览无余。根据这幅图画并参照孙国枚《燕都游览志》所记,可知当时勺园布局的大致情况。

园林的总体规划着重在因水成景,水是园林的主题。勺园也是一座水景园。所谓"勺园一勺五湖波,湿尽山云滴露多"。利用堤、桥将水面分隔为许多层次,呈堤环水抱之势。

建筑物配置成若干群组,与局部地形和植物配置相结合,形成各具特色的许多景区,如色空天、太乙叶、松坨、翠葆榭、林于瀠。各景区之间以水道、石径、曲桥、廊子为之联络。建筑物外形朴素,很像浙江农村的民居,多接近水面,与水的关系很密切。所谓"郊外幽闲处,委蛇似浙村","到门惟见水,入室尽疑舟"。建筑的布局也充分考虑到园外西山的借景,所谓"更喜高楼明月夜,悠然把酒对西山"。

有关的诗文谈到山石的不多,绿化种植只提到竹子、荷花之类,可见勺园叠山并没有使用特殊的石材,花卉也无名贵品种。

米万钟自作的《勺园诗》中有"先生亦动莼鲈思,得句宁无赋水山"之句,因勺园而即景生情,动了莼鲈之思,可见这座园林的景物必定饱含着江南的情调。据此一例亦可看到明代北京园林模仿江南园林的明显迹象。此后的数百年间,北方园林就一直有意识地吸收江南园林的长处并结合北方的具体情况而加以融合。勺园摹拟江南之所以如此惟妙惟肖,固然由于园主人宦游江南多年,饱览江南名园胜景,而北京西北郊的地理环境,特别是丰富的供水也为此提供了优越的条件。

8.4.2.2 清代私家园林

清初,北京城内宅园之多又远过明代。一些名园都为著名文人和大官僚所有,如纪晓岚的阅微草堂、李渔的芥子园、贾胶侯的半亩园、王熙的怡园、冯溥的万柳堂、吴梅村园、王渔洋园、朱竹坨园、吴三桂府园、祖大寿府园、汪由敦园、孙承泽园等。其中有的是由园主人延聘江南造园家主持营建的。江南著名造园家张南垣之子张然,清初应聘到北京为公卿士夫营造园林,除王熙的怡园外,还为冯博改建万柳堂并绘成画卷传世。大官僚王熙和冯溥世居北方,他们之所以按江南意趣兴造或改筑园林,主要用意在于配合当时的清廷开博学鸿词科招徕江南文士,是有其政治目的。但在客观上,对于北方私家园林之引进江南技艺,却也起到了一定的促进作用。

北京西北郊海淀一带,明代的私园因改朝换代多有倾圮,清初大部分收归内务府,再由皇帝赐给皇室成员或贵族、官僚营建"赐园"。自从康熙帝在西北郊兴建离宫御苑畅春园,赐园就与日增多,如含芳园、澄怀园、自恰园、洪雅园、熙春园、圆明圆、萃锦园等。

1. 半亩园

半亩园在东城弓弦胡同,康熙年间为贾胶侯宅园,由著名造园家李渔参与规划,园内叠山相传皆出李渔之手。后数易其主,道光年间归麟庆所有。据麟庆《鸿雪因缘图记》记载:"李笠翁(李渔)客贾(中丞)幕时,为葺斯园。垒石成山,引水作沼,平台曲室,奥如旷如"。园内建筑物计有:"正堂名曰云荫,其旁轩曰拜石,廊曰曝画,阁曰近光,斋曰退思,亭曰赏春,室曰凝光。此外有嫏嬛妙境、海棠吟社、玲珑池馆、潇湘小影、云容石态、罨秀山房诸额",以后又有所增损。

清初,北京城内兴建大量王府及王府花园,规模比一般宅园大,也有其不同于一般宅园的特点。如郑王府园、礼王府园等,是为北京私家园林中一个特殊类别。北京城内地下水位低,御河之水非奉旨不得引用,故一般宅园由于得水不易,多有旱园的做法。

2. 萃锦园

萃锦园即恭王府花园,如图 8-19 所示。

北京内城的什刹海一带,风景优美,颇有江南水乡的情调,是内城一处公共游览地。明、清两代，这里汇聚了许多私家园林和寺庙园林。其中有不少皇亲、贵戚、官僚的府邸园林，恭王府花园便是其中之一。

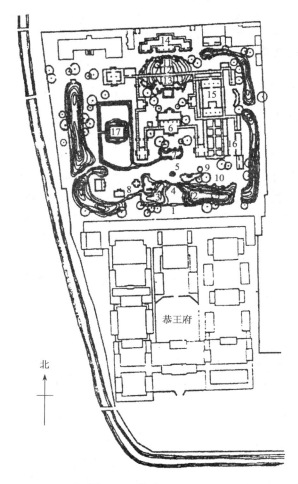

图 8-19　萃锦园平面图

1—园门；2—垂青樾；3—翠云岭；4—曲径通幽；5—飞来石；6—安善堂；7—蝠河；8—榆关；9—泌秋亭；10—艺蔬圃；
11—滴翠岩；12—绿天小隐；13—邀月台；14—蝠厅；15—大戏楼；16—吟香醉月；17—观鱼台

　　恭王府是清代道光皇帝第六子恭忠亲王奕䜣的府邸，它的前身为乾隆年间大学士和珅的邸宅。萃锦园紧邻于王府的后面，从园中保留的参天古树以及假山叠石的技法来推测，至晚在乾隆年间即已建成，同治年间曾经重修过一次，光绪年间再度重修，当时的园主人为奕䜣之子载滢。载滢于光绪二十九年(1903 年)写成《补题邸园二十景》诗二十首，描写的景题有：曲径通幽、垂青樾、泌秋亭、吟香醉月、艺蔬圃、樵香经、渡鹤桥、滴翠岩、秘云洞、绿天小隐、倚公屏、延清籁、诗画航、花月玲珑、吟青霭、浣云居、枫风水月、凌倒景、养云精舍、雨午岑。它的南北中轴线与府邸的中轴线对位重合，东部和西部的布局比较自由灵活。前者以建筑为主体，后者以水池为中心。

　　中路包括园门及其后的三进院落。园门在南墙正中，为西洋拱券门的形式，民间称之为"圆明园"式。入园门，东西两侧分列"垂青樾"、"翠云岭"两座青石假山，虽不高峻但峰峦起伏，

208

奔趋有势。此两山的侧翼衔接土山往北延绵,因而园林的东、西、南三面呈群山环抱之势。此两山左右围合,当中留出小径,迎面"飞来石"耸立,此即"曲径通幽"一景。飞来石之北为第一进院落,建筑成三合式,"安善堂"建在青石叠砌的台基之上,面阔五开间,出前后厦,两侧用曲尺形游廊连接东、西厢房。院中的水池形状如蝙蝠翻飞,故名"蝠河"。院之西南角有小径通往"榆关",这是建在两山之间的一处城墙关隘,象征万里长城东尽端的山海关,隐喻恭王的祖先从此处入主中原、建立清王朝基业。院之东南角上小型假山之北麓有亭翼然,名"沁秋亭"。亭内设置石刻流杯渠,仿古人曲水流觞之意。亭之东为隙地一区,前山向阳,势基平旷,树以短篱,种以杂蔬,验天地之生机,谐庄田之野趣,这就是富于田园风光的"艺蔬圃"一景。安善堂的后面为第二进院落,呈四合式。靠北叠筑北太湖石大假山"滴翠岩",姿态奇突,凿池其下。山腹有洞穴潜藏,引入水池。石洞名叫"秘云",内嵌康熙手书的"福"字石刻。山上建盝顶敞厅"绿天小隐",其前为月台"邀月台"。厅的两侧有爬山廊及游廊连接东、西厢房,各有一门分别通往东路之大戏楼及西路之水池。山后为第三进院落,庭院比较狭窄,靠北建置庞大的后厅,后厅当中面阔五间,前后各抱厦三间,两侧连接耳房三间,平面形状很像蝙蝠,故名"蝠厅",取"福"字的谐音。

东路的建筑比较密集,大体上由三个不同形式的院落组成。南面靠西为狭长形的院落,入口垂花门之两侧面吻接游廊,垂花门的比例匀称,造型极为精美。院内当年种植翠竹千竿。正厅即大戏楼的后部,西厢房即明堂之后卷,东厢房一排八间。院之西为另一个狭长形的院落,入口之月洞门额曰"吟香醉月"。北面的院落以大戏楼为主体,戏楼包括前厅、观众厅、舞台及扮戏房,内部装饰极为华丽,可作大型的演出。

西路的主景为大水池及其西侧的土山。水池略近长方形,叠石驳岸,池中小岛上建敞厅"观鱼台"。水池之东为一带游廊间隔,北面散置若干建筑物,西、南环以土山,自成相对独立的一个水景区。

萃锦园作为王府的附园,虽属私家园林的类型,但由于园主人具皇亲国戚之尊贵,布局设施尽显皇家气派,虽建筑分量较重,但山景、水景、花木之景交相辉映,仍不失为风景式园林的意趣。

8.4.3 江南园林

明、清的江南,经济之发达冠于全国。粮食亩产量最高,手工业、商业十分繁盛。朝廷赋税的三分之二来自江南。经济发达促成文化水平的不断提高,文人辈出,文风之盛亦居全国之首。江南河道纵横,水网密布,气候温和湿润,适宜于花木生长。江南的民间建筑技艺精湛,又盛产优质石材,这些为造园提供了优越的条件。江南的私家园林遂成为中国园林发展史上的一个高峰,代表着中国风景式园林艺术的最高水平。作为这个高峰的标志,不仅是造园活动的广泛兴旺和造园技艺的精湛高超,还有那一大批涌现出来的造园家和匠师,以及刊行于世的许多造园理论著作。

江南私家园林兴造数量之多,为国内其他地区所不能企及。绝大部分的城镇都有私家园林的建置,而扬州和苏州则更是精华荟萃之地,向有"园林城市"之美誉。

扬州位于长江与大运河的交汇处,隋、唐以来即是一座繁华的城市,私家营园的当然也不在少数。自明永乐年间重开漕运,修整大运河,扬州便成为南北水路交通的枢纽和江南最大的商业中心。徽州、江西、两湖商人聚集此地世代侨寓,徽商的势力最大。城市经济发展带来了城市文化的繁荣,私家园林经过元代短暂的衰落,到明中叶又空前地兴盛起来。

成熟期的江南地区,私家园林建设继承上代势头普遍兴旺发达。江南园林的分布和影响很广泛,但私家造园活动的主流仍然集中在扬州和苏州两地。大体说来,乾、嘉年间的中心在扬州,稍后的同、光年间则逐渐转移到苏州。因而两地的园林,可视为江南园林的代表作品,此外,无锡的寄畅园亦可与之媲美。

明代扬州园林见于文献著录的不少,绝大部分是建在城内及附廓的宅园和游憩园,郊外的别墅园尚不多。这些大量兴造的"城市山林"把扬州的造园艺术推向一个新的境地,明末扬州望族郑氏兄弟的四座园林:郑元勋的影园、郑元侠的休园、郑元嗣的嘉树园、郑元化的五亩之园,被誉为当时的江南名园。其中,规模较大、艺术水平较高的当推休园和影园。

8.4.3.1 扬州园林

1. 休园

休园在新城流水桥畔,原为宋代朱氏园的旧址,占地50亩,是一座大型宅园。据宋介之《休园记》记载:园在邸宅之后,入园门往东为正厅,正厅的南面是一处叠石小院。园的西半部为全园山水最胜处,随径窈窕,因山引水。正厅的东面有一座小假山,山麓建空翠楼。由山趾窍穴中出泉水,绕经楼之东北汇入水池"墨池","池之水既有伏引,复有溪行;而沙渚蒲稗,亦淡泊水乡之趣矣"。池南岸建水阁,阁的南面叠石为大假山,高山大陵,峰峻而不绝。山顶近旁建"玉照亭",半隐于树丛中,登山顶可眺望江南诸山。水池之北岸建屋如舟形,园之东北隅建高台"来鹤台"。园内游廊较多,晴天循园路游览,雨天则循游廊亦可遍览全园。

休园以山水之景取胜。山水断续贯穿全园,虽不划分为明确的景区,但景观变化较多,尚保存着宋园简远、疏朗的特点。其组景亦如画法,不余其旷则不幽,不行其疏则不密,不见朴则不文,是按照山水的画理而以画入景的。园内建筑物很少,但使用长廊串联及分隔景区、景点的做法,又与扬州其他私园风格有所不同。

2. 影园

影园在旧城墙外西南角的护城河——南湖中长岛的南端,由当时著名的造园家计成主持设计和施工,造园艺术当属上乘,也是明代扬州文人园林的代表作品,如图8-20所示。影园的面积很小,大约只有5亩左右。选址却极佳,据郑元勋自撰的《影园自记》的描写:这座小园林环境清旷而富于水乡野趣,虽然南湖的水面并不宽广且背倚城墙,但园址"前后夹水,隔水蜀岗(扬州西北郊的小山岗)蜿蜒起伏,尽作山势。环四面柳万屯,荷千余顷,萑苇生之。水清而多鱼,渔棹往来不绝"。园林所在地段比较安静,"取道少纡,游人不恒过,得无诲"。又有北面、西面和南面的极好的借景条件,"升高处望之,迷楼、平山(迷楼和平山堂均在蜀岗上)皆在项臂,江南诸山,历历青来。地盖在柳影、水影、山影之间",故命园之名为"影园"。

影园以一个水池为中心,成湖(南湖)中有岛、岛中有池的格局,园内、园外之水景浑然一体。靠东面

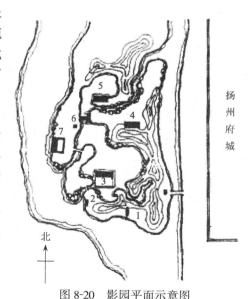

图8-20 影园平面示意图
(摹自《计成与影园兴造》)

1—二门;2—半浮阁;3—玉勾草堂;4—字斋;
5—媚幽斋;6—菰芦中;7—淡烟疏雨

210

堆筑的土石假山作为连绵的主山把城墙障隔开来,北面的客山较小则代替园林的界墙,其余两面全部开敞以便收纳园外远近山水之借景。园内树木花卉繁茂,以植物成景,还引来各种鸟类栖息。建筑疏朗而朴素,各有不同的功能,如课子弟读书的"一字斋"前临小溪,"若有万顷之势也,媚幽所以自托也",故取李白"浩然媚幽独"之诗意以命名。园林景域之划分亦利用山水、植物为手段,不取建筑围合的办法,故极少用游廊之类。总之,此园之整体恬淡雅致,以少胜多,以简胜繁,所谓"略成小筑,足征大观"。郑元勋出身徽商世家,明崇祯癸未进士,工诗画,已是由商而儒侧身士林了。他修筑此园当然也遵循着文人园林风格,成为园主人与造园家相契合而获得创作成功之一例,故而得到社会上很高的评价,大画家董其昌为其亲笔题写园名。

3. 瘦西湖

瘦西湖原名保障河,也就是扬州旧城北门外的冶春园直到蜀岗平堂的一段河道。因河道曲折开合,清瘦秀丽有如长湖,清代诗人汪沆曾把它与杭州的西湖相比较,并赋诗云:"垂杨不断接残芜,雁齿虹桥俨画图,也是销金一锅子,故应唤作瘦西湖"。于是,瘦西湖之名便代替保障河而通行于世。

乾隆年间是瘦西湖园林群的全盛时期,两岸鳞次栉比的园林是私家的别墅园,也有一些寺庙园林、公共游览地、茶楼、诗社以及为迎接皇帝南巡而临时建成的"装点园林"。当时的瘦西湖一共有二十四景,其中大部分是一园一景,也有一园多景或一景多园的,少数园林尚不包括在二十四景之内。

李斗所著《扬州画舫录》记述瘦西湖的湖上园林最为翔实。李斗是乾隆时人,他所亲历目睹的当是瘦西湖园林极盛时期的情况。这里仅选择比较有代表性的一段加以介绍,俾能举一反三,略窥全局。

这一段位于瘦西湖的南端转折处的丁溪(图8-21),即绕城北墙来自小秦淮之水在城西北角外与来自瘦西湖和南湖之水相汇,形如丁字而得名。丁溪在原来河道的基础上加以人工改造,利用一系列岛屿的障隔把河道转化为若干大小湖面,为造园提供了良好的地貌条件。新北门桥以西的河面逐渐宽阔略成小湖,水中浮出长屿,北岸为"卷石洞天"和"西园曲水"。虹桥以南,河道的西岸为"冶春诗社"。再往南,河道渐宽形成较大湖面,湖中布列一个长岛和两个小屿,湖的南端束于渡春桥。湖西岸的"柳湖春泛"和长岛上的"虹桥修禊"即为"倚虹园"之所在。

这一段丁字形的河道以三座桥梁为界,形成一组相对独立的园林群。其中的四座园林:卷石洞天、西园曲水、冶春诗社、倚虹园均为不同格局独立的小园林,而它们之间又能在总体规划上互相呼应,彼此联络,有机地组织成为一个完整的大园林。

8.4.3.2 苏州园林

苏州城市的性质与扬州有所不同,虽然两者均为繁华的消费城市,但苏州文风特盛,登仕途、为官宦的人很多,这些人致仕还乡则购田宅,建园墅以自娱,外地的官僚、地主亦多来此定居颐养天年。因此,苏州园林属文人、官僚、地主修造者居多,基本上保持着正统的士流园林格调,绝大部分均为宅园而密布于城内,少数建在附近的乡镇。

苏州城内河道纵横,地下水位很浅,取水方便。附近的洞庭西山是著名的太湖石产地,尧峰山出产上品的黄石,叠石取材也比较容易。因而苏州园林之盛,不输扬州。其中较著名的沧浪亭始建于北宋,狮子林始建于元代,艺圃、拙政园、五峰园、留园、西园、芳草园、洽隐园等均创建于明代后期。这些园林屡经后来的改建,如今已非原来的面貌。根据有关的记载,当年的园主人多是官僚而兼擅诗文绘画的,或者延聘文人画家主持造园事宜,因而它们的原貌有许多特点很类似于扬州的影园,沿袭着文人园林的风格且一脉相传,拙政园便是典型的一例。

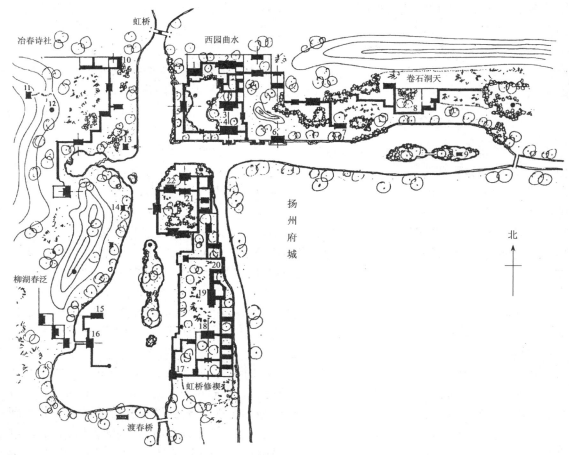

图 8-21 瘦西湖"丁溪"一段总平面图

1—水明楼;2—西园曲水;3—灌清堂;4—舫咏楼;5—新月楼;6—丁溪;7—修竹丛桂;8—委宛山房;9—阳红半楼;
10—香影楼;11—云构亭;12—歇谱亭;13—秋思山房;14—怀仙馆;15—小江潭;16—流波华馆;
17—饮虹阁;18—妙远堂;19—涵碧楼;20—致佳楼;21—领芳轩;22—修楔楼

1. 拙政园

园在娄门内东北街,始建于明正德初年。园主人王献臣字敬止,弘治六年进土,历任御史,巡抚等职。因官场失意,乃卸任还乡,购得娄门内原大弘寺遗址掇山造园。王献臣以西晋文人潘岳自比,并借潘岳《闲居赋》中所说:"庶浮云之志,筑室种树,逍遥自得;池沼足以渔钓,春税足以代耕,灌园鬻蔬,以供朝夕之膳;牧羊酤酪,以竢伏腊之费;孝乎惟孝,友寺兄弟;此亦拙者之为政也",故乃命园之名为拙政园(图 8-22),明白道出园名之寓意。

明代著名文人画家文征明撰《王氏拙政园记》一文,记述园内景物甚详:所居在郡城东北,界齐、娄门之间。居多隙地,有积水亘其中,稍加浚治,环以林木。为重屋其阳,曰"梦隐楼";为堂其阴,曰"若墅堂"。堂之前为"繁香坞",其后为"倚玉轩"。轩北直"梦隐",绝水为梁,曰"小飞虹"。逾小飞虹而北,循水西行,岸多木芙蓉,曰"芙蓉隈"。又西,中流为榭,曰"小沧浪亭",

取屈原"沧浪歌"意境。亭之南，翳以修竹。径竹而西，出于水滢，有石可坐，可俯而濯，曰"志清
处"。至是水折而北，滉漾渺弥，望若湖泊，夹岸皆佳木。其西多柳，曰"柳隈"。东岸积土为台，
曰"意远台"。台下植石为矶，可坐而渔，曰"钓䑲"。遵钓䑲而北，地益迥，林木益深，水益清驶。
水尽别疏小沼，植莲其中，曰"水花池"。池上美竹千挺，可逭凉。中为亭，曰"净深"。循净深而
东，柑橘数十本，有亭曰"待霜"。又东，出梦楼之后，长松数植，风至冷燃有声，曰"听松风处"。
自此绕出梦隐之前，古木疏篁，可以憩息，曰"恰颜处"。又前，循水而东，果林弥望，曰"来禽
囿"。囿尽，缚四桧为幄，曰"得真亭"。亭之后为"珍李坂"，其前为"玫瑰柴"，又前为"蔷薇径"。
到此水折而南，夹岸植桃，曰"桃花沜"，取陶渊明"桃花园记"意境；沜之南，为"汀筠坞"，又前古
槐一株，敷荫数弓，曰"槐幄"。其下跨水为杠，逾杠而东，篁竹阴翳，榆槐蔽亏，有亭翼然而临水
上者，"槐雨亭"也。亭之后为"尔耳轩"，左为"芭蕉槛"。凡诸亭槛台榭，皆因水为面势。自桃
花沜而南，水流渐细，到是伏流而南，逾百步，出于别囿竹丛之间，是为"竹涧"。竹涧之东，江梅
百株，花时香雪烂燃，望如瑶林玉树，曰"瑶圃"。圃中有亭，曰"嘉实亭"，泉曰"玉泉"。凡为堂
一、楼一，为亭六，轩槛池台坞之属二十有三。总是三十有一，名曰"拙政园"。文征明又会《拙
政园图》传世，《园记》中所述景物三十一处均各为一图，分别题咏。

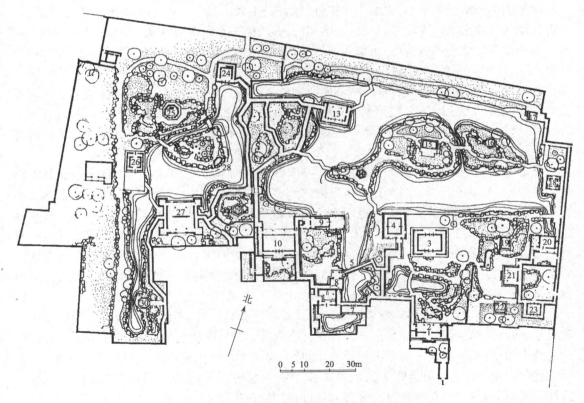

图 8-22　清末拙政园中部及西部平面图
(据周维权《中国古典园林史》)

1—园门；2—腰门；3—远香堂；4—倚玉轩；5—小飞虹；6—松风亭；7—小沧浪；8—得真亭；9—香洲；10—玉兰堂；
11—别有洞天；12—柳荫曲路；13—见山楼；14—荷风四面亭；15—雪香云蔚亭；16—北山亭；17—绿漪亭；
18—梧竹幽居；19—剥绮亭；20—海棠春坞；21—玲珑馆；22—嘉实亭；23—听雨轩；24—倒影楼；
25—浮翠阁；26—留听阁；27—三十六鸳鸯馆；28—与谁同坐轩；29—宜两亭；30—塔影亭

王献臣之后，园林屡易其主。后来分为西、中、东三部分，或兴，或废，又迭经改建。太平天国占据苏州期间，西部和中部作为忠王李秀成府邸的后花园，东部的"归田园居"则已荒废。光绪年间，西部归张履泰为"补园"，中部的拙政园归官署所有。

现在，全园仍包括三部分：西部的补园、中部的拙政园紧邻于各自邸宅之后，呈前宅后园的格局，东部重加修建为新园。全园总面积4.1公顷，是一座大型宅园。

2．网师园

网师园在苏州城东南阔家头巷，初建于南宋绍兴年间，当时的园主人为吏部侍郎史正志，园名"渔隐"。几经兴废到清乾隆年间归宋宗元所有，改名"网师园"。网师即渔翁，仍含渔隐的本意，都是标榜隐逸清高的。光绪年间，园主人大官僚李鸿裔又重新修建而成今日之规模。钱大昕作《网师园记》。

网师园（图8-23）占地0.4公顷，是一座紧邻于邸宅西侧的中型宅园。邸宅共有四进院落。第一进轿厅和第二进大客厅为外宅，第三进"撷秀楼"和第四进"五峰书屋"为内宅。园门设在第一进的轿厅之后，门额上砖刻"网师小筑"四字，外客由此门入园。另一园门设在内宅西侧，供园主人和内眷出入。

园林的平面略成丁字形，它的主体部分（也就是主景区）居中，以一个水池为中心，建筑物和游览路线沿着水池四周安排。从外宅的园门入园，循一小段游廊直通"小山丛桂轩"，这是园林半部的主要厅堂，名取《楚辞·小山招隐》中"桂树丛生山之间"和《庾信《枯树赋》中"小山则丛桂留人"的诗句而题名，以喻迎接、款留宾客之意。轩之南是一个狭长形的小院落，沿南墙堆叠低平的太湖石若干组，种植桂树几株，环境清幽静闷，犹若置身岩壑间。透过南墙上的漏窗可隐约看到隔院之景，因而院落呈狭小但并不显封闭。轩之北，临水堆叠体量较大的黄石假山"云岗"，有蹬道洞穴，颇具雄险气势。它形成主景区与小山丛桂轩之间的一道屏障，把后者部分隐蔽起来。

轩之西为园主人宴居的"蹈和馆"和"琴室"，西北为临水的"濯缨水阁"取屈原《渔父》中"沧浪之水清兮，可以濯吾缨"之意，这是主景区的水池南岸风景画面上的构图中心。自水阁之西折而北行，曲折的随墙游廊顺着水池西岸山石堆叠之高而下起伏，当中建八方亭——"月到风来亭"突出于池水之上，此亭作为游人驻足休息之处，可以凭栏隔水观赏环池三面之景，有"月到天心，风来水面"的情趣，同时也是池西的风景画面上的构图中心。亭之北，往东跨过池西北角水口上的三折平桥达池之北岸，往西经洞门则通向另一个庭院——"殿春簃"，名取古诗"尚留芍药殿春风"。

水池北岸是主景区内建筑物集中的地方，"看松读画轩"与南岸的"濯缨水阁"遥相呼应构成对景。轩的位置稍往后退，留出轩前的三合小庭院。庭院内叠筑小型假山，配以花台和两株苍劲的古松，增加了池北岸的层次和景深，同时也构成了自轩内南望的风景画面的主题，故以"看松读画"命轩之名。轩之东为临水的廊屋"竹外一枝轩"，（名取苏轼诗中"江头千树春欲暗，竹外一枝斜更好"。）它在其后面的楼房"集虚斋"（名取《庄子·人间世》中"惟道集虚。虚者，心斋也"。）的衬托下益发显得体态低平、尺度近人。倚坐在这个廊屋临池一面的美人靠坐凳上，南望可观赏环池之景犹如长卷之舒展，北望则透过月洞门看到"集虚斋"前庭的修竹山石，楚楚动人宛似册页小品。

"竹外一枝轩"的东南为小水榭——"射鸭廊"，名取王建诗中"新教内人唯射鸭，长随天子苑东游"之意，它既是水池东岸的点景建筑，又是凭栏观赏园景的场所，同时还是通往内宅的园门。三者合而为一,故一入园即可一览全园之胜,设计手法全然不同于外宅的园门。射鸭廊之南,以黄石堆叠为一座玲珑剔透的小型假山,它与前者恰成人工与天然之对比,两者衬托于白粉墙垣之背景则又构成一幅完整的画面。假山沿岸边堆叠,形成水池与高大的白粉墙垣之间的一道屏障,在视觉上仿佛拉开了两者的距离从而加大了景深,避免了大片墙垣直接临水的局促感。这座假山与池南岸的"云岗"虽非一体,但在气脉上是彼此连贯的。水池在两山之间往东南延伸成为溪谷形状的水尾,上建小石拱桥"引静"一座作为两岸之间的通道。此桥的尺度极小,长 2.4 米,宽 1 米,花岗石砌成,俗称"涉桥",颇能协调于局部的山水环境。

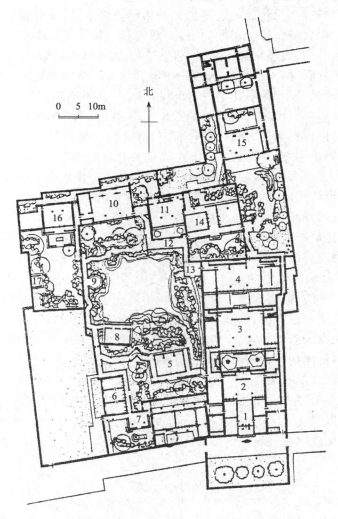

图 8-23　网师园平面图
(自《苏州古典园林》)

1—宅门;2—轿厅;3—大厅;4—撷秀厅;5—小山丛桂轩;6—蹈和馆;7—琴室;8—濯缨水阁;9—月到风来厅;10—看松读画轩;11—集虚斋;12—竹外一枝轩;13—射鸭廊;14—五峰书屋;15—梯云室;16—殿春簃;17—冷泉厅

　　水池的面积并不大,仅 400 平方米左右。池岸略近方形但曲折有致,驳岸用黄石挑砌或叠为石矶,其上间植灌木和攀缘植物,斜出松枝若干,表现了天然水景的一派野趣。在西北

215

角和东南角分别做出水口幻化为"源流脉脉，疏水若为尽"之意。水池的宽度约 20 米，这个视距正好在人的正常水平视角和垂直视角的范围内得以收纳对岸画面构图之全景。水池四周之景无异于四幅完整的画面，内容各不相同却都有主题和陪衬，与池中摇曳的倒影上下辉映成趣，益增园林的活泼气氛。在每一个画面上都有一处点景的建筑物同时也是驻足观景的场所，濯缨水阁、月到风来亭、竹外一枝轩、射鸭廊。沿水池一周的回游路线又是绝好的游动观赏线，把全部风景画面串缀为连续展开的长卷。网师园的这个主景区确乎是定观与动观相结合的组景设计的成功范例，尽管范围不大，却仿佛观之不尽，十分引人流连。

整个园林的空间安排采取主、辅对比的手法，主景区也就是全园林的主体空间，在它的周围安排若干较小的辅助空间，形成众星拱月的格局。西面的"殿春簃"与主景区之间仅一墙之隔，是辅助空间中之最大者。正厅为书斋"殿春簃"，位于长方形庭院之北，院南有清泉"涵碧"及半亭"冷泉"。院内当年辟作药栏，遍植芍药，每逢暮春时节，惟有这里"尚留芍药殿春风"，因此而命名景题。园南的小山丛桂轩和琴室均为幽奥的小庭院，"琴室"的入口从主景区内经曲折方能达到，一厅一亭几乎占去小院的一半，余下空间但见白粉墙垣及其前少许山石和花木点缀，其幽邃安谧气氛与操琴的功能十分协调。园东北角上的"集虚斋"前庭是另一处幽奥小院，院内修竹数竿，透过月洞门和竹外一枝轩可窥见主景区的一角之景，是运用透景的手法而求得奥中有旷，设计处理上与琴室又有所不同。此外，尚有小院、天井多处。正由于这一系列大大小小的幽奥的或者半幽奥的空间，在一定程度上烘托出主景区之开朗。

网师园的规划设计在尺度处理上也颇有独到之处。如水池东南水尾的小拱桥，故意缩小尺寸以反衬两旁假山的气势，水池东岸堆叠小巧玲珑的黄石假山，意在适当减弱其后过于高大的白粉墙垣所造成的尺度失调。类似的情况也存在于园的东角，这里耸立着邸宅的后楼和集虚斋、五峰书屋等体量高大的楼房，与园中水池相比，尺度不尽完美，而又非堆叠假山所能掩饰。匠师们乃采取另外的办法，在这些楼房前面建置一组单层小体量、玲珑通透的廊、榭，使之与楼房相结合而构成一组高低参差、错落有致的建筑群。前面的单层建筑不但造型轻快活泼、尺度亲切近人，而且形成中景，增加了景物的层次，让人感到仿佛楼房后退了许多，从而解决了尺度失调的问题。不过，池两岸的月到风来亭体量似嫌过大，屋顶超出池面过高，多少造成与池面相比较的尺度不够协调的现象，虽然美中不足，毕竟瑕不掩瑜。

建筑过多是清乾隆以后尤其是同治、光绪年间的园林普遍存在的现象，网师园的建筑密度高达 30％。人工的建筑过多势必影响园林的自然天成之趣，但网师园却能够把这一影响减小到最低限度。置身主景区内，并无囿于建筑空间之感，反之，却能体会到一派大自然水景的盎然生机。足见此园在规划设计方面确乎是匠心独运，具有很高的水平，无愧为现存苏州园林中的上品之作。

3. 留园

留园（图 8-24）在苏州阊门外，原为明代万历二十一年（1593 年）太仆寺少卿徐泰时的"东园"废址。清道光年间改筑，更名"寒碧山庄"，收集巨大的太湖石十二峰于园内。光绪初年为大官僚盛康购得，又加以改建、扩大，更名"留园"，面积大约 2 公顷。

园林紧邻于邸宅之后，分为西、中、东三区。三区各具特色，西区以山景为主，中区以山、水见长，东区以建筑取胜。如今，西区已较荒疏，中区和东区则为全园之精华所在。当年园主人和内眷可从内宅入园，而一般游客不能穿越内宅，故此另设园门于当街，从两个跨院之间的备弄入园。备弄的巷道长达五十余米，于高墙之间，匠师们采取了收、放、收的序列渐进变换的办法,运用空间的大小、方向、明暗的对比,圆满地解决了这个难题。一入园门便是一个比较宽敞的前厅,从厅的东侧进入狭长的曲尺形走道,再进一个面向天井敞厅,最后以一个半开敞的小空间作为结束。过此转至古柏与女贞并生的"古木交柯",它的北墙上开六个漏窗,隐约窥见中区的山池楼阁,折而西至"绿荫轩",轩名取明代高启《葵花诗》:"艳发朱光里,丛依绿荫边。"轩西有青枫,婀娜多姿,东边原有老榉一棵,因在树阴下,故名。北望中区之景豁然开朗,则已置身园中了。

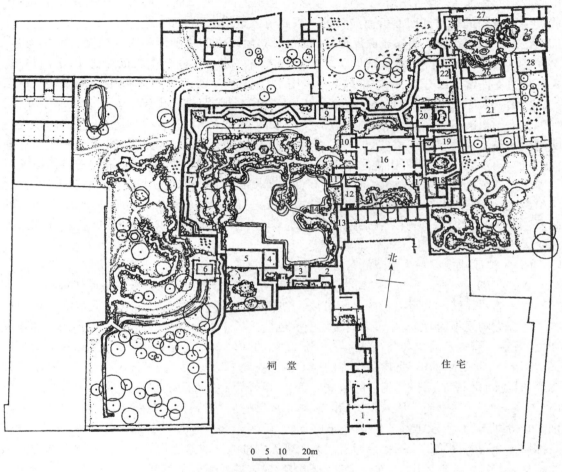

图 8-24　留园平面图
(摹自《苏州古典园林》)

1—大门;2—古木交柯;3—绿阴轩;4—明瑟楼;5—涵碧山房;6—活泼泼地;7—闻木樨香轩;8—可亭;9—远翠图;
10—汲古得绠处;11—清风池馆;12—西楼;13—曲溪楼;14—濠濮亭;15—小蓬莱;16—五峰仙馆;17—鹤所;
18—石林小屋;19—揖峰轩;20—还我读书处;21—林泉耆硕之馆;22—佳晴喜雨快雪之亭;
23—岫云峰;24—冠云峰;25—瑞云峰;26—烷云池;27—冠云楼;28—仁云庵

　　中区的东南部开凿水池、西北堆筑假山,形成以水池为中心。西、北两面为山体,东、南两面为建筑的布局,这是留园中一个较大的山水景区。临池的假山用太湖石间以黄石堆筑为土石山,一条溪涧破山腹而出仿佛活水的源头。涧上横跨石板桥以沟通山径,从山后透过涧岸的山石隐约窥见池岸的建筑物从而构成一景,假山上桂树丛生、古木参天,山径随势蜿蜒起伏，人行其中颇有置身山野，目不暇接的感受。北山上建六方形小亭"可亭"作为景的点缀，同时也是一处居高临下的驻足场景。水池的东、南面均为高低错落、连续不断的建筑群所环绕，池南岸建筑群的主体是"明瑟楼"，名取《水经注》中"目对鱼鸟，水木明瑟"，体现环境清洁新鲜之意；"涵碧山房"，名取朱熹诗中"一水方涵碧，千林已变红"，形似船厅的形象。它与北岸山顶的"可亭"隔水呼应成为对景，这在江南宅园中为最常见的"南厅北山、隔山相望"的模式。"涵碧山房"之前临池为宽敞的月台，后为小庭院，植牡丹、绣球等花木。西侧循爬山游廊随西墙北上，折而东沿北墙连接于区西北角上的"远翠阁"，再与东区的游廊连接，构成贯穿于全园的一条迂回曲折而漫长的外围廊道游览线。

池东岸的建筑群平面略成曲尺形转折而南，立面组合的构图形象极为精美："清风池馆"名取《诗经》中"吉甫作颂，穆如清风"。"吉甫"，人名，"穆"，美好严肃。楼外池外，清风徐来，极为舒适。西墙全部开敞，凭栏可观赏中区山水之全景。"西楼"与"曲溪楼"，"曲溪楼"取《尔雅》中"山上卖无所通者曰谿"，又取《水经注》中"川曰谿"，曲谿即山溪。晋王羲之东亭盛会，列为文人一大韵事，园林中以曲谿会意流觞曲水，以寄景寓情，其皆重楼叠出，它们的较为磩实的墙面与清风池馆恰成虚实之对比。楼的南侧有廊屋连接古木交柯，廊墙上开连续的漏窗。自室内观之，透出室外山池之景有若连续的小品画幅；自屋外观之，则漏窗的空图案又成为墙面上连续而有节奏的装饰。这一组高低错落有致、虚实相间的建筑群形象造型优美、比例匀称、色彩素雅明快，再配以欹奇斜出的古树枝柯和驳岸的嵯峨山石，构成一幅十分生动的画面，与池中倒影上下辉映。在后期园林建筑较为密集的情况下，它的精致的艺术处理无愧为一大手笔。

西楼、清风池馆以东为留园的东区。东区又分为西、东两部分，"五峰仙馆"名取李白诗中"庐山东南五老峰，青天秀出宝芙蓉"，和"林泉耆硕之馆"分别为这两部分的主体建筑物。

东区的西部仅占全园面积的二十分之一左右，却是园内建筑物集中、建筑密度最高的地方。这部分的规划，利用灵活多变的院落空间创造出一个安静恬适，仿佛深邃无穷的园林建筑环境，满足了园主人以文会友、多样性的园居生活的功能要求。建筑物一共五幢，其余均为各式游廊。正厅"五峰仙馆"是接待宾客的地方，"还我读书处"名取陶潜《读山海经诗》中"既耕亦已种，时还读我书"。指安静闲适的独立环境。"揖峰轩"名取宋朱熹《游百丈山记》中"前揖庐山，一峰独秀"。属书斋性质，"鹤所"和"石林小屋"则是一般的游赏建筑。这五幢建筑物又分别结合游廊、墙垣再分划为三个小区，五峰仙馆、鹤所一区与还我读书处一区采取有轴线但非对称均齐的布局，揖峰轩、石林小屋一区采取既无中轴线又非对称均齐的自由布局。曲折回环的游廊占着建筑的极大比重，对于多变空间的形成起着决定性的作用。从一幢建筑物到另一幢建筑物都很近便但却要经过多次转折的曲廊盘桓，在有限的地段范围内能够予人以无限之感。由建筑实体围合而成的院落有12个之多，其中的4个为庭院、8个为小天井。庭院的大小、形式、山石花木配置，封闭或通透程度均视各自建筑物的性质而有所不同；五峰仙馆前庭翠竹潇洒、峰石挺拔，点出"五峰"的主题，后庭较为开敞，透过游廊借入隔院之景；还我读书处小院静谧清雅，仿佛与世隔绝；揖峰轩前庭怪石罗列，花木满院，以石峰为造景之主题，故命轩之名为"揖峰"。小天井依附于建筑物的一侧，便于室内的通风和采光，但更重要的作用在于为室内提供精致的框景即李渔所谓的"尺幅窗"、"无心画"。天井点缀的芭蕉竹石、悬垂功蔓以白粉墙为面底，以窗洞或廊间为画框，构成一幅幅的立体小品册页，实墙的封闭感亦因之消失。游廊与庭院、天井相结合，彼此渗透沟通，又创造了众多的出入孔道和复杂的循环游览路线。"处处虚邻"、"方方胜境",收到了行止扑朔迷离,景观变化无穷的效果。空间创作的巧思、确实是十分出色的。

东区的东部,正厅"林泉耆硕之馆"为五间鸳鸯厅的做法。厅北是一个较大的开敞的庭院,院当中特置巨型太湖石"冠云峰","冠云"名取《水经注》中"燕山仙台有三峰,甚为崇峻,腾云冠峰,高霞翼岭",冠云峰高五米有余,左右翼以"瑞云"、"岫云"二峰,皆明代旧物。三峰鼎峙构成庭院的主景,故庭院中的水池名"浣云池",庭北的五间楼房名"冠云楼",均因峰石而得名。这是留园中的另一较大的、呈庭园形式的景区,自冠云楼东侧的假山登楼,可北望虎丘景色,乃是留园借景的最佳处。

留园既有以山池花木为主的自然山水空间,也有各式各样以建筑为主的大小空间——庭园、庭院、天井等。园林空间之丰富,为苏州诸园之冠,在同一时期全国范围内的私家园林中也是罕见的。它称得起是多样空间的复合体,集园林空间之大成者。留园的建筑布局,看来也是采取类似拙政园的办法,把建筑物尽可能地相对集中,以"密"托"疏",一方面保证自然生态的山水环境在园内所占的一定比重,另一方面则运用高超的技艺把密集的建筑群体创为一系列的空间的复合———一曲空间的交响乐。规划设计的水平不可谓不高,但就园林的总体而言,毕竟不能根本解决因建筑过多造成的人工雕琢气氛太重,多少丧失风景式园林主旨的矛盾。

8.4.3.3 无锡园林

苏州附近的常熟、无锡、湖州等地有不少名园的建置,其中最著名者当推无锡的"寄畅园"。这座园林大体上仍然保持着当年的格局而未经太大的改动,如图8-25所示。

寄畅园位于无锡城西的锡山和惠山间平坦地段上,东北面有新开河(惠山滨)连接于大运河,园址占地约1公顷,属于中型的别墅园林。元代原为佛寺的一部分,明代正德年间(1506年~1521年)兵部尚书秦金辟为别墅,初名"凤谷行窝",后归布政使秦良。万历十九年(1591年),秦耀由湖广巡抚罢官回乡,着意经营此园并亲自参与筹划,疏浚池塘,大兴土木成二十景。改园名为"寄畅园",取王羲之《兰亭序》中"一觞一咏,亦足以畅叙幽情……因寄所托,放浪形骸之外"的文意。此园一直为秦氏家族所有,故当地俗称"秦园"。清初,园曾分割为两部分,康熙年间再由秦氏后人秦德藻合并改筑进行全面修整,延聘著名叠山家张南垣之侄张钺重新堆筑假山,又引惠山的"天下第二泉"的泉水流注园中。经过秦氏家族几代人的三次较大规模的建设经营,寄畅园更为完美,名声大噪,成为当时的江南名园之一。清代的康熙、乾隆二帝南巡,均曾驻跸于此园;

清咸丰十年(1860年),园曾毁于兵火,如今的园林现状是后来重建的。南部原来的建筑物大多数已不存在。新建双孝词、秉礼堂一组建筑群体作为园林的入口,北部的环翠楼改建为单层的"嘉树轩"。其余的建筑物一仍旧观,山水的格局也未变动,园林的总体尚保持着明代的疏朗格调,故乾隆帝驻跸此园时曾赋诗咏之为"独爱兹园胜,偏多野兴长"。

入园经秉礼堂再出北面的院门,东侧为太湖石堆叠的小型假山"九狮台"作为屏障,绕过此山便到达园林的主体部分。九狮台通体具有峰峦层叠的山形,但若仔细看则仿佛群狮蹲伏、跳跃、姿态各异,妙趣横生。江南园林叠山多有利用石的形象来摹拟狮子的各种姿态的,著名的如苏州,"狮子林"大假山,扬州也有好几处"九狮山"。

园林的主体部分以狭长形的水池"锦汇漪"为中心,池的西、南为山林自然景色,东、北岸则以建筑为主。西岸的大假山是一座黄石间土的土石山,山并不高峻,最高处不过4.5米,但却起伏有势。山间的幽谷壑道忽浅忽深,予人以高峻的幻觉。山上灌木丛生,古树参天,这些古树多是四季长青香樟和落叶的乔木,浓阴如盖,盘根错节。加之山上怪石嵯峨,更突出了天然山野的气氛。从惠山引来的泉水形成溪流破山腹而入,再注入水池之西北角。沿溪堆叠为山间堑道,水的迭落在堑道中的回声丁冬犹如不同音阶的琴声,故名"八音涧"。人行堑道中宛若置身深山大壑,耳边回响着空谷流水的琴音,所创造的意境又自别具一格。假山的中部隆起,首尾两端渐低。首迎锡山、尾向惠山,似与锡、惠二山一脉相连。把假山做成犹如真山的余脉,这是此园叠山的匠心独运之笔。

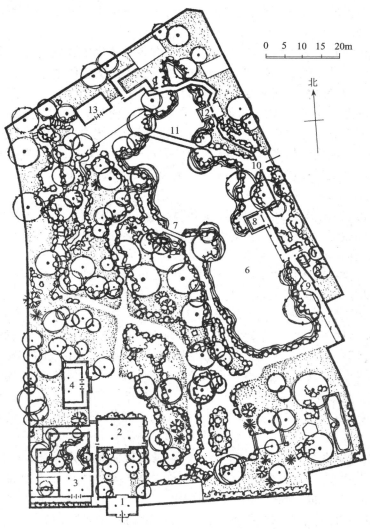

图 8-25　寄畅园平面图

1—大门;2—双孝祠;3—秉礼堂;4—含贞斋;5—九狮台;6—锦汇漪;7—鹤步滩;
8—知鱼槛;9—郁盘;10—清响;11—七星桥;12—涵碧亭;13—嘉树堂

　　水池北岸地势较高处原为环翠楼,后来改为单层的嘉树轩。这是园内的重点建筑物,景界开阔足以观赏全园之景。自北岸转东岸,点缀小亭"涵碧亭",并以曲廊、水廊连接于嘉树轩。东岸中段建临水的方榭"知鱼槛",其南侧粉垣、小亭及随墙游廊穿插着花木山石小景,游人可凭槛坐憩,观赏对岸之山林景色。池的北、东两岸着重在建筑的经营,但疏朗有致,着墨不多,

220

其参差错落、倒映水中的形象与池东、南岸的天然景色恰成强烈的对比。知鱼槛突出于水面，形成东岸建筑构图的中心，它与对面西岸突出的石滩"鹤步滩"相峙而把水池的中部加以收束，划分水池为南、北两个水域。鹤步滩上原有古枫树一株，老干斜出与"知鱼槛"构成一幅绝妙的天然图画。可惜这株古树已于50年代枯死，因而园景也就有所减色。

水池南北长而东西窄，于东北角上做出水尾以显示水体之有源有流。中部西岸的"鹤步滩"与东岸的"知鱼槛"对峙收束，把水池划分为似隔又合的南、北二水域，适当地减弱水池形状过分狭长的感觉。北水域的北端又利用平桥"七星桥"及其后的廊桥再分划为两个层次，南端做成小水湾架石板小平桥，自成一个小巧的水局。于是，北水域又呈现为四个层次，从而加大了景深。整个水池的岸形曲折多变，南水域以聚为主，北水域则着重于散，尤其是东北角以跨水的廊桥障隔水尾，池水似无尽头，益显其疏水脉脉，源远流长的意境。

此园借景之佳在于其园址选择能够充分收摄周围远近环境的美好景色，使得视野得以最大限度地拓展到园外。从池东岸若干散置的建筑向西望去，透过水池及西岸大假山上的翁郁林木，远借惠山优美山形之景，构成远、中、近三个层次的景深，把园内之景与园外之景天衣无缝地融为一体。若从池西岸的嘉树堂一带向东南望去，锡山及其顶上的龙光塔均被借入园内，衬托着近处的临水廊子和亭榭，则又是一幅以建筑物为主景的天然山水画卷。

寄畅园的假山约占全园面积的23%，水面占17%，山水一共占去全园面积的三分之一以上。建筑布置疏朗，相对于山水而言数量较少，是一座以山为重点、水为中心、山水林木为主的人工山水园。它与乾隆以后园林建筑密度日愈增高、数量越来越多的情况迥然不同，正是唐宋以来的文人园林风格的承传。不过，在园林的规划设计、叠山、理水和植物配置方面更为精致、成熟，不愧为江南文人园林中的上品之作。

8.4.4　岭南园林

最早的岭南园林可上溯到五代南汉时的"仙湖"，它的一组水石景"药洲"尚保留至今。清初岭南地区经济比较发达，文化水准提高，私家造园活动开始兴盛，逐渐影响于潮汕、福建、广西、海南和台湾等地。到清中叶以后而日趋兴旺，在园林的布局、空间组织、水石运用和花木配置方面逐渐形成自己的特点，终于异军突起而成为与江南、北方园林鼎峙而立的三大地方园林之一。顺德的清晖园、东莞的可园、番禺的余荫山房、佛山的梁园(二十四石斋)，号称粤中四大名园，它们都较完整地保存下来，可视为岭南园林的代表作品。其中以余荫山房最为有名。此外，台湾的林本源园亦堪称岭南园林的优秀代表。

8.4.4.1　余荫山房

余荫山房(图8-26)在广州市郊番禺县南村，园主人为邬姓大商人。此园始建于清同治年间。

园门设在东南角，入门经过一个小天井，左面植腊梅花一株，右面穿过月洞门以一幅壁塑作为对景。折而北为二门，门上对联"余地三弓红雨足，荫天一角绿云深"，点出"余荫"之意。进入二门，便是园林的西半部。

西半部以一个方形水池为中心，池北的正厅"深柳堂"面阔三间。堂前的月台左右各植炮仗花树一株，古藤缠绕，花开时宛如红雨一片，深柳堂隔水与池南的"临池别馆"相对应构成西半部这个庭院的南北中轴线。水池的东面为一带游廊，当中跨拱形亭桥一座。此桥与园林东半部的主体建筑"玲珑水榭"相对应，构成东西向的中轴线。

东半部面积较大，中央开凿八方形水池，有水渠穿过亭桥与西半部的方形水池沟通。八方形水池的正中建置八方形的"玲珑水榭",八面开敞,可以环眺全园之景。沿着园的南墙和东墙堆叠小型的英石假山,周围种植竹丛,犹如雅致的竹石画卷。园东北角跨水渠建方形小亭"孔雀亭",贴墙建半亭"来熏亭"。水榭的西北面平桥连接于游廊,迂曲蜿蜒通达西半部。

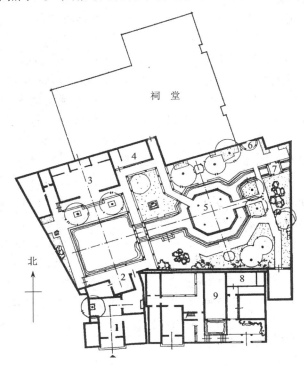

图 8-26　余荫山房平面图

1—园门;2—临池别馆;3—深柳堂;4—榄核厅;5—玲珑水榭;6—南蔗亭;7—孔雀亭;8—书房;9—船厅

余荫山房的总体布局很有特色,两个规整形状的水池并列组成水庭,水池的规整几何形状受到西方园林的影响。广州为清代粤海关的所在地,主要的外贸通商口岸,吸收西方的物质文明自然会得风气之先。余荫山房的某些园林小品(如栏杆)、建筑等雕饰丰富,尤以木雕、砖雕、灰塑最为精致。主要厅堂的露明梁架上均饰以通花木雕,如百兽图、百子图、百鸟朝凤等题材多样。总的看来,建筑体量稍嫌庞大,东半部"玲珑水榭"的大尺度与小巧的山水环境不甚协调,相形之下,后者不免失之拘板。

园林的南部为相对独立的一区"愉园",是园主人日常起居、读书的地方。愉园为一系列小庭院的复合体,以一座船厅为中心,厅左右的小天井内散置花木水池,成小巧精致的水局。登上船厅的二楼可以俯瞰余荫山房的全景以及园外的借景,多少抵消了因建筑密度过大而予人的闭塞之感。

8.4.4.2　林本源园

林本源园又名林家花园,为我国台湾著名的古代园林之一,位于台北市板桥镇。林家祖籍福建漳州,乾隆年间林平侯移居台北,亦商亦农,富甲一方。其后裔捐纳买官,参与地方管理,遂入缙绅名流。宅园始建于同、光之际,光绪十九年,由林本源最后改筑完成,故名。如图 8-27 所示。

园林占地 1.3 公顷,略呈不规则三角形状。西连旧宅,南接新居,东、西两面比邻市区,园林的总体布局采取化整为零的一系列庭园组合方法,以体现岭南园林庭园和宅院结合的传统格局。

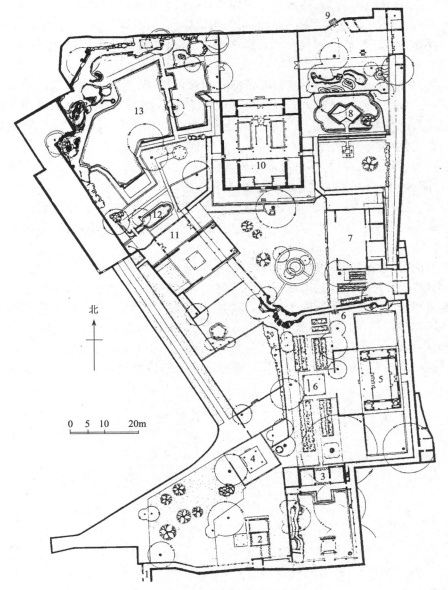

图 8-27　林本源园林平面图
(摹自《板桥林本源园林研究与修复》)

1—长游廊;2—汲古书屋;3—方鉴斋;4—四角亭;5—来青阁;6—开轩一笑;7—香玉簃;
8—月波水榭;9—后园门;10—定静堂;11—观稼楼;12—海棠池;13—榕荫大池

　　整个园林利用建筑划分为功能、特色各不相同而又相互连接的五大区域:第一区是园主人的书斋"汲古书屋"和"方鉴斋",第二区是接待宾朋的"来青阁"和观赏花卉的"香玉簃",第三区是宴饮场所"定静堂",第四区是登高借景的"观稼楼",第五区是游赏山水景观的"榕荫大池"。

　　主人由内宅入园,宾客则必须经过旧宅院东邻的狭长的"白花厅"方能入园,类似苏州留园

223

的备弄。所不同的是,白花厅兼有接待宾朋的客厅,前后共两进院落,自第二进之后经过修长的游廊再转而朝东,才能进入"汲古书屋"庭园。

"汲古书屋"庭园十分雅静,树木葱笼,绿阴满院,设有花台、鱼缸和盆景。方鉴斋取朱熹诗中"半亩方塘一鉴开,天光云影共徘徊。问渠哪得清如许,为有源头活水来"诗意,庭深为池,岸边两株大榕树浓阴盖天,池中有戏台。右侧堆掇假山,以曲桥与戏台连接,左侧以游廊通往来青阁。

"来青阁"是园林中最大的三合庭院,重檐歇山顶两层楼,用香樟木建造。登楼回望,远近青山绿水尽收眼帘。庭院中间有"开轩一笑"方亭,兼作小戏台,方亭四周散置若干园林小品。三面均设游廊,南与方鉴斋串接,北于香玉簃连通,西面辗转到达"观稼楼"。"香玉簃"为"来青阁"的附属小院,设有菊圃、花台、石桌等。

"观稼楼"紧邻旧宅,登楼远眺,可借来观音山下一片风光。楼前后用云墙合围成小空间,云墙上多设漏窗,形成一系列"框景",园内山池花木隐约可现。

"定静堂"是园内最大的建筑物,也是招待贵宾,举行宴会的地方。正北有两个小院;右侧为"板桥小筑"园,以海棠形的水池为中心,池中建六方套环亭,前为草坪,后为山池;左侧经月洞门进入"榕荫大池"。

"榕荫大池"是以山池花木取胜的山林景色,它会合"观稼楼"、"定静堂"而形成游园的高潮。以大水池"云锦淙"为中心,形成不规则的池面,驳岸用料石砌筑。池中间跨水建半月桥和方亭,把池面划分为大小不等的两个水域,以增加景深和层次感。西北边沿岸堆掇假山以模拟林家故乡漳州山林。山林小径盘旋曲折,叠石造形多变,佳木异卉纷呈,有步移景异之感。水池周围的凉亭水榭有方形、圆形、菱形、三角形、六方形、八方形,形态变化,无一雷同。几株大榕树槎桠雄姿,伸展天际,更增山光水色,一派赏心悦目的景象。

第9章 中国陵寝园林

9.1 陵寝园林概说

9.1.1 墓葬制度的渊源替嬗

9.1.1.1 三代时期中原地区以树为坟茔的标志

《易·系辞》载:"古之葬者,厚衣之以薪,藏之中野,不封不树"。远古时期人们对死者的尸体弃之不管,如同野兽对待同类的尸体一样。鬼魂迷信产生以后,人们相信灵魂不灭,于是就产生了保护尸体以讨好鬼魂的想法和措施。据考古发现,旧石器时代晚期山顶洞人已经有意识地将尸体埋入土中;新石器时代,人们进一步挖掘土坑集体掩埋尸骨,特别用陶瓷、盆钵装殓婴儿尸体;原始社会末期,盛行单人葬和夫妻合葬,有的墓有了木制的棺和椁。但是,作为三代的主要丧葬方式——土葬,直到西周末年,中原地区地表上还没有明显的坟丘。为了区别墓主,规定不同等级的墓主的墓圹上栽植不同品种和数量的树木。商朝祖先安葬于桑林之野,每有大事,商王即祷告于此,这里是一派桑梓林地。《周礼春官·冢人》就有以墓主爵位等决定其墓茔树木的明确记载。周去商不远,墓茔旁边栽植花木的制度自古有之,并世代传承。《春秋纬》载:"天子坟高三仞,树以松;诸侯半之,树以柏;大夫七尺,树以栾;士四尺,树以槐;庶人无坟,树以杨柳"。长江以南的东南地区,由于地势低下,在尚无有效防潮的条件下,采取了平地掩尸、堆筑坟丘的办法,还在墓葬顶上或边侧造"寝",便于死者灵魂"饮食起居"。

9.1.1.2 春秋战国坟丘流行中原

春秋中晚期,江南筑坟制度传入中原,中原地区出现了坟丘式墓葬,而坟、墓字义也有了区别:埋人的茔地叫墓,墓上的封土叫坟,人们在寝上定期墓祭,寝逐渐扩大形制,成为专供墓祭的祠堂。墓地植树种草的传统也被继承和传扬下来。如孔子死后,众弟子从各自家乡带来乡土树木栽植坟旁,形成了闻名遐迩的"孔林"。

战国初叶以前,墓葬的等级区别主要体现在地下墓室中棺椁的数量和随葬品的多寡。以后,随着坟丘式墓葬流行,除地下讲究等级外,统治者开始对地上坟丘外观规定等级。从战国中叶开始,君王的坟墓专称"陵",在坟丘的高低、坟墓形制、附属设施的繁简方面,对社会各阶层都有严格的等级规定。

9.1.1.3 秦汉以后墓葬制度日臻完善

秦汉以后,墓葬的形制演变主要有以下几点:

1. 坟丘

秦汉以前的坟丘以方锥形为贵,直到唐代,仍规定皇族可使用方锥形坟丘,并以台阶的数目来区分等级。一般达官贵族的坟丘是圆锥形的,以宽、高尺寸区别等级。明太祖筑孝陵,改方锥形陵台为圆形,从此,王公贵族及庶民百姓的坟丘都是圆锥形,仅仅高低大小不同。

2. 墓穴和葬具

自商以来,墓穴的主要形制是竖穴土坑、墓道是十字形和亚字形等。葬具从棺椁发展到黄肠题凑。到西汉后期,王公贵族的墓穴普遍转变为砖室,墓道也由竖井式转为斜坡式或阶梯式。南北朝时,墓葬中出现石刻的墓志铭,为后来各种级别的墓葬广泛使用。隋唐时规定,砖室墓仅王室和各级官吏可以使用。明代规定,品官的棺木用油杉、朱漆,椁用土杉;庶人棺以油杉、柏或杉松,只能用黑漆和金漆,不得用朱红。

3. 祭祀建筑及其附属设施

除了供墓祭用的建筑设施,西汉时墓前开始树立华表,东汉进一步增加了墓碑,魏晋南北朝时期坟丘周围增加了"辟邪",即石人、石兽等。

4. 墓园栽植花木蔚然成风

上至帝王陵寝,下至庶民坟丘,或松柏常青,或杨柳悲风,凭添怀古之情。

9.1.2 帝王陵寝制度及其演变

《史记·赵世家》载,赵肃候十五年(公元前335年)的"起寿陵",是最早的君王墓称"陵"的记载,秦惠文王规定"民不得称陵"。从此,陵就成为帝王墓葬的专用词。

秦始皇统一全国后,为自己修筑了规模空前的寿陵,并将宗庙的"寝"移到陵墓边侧。汉承秦制,并连同宗庙也造到了陵园附近,将陵与寝、陵园与宗庙结合起来,初步形成了帝王陵寝制度。帝王陵寝的结构及演变大致可从以下几方面反映出来:①陵墓封土形。主要经历了三个变化过程。秦汉时期,封土为陵,以方土为主,即在地宫之上用土层层夯筑,使之成为方锥体;魏晋隋唐时,流行因山为体,以山为陵的筑墓方式。唐太宗修昭陵,采纳了"因山为陵,不复起坟"的方案,从此,以山为陵成为后代帝陵的既定制度。明清时期,虽复"积土起坟"的方法,但陵墓则由方形变为圆形,称为"宝顶",周以砖壁,上砌女墙,称为宝城。宝城的形式,明多圆形,清多长圆形。②帝陵的地面建筑。自秦汉时将寝造到陵侧,陵园的地面建筑逐步发展成以寝为主体的大规模建筑群,包括祭祀建筑物、神道和石刻像。西汉时,"寝"有正寝与便殿之分,正寝为墓主灵魂日常生活起居之所,便殿供墓主灵魂游乐。东汉时,在寝殿、便殿的同一地方,建造专供墓主起居,饮食的寝宫。汉明帝开始举行上陵礼,确立了以朝拜和祭祀为主要内容的陵寝制度,寝的功能也转为供朝拜和祭祀。唐代将寝殿、寝宫分开建造,寝殿称献殿,建在陵侧,寝宫称下宫,建在山下,分别适应上陵朝拜祭祀和供墓主灵魂饮食起居的需要。宋代称献殿为上宫,与下宫相对。明代取消下宫建筑,改上宫为享殿,在享殿两旁分建配殿,统称棱恩殿。清承明制,惟改棱恩殿为隆恩殿而已。

历代帝陵除有祭祀建筑群外,陵园内的神道及石刻群,包括华表、石柱、石碑、石像生等也是重要组成部分。

石碑、华表、石像生这三项一般是与古墓建筑相互配套的建筑小品,以其遒劲秀美的题字,古朴逼真的造形,把古墓建筑点缀得更加雄伟、庄严、肃穆。

9.1.2.1 古碑

古碑多指墓碑以及追述功德的纪念性刻石,碑的本来作用是悬棺下葬。西周以前,当时贵族殡葬时,因为墓穴很深,所以就在墓坑边竖立若干上有圆孔的木柱,施以辘轳,用绳索牵引,把棺放入墓穴,这种木柱称为"丰碑"。殡葬结束后时,有的丰碑就遗留在墓地,当时的人或后人就在上面刻划有关文字,以作冢墓的标识。后来,渐渐以石代木,但墓碑的上部仍凿有一个圆孔(称"穿"),并刻有数道阴纹通于穿眼。王惕甫《碑版广例》认为这种碑石"尚存古制引絭之意"。在墓碑上镌刻成篇赞颂墓主事迹文字以"树碑立传"的做法约始于两汉时代,从此,专门纪事铭功的刻石也谓之"碑"。

古碑的构造,以墓碑为代表,由碑首、碑身和碑座组成。上端称碑首,碑首方形的称碑,圆形的称碣,尖形的称笏头碣,碑额上用篆书或隶书刻写碑题;碑身通常为长方形,高六尺左右,正面刻碑文,背面刻一些辅助性文字;碑座有方形和龟趺等形制。西安碑林收藏了两汉至明、清各代碑志共二千三百余方,是我国历史文物建筑的宝库之一,有着巨大的历史和艺术价值。

9.1.2.2 华表

华表亦称桓表或表,是种柱形的标识性建筑物。两汉时代曾盛行一时,常用于宫殿、宗庙、亭邮等建筑物前,也被用于交通大道和坟墓的神道上,以作标识。与墓道对立的华表又称神道碑,它的标识作用和墓碑有所区别。墓碑是冢墓的标志,带有一定的纪念性,神道碑则主要标识墓道。汉以前墓道上的华表为木制,东汉时多改用石柱,其形制以方石为基座,上竖圆形石柱,雕以花纹;柱顶有方石,往往题刻墓主官职及神道字样;柱顶之上还饰有比柱围稍大的石盖和立兽。唐宋墓前华表多用棱形石柱;明清时代,华表主要用于宫殿,帝陵等重要建筑前,其基本形制依如汉唐。

9.1.2.3 石像生

石像生是用玉、石等雕刻而成的人或动物的形象。它起源于代替人牲殉葬的人俑、畜俑。春秋时代,社会舆论上猛烈抨击殉葬制度,以人俑、畜俑陪葬制即应运而生。帝王生前活动时,文武大臣班列两行,铠甲卫士警卫森严,因而幻想死后还能主宰另一世界。因此,仿制这一阵容制作了大量的人俑、畜俑,埋入陵寝附近。秦汉时期多以陶俑形式布列于地下,自佛教传入后,印度的佛像雕凿技术与中国传统的雕塑艺术融合,逐渐形成了中国独特风格的石像艺术。除了雕造佛像外,还雕刻了形态各异的人、兽石像生,这些人、兽石像作为帝王陵寝的护卫偶像逐渐取代了埋入地下的人俑、畜俑,以威武的姿态立于陵墓的神道上。据考古发现,秦汉诸帝陵,尚未有石像,而霍去病墓前的石刻像是汉武帝为表彰霍将军灭匈战争建立的赫赫战功,其性质与皇陵神道石像生有所不同。东汉中叶在河南、四川等地的墓阙旁出现石兽,名叫"辟邪",有守墓之意。南北朝时,石像生已成为帝王陵寝的必备建筑;唐代陵前神道上的大型石刻仪仗队已经形成;明清时期,帝陵神道两旁的石像,可谓发展到顶点。

这些石像生分为石头雕刻的文武官员和珍贵兽类组成的仪仗队。兽像有天马、驼鸟、狮、骆驼、麒麟、獬豸等。

9.1.3 帝陵的命名

纵观我国古代帝陵的取名,大约有三种情况:一是后人所起。如黄帝陵,秦公一号大墓,秦始皇陵等;二是时人根据陵墓的所在地而命名。如西汉长陵、安陵,因位于长安而得名,阳陵因位于戈阳县而得名,平陵因位于平原乡而得名,茂陵因位于茂乡而得名,灞陵因灞水而得名等;三是当时朝廷的礼部大臣根据皇帝的尊号、谥号,选一些与之相应的吉利、祥顺、平和、美好的字眼作陵名。如唐太宗昭陵中的"昭"字,就是一个褒义词,也和唐太宗的尊号"文武大圣大广孝皇帝"相吻合。据谥法解释:"圣文周达曰回,明德有功曰昭"。观太宗一生,文能知人善任,安邦治国,即所谓"圣文周达";武能统帅千军,克敌制胜,即所谓"明德有功"。唐其他帝陵的取名,大致如此。如高祖李渊献陵,中宗李显定陵,睿宗李旦桥陵,玄宗李隆基泰陵,德宗李适崇陵,穆宗李恒光陵等,其献、定、桥、泰、崇、光等字都是与皇帝的尊号或谥号有关的褒义词,乾陵也是如此。

帝陵的命名是一项十分严肃的事,如果属事先命名的,后辈不得擅自改动。如若原本没有定名后世不但可以命名,而且根据实际情况还可再次命名,如黄帝陵也称桥陵,因黄帝陵在黄陵县桥山上,故亦称"桥陵"。

9.1.4 帝陵的选址

我国古代社会中长期流行相地之术,以此为职业者称为风水先生,据说他们能与神灵沟通。生前不可一世的皇帝在选择自己的陵寝时,也得听从这些人的安排,否则,怕惹来天灾人祸。

看风水作为迷信活动,约产生于战国时期燕、齐一派方士中。风水先生认为人们在选择宅基或坟地时,要注意该地的风向山水,适合者得福,不合者遭殃。这当然是毫无科学根据的迷信。但是,这种建立在封建迷信基础上的相地术,为了选择有利地形,风水家必须对山、水本身进行观察、研究,并对草木盛衰与地理阴阳相关性有所发现。其论述并不都是无稽之谈。例如,范宜宾的《葬书注》认为,"无水则风到而气散,有水则气止而风无,故风水二字为地学之最重,而其中以得水之地为上等,以藏风之地为次等"。在帝陵选址的实践方面,注意选择那些依山傍水,背风向阳,草木丰茂,云蒸霞蔚之地,为陵寝园林的建筑奠定了优美的天然山水背景。传统的风水相地理论被学者誉为"中国地景建筑理论"[①]。汉代始建筑的轩辕黄帝陵,依传统风水相地理论为指导,选取桥山与沮水环抱之地,成为聚风、水、气于一体的生态环境,松柏常青,地气最旺,风水绝佳,是风水相地理论最早成功运用的实例之一。秦始皇陵南依骊山,北绕渭河,西临灞浐,四季常流,鸟语花香。唐诸帝陵,耸立北山之峦,鸟瞰三秦,缠泾带渭。尤以李治、武则天合葬的乾陵,因梁山主峰为陵,左右两峰在前,三峰耸立,主峰始尊,客峰供伏,主峰立宫,侧峰立阙,俯瞰关中平野,远眺太白终南,把传统风水相地理论运用发挥到极致,如图9-1所示。明十三陵环天寿山麓,周围峰峦起伏,盆地芳草鲜美,碧水汇流,成为传统风水相地理论应用的后起之秀。可以毫不愧色地说,由于风水家的参与,历代帝陵都占有一块天然的风水宝地,统治者又不惜动用民力,花费千万,苦心经营数十年,保护数百年,遂成别具一格的陵寝园林。

图9-1 乾陵鸟瞰图

另外,帝陵除个别的陵寝外,选址时有相对集中的特点。一般来说,首都定在那里,就在其北面寻找风水宝地修建陵寝园林。开国皇帝陵墓往往居中,然后按昭穆之制安排以后各代帝陵位置。各个陵寝保持一定距离,或直线排列,或曲线排列或圆弧状排列,周围分布着若干皇亲国戚或文武臣僚的陪葬墓。

9.1.5 陵寝园林的风格特征

陵寝园林尤其是皇家陵寝园林具备了中国山水园林的风格特点,它以秀美山水为背景,传

---

① 佟裕哲,刘晖 . 中国地景建筑理论的研究 . 中国园林,2003,8:31~36

统风水理论为指导,拥有独特华贵的园林建筑,高耸的墓冢,深邃壮丽的地下宫殿,笔直、宽广而纵深的陵园中轴线,葱郁的森林树木,周围栖息天然的或人工繁育的各类鸟兽,构成了宛若人间宫苑的独具一格的园林,具有很高的观赏价值。

中国陵寝园林有严格的等级制度,从战国中期开始,陵成为帝王墓葬的专用名。历代统治者对不同等级的墓葬都有严格礼仪制度,包括陵寝地下和地面建筑及其附属设施、陪葬品,陵园内的花木鸟兽品种及其多少。

帝陵采用风水理论选址,多在京城附近的北面,分布集中,呈单行排列或圆弧状排列。

陵寝园林分为地上陵园与地下寝宫两大部分:地上陵园包括墓冢,陵寝建筑,陵园辅助设施,陵园动、植物;地下寝宫包括地下建筑设施,棺椁及其陪葬物品。因此,陵寝园林可谓多层规划,多层布局,多重景观,构成它的根本特征。

石刻艺术:石刻艺术是陵寝园林的一道独特风景线,为中国园林体系中其他园林类型所不及。尤其是石像生以其精美的造型,惟妙惟肖的神态和巧夺天工的雕刻艺术,把中国园林艺术提高到一个新的水平。唐代的大型石刻仪仗队已经形成,明清时期的石像生发展完备,一应俱全。

随着时移境迁,陵寝园林的祭祀、拜祖、超度等功能逐渐淡化乃至消失,成为人们凭吊先贤,陶冶性情,观赏游览以及弘扬中国优秀传统文化,增强爱国主义教育的重要园林类型之一。

9.2 关中陵寝园林

关中自古帝王州。从炎黄到汉唐诸帝,陵寝园林遍布陕西关中,尤以汉唐陵寝园林最具代表性(图9-2)。汉十一陵、唐十八陵大部分都集中分布在咸阳北坂上。其他陵寝散布于各地,但相对集中的地区有凤翔的秦陵、长安、户县的周陵等。

图9-2　关中帝王陵园分布图

229

咸阳原上的汉唐帝陵,加上具有特殊身份地位的陵县,使整个咸阳原壮丽辉煌,繁华似锦。每逢祭日,游人如织,肩摩毂击。唐代诗人韦庄描写了五陵的盛景:"昔年曾向五陵游,子夜清歌月满楼。银烛树前长似昼,露桃花里不知秋。"可见汉唐时期的咸阳原,由于帝王的陵园所在,其自然人文景观绝不亚于古都长安。封建王朝曾花费巨大的人力、财力、物力修陵治县,迁徙巨赀豪富于陵邑,使这块被帝王觊觎已久的风水宝地焕发出光彩。

9.2.1 黄帝陵

黄帝陵简称黄陵,或称桥陵(图9-3),相传是我中华民族奠基先祖轩辕黄帝的陵墓。在黄陵县城北1千米的桥山之巅。

图9-3　黄帝陵园图(《关中胜迹图志》)

唐代诗人舒写舆作《桥山怀古》载:"轩辕历代千万秋,绿波浩荡东南流;今来古往无不死,独有天地长悠悠。我乘驿骑到中部,古闻此地为渠搜;桥山突兀在其左,荒榛交锁寒风愁。神仙天下亦如此,况我感促同蜉蝣;谁言衣冠葬其下,不见弓剑何人收。哀喧叫笑牧童戏,阴天月落狐狸游;却思皇坟立人极,车轮马迹无不周。洞庭张乐降玄鹤,涿鹿大战摧蚩尤;知勇神天不自大,风后力牧输长筹。襄城迷路问童子,帝乡归去无人留;崆峒求道失遗迹,荆山铸鼎余荒丘。君不见黄龙飞去山下路,断辔成草风飕飕"。

明代诗人张三丰曾作《桥陵》诗道:"披云履水谒桥陵,翠柏烟含玉露轻。衮冕霞飞天地老,文章星焕海山清。巍巍凤阙迎仙岛,渺渺龙车驻帝城。寂寞瑶台遗汉武,一轮皓月古今明。"

古人的诗句,对黄陵做了精彩的描述。桥山之巅,翠柏成林,郁郁参天,沮水环绕,群山环抱,气势雄伟壮丽。沿大路向山顶攀登,就可看到密密层层的古柏。其形古怪异常,有独特姿色。黄帝陵就处在这满山的柏林包围之中。到达山顶,首先看见路旁立一石碑,上刻"文武百官到此下马"。据说,这叫下马石。古代凡祭陵者,均须在此下马,步行至陵前。陵前一座祭亭,亭中央立一高大石碑,碑上有"黄帝陵"三个大字。祭亭后面又有一块石碑,上书"桥山龙驭"四字。再后面便是黄帝陵。黄帝陵位于山顶正中,面向南。陵冢高3.6米,周长48米。陵

230

前数十米处有一座高台。台旁石碑书"汉武仙台"。相传,汉武帝征朔方还,在这里祭黄帝,筑台祈仙。台顶高达林表,在上面可远眺四周山水。

黄帝是传说中我国原始社会末期的一位伟大的部族首领,是开创我中华民族文明的祖先。黄帝姓公孙,因长于姬水又改姓姬;曾居于轩辕之丘(今河南新郑县轩辕丘),取名轩辕;祖籍有熊氏,乃号有熊;又因崇尚土德,而土又呈黄色,故称黄帝。黄帝是"少典(有熊氏首领)之子",生于山东寿丘,逝于河南荆山,或说逝于陕西淳化甘泉宫,肉体飞升,而衣冠葬在陕西桥山。《史记》以黄帝、颛顼、帝喾、唐尧、虞舜为五帝。自黄帝至今,约4600年。相传,黄帝有二十五子,得姓的有十四子,共十二姓。后来的唐、虞、夏、商、周、秦都是这十二姓的后代。

被誉为"天下第一陵"的黄帝陵,自从秦代设置陵园以来,历代帝王、臣僚、庶民百姓,海外赤子,文人墨客等每年去黄陵上祭游观,捐资修陵,使黄帝陵成为中外游观的胜区。当地有一首民谣说:"汉代立庙唐代建,到了宋朝把庙迁。不论谁来坐皇帝,登基都不忘祖先。"

黄帝庙又叫轩辕庙,是祭奠轩辕黄帝的庙宇,在黄陵县城东,桥山东南山麓。相传,黄帝庙创建于汉代,唐代到大历年间,黄帝庙位于桥山西麓;宋太祖开宝五年(972年)移至今址;明清各代都有重修。黄帝庙呈四方形,里面有一些建筑、古柏和石碑等文物,庙门朝南,气势雄伟,门额上大书"轩辕庙"三字。东西两边各有一个侧门。跨进庙门,左边有一棵巨大的柏树,树高19米,树干下围10米,中围6米,上围2米,实为群柏之冠。有谚语称它"七楼八扎半,圪里圪塔不上算"。柏树枝干苍劲,柏叶青翠。相传,此柏为黄帝亲手所植,称作"黄帝手植柏",距今四千六百余年。庙门的北面有一座过厅。穿过过厅再向北,便见一座碑亭。碑亭呈长方形,亭内东西两边立有石碑近五十通。最北边坐落着大殿。殿前还有一株高大古柏,名为"将军树",又叫"挂甲柏"。树皮斑痕密布,纵横成行。树干上遍是洞孔,像有断钉在内,而柏液又不断由孔中溢出,实为群柏之奇。据传,这是"汉武帝征朔方还驻跸挂金甲印烙所致"。大殿雄伟壮丽,门额上悬挂"人文初祖"四字大匾。一进门,立即看见大殿中间巨大的富丽堂皇的黄帝牌位,上书"轩辕黄帝之位"。黄帝,作为中华民族始祖的象征,受到海内外同胞年复一年的朝拜。

9.2.2 秦始皇陵园

秦始皇陵在临潼骊山北麓。

秦始皇陵园规模宏大,分内外两城,均为南北向的长方形,如图9-4所示。南依骊山,墓葬区在南,寝殿和便殿等建筑群在北。1974年以来,在外城以东1 500米,相继发现了3个闻名世界的兵马俑坑。根据实际铲探证明,秦始皇陵园及其从葬区的面积为56.26平方千米,内涵极其丰富。陵园内,坟冢拔地而起,高大雄伟,宛若一座独秀峰,成为陵园中一个奇特的景观。秦始皇墓丘封土呈四方锥形(亦称复斗形),顶部略平,从下到上呈波浪式起伏,现存周长1 410米,高43米。《皇览》所记的秦皇陵,远比今天的高大雄伟得多,按照记载的周长和高度的数字估算,当年陵的周长为2 167米左右,高120

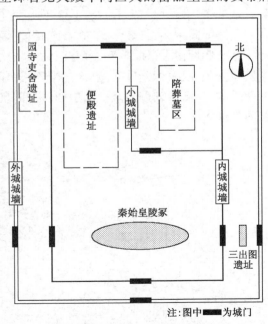

注:图中■■为城门

图9-4 秦始皇陵园遗迹平面示意图
(摹自2002年8月21日《华商报》)

米左右,比西安城南的大雁塔还要高出一倍多。

秦始皇陵冢雄伟高大,陵下地宫更是壮丽辉煌。据《长安志图》载:"余观自古帝王奢侈厚葬,莫若秦皇汉武,工徒役至六十万,天下税赋三分之一奉陵寝"。秦始皇为了使身后的享乐如同生前,在骊山大造地宫,据《史记·秦始皇本纪》载:"穿三泉,下铜而致椁,宫观百官,奇器珍怪,悉藏满之。令匠作机弩矢,有所穿近者辄射之。以水银为百川江河大海,机相灌输。上具天文,下具地理。以人鱼膏为烛,度不灭者久之"。从文献资料可知,秦始皇为自己修造的墓室,实际上是以咸阳的宫殿为样板,即在地下再造一座都城咸阳,让他身后享之不尽。因此,在庞大的地宫中,上有日月星辰,下有江河潮海,宫观连属,巍峨壮观。百官位次有序,灯火辉煌,明若白昼。自知奢侈过度,惟恐行窃,亦与咸阳宫中一样,防卫森严,除有自动射击的弓弩把守陵门外,还有千军万马守卫陵园。秦始皇陵至今尚未打开,这座金碧辉煌,豪华壮观的地下宫殿有朝一日与世人见面,恐怕比秦始皇兵马俑还有魅力。

兵马俑坑是秦始皇陵地下建筑的一部分,分为一号坑、二号坑、三号坑3处,总面积超过2万平方米。坑内有数万件兵俑、马俑、战车、兵器,呈现出一排排有序东进的军事方阵。从整个布局看,有前峰有后卫,有主体有侧翼,步兵和车马相同,严阵以待,坚如磐石。战士披坚执锐,挟弓挎箭,骏马作嘶鸣状,奋蹄欲驰,显示了秦军威武雄壮,气吞山河的气概。

秦始皇兵马俑形态逼真,栩栩如生,阵容浩大,气势磅礴,充分体现了我国先秦人民的杰出智慧和创造能力,是人类世界文明的伟大奇迹之一。

9.2.3 西汉陵寝园林

西汉是我国历史上称雄世界的一个王朝,先后有11位皇帝执政,除汉文帝刘恒和汉宣帝刘询葬于西安东郊霸陵、杜陵外,其余9位皇帝和皇后都成对合葬于咸阳原上。功臣、嫔妃大多陪葬于诸陵附近。汉陵于咸阳原上东西绵延百余里,墓冢有500余座。唐代诗人刘沧在《咸阳怀古》一诗中写道:"经过此地无穷事,一望凄然感愤兴。渭水故都秦二世,咸阳秋草汉诸陵。"从武帝茂陵到景帝阳陵之间38千米,西汉帝后和文武百官墓一个接着一个。汉陵的特点之一是陪葬陵很多,长陵多达70余座,阳陵多达34座。

从咸阳原由东(杨家湾)往西(茂陵),依次排列着汉景帝刘启阳陵、汉高祖刘邦长陵、汉惠帝刘盈安陵、汉哀帝刘欣义陵、汉元帝刘奭渭陵、汉成帝刘骜延陵、汉平帝刘衎康陵、汉昭帝刘弗陵平陵、汉武帝刘彻茂陵。其中西汉开国皇帝汉高祖刘邦长陵(图9-5)和雄才大略的汉武帝茂陵为最大。

图9-5 汉长陵图(《关中胜迹图志》)

西汉诸陵,除文帝霸陵不起封土外,其余 10 个陵都有高大的土冢。咸阳原上的陵冢,高低错落,雄伟之势一个赛过一个,为咸阳原一大奇观。汉陵一般占地 47 公顷,高 40 米,惟独武帝茂陵最为壮丽,高 67 米,远望宛若孤峰独秀的高山。汉武帝在位 54 年,为自己营造茂陵共 53 年。据说,茂陵封土堆的土都是从外地运来的,并经筛选去杂,炉烧锅炒,故其成本"贵同粟米"。其陵园四周长达 400 米的高大城垣,全为夯筑,仅墙基就有 5.8 米宽。陵园内建有豪华的寝殿、便殿、白鹤馆等,当时守陵、洒扫管理陵园的人员就有 3 000 多人。整个陵园的修建耗去全国赋税的三分之一。西汉诸陵(包括陪葬陵)都有规制不等的陵园建筑,而以帝陵陵园的建筑规模最大,几乎每一座陵园也就是一座富丽堂皇的宫殿建筑群。陵园有围墙,实际就是一座城。陵园均接近正方形,陵园之内修建寝殿、便殿。寝殿就像皇宫的寝殿一样,备有床几、家具、衣服和各种生活用具,每天由宫女侍候和 4 次供奉饮食,"侍死如侍生",按时"理被枕,具盥水,陈严(妆)具"。便殿立于寝殿之侧,"以像休息闲宴之处也",每年要祭祀 4 次。这些陵园中的寝殿和便殿规模很大,有些建在陵上,有些建于陵侧。

为了隆重的祭祀活动,汉陵还在陵园之外修有庙宇,如高帝称原庙(长安城内已有庙,于渭北重建),文帝庙称顾成庙,景帝庙称德阳庙,武帝庙称龙渊宫,昭帝庙号徘徊,宣帝庙号乐游,元帝庙号长寿,成帝庙号阳池等。每年庙祭 25 次,即朔望,节令均祭于庙。每月要把寝殿中的衣冠出游于庙一次,并有"车骑之众"护送,仪式非常隆重。寝与庙之间的道路被称为"衣冠出游道"。庙的位置虽不固定在一个方位上,但都位于长安与陵园之间,以便皇帝前往祭祀。当时的咸阳原上祭祀活动热闹非凡。为此,各陵园还设有专门的游乐场所,像茂陵辟地为西园,西园就是供人们游乐的地方。

9.2.4 唐陵寝园林

唐代从高祖李渊到哀帝李柷包括武则天共 21 位皇帝,历经 290 年,除昭宗和哀宗分别葬于河南渑池和山东菏泽外,其余 19 位皇帝埋葬于关中渭北高原。因高宗李治与武则天合葬一处,共有 18 座陵墓,史称"唐十八陵"。唐十八陵坐落在关中平原的北部,沿着北山脚下,东起蒲城,向西经过富平、三原、泾阳、礼泉,到乾县,东西连绵 150 余千米,形成以长安为圆心,呈扇形铺展于渭河以北。唐十八陵中,有 9 座散布于咸阳原上,与汉陵南北相望形成咸阳原上壮丽的寝庙园林景观。

唐十八陵分布于咸阳市和渭南市的 6 个县。自西向东,乾县有唐高宗李治和武则天合葬的乾陵,唐僖宗李儇的靖陵;礼泉县有肃宗李亨的建陵和唐太宗李世民的昭陵;泾阳县有唐宣宗李忱贞陵和唐德宗李适的崇陵;三原县有唐敬宗李湛的庄陵,唐武宗李炎的端陵和唐高祖李渊的献陵;富平县有唐懿宗李漼的简陵,唐代宗李豫的元陵,唐文宗李昂的章陵,唐中宗李显的定陵,唐顺宗李诵的丰陵;蒲城县有睿宗李旦的桥陵,唐宪宗李纯的景陵,唐穆宗李恒的光陵和唐玄宗李隆基的泰陵。

唐太宗主张节俭,省役民力,创造了依山为陵的形制,以后的唐代帝王多循此营造,故有"山陵"之称。渭北的嵯峨山,九嵕山,梁山等峰峦,就自然成为唐代帝王坟垄所在地。唐皇帝依山为陵的有唐太宗昭陵(图 9-6),高宗、武则天乾陵,中宗定陵,睿宗桥陵,玄宗泰陵,肃宗建陵,代宗元陵,德宗崇陵,顺宗丰陵,宪宗景陵,穆宗光陵,文宗章陵,宣宗贞陵和懿宗简陵,共14 座。另 4 座高祖献陵,敬宗庄陵,武宗端陵和僖宗靖陵,皆平地起冢,封土成陵。

唐太宗李世民的昭陵,是唐代"依山为陵"的典范,其本意是为了节省人力、物力和财力。据说,文德皇后长孙氏于贞观十年(636 年)去世时,"请因山而建不需起坟"。唐太宗为文德皇后礼葬亲自撰碑文称："王者以天下为家,何必物在陵中,乃为已有。今因九嵕山为陵,不藏金玉、人马、器皿,皆用土木形具而已,庶几奸盗息心,存没无累。"可是唐太宗在营建昭陵时,先从北面绕山筑栈道,长 230 步,才能到达玄宫门前(即地宫门),昭陵地宫在"山南面,深七十五丈",前后安置 5 道石门,内设东西厢房,列置石柜,柜内铁匣"悉藏前世图书,钟、王笔迹,纸墨如新",金玉珠宝不计其数。地宫建筑"宏丽,不异人间"。历时 13 年,耗费人力、财力不计其数。

图 9-6　唐昭陵图(《关中胜迹图志》)

　　李世民的昭陵虽"依山为陵",但仍建有规模宏大的陵园,陵园周围筑有城垣,南为朱雀门,门内即献殿,北为玄武门(即司马门),门内有祭坛。另外,东边为青龙门,西边为白虎门。园内遍植松柏,称为"柏城"。唐诸陵园的形制大体如昭陵。由于昭陵陪葬墓多达 225 座,所以陵园的范围极为宽广,周长约 60 千米,面积达 2 万公顷,差不多占礼泉县五分之一,是国内独一无二面积最大的帝王陵园。陵园内布满了各种设施和错落有致的园林建筑,石刻艺术是其重要组成部分,其中,"昭陵六骏"以它们独特的造型和艺术风格而成为稀世珍品。"六骏"位于玄武门内侧祭坛东西庑门前,是唐太宗当年拼杀疆场曾经乘坐的六匹骏马的雕刻造像,以象征太宗李世民开国创业之功。"六骏"分别为什伐赤、青骓、特勒骠、飒露紫、白蹄乌、举毛骁。造型健美、洒脱英俊,威风凛凛,由阎立本画像,宫中匠师精雕细刻而成,被鲁迅先生誉为"前无古人"之作品。其中,飒露紫和举毛骁。于 1914 年被盗运美国费城,现存宾西法尼亚大学博物馆。

　　昔日之胜景,今日多为遗迹。显赫一时的帝王陵,多不见往日风采,恰如金代诗人赵秉文所描写的那样:"渭水桥边不见人,摩挲高冢卧麒麟。千秋万古功名骨,化作咸阳原上尘。"

9.3　北京陵寝园林

　　北京是六朝古都之一,这里曾是辽、金、元、明、清的都城,先后有四十多个皇帝在此建陵,加之数以百计的陪葬园林,如同颗颗珍珠镶嵌在幽燕大地。

9.3.1　金陵寝园林

北京房山县西北隅的云峰山(又称三峰山),古有"幽燕奥堂"之誉。这里群山环绕,峰峦重叠,九条山脉蜿蜒而下,号称"九龙"。山巅林木隐映,云雾苍莽,山间隘口处泉水淙淙,长流不息。金朝帝王陵墓依云峰山南麓而建,绵延百余里,共葬有从东北迁葬的始祖以降的13个皇帝及中都5个皇帝,金朝各皇帝陵均有皇后衬葬及妃陵、诸王陵陪葬墓。金陵距今已有八百多年,这里曾是红墙绿瓦,宫殿巍峨,青冢白栏,规模宏大壮观,遗憾的是早在明代它就遭到毁坏。

金陵是贞元三年(1156年)开工营建的陵寝。先在云峰山坡的云峰寺之下修建磐宁宫,作为驻跸行宫,海陵王亲临施工现场巡视。当年十一月,皇陵初步建成,遂将金太祖、太宗、德宗的灵柩迁来安葬,太祖陵定名睿陵,太宗陵定名恭陵。不久,又将上京安葬的开国前十个祖先灵柩迁来,也葬于云峰寺陵区,并规定陵号。

金陵从贞元三年三月"命以大房山云峰寺为山陵,建行宫其麓",到贞祐二年(1214年)中都被蒙古军所占。先后59年中,金朝的各代皇帝、皇后、太子、诸妃、诸王等死后都葬入陵域。这个陵域广大,大定年间周界为156里,大安年间缩为128里。

据《金史》记载,大房山的金陵约可分为三个部分:帝陵区、妃陵园及诸王兆域(陵园)三部分。

当年金陵域区内为禁区,"禁无得采樵弋猎",陵区还设有围墙,称"封堠"。"封"之意为"封闭"、"界域";"堠"之意,一为计里数的土堆,一为瞭望敌情的土堡。故金陵"封堠"应认为是陵域周围的围墙上,每隔一定距离立一土堡,作为守卫及计里数所用。

9.3.2　明十三陵

明十三陵位于北京昌平区境内的天寿山麓。这一带山地属燕山支脉,东西北三面环山,群峰层叠,如屏似障,向南有一处山口,两侧有龙山、虎山峙立,形成天然门户。明成祖朱棣看中了这里山青水秀,林木葱茏,溪流潺潺,风光优美,就选定这一宝地作为陵区。从明代永乐七年(1409年)营建成祖长陵伊始,到清顺治元年(1644年)修建明末崇祯帝朱由检的思陵为止,历经235年,共修帝陵13座。如图9-7所示。陵区四周建围墙、设十二关口。总神道长约7千米,由南而北,蜿蜒曲折通向各陵寝。沿神道建有石牌坊、下马碑、大宫门(大红门)、神功圣德碑、神道柱、石像生、龙凤门(棂星门)等。诸陵规模以长陵为最大,思陵为最小,长陵、永陵、定陵最为著名。各陵建筑布局大同小异,平面呈长方形。从前面的白石桥起,依次建置有陵门、碑亭、棱恩门、棱恩殿、棂星门、石五供、明楼、宝城等。明楼内立石碑,上刻皇帝庙号谥号。明楼后为宝城,中填黄土,下建地宫。每陵各设有监,作为守陵太监住所,现已形成村落。又有神马房、祭礼署等建筑物,今仅存遗址。陵各有园,种植瓜果,放养麋鹿数以千计,以供祭祀。这十三座皇帝陵按年代先后,依次是长陵、献陵、景陵、裕陵、茂陵、泰陵、康陵、永陵、昭陵、定陵、庆陵、德陵、思陵。长陵保存最完整,基本上保存五百多年前的原貌。定陵已经挖掘,建成了博物馆。十三陵现已成为游览胜地。

石牌坊　在陵区正南,是陵区的起点,有一座高大的石牌坊,为嘉靖十九年(1540年)所建,它的形制为五门六柱十一楼,全部用汉白玉石筑成,通宽28.86米,高14米。六根石柱是整块石料,坊下夹柱石上,四面均有精美的浮雕,至今保存完好,是我国不可多得的古代石刻艺术杰作。

大宫门　又名大红门,坐落于石牌坊正北1千米的高台上,为陵区正门。门三洞,砖石结构,丹壁黄瓦。当初两侧有围墙向北环绕,周长 40 千米。内有军士数千人,日夜寻护陵寝。门两侧各有下马碑,上刻"官员人等至此下马",正是昔日陵寝森严的标志。

图 9-7　明北京十三陵平面图
(摹自赵兴华《北京园林史话》)

　　碑楼　位于大宫门以内不远的神道中央处。重檐四出,四隅各竖一雕有团龙云华表。楼内立有"大明长陵神功圣德碑",龙首龟趺,高 10 米。碑文系洪熙元年(1425 年)仁宗朱高炽所撰,共三千五百余字。其碑则立于宣德十年(1435 年),碑阴刻于清乾隆五十年(1785 年),高宗《哀明陵三十韵》,详细记述长、永、定、思陵的残破状况,是研究十三陵建筑的宝贵史料。碑的东侧刻乾隆五十二年(1787 年)修复明十三陵所花费白银二十八万六千余两等事项。碑的西

236

侧刻嘉庆九年(1804年)清仁宗论述明王朝灭亡的原因,也都是很有价值的史料。

石像生　坐落于明十三陵碑楼至龙凤门的神道两侧。石兽24座,其中有狮子、獬豸、骆驼、象、麒麟、马、武臣、文臣、勋臣,在800米的范围内,共有18对,均是面面相觑,雄壮生动,在艺术造型上,也非他处石像生所能相比。

棂星门　又称龙凤门,地处石像生以北神道上,为一座汉白玉石牌坊。三门并列,间以红色短墙,六根门柱形似华表,但柱身无花纹。在三门额枋中央,雕有石制火珠,故又称之为火焰牌坊。因皇帝死称之殡天,所以称此门为天门。

长陵　十三陵的首陵名长陵,坐落在陵区北部天寿山中峰之下。为明代第三位皇帝成祖朱棣的陵墓,内葬朱棣和徐皇后。建于永乐七年(1409年)至永乐十一年(1413年),为十三陵主陵,是十三陵中建造最早、规模最大的一座。据顾炎武《昌平山水记》载,长陵建筑布局前方后圆,面积10万平方米,绕以围墙,分为三进院落。第一进院落,从龙凤门到棂恩门。院内原有神厨、神库各五间和一座无字碑亭。由棂恩门至内红门为第二进院落,棂恩殿为院中主体建筑,殿内有32根金丝楠木明柱。最大的高14.3米,直径1米多。梁、柱、檩椽、斗拱等均为楠木;由内红门至明楼为第三进院落,由南而北,依次设有牌楼门、石五供、宝城、明楼等。部分建筑物现已无存。

永陵　坐落于距长陵东南1.5千米的杨翠岭下,为明代第十一位皇帝世宗朱厚熜的陵墓,陈皇后、方皇后、杜皇后合葬,嘉靖十五年(1536年)至嘉靖二十七年(1548年)建。规模不及长陵,但结构精美细致。棂恩殿七间,东西配殿各九间。明楼保存较完好,为十三陵之冠。墙垛用花斑石砌造,斗拱、飞椽、檐椽、额枋等均为石雕。宝城垛口和两侧通道也用石砌。外罗城两道,比其他陵墓多筑一道。棂恩殿残基上一块陛石,上刻龙凤,栩栩如生,为明代石雕杰作。该陵为十三陵中保存较好者之一。

定陵　坐落于长陵西南大峪山下,距昭陵北0.5千米,为明代第十三位皇帝神宗朱翊钧陵墓,孝端、孝靖两皇后合葬。定陵是十三陵中第一个被发掘的皇陵。万历十二年(1584年)至万历十八年(1590年)建,历时六七年,日役匠夫三万人,耗费白银八百万两,规模仅次于长陵,其工程精细则为十三陵之冠。《昌平山水记》载:“自昭陵五空桥东二百步分为定陵神路,长三里。路有石桥三空。陵东向,碑亭东有桥三道,皆一空,制如永陵。其不同者门内神厨库各三间,两庑各七间,三重门旁各有墙,墙有门,不升降中门之级,殿后有石栏一层,而宝城从左右上。榜曰定陵,碑曰大明神宗显皇帝之陵”。主要建筑有陵门、棂恩门、棂恩殿、宝城、明楼、宝顶外,有地下宫殿,1956年开始进行挖掘,出土大量珍贵文物。1959年10月,将其地下宫殿建立为定陵博物馆。

地下宫殿　地宫的地面距基顶27米,由前、中、后、左、右五个高大宽敞殿堂串联组成,总面积1195平方米,全部用石块砌成。殿中间是拱券式,没有梁柱。

前、中二殿为长方形甬道,后殿横列尽端。三殿之间各有一道石券门,檐椽、枋、脊、吻兽,均用汉白玉雕制,檐下有空白石榜。券门下两扇洁白的汉白玉门,高3.3米,宽1.7米,重约4吨。前殿与中殿大小相同,高7.2米,宽6米,长29米,地面是“金砖”铺地。中殿设有三个汉白玉琢成的宝座。宝座前面置长明灯使用的龙缸和黄琉璃质的五供:一个香炉、二个香瓶、二个烛台。后殿有棺床,中央放着朱翊钧的棺椁,孝瑞和孝靖皇后棺椁分别在左右。三棺椁周围,放有玉料、梅瓶及装满殉葬品的红漆木箱,从箱内及椁里清理出文物有金、银、玉、瓷漆器、龙袍、衣物等有三千多件。

古老的明十三陵陵园,曾经是古木参天,芳草如茵之地,陵区内当年有苍松翠柏几十万株,号称"风雨三千树,婆娑十二陵"。殿宇亭榭,错落有致,富丽森严的地下宫殿宏伟宽敞,光泽晶莹。其天然植被与山水景观与古建筑群融为一体,既奇宏雄伟,又幽雅秀丽,一派肃穆庄重,别具园林之趣。每当红日西斜,傍于天寿山巅,但见"辇路石人斜向日,殿庭金柱冷含烟",故有"明陵落照"之景名。

9.3.3 清陵寝园林

清王朝自顺治元年(1644年)入关定鼎北京,至宣统三年(1911年)清帝逊位,先后统治中国达268年之久。在北京执政的共有10位皇帝。除末帝溥仪未建皇陵之外,其余9位皇帝殡天后,分别安葬于河北遵化县和易县。遵化县陵区地处北京城东225千米,称东陵;易县陵区地处北京城西220余千米,称西陵。陵区的管理由皇帝任命马兰镇总兵和守陵官兵分别统管,并委派镇国公、辅国公设府专门守陵。下面还设有内务府、礼部、工部、八旗、绿营等有关机构,专门负责经常性的祭祀、工程施工、护陵、守界。三百多年间,不仅陵区一草一木不能砍伐,就是周边各县也禁止伐木和打猎。

9.3.3.1 清东陵

清东陵坐落在河北省遵化县境内马兰峪西的昌瑞山下,是清王朝入关统一全国后在北京附近所修建的两个帝后陵墓区之一。清东陵陵墓区,始建于清康熙二年(1663年)。当年陵区以昌瑞山为中心,南北长约125千米,东西宽约20千米,总面积约为2500平方千米。分前圈、后龙两部分。以昌瑞山为界,南为前圈,北为后龙。方圆辟有二十丈宽的火道,并竖有标志着禁界的青、白、红栏。内有5座帝陵、陪葬着皇后及其妃、嫔、福晋、格格等150多人。其中,帝陵有顺治皇帝孝陵、康熙皇帝景陵、乾隆皇帝裕陵、咸丰皇帝定陵、同治皇帝惠陵;还有孝庆、孝惠、孝贞(慈安)、孝钦(慈禧)4座皇后陵;妃嫔陵园5座,为景妃、景双妃、裕妃、定妃、惠妃园寝;另外在马兰峪东部有公主园寝1座。

孝陵是清东陵的主陵,坐落于昌瑞山主峰脚下。如图9-8所示。其余陵寝,除昭西陵、惠陵、惠妃园寝、公主陵自成体系外,皆以孝陵为中心,依次排列两侧。昌瑞山主峰中间突起,两侧层层低下。东面丘陵蜿蜒起伏,西面黄花山峰峦叠嶂。正面天台、燕墩两山对峙,形成一个天然的花园口。中间是近50平方千米的开阔原野。15座金碧辉煌的陵寝,在蓝天白云、苍松翠柏的衬托下,显得格外雄伟壮观。

图9-8　清孝陵小碑楼后景色

孝陵是清世祖爱新觉罗福临与他的两位皇后的陵寝,它是清朝入关后东陵最早的建筑,也是东陵的主体建筑,规模最大,体系最为完整。从正南面的龙门口进入陵区,直到陵墓的室顶为止,12米宽,长达5千米的神路全部用砖石铺砌。入口处有六柱五间十一楼的石牌坊,文饰雕刻精细,造型生动美观。往北过东陵的总门户即大红门,高达30米左右的重檐九脊的神功圣德碑楼,楼外广场四角各有华表1座,过影壁是18对石像生,由狮子、狻猊、骆驼、大象、麒麟、马、武将、文臣等8组组成。人物雕刻造型严谨,形态逼真,动物雕刻造型美观,体态生动,堪称不朽的艺术佳作。再向北过龙凤门,有神路碑亭、石孔桥、朝房、值房、神厨等。进隆恩门,有隆恩殿及东西配殿、三座门、二柱门、石五供、明楼、宝城和宝顶,地宫一应俱全。

在清东陵诸陵寝中,以慈禧太后普陀峪定东陵建筑最豪华,艺术水平最高超。慈禧、慈安两太后的陵寝,同时兴工于同治十二年(1873年),到光绪七年(1881年)建成,历时8年。建筑规制和艺术水平大体相当。主要建筑物依次是:神道碑亭、石拱桥和石平桥、东西朝房、东西值房、隆恩门、焚帛炉、东西配殿、隆恩殿、三座门、石五供、方城明楼、宝城宝顶及地下宫殿。其规制业已远远超过祖陵。仅慈禧一陵就耗银227万两。然而,慈禧并不以此为满足。尔后(慈安太后去世后),又从光绪二十一年(1895年)开始重新修建,直到光绪三十四年(1908年)慈禧死亡,工程又延续10余年。

主体建筑隆恩殿和东西配殿全部拆除重建,其他建筑物也有维修和装饰。仅贴金一项就耗费黄金4 590余两。其艺术水平之高超,建筑质量之精美,耗资款项之浩大,不仅是慈安太后陵寝所望尘莫及,即使是清朝鼎盛时期建造的乾隆裕陵也难以匹敌。隆恩殿四周的汉白玉石栏板、栏柱、栏杆上雕刻着精美细致的"龙凤呈祥"图案,隆恩殿前的龙凤彩石,一反过去浮雕手法,采用透雕手法,凤在上,龙在下,好似活龙真凤飞舞在彩云中,引人入胜,可算得上空前艺术杰作。隆恩殿和东西配殿三殿内的明柱,全部为半立体金龙盘绕,金碧辉煌,光彩夺目,为其他陵寝宫殿所罕见。

9.3.3.2 清西陵

清西陵位于河北省易县城西15千米的永宁山下,群峰环抱的平川上,西依紫荆关,南临易水河,与狼牙山隔水相望。

四周层峦叠峰,松柏葱笼,景色清幽。清西陵建筑保存完整,共有房舍千余间,石质建筑和石质雕刻百余座,建筑面积5万余平方米,占地100平方千米,围墙长达20千米。雍正帝及帝后的泰陵和泰东陵位居陵区中部,西侧为嘉庆帝后的昌陵和昌西陵,再西为道光帝后的慕陵和慕东陵;泰陵东侧为光绪帝的崇陵。在帝后陵旁还各自陪葬有妃园寝、王公和公主园寝,共7座,整个清西陵共埋葬帝后、嫔妃、王公、公主等计76人。除此之外,西陵还有一处没有建成的"帝陵",这就是末代皇帝爱新觉罗·溥仪的陵墓。尚未兴工动土,清王朝即行覆灭。溥仪1967年10月17日病逝于北京首都医院,葬入八宝山公墓。据息,溥仪的骨灰后来又葬入清西陵,生前由天子到平民,死后又从平民而成为"天子"。

西陵的建筑形式和布局与东陵相同,均按照清代严格的官式标准规制建造,等级森严,后陵小于帝陵,园寝又小于后陵。

雍正皇帝的泰陵是西陵建筑最早、规模最大、体系最完整的陵墓。如图9-9所示。陵园始建于雍正八年(1730年),乾隆二年(1732年)竣工。泰陵入口处,有宽10米,长2千米的神道。进大门后,北侧是具服殿,殿北为30米高的圣德神功碑亭,亭内碑石上记载雍正帝一生功绩。碑亭四隅各立一座汉白玉石华表,满刻云龙纹浮雕,气势庄严。过七孔桥,神道两侧排列石兽、石人等皆垂首肃立,神态恭谦。再北即龙凤门,门两侧是碑亭、神厨亭、井亭。再北是主殿即隆恩殿,殿后依次为三座门、二柱门、石五供、方城、明楼等建筑,宝城以下即地宫,雍正帝和后妃合葬于此。

图9-9　清泰陵隆恩殿
(摹自《中国名胜词典》)

西陵诸陵的规制与泰陵基本相同,惟有道光帝慕陵形制特殊,别具一格。道光帝原建陵于东陵宝光峪,历时7年竣工,后因地宫浸水,又改建于西陵龙泉峪。陵园规模较小,设有大碑楼、石像生、明楼等建筑,殿宇也不施彩绘。隆恩殿全部以楠木建造,精美异常,殿内藻井、檩枋等构件雕刻有数以千计的游龙、蟠龙。龙首透雕,龙身和云纹则是高浮雕和低浮雕交替使用。龙形矫健,犹如飞腾在波涛云海中,富于变化。群龙昂首,吞云吐雾,加以楠木香气馥郁,收到了"万龙聚会,龙口喷香"的艺术效果。

光绪帝崇陵是清陵中建造年代最晚的一座,建于清宣统元年(1909年),1915年光绪帝死后葬于此。崇陵规模较小,动工修建时,清政府已临近崩溃,因此,无大碑楼、石像生等。建筑用料均以桐木、铁料为主,俗有"桐梁铁柱"之称。

清西陵,四周层峦叠嶂,林木茂密,风景秀丽,是体系完整、规模宏大、保存较好的帝王陵寝园林。

9.4 其他地区陵寝园林

除了上述几个地区皇家陵寝园林集中分布外,全国还有若干相对集中的帝陵区,代表性如下:

9.4.1 洛阳陵寝园林

9.4.1.1 光武帝陵

亦称刘秀坟。在河南孟津县铁谢村附近。南依邙山,北濒黄河。陵墓为高大的土冢,周围1 400米,高20米,古柏千株,苍劲挺拔,阴郁幽静。光武殿前有大型古柏28棵,传为刘秀的28位大臣所栽。陵前有清乾隆五十六年(1791年)古碑一通,上刻"东汉中兴世祖光武帝陵"。东汉光武帝刘秀(公元前6年~公元前57年),字文叔,南阳蔡阳(今湖北枣阳西南人),高祖九世孙。王莽末年农民起义爆发,他乘机起兵,大败莽兵,夺取农民战争果实,做了东汉开国皇帝,定都洛阳,在位32年。

9.4.1.2 宋陵

在河南巩县西村,芝田、孝义、回郭镇附近。北宋九个皇帝,除徽、钦二帝被金掠掳囚死漠北外,均葬于此。乾德元年(963年)太祖赵匡胤的父亲赵宏殷的陵墓由汴京东南迁至巩县,共为七帝八陵,附葬皇后二十多个,陪葬宗室及王公大臣,如寇准,包拯等共百余人,形成庞大的陵墓群。邙岭起伏,溪流淙淙,林木繁茂,蔚为大观。

八陵为赵宏殷的永安陵、太祖赵匡胤的永昌、太宗赵光义的永熙陵、真宗赵恒的永定陵、仁宗赵祯的永昭陵、英宗赵曙的永厚陵、神宗赵顼的永裕陵、哲宗赵煦的永太陵。陵墓建制与唐陵基本相同,都有较大的陵台。陵台四周有神墙,四角有角楼,四墙中间设神门,东、西、北三神门外各有雕狮一对,南神门外神道两侧排列着雄伟壮观的石刻群,有宫人、将军、大臣、客使,以及石兽、石柱等。气魄豪放,威武壮观。

9.4.2 南京陵寝园林

9.4.2.1 南唐二主陵

(南唐两陵)在江苏南京市江宁县东善镇西北,牛首山南祖堂山下,距南京中华门约23千米。是五代南唐李昇(烈祖)、李璟(中主)的陵寝。1950年发掘。陵园除坟丘外,地上已无建筑,现所保存的仅是地下墓室。李昇的陵叫钦陵,因他是开国的君主,规模较大。钦陵位祖堂山南麓,是一个隆起的圆形土墩,直径约 30 米,高约 5 米,地下墓室即埋在土墩下,墓室南向偏西 9 度。从墓门到墓室自外而内,分为前、中、后 3 正室,前室与中室东西两面各附 1 侧室,后室东西两面各附 3 侧室,总计共 13 室。前、中 2 室系砖造,后室系石造,墓室的建筑均仿木结构,有柱、额、枋、斗等形式。前、中 2 室顶上还有木制藻井痕迹。

李璟的陵叫顺陵,在钦陵西北约 50 米,土墩形状不如钦陵显著,在南面和西南面,有人工堆成的土埂,可能是当时的茔域的周界。墓室偏东 5 度,从墓门到墓室自外而内,亦分前、中、后 3 室,前室与中室东西两面各附 1 侧室,后室东西两面各附 2 侧室,总计共 11 室。建筑形制与钦陵大致相仿,规模略小,全部砖结构仿木建筑形式。两陵前、中室墓顶均穹窿形,从四面向上用砖逐步叠砌而成。钦陵中室的北面壁顶刻双龙夺珠的浮雕,下面两旁石壁上是浮雕大型武士像。顺陵后室顶上画有天象图,钦陵后室顶上画有日月星辰,并在底下石板上雕刻江河山岳,象征封建帝王所统治的天地。

9.4.2.2　明孝陵

孝陵在江苏南京市东郊钟山南麓独龙阜玩珠峰下。如图 9-10 所示。洪武十四年(1381年)开始营建,次年葬入马皇后。马皇后谥"孝慈",故名"孝陵"。洪武十六年建成,朱元璋死后葬入。殉葬宫人 10 余名,从葬嫔妃 46 人。建筑大致分两组。第一组为神道,从下马坊起,包括神烈山碑、大金门、红门和西红门、四方城(即"大明孝陵神功圣德碑"亭)到石刻止。石刻由 12 对石兽、1 对石柱、4 对石人和 1 座棂星门组成,随着山麓的起伏排列成一条长约 800 米的神道石刻,颇为壮观。第二组是陵的主体建筑,从石桥起,包括正门、碑亭、享殿、大石桥、方城、宝城。

图 9-10　明孝陵
(摹自周维权《中国古典园林史》)

原中门和门内左右有廊庑 30 间,门外有御厨,左有宰牲亭,右有具服殿。享殿仅存须弥座台基和清同治时建筑,方城上明楼楼顶已毁。宝城又叫"宝顶",为一约 400 米直径的圆形土丘,上植松柏,下为朱元璋和马皇后地宫。周围筑高墙,条石基础,砖砌墙身,为我国现存最大的帝王陵园之一。

9.4.3　西夏王陵

西夏王陵,在宁夏银川市西约 30 千米的贺兰山东麓,是西夏历代帝王陵墓的所在地。这里曾经是水草丰美,羚羊成群,穹庐遍野的美丽草原景象。陵区范围南北 10 千米,东西 4 千米,随地势错落着 8 座西夏帝王的陵园和 70 余座陪葬墓。每个陵园都是一个单独的完整建筑群体,形制大致相同。陵园四角建角楼,标志陵园界至,由南往北排列门阙、碑亭、外城、内城、献殿、灵台,四周有神墙围绕,内城四面开门,每个陵园占地面积均在 10 万平方米以上。1972年 ~ 1975 年发掘了其中的一座,地下墓室前有一长达 49 米的斜坡墓道,宽 4 ~ 8 米,前窄后宽的方形墓室,两侧各有一配室,深约 25 米。墓没用砖砌,属多室穹顶土洞墓形式,地面铺砖,四壁置护墙木板,形似蒙古包。墓室历史上多次被盗,但仍出土有各种金饰、鎏金银饰、竹雕、铜甲片、珍珠、瓷器碎片等。已发掘的 3 座陪葬墓,有阶梯或斜坡的墓道。墓室为方形土洞,普遍以铜牛、石马殉葬。西夏陵园地面建筑在元代即被掘毁,但遗址上仍保存着大量的建筑材料和西夏文、汉文残碎碑刻。陵园仿唐代特别是北宋诸陵的形制,对研究西夏文化和汉文化的关系有重大价值。

9.4.4 炎帝陵

又称天子坟。在湖南炎陵县城西南15千米。炎帝为我国传说中的三皇之一,史称其教民稼穑,尝百草,发明医药。葬何处,晋以前无考。晋皇甫谧著《帝王世纪》载,葬于长沙。宋罗泌《路史》载:"崩葬长沙茶乡之尾,是曰茶陵"(县为南宋时由茶陵分)。明万历四十八年(1620年)吴道南所撰碑记,宋太祖登基,遍访古陵不得,忽梦一神指点,才于茶乡觅见帝陵。陵前原建有规模宏大的祠、坊、"天使行馆"等。陵侧有"洗药池",传为炎帝采洗草药之处。四周古木掩翳,碧水环流,岸畔有石若龙首、龙爪,称"龙脑石"。

9.4.5 绍兴大禹陵园

大禹是我国第一个奴隶制王国——夏朝的奠基者,传说他领导人民采取疏导之法治理洪水,成为我国历史上第一个杰出的治水英雄。大禹劳身国事,品德高尚,"居外十三年,过家门不敢入"[①],深受古今敬仰。"禹会诸侯江南,计功而崩,因葬焉,命曰会稽"[②]。

绍兴大禹陵由禹陵、禹庙构成,如图9-11所示。禹陵位于禹庙之东。庙西有潺潺河水,河上架造形古朴的禹贡桥。过桥再向东南转行,即到禹陵。禹陵之上,古有陵殿享堂,今存明人南大吉书"大禹陵"碑亭如磐而立。周围群山逶迤,松竹常青,古槐蟠郁。

图9-11　大禹陵园
(摹自沈福煦《中国古代建筑文化史》)

禹庙的布局很有特点,它倚山就势,南北向中轴线布局,过禹贡桥即为庙之西南角,从西辕门进入庙内,再转弯才到庙的中轴线上,犹如苏州园林中放园线路的设计。中轴线自南而北,有岣嵝碑亭、午门、祭厅、正殿三进院落,地势逐渐升高。南墙为一块照壁,壁前立有岣嵝碑亭,传为大禹治水时所立,凡七十余字,非篆文,又非蝌蚪文,难以考释。午门内有数十级台阶,后

————————

① 司马迁,《史记·夏本纪》
② 同①

242

阶而上,为祭厅。穿过祭厅即到大殿。殿高 24 米,歇山重檐屋顶,屋脊上书"地平天成",寓意大禹平治水土之精神。殿内设大禹立像,栩栩如生。后屏绘有九把斧头,象征大禹开通九条河流之功。大殿东西设有配殿,东配殿前有小山,上立"窆石亭"。中置略呈圆锥状的窆石一块,高约两米,顶端有小孔,传为禹灵柩下葬时所利用的平衡物。石上镌刻汉以来的铭文多种。

　　史载,夏启和少康都曾建禹庙。今庙始于南朝梁初,但屡有兴废。现存禹庙大殿为公元1934 年重修,其他多为清朝遗物。

第10章　中国园林的组成要素

中国园林主要由建筑、山石、水体、动物、植物等五大要素组成。历代造园匠师都充分利用这些要素,精心规划,辛勤劳作,创作了一座座巧夺天工的优秀园林,成为封建帝王、士大夫、富商巨贾等"放怀适情,游心玩思"的游憩环境。下面拟分为园林建筑艺术、掇山叠石、理水、园林动物与植物等四个小节分别予以说明。

10.1　园林建筑艺术

我国建筑艺术实质上是木材的加工技术和装饰艺术。园林建筑不同于一般的建筑,它们散布于园林之中,具有双重的作用,除满足居住休息或游乐等需要外,它与山池、花木共同组成园景的构图中心,创造了丰富变化的空间环境和建筑艺术。我国园林建筑艺术的成熟经历了漫长而曲折的发展过程。

10.1.1　园林建筑的历史沿革

据《易经》载:"上古穴居而野处,后世圣人易之以宫室,上栋下宇,以待风雨"。说明了一个上古时代穴居游牧生活逐渐向着建筑房屋的演变过程。至夏、殷时代,建筑技艺逐渐发展,出现了宫室、世室、台等建筑物,建筑材料开始使用砖、瓦和三合土(细沙、白灰、黄土)。周时始定城郭宫室之制,前朝后市,左庙右社,并规定大小诸侯的级别,宫门、宫殿、明堂、辟雍等都定出等级。宫苑之中囿、沼、台三位一体,组成园林空间,直到周代确立下来。

春秋战国时建筑技艺已相当发达。梁柱等上面都有了装饰,墙壁上也有了壁画,砖瓦的表面都模制出精美的画案花纹和浮雕图画。《诗经》上形容周代天子的宫殿式样是"如翚斯飞",说明我国宫室屋顶的出檐伸张在周朝末叶已经有了,而且在建筑设计时能考虑到殿馆、阁楼、廊道等建筑物与池沼楼台的景物的联系,相映生辉。

秦汉时代是我国园林建筑发展的里程碑。秦始皇在咸阳集中各地匠师进行大规模的建筑活动。汉代砖瓦已具有一定的规格,除了一般的筒板瓦、长砖、方砖外,还烧制出扇形砖、楔形砖和适应构造和施工要求的定形空心砖。从汉代的石阙、砖瓦、明器、房屋和画像砖等图像来看,框架结构在汉代已经达到完善地步,从而使建筑的外形也逐渐改观。各种式样的屋顶如四阿、悬山、硬山、歇山、四角攒尖、卷棚等在汉代都已出现,屋顶上直博脊、正脊上有各种装饰。用斗拱组成的构架也出现,而且斗拱本身不但有普通简便的式样还有曲拱柱头,铺作和补间铺作。不但有柱形、柱础、门窗、拱券、栏杆、台基等,而且本身的变化很多,门窗栏杆是可以随意拆卸的。总的说来,汉代在建筑艺术形式上的成就为我国木结构建筑打下了坚实的基础,其外形一直代代传承下来。

此外,汉代的精美雕刻,为园林建筑增光添彩,如太液池和昆明池旁的石人和石刻的鲸鱼、龟,以及立石作牵牛织女,还有不少铜铸的雕像如仙女承露盘,更增加了园林的观赏游乐情趣。

244

南北朝的园林建筑极力追求豪华奢侈。在建筑艺术上特别是细部手法和装饰图案方面,吸收了一些外来因素,卷草纹、莲花纹等图案花纹逐渐融会到传统形式中,并且使它丰富和发展起来。

宫苑的营造上"凿渠引水,穿池筑山",山水已是筑苑的骨干,同时"楼殿间起,穷华极丽",为隋代山水建筑宫苑开其端,掇山的工程已具相当技巧,如景云山"基于五十步,峰高七十丈"。

随着佛教勃兴,佛寺建筑大为发展。塔,是南北朝时代的新创作,是根据佛教浮图的概念用我国固有建筑楼阁的方式来建造的一种建筑物。早期时候,大都是木结构的木塔,在发展过程中砖石逐渐代替了木材作为建塔的主要材料,有的砖塔在外形上还保留着木塔的形式。

自从北魏奉佛教为国教后,大兴土木敕建佛寺,据杨衒之《洛阳伽蓝记》所载,从汉末到西晋时只有佛寺 42 所,到了北魏时,洛阳京城内外就有 1 000 多所,其他州县也多有佛寺,到了北齐时代全国佛寺约有 3 万多所,这些佛寺的建筑,尤其是帝王敕建的,都是装饰华丽金碧辉煌,跟帝王居住的宫苑一样豪华。以北魏胡太后所建的永宁寺在当时最为有名。

隋唐时期,土木结构的基本形式,用料标准已有定型,都市规划详密,布局严整,设计中不仅使用图样,还有木制模型,这是我国建筑技术史上的一大突破。此外,桥梁建筑以其精美独特的风格与施工技巧而闻名于世。

唐代寺观建筑得到全面的发展,从现存于山西五台山的唐代建筑,即建于公元 782 年的南禅寺大殿和建于公元 857 年的佛光寺大殿,可称为唐代寺观建筑典范,不难看出秀丽庄重的外形和内部艺术形象处理是唐代寺观建筑的特色。

宋朝建筑不仅承继了唐朝的形式但略为华丽,而且在结构、工程技法上更加完善,这时出现了一部整理完善的建筑典籍,它就是李诚的《营造法式》。这本书从简单的测量方法、圆周率等释名开始,依次叙述了基础、石作、大小木作、竹瓦泥砖作、彩作、雕作等制度及功限和料例,并附有各式图样。这本古代建筑专著是集历代建筑经验之大成,成为后世建筑技术上的典则。

宋代园林建筑的造型,几乎达到了完美无缺的程度,木构建筑相互之间的恰当比例关系,预先制好的构件成品,采用安装的方法,形成了木构建筑的顶峰时期。当时还有了专门造假山的"山匠"。这些能"堆掇峰峦,构置洞壑,绝有天巧"的能工巧匠,为我国园林艺术的营造和发展,都做出了极为宝贵的贡献。

由于唐、宋打下了非常厚实的造园艺术基础,才使我国明末清初时期的园林艺术,达到炉火纯青的地步。明清之际,由于制砖手工业的发展,除重要城市以外,中心县城的城垣,民间建筑也多使用砖瓦,宫廷建筑完全定型化、程式化,而缺乏生气,但也留下了许多优秀建筑作品。园林建筑这时期数量多,富于变化,设计与施工均有较大发展。明末计成的《园冶》是一部专门总结造园理论和经验的名著,他系统地研究了江南一带造园技术的成就,主张"虽有人作,宛自天开",强调因地制宜,使园林富有天然色彩,并以此作为衡量园林建筑优劣的重要尺度之一。

古代一度蓬勃发达的科学技术到清朝中、后期失去了前进的势头,园林建筑技艺回归为匠师们的口授心传,清乾嘉以后园林终于走向逐渐衰落的局面。

10.1.2 园林建筑类型及装饰

10.1.2.1 园林建筑种类

园林建筑有着不同的功能和取景特点,种类繁多。计成的《园冶》就有门楼、堂、斋、室、房、馆、楼、台、阁、亭、榭、轩、卷、广、廊等15种,实际上远不止此。它们都是一座座独立的建筑,都有自己多样的形式。甚至本身就是一组组建筑构成的庭院,各有用处,各得其所。园景可入室、进院、临窗、靠墙,可在厅前、房后、楼侧、亭下,建筑与园林相互穿插、交融,你中有我,我中有你,不可分离。在总的园林布局下,做到建筑与环境协调和谐统一,艺术造型参差错落有致,园景变化无穷。

1. 亭

亭的历史十分悠久。周代的亭,是设在边防要塞的小堡垒,设有亭吏。到了秦汉,亭的建筑扩大到各地,成为地方维护治安的基层组织。《汉书》记载:"亭有两卒,一为亭父,掌开闭扫除;一为求盗,掌逐捕盗贼"。魏晋南北朝时,代替亭制而起的是驿。此后,亭和驿逐渐废弃。但民间却有在交通要道筑亭作为旅途歇息的习俗而沿用下来,也有的作为迎宾送客的礼仪场所,一般是十里为长亭,五里为短亭。同时,亭作为点景建筑,开始出现在园林之中。如图 10-1 所示。

图 10-1　亭

唐时期,苑园之中筑亭已很普遍,造型也极精巧。《营造法式》中就详细地描述了亭的形状和建造技术,此后,亭的建筑便愈来愈多,形式多种多样。

亭子不仅是供人旅途休息的场所,又是园林中重要的点景建筑。布置合理,全园俱活,不得体则感到凌乱。明代著名的造园家计成认为,山顶、水涯、湖心、松荫、竹丛、花间都是布置园林建筑的合适地点,在这些地方筑亭,一般都能构成园林空间中美好的景观艺术效果。也有在桥上筑亭的,扬州瘦西湖的五亭桥、北京颐和园中西堤上的桥亭等,亭桥结合,构成园林空间中的美好景观艺术效果,又有水中倒影,使得园景更富诗情画意。如扬州的五亭桥,还成为扬州的标志。

园林中高处筑亭,既是仰观的重要景点,又可供游人统览全景,在叠山脚前边筑亭,以衬托山势的高耸,临水处筑亭,则取得倒影成趣,林木深处筑亭,半隐半露,既含蓄而又平添情趣。

在众多类型的亭中,方亭最常见,它简单大方。圆亭更秀丽,但额枋挂落和亭顶都是圆的,施工要比方亭复杂。在亭的类型中还有半亭和独立亭、桥亭等,半亭多与走廊相连,依壁而建。亭的平面形式有方、长方、五角、六角、八角、圆、梅花、扇形等。亭顶除攒尖以外,歇山顶也相当普遍。

2. 台

中国古代园林的最初小品,《尔雅·释宫》曰:"四方而高曰台";《释名》曰:"台,持也。言筑土坚高,能自胜持也"。《诗经·大雅》郑玄注:"国之有台,所以望氛祲,察灾祥,时观游,节劳佚也"。《吕氏春秋》高秀注:"积土、四方而高曰台"。《白虎通·释台》:"考天人之际,查阴阳之会,揆星度之验"。以上是秦汉时期人们关于台的认识,表明台是用土堆积起来的坚实而高大、方锥状的建筑物,具有考察天文、地理、阴阳、人事和观赏游览等功能。其实,台最初是独立的敬天祭神的神圣之地,无其他建筑物。以后才和宫室建筑结合,如钧台(夏启),鹿台(商纣王)等。春秋以后,台又与其他观赏建筑物相结合,共同构成园林景观,如姑苏台(吴王夫差)、鸿台(秦始皇)、汉台、钓鱼台等。计成的《园冶》载:"园林之台,或掇石而高,上平者;或木架高而版平无层者;或楼阁前出一步而敞者,俱为台"。表明以后园林中设台只是材料有所变化,而仍然保持高起,平台,无遮的形式,达到登高望远等效果。

3. 廊

我国建筑中的走廊,不但是厅堂、馆阁、楼室的延伸,也是由主体建筑通向各处的纽带。而园林中的廊,既起到园林建筑的穿插、联系的作用,又是园林景色的导游线。如北京颐和园的长廊,它既是园林建筑之间的联系路线,或者说是园林中的脉络,又与各种建筑组成空间层次多变的园林艺术空间,如图10-2所示。

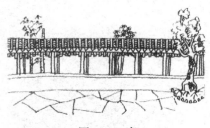

图10-2　廊

廊的形式有曲廊、直廊、波形廊、复廊。按所处的位置分,有沿墙走廊、爬山走廊、水廊、回廊、桥廊等。

计成对园林中廊的精练概括为:"宜曲宜长则胜";"随形而弯,依势而曲;或蟠山腰,或穷水际,通花渡壑,蜿蜒无尽"。

廊的运用,在江南园林中十分突出,它不仅是联系建筑的重要组成部分,而且是在划分空间,组成一个个景区的重要手段,廊又是组成园林动观与静观的重要手法。

廊的形式以玲珑轻巧为上,尺度不宜过大。沿墙走廊的屋顶多采用单面坡式,其他廊的屋面形式多采用两坡顶。

4. 桥

桥的种类繁多,千姿百态。在我国园林之中,有石板桥、木桥、石拱桥、多孔桥、廊桥、亭桥等。置于园林中的桥,除了实用之外,还有观赏、游览以及分割园林空间等作用。园林中的桥,又多以矫健秀巧或势若飞虹的雄姿,或小巧多变,精巧细致,吸引着众多的游客慕名而来。

我国桥梁的类型,在江南园林中,可以说是应有尽有。而且在每个园林,以致每个景区几乎都离不开桥。如杭州西湖园林区,白堤断桥"西村唤渡处"的西泠桥、花港观鱼的木板曲桥、"三潭印月"的九曲桥、"我心相印亭"处的石板桥等。各种各样的桥,在园林的平面与空间组合中都发挥了极其重要的作用。

在北方皇家园林中,北京颐和园的桥最具有特色。如昆明湖的玉带桥,全用汉白玉雕琢而成,桥面呈双向反曲线,显得富丽、幽雅、别致,又有水中倒影,成为昆明湖极重要的观赏点。昆明湖东堤上的十七孔桥,更是颐和园水面上必不可少的点景和水面分割、联系的一座造型极美的联拱大石桥。桥面隆起,形如明月,桥栏雕着形态各异的石狮,只只栩栩如生。在昆明湖的西堤上,又有西堤六桥,六桥特点各异,桥与西堤成为昆明湖水面分割的重要组成部分。

中国园林中的桥是艺术品,不仅在于它的姿态,而且还由于它选用了不同的材料。石桥之凝重,木桥之轻盈,索桥之惊险,卵石桥之危立,皆能和湖光山色配成一幅绝妙的图画。

5. 楼与阁

在园林建筑中,楼与阁是很引人注目的。它们体量较大,造型复杂,位置十分重要。在众多的园林中它往往起到控制全园的作用,如图10-3、图10-4所示。

楼与阁极其相似,而又各具特点。《说文》曰:"重屋曰楼"。《尔雅》曰:"狭而修曲为楼"。楼的平面一般呈狭长形,也可曲折延伸,立面为二层以上。园林中的楼有居住、读书、宴客、观赏等多种功能。通常布置在园林中的高地、水边或建筑群的附近。阁,外形类似楼,四周常常开窗,每层都设挑出的平坐等。计成《园冶》载"阁者,四阿开四牖"。表明阁的造型是四阿式屋顶,四面开窗。阁的建筑,一层的也较多,如苏州拙政园的浮翠阁、留听阁。临水而建的就称为水阁,如苏州网师园的濯缨阁等。但大多数的阁是多层的,颐和园的佛香阁为八面三层四重檐,整个建筑庄重华丽,金碧辉煌,气势磅礴,具有很高的艺术性,是整个颐和园园林建筑的构图中心。

图 10-3　楼　　　　　　　　　　　　　　　图 10-4　阁

6. 厅、堂、轩

厅与堂在私家园林中,一般多是园主进行各种娱乐活动的主要场所。从结构上分,用长方形木料做梁架的一般称为厅,用圆木料者称堂。

厅又有大厅、四面厅、鸳鸯厅、花厅、荷花厅、花蓝厅。大厅往往是园林建筑中的主体,面阔三间五间不等。四周有回廊、槅扇,不作墙壁的厅堂称四面厅。如拙政园的远香堂。

厅内脊柱落地,柱间以屏风、门罩、纱槅等将厅等分为南北两部分。梁架一面用扁料,一面用圆料,装饰陈设各不相同。似两进厅堂合并而成的称为鸳鸯厅,如留园的林泉耆硕之馆,平面面阔五间,单檐歇山顶,建筑的外形比较简洁、朴素、大方。花厅,主要供起居和生活或兼用会客之用,多接近住宅。厅前庭院中多布置奇花异石,创造出情意幽深的环境,如拙政园的玉兰堂。荷花厅为临水建筑,厅前有宽敞的平台,与园中水体组成重要的景观。如苏州怡园的藕香榭、留园的涵碧山房等,皆属此种类型。花厅与荷花厅室内多用卷棚顶。花蓝厅的当心步柱不落地,代以垂莲柱,柱端雕花蓝,梁架多用方木,如图 10-5所示。

轩是建在高旷地带而环境幽静的小屋,园林中多作观景之用。在古代,轩指一种有帷幕而前顶较高的车,"车前高曰轩,后低曰轾"。《园冶》中说得好:"轩式类车,取轩欲举之意,宜置高敞,以助胜则称"。轩在建筑上,则指厅堂前带卷棚顶的部分。园林中的轩轻巧灵活,高敞飘逸,多布局在高旷地段。如留园的绿阴轩、闻木樨香轩、网师园的竹外一枝轩。轩建于高旷的地方,对于观景有利,如图 10-6所示。

7. 榭、舫

榭与舫,《园冶》中说:"榭者,藉也。藉景而成者也。或水边,或花畔,制亦随态"。

榭与舫相同处是多为临水建筑,而园林中榭与舫,在建筑形式上是不同的。榭又称为水阁,建于池畔,形式随环境而不同。它的平台挑出水面,实际上是观览园林景色的建筑。建筑的临水面开敞,也设有栏杆。建筑的基部一半在水中,一半在池岸,跨水部分多做成石梁柱结构,较大的水榭还有茶座和水上舞台等,如图 10-7所示。

舫，又称旱船。是一种船形建筑，又称不系舟，建于水边，前半部多是三面临水，使人有虽在建筑中，却又犹如置身舟楫之感。船首的一侧设平板与岸相连，颇具跳板之意。船体部分通常采用石块砌筑，如图10-8所示。

图10-5 厅、堂

图10-6 轩

图10-7 榭

图10-8 舫

在我国古代园林中，榭与舫的实例很多，如苏州拙政园中的芙蓉榭，半在水中、半在池岸，四周通透开敞。颐和园石舫的位置选得很妙，从昆明湖上看去，好像正从后湖开来的一条大船，为后湖景区展开起着景露意藏的作用。

8. 园门

园林中的门，犹如文章的开头，是构成一座园林的重要组成部分。造园家在规划构思设计时，常常是搜奇夺巧，匠心独运。如南京瞻园入口的门，简洁、朴实无华，小门一扇，墙上藤萝攀绕，于街巷深处显得清幽雅静，游人涉足入门，空间则由"收"而"放"。苏州留园的入口处理更是苦心经营，园门粉墙、青瓦，古树一枝，构筑可谓简洁，入门后经过三个过道三个小厅，造成了游人扑朔迷离的游兴。最后看见题额"长留天地间"的古木交柯门洞，门洞东侧开一月洞窗，细竹插翠，指示出眼前即到佳境。这种建筑空间的巧妙组合中，门起到了非常重要的作用。

园林的门，往往也能反映出园林主人的地位和等级。例如进颐和园之前，先要经过东宫门外的"涵虚"牌楼、东宫门、仁寿门、玉澜堂大门、宜芸馆垂花门、乐寿堂东跨院垂花门、长廊入口邀月门这七种形式不同的门，穿过九进气氛各异的院落，然后步入七百多米的长廊，这一门一院形成不同的空间序列，又具有明显的节奏感。

9. 园林中的景墙

粉墙漏窗，已经成为人们形容我国古代园林建筑特点的口头语之一，在我国的古代园林中,经常会看到精巧别致、形式多样的景墙。它既可以划分景区,又兼有造景的作用。在园林的平面布局和空间处理中,它能构成灵活多变的空间关系,能化大为小,能构成园中之园,也能以几个小园组合成大园,也是"小中见大"的巧妙手法之一。

所谓景墙,主要手法是在粉墙上开设玲珑剔透的景窗,使园内空间互相渗透。如杭州三潭印月绿洲景区的"竹径通幽处"的景墙,既起到划分园林空间的作用,又通过漏窗起到园林景色互相渗透的作用。上海豫园万花楼前庭院的粉墙,北京颐和园中的灯窗墙,苏州拙政园中的云墙,留园中的粉墙等都以其生动的景窗,令人叹为观止。

景窗的形式多种多样,有空窗、花格窗、博古窗、玻璃花窗等。

10. 广

"因岩为屋曰广,盖借岩成势,不完成屋者为广"。《园冶》中的意思是说,靠山建造的房屋谓之广,凡是借用山的一面所构成半面,而又不完整的房子,都可以称为"广"。

11. 塔

塔起源于印度,译文浮屠,塔波等,最初是佛家弟子们为藏置佛祖舍利和遗物而建造的。公元1世纪随佛教传入我国。早期的中国佛塔是平面呈正方形的木构楼阁式塔,是印度式的塔与我国秦汉时期高层楼阁建筑形式结合的产物。塔层多为奇数,以七级最常见;刹安置于塔顶,高度为塔高的 $1/4 \sim 1/3$,刹既具有宗教意义(修成正果、大觉大悟),同时又具装饰作用。

南北朝时出现密檐式塔(一层特别高大)。隋唐时有:①单层亭阁式塔;②金刚座宝塔(一座高台并立5座)。塔由佛殿前退居佛殿后,砖石逐渐取代木料,塔平面有六角、八角、圆形等。元代出现喇嘛塔,主要在藏族、蒙古族。著名的塔有:①山西应县木塔;②西安慈恩寺塔;③妙应寺白塔(元);④北京阜城门白塔;⑤河南登封嵩岳寺塔;⑥苏州虎丘云岩寺塔;⑦云南大理三塔;⑧北海白塔(顺治);⑨西湖雷峰塔;⑩钱塘江白塔、六和塔。

12. 谯楼

古代城墙上的高楼,作战时可瞭望敌阵。楼中有鼓,夜间击鼓报时,亦称鼓楼。以后,逐渐进入皇家园林和寺观园林中。

13. 馆

馆也与厅堂同类,是成组的起居或游宴处所。最初的馆为帝王的离宫别馆,后发展成为招待宾客的地方。特点是规模较大,位置一般在高敞清爽之地。但在江南园林中是园主人休憩、会客的场所。如拙政园玲珑馆、网师园的蹈和馆、沧浪亭的翠玲珑馆等,如图10-9所示。

14. 斋

幽深僻静处的学舍书屋,一般不做主体建筑。计成《园冶》曰:"斋较堂,惟气藏而致敛,更使人肃鍊斋敬之义,盖藏修密处之地,故或不宜敞显"。多指专心静修或读书的场所,形式较模糊,多以个体出现,一般设在山林中,不甚显露,如图10-10所示。

10.1.2.2 园林建筑局部造型与装饰

1. 屋顶造型艺术

我国古典园林艺术建筑的外观一般具有屋顶、屋身和台基三个部分,历史上称为"三段式",因此构成的建筑外型有独特风格。屋顶形式是富有艺术表现力的一个重要部件。园林建筑艺术贵在看顶,造型多变,翼角轻盈,形成我国园林建筑玲珑秀丽的外形,是构成我国园林艺术风格的重要因素之一。

屋顶有庑殿或四阿、硬山、悬山、歇山、卷棚、攒尖、穹隆式等数十种,如图 10-11 所示。

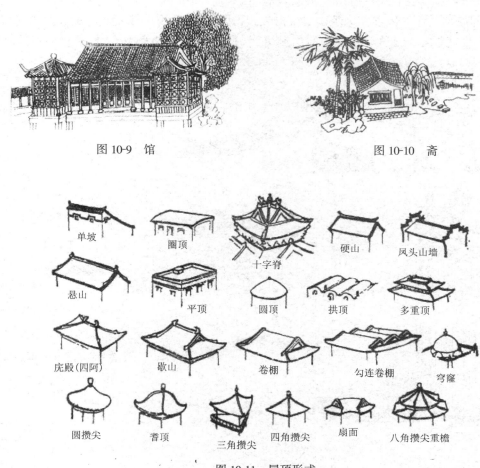

图 10-9　馆　　　　　　　　　　　　　　　图 10-10　斋

图 10-11　屋顶形式
(摹自缪启珊《中国古建筑简说》)

庑殿　传统建筑屋顶形式之一,四面斜坡,有一条正脊和四条斜脊,屋面略有弧度,又称四阿式,多用于宫殿(寺观亦用)。

穹隆式　屋顶形式之一,屋盖为球形或多边形,通称圆顶。此外,用砖砌的无梁殿,室内顶呈半圆形,亦称穹隆顶。

卷棚顶　传统建筑双坡屋顶形式之一,即前后坡相接处不用脊而砌成弧形砌面。

悬山　传统建筑屋顶形式之一,屋面双坡,两侧伸出于山墙之外,屋面上有一条正脊和四条垂脊,又称"挑山"。

硬山　传统建筑双坡屋顶形式之一,两侧山墙同屋面齐平或略高于屋面。

歇山　传统建筑屋顶形式之一,是硬山,庑殿式的结合,即四面斜坡的屋面上部转折成垂直的三角形墙面。有一条正脊,四条垂脊和垂脊下端处折向的戗脊四条,故又称九脊式。

251

攒尖顶　传统建筑的屋顶形式之一,平面为圆形或多边形,上为锥形,见于亭阁,塔等。

2.屋脊与屋面装饰

屋脊是与屋顶斜面结合一起的连线,具有"倒墙屋不坍"的特征,有正脊、斜脊、戗脊垂脊等。屋面即屋顶斜面。屋顶如为歇山式或攒尖式,其屋角做法有水戗发戗和嫩戗发戗,前者起翘较小,后者起翘大。屋角起翘升起的比例恰当,则建筑造型优美,反之艺术效果则差,如图10-12所示。

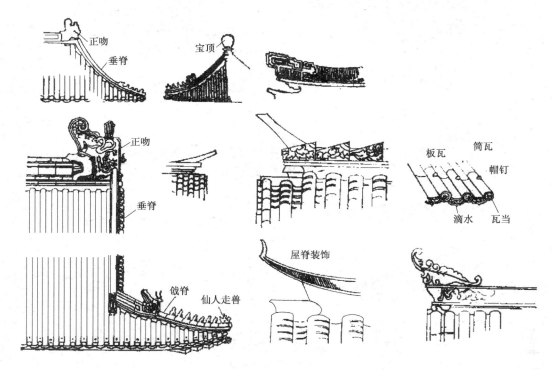

图 10-12　屋面装饰

(摹自缪启珊《中国古建筑简说》)

飞檐　古典建筑屋檐形式,微度上翘,屋角反翘较高。清代反翘突出,其状如飞。

瓦当　筒瓦之头,表面有凸出的纹饰或文字。先秦为半圆形,秦汉后出现圆形。

鸱尾　也叫鸱吻,古建筑屋面正脊两端的脊饰。汉代用凤凰,六朝到唐宋,用鸱尾(尾向内卷曲),明清也用鸱尾(尾向外卷曲)。此外,屋面上也有其他的吉祥物装饰。

雀替　我国传统建筑中,柱与枋相交处的横木托座,从柱头挑出承托其上之枋,以减少枋的净跨度,起加固和装饰作用。

3.梁架

木构架建筑以木作为骨架,常用迭梁式,即在基座或柱础上立木柱,柱上架梁,梁上再迭短柱和短梁,直到屋脊为止。在硬山、悬山、歇山三种屋顶中,前二种梁架结构由立贴组成,天花多用卷棚,梁架用方料或圆料皆可。攒尖顶的做法一是老戗支撑灯心木,二是用大梁支撑灯心木,三是用搭角梁的做法。另外混合式屋顶,这要根据平面等形式灵活运用了,如图10-13所示。

252

斗栱　木构建筑的独特构件之一。一般置于柱头和额枋、屋面之间，用以支承梁架，挑出屋檐，兼具装饰作用。由斗形的木块和弓形的横木组成，纵横交错层叠，逐层向外挑出，形成上大下小的托座。

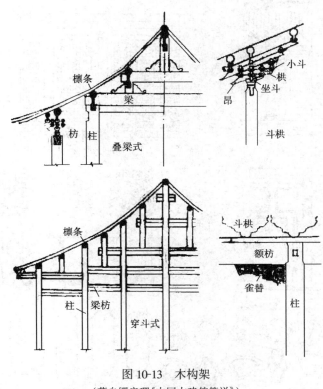

图 10-13　木构架

（摹自缪启珊《中国古建筑简说》）

4.天花

建筑物内顶部用木条交叉为方格，上铺板，发遮蔽梁以上部分，称天花。其中，小方格叫"平暗"，大方格叫"平棋"，上面多施鸟兽、花卉等彩绘。

5.门窗

园林内部的洞门、漏窗形式多样，千变万化。窗棂也用木、竹片、铁片、铁丝、砖等制成各种图案花纹，使建筑物里里外外增添许多情趣，如图 10-14 所示。

相轮　塔刹的一部分，数重圆环形的铁圈，每重又有内外两道圈，中间小圈套在塔心柱上端。

6.基座

木构架建筑最怕潮湿，故一般都有基座。基座可以是一层也可以多层，用土或灰土夯成，周围用砖石包围成平整平面，或做成须弥座形式。须弥座又名金刚座，我国古建筑台基的一种形式。用砖或石砌，上置佛像和神龛等。座上有凸凹的线脚，并镌刻纹饰。

藻井为古代建筑平面上凹进部分，有方形、六角形、八角形、圆形等，上有雕刻或彩绘。多在寺庙佛座上和宫殿的宝座上。

7. 塔刹

佛塔顶部的装饰,多用金属制成,有覆钵、相轮、宝盖或仰月、宝珠等部件,使塔的造型更神圣美观。

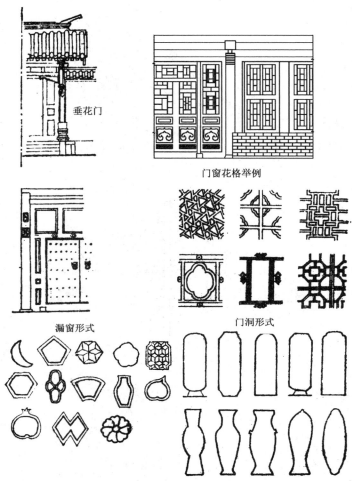

垂花门

门窗花格举例

漏窗形式

门洞形式

图 10-14　门窗形式
（摹自缪启珊《中国古建筑简说》）

10.2　掇山叠石

中国园林的骨干是山水。"疏源之去由,察水之来历",低凹可开池沼,掘池得土可构岗阜,使土方平衡,这是自然合理而又经济的处理手法。

我国园林中创作山水的基本原则是要得自然天成之趣,明代画家唐志契在《绘画微言》中说:"最要得山水性情,得其性情便得山环抱起伏之势,如跳如坐,如俯如仰","亦便得水涛浪萦洄之势,如绮如鳞,如怨如怒"。

因此,我们对于园林作品中山水创作的评价,首先要求合乎自然之理,就是说要合乎山水构成的规律,才能真实,同时还要求有自然之趣,也就是说从思想感情上把握山水客观形貌的

254

性格特点,才能生动而形象地表现自然。园林里的山水,不是自然的翻版,而是综合的典型化的山水。

10.2.1　掇山总说

因地势自有高低,园林里的掇山应当以原来地形为据,因势而堆掇。掇山可以是独山,也可以是群山,"一山有一山之形,群山有群山之势",而且"山之体势不一,或崔巍,或嵯峨,或崎拔,或苍润,或明秀,皆入巧品"。(清唐岱:《绘事发微》)怎样来创作不同体势的山,这就需要"看真山,……辨其地位,发其神秀,穷其奥妙,夺其造化"。

掇山时,把岗阜连接压覆的山体就称作群山。要掇群山必是重重叠叠,互相压覆的,有近山、次山、远山,近山低而次山、远山高,近山转折而至次山,或回绕而到远山。近山、次山、远山,必有其一为主(称主山),余为宾(称客山),各有顺序,众山拱伏,主山始尊,群峰盘亘,主峰乃厚,这是总的立局。不论主山、客山都可适当的伸展,而使山形放阔,向纵深发展,这样就可以有起有伏,有收有放,于是山的形势就展开了,动起来了,一句话就能富有变化了。同时古人又指出,既是群山必然峰峦相连,必须注意"近峰远峰,形状勿令相犯",不要成笔架排列。

就一山的形势来说,山的主要部分有山脚(即山麓)、山腰、山脊和山头(即山顶)之分。掇山必须相地势的高低,要"未山先麓,自然地势之嶙赠"(《园冶》);至于山头山脚要"俯仰照顾有情",要"近阜下以承上",这都是合乎自然地理的。山又分两麓,山的阴坡土壤湿润,植被丰富,阳坡土壤干燥,植被稀少,山的各个不同部分又各有名称,而且各有形体。"尖曰峰,平曰顶,员(圆)曰峦,相连曰岭,有穴曰岫,峻壁曰崖,崖下曰岩,岩下有穴而名岩穴也"。"山岗者,其山长而有脊也"。"山顶众者山颠也"。"岩者,洞穴是也,有水曰洞,无水曰府,言堂者,山形如堂屋也。言嶂者,如帷帐也"。"土山曰阜,平原曰坡,坡高曰陇","言谷者,通路曰谷,不相通路者曰壑。穷渎者无所通,而与水注者,川也。两山夹水曰涧,陵夹水曰溪,溪中有水也"。(宋韩拙:《山水纯全集》),见图10-15。此外,山峪(两山之间流水的沟)、山壑(山中低坳的地方)、山坞(四面高而当中低的地方),山隈(山水弯曲的地方),山岫(有洞穴的部分)也是常见的一些名称,所有这些,都各具其形,可因势而作。

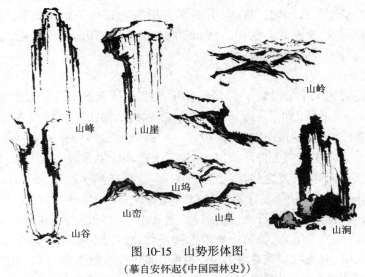

图 10-15　山势形体图
(摹自安怀起《中国园林史》)

另外,"山有四方体貌,景物各异"。这就是说山的体貌因地域而有不同,性情也不一样。

所谓"东山敦厚而广博,景质而水少"。西山川峡而峭拔,高耸而险峻,南山低小而水多,江湖景秀而华盛。北山阔墁而多阜,林木气重而水窄。韩拙这段议论确是深刻地观察了我国各方的山貌而得其性情的高论。

10.2.2 掇山种类

10.2.2.1 高广的大山

要堆掇高广的大山,在技术上不能全用石,还需用土,或为土山或土山带石。因为既高而广的山,全用石,从工程上说过于浩大,从费用上说不太可能,从山的性情上说,磊石垒垒,草木不生,未免荒凉枯寂。堆掇高广的大山,全用土,形势易落于平淡单调,往往要在适当地方叠掇点岩石,在山麓山腰散点山石,自然有峻嶒之势,或在山的一边筑峭壁悬崖以增高巍之势,或在山头理峰石,以增高峻之势。所以堆掇高广的大山总是土石相间。李渔在《闲情偶寄》中写道:"以土代石之法,既减人工,又省物力,且有天然委曲之妙……至高广之山,全用碎石则如百纳僧衣,求一无缝处而不得,此其所以不耐观也。以土间之,则可泯然无迹,且便于种树,树根盘固,与石比坚,且树大叶繁,混然一色,不辨其为谁石谁土……此法不论石多石少,亦不必定求土石相半。土多则是土山带石,石多则是石山带土,土石二物,原不相离。石山离土,则草木不生,是童山矣。"例如:北京景山、北海的白塔山皆是如此,然而像北海白塔山后山部分不露土的堆石掇山,工程巨大,非一般人力所能及。

10.2.2.2 小山的堆叠

小山的堆叠和大山不同。这里所说的小山,是指掇山成景的小山,例如颐和园谐趣园中的掇山,北海静心斋中的掇山等。李渔在《闲情偶寄》中认为,堆叠小山不宜全用土,因为土易崩,不能叠成峻峭壁立之势,尽为馒头山了。同时堆叠小山完全用石,也不相宜。从未有完全用石掇成石山,甚或全用太湖石的。大抵全石山,不易堆叠,手法稍低更易相形见拙。例如苏州狮子林的石山,在池的东、南面,叠石为山,峰峦起伏,间以溪谷,本是绝好布局,但山上的叠石,在太湖石上增以石笋,好像刀山剑树,彼此又不相连贯,甚或故意砌仿狮形,更不耐观。

一般地说,小山而欲形势具备,可用外石内土之法,即可有壁立处,有险峻处。同时外石内土之法也可防免冲刷而不致崩坍。这样,山形虽小,还是可以取势以布山形,可有峭壁悬崖、洞穴、洞壑,做到山林深意,全在匠心独运。例如北海静习斋的掇山、苏州环秀山庄和拙政园的掇山,都不愧是咫尺山林,多方景胜,意境幽深。

10.2.2.3 庭院掇山

一般宅第庭院或宅园中虽仅数十平方米也可掇山,但所掇的山只能称作小品。计成在《园冶》的掇山篇中认为对于叠山小品,因简而易从。计成根据掇山小品的位置、地点或依傍的建筑物名称而分为多种。"园中掇山"就称园山,"……而就厅前一壁楼面三峰而已,是以散漫理之,可行佳境也"。计成认为:"人皆厅前掇山(称厅山),环堵中耸起高高三峰,排列于前殊为可笑,加之以亭,及登一无可望,置之何益,更亦可笑"。这样塞满了厅前,成何比例,而又高又障眼,成何体态。他的意见:不如"或有嘉树稍点玲珑石块。不然墙中嵌理壁岩,或顶植卉木垂萝,似有深境也"。或有依墙壁叠石掇山的可称"峭壁山","靠壁理也,籍以粉壁为纸以石为绘也。理者相石皴纹,仿古人笔意,植黄山松柏古梅美竹,收之圆窗,宛然镜游也"。这就是说选皴纹合宜的山石数块,散点或聚点在粉墙前,再配以松桩(好似生在黄山岩壁上的黄山松)梅桩,岂不是一幅松石梅的画。以圆窗望之,画意深长,不必跋山涉水而可卧游。《园冶》掇山篇写道"书房山,凡掇小山,或依嘉树卉木,聚散而理,或悬崖峻壁各有别致。书房中最宜者,更以山石为池,俯于窗下,似得濠濮间想。"更有"池山"。"池上理山,园中第一胜也,若大若小,更有妙境。就水点其步石,从巅架以飞梁,洞穴潜藏,空岩径水,峰峦飘渺,漏月招云,莫言世上无仙,斯住世之瀛壶也。"苏州环秀山庄的掇山,称为池山杰作。

10.2.2.4 峰峦谷的堆叠

1. 峰

掇山而要有凸起挺拔之势,应选合乎峰态的山石来构成,山峰有主次之分。主峰应突出居于显著的位置,成为一山之主并有独特的属性。次峰也是一个较完整的顶峰,但无论在高度、体积或姿态等属性应次于主峰。一般地说,次峰的摆布常同主峰隔山相望,对峙而立。

拟峰的石块可以是单块形式,也可以多块叠掇而成。作为主峰的峰石应当从四面看都是完美的。若不能获得合意的峰石,比如说有一面不够完整时,可在这一面拼接,以全其峰势。峰石的选用和堆叠必须和整个山形相协调,大小比例确当。若做巍峨而陡峭的山形,峰态尖削,峰石宜竖,上小下大,挺拔而立,可称剑立式。若做宽广而敦厚的中高山形,峰态鼓包而成圆形山峦,叠石依玲珑而垒,可称垒立式。或像地垒那样顶部平坦叠石宜用横纹条石层叠,可称层叠式。若做更低而坡缓的山形,往往没有山脊或很少看出山脊,为了突出起见,对于这种很少看到山脊较单调的山形有用横纹条石参差层叠,可称做云片式。

掇山而仿倾斜岩脉,峰态倾劈,叠石宜用条石斜插,通称劈立式。掇山而仿层状岩脉,除云片式叠石外,还可采用块石坚叠上大下小,立之可观,可称作斧立式。掇山而仿风化岩脉,这种类型的峰峦岭脊上有经风化后残存物。常见的凸起小型地形有石塔、石柱、石钻、石蘑菇等。这些小品可选用合态的块石拼接叠成。

峰顶峦岭本不可分,所谓"尖曰峰,平曰峦,相连曰岭"。(《山水纯全集》)。从形势说,"岭有平夷之势,峰有峻峭之势,峦有圆浑之势"(《绘事发微》)。峰峦连延,但"不可齐,亦不可笔架式,或高或低,随致乱掇,不排比为妙"(《园冶》)。

2. 悬崖峭壁

两山壁立,峭峙千仞,下临绝壑的石壁叫做悬崖;山谷两旁峙立着的高峻石壁,叫做峭壁。在园林中怎样创作悬崖峭壁呢? 垒砌悬崖必须注意叠石的后坚,就是要使重心回落到山岩的脚下,否则有前沉陷塌的危险。立壁当空谓之峭,峭壁常以页岩、板岩、贴山而垒,层叠而上,形成峭削高竣之势。

3. 理山谷

理山谷是掇山中创作深幽意境的重要手法之一。尤其立于平地的掇山,为了使意境深幽,达到山谷隐隐现现,谷内宛转曲折,有峰回路转的效果,必须理山谷。园林上有所谓错断山口的创作。错断和正断恰恰相反。正断的意思是指山谷直伸,可一眼望穿,错断山口是指在平面上曲折宛转,在立面上高低参差、左右错落,路转景回那样引人入胜的立局。

10.2.2.5 洞府的构叠

计成在《园冶》中写道:"峰虚五老,池凿四方,不洞上台,东亭西榭。"这表明堆叠假山时,可先叠山洞然后堆土成山,其上又可作台以及亭榭。

园林中的掇山构洞,除了像北海、颐和园顺山势穿下曲折有致的复杂山洞外,有时也创作不能空行的单口洞。单口洞有的较宽好似一间堂屋,也可能仅是静壁垒落的浅洞,李渔在《闲情偶寄》里写道:"作洞,亦不必求宽,宽则籍以坐人,如其太小,不能容膝,则以他屋联之。屋中亦置小石数块,与此洞若断若连,是使屋与洞混而为一,虽居屋中与坐洞中无异矣。"

关于理山洞法,计成在《园冶》里认为:洞基两边的基石,要疏密相间,前后错落而安,在这基础上,"起脚如造屋,立几柱著实",但理洞的石柱可不能像造屋的房柱那样上下整齐,而应有凹有凸,能差上叠。在弯道曲折地方的洞壁部分,可选用玲珑透石如窗户能起采光和通风作用,也可以采用从洞顶部分透光,好似天然景区的所谓"一线天"。及理上,合凑收顶,可以是一块过梁受力,在传统上叫单梁;也可以双梁受力,也可以三梁受力,通称三角梁;也可以多梁而构成大洞的就称复梁。洞顶的过梁切忌平板,要使人不觉其为梁,而好似山洞的整个岩石一部分。为此,过梁石的堆叠要巧用巧安。传统的工程做法上为了稳住梁身,并破梁上的平板,在梁上内侧要用山石压之,使其后坚。过梁不要仅用单块横跨在柱上,在洞柱两侧应有辅助叠石作为支撑,即可支撑洞柱不致因压梁而歪倒,又可包镶洞柱,自然而不落于呆板。

从上洞的纵长的构叠来说,先是洞口,洞口宜自然,其脸面应加包镶,既起固着美观作用,又和整个叠石浑为一体,洞内空间或宽或窄,或凸或凹,或高或矮,或敞或促,随势而理。洞内通道不宜在同一水平面上而宜忽上忽下,跌落处或用踏阶,通道不宜直穿而曲折有致,在弯道的地方,要内收外放成扇形。山洞通道达一定距离或分叉道口的地方,其空间应突然高起并较宽大,也就是说,这里要设"凌空藻井",如同建筑上有藻井一般。

10.2.3 叠石

我国园林艺术中,对于岩石材料的运用,不仅叠石掇山构洞,而且成为园林中构景的因素之一。如同植物题材一样,运用岩石的点缀只要安置有情,就能点石成景,别有一番风味,统称为叠石。运用岩石点缀成景时,一块固可,八九块也可。其次,在运用岩石作为崇台楼阁基础的堆石时,既要达到工程上的功能要求,又要满足局部的艺术要求,因此,这类基础工程的叠石也是园林艺术上叠石方式之一。此外,在园林中还利用岩石来建筑盘道、蹬阶、跋径、铺长路面等。这类工程也都是既要完成功能要求又要达到艺术要求的特殊的叠石方式。

叠石的方式众多,归纳起来可分为三类:第一类是点石成景为主,其手法有单点,聚点和散点。如图 10-16 所示。第二类是堆石成景。用多块岩石堆叠成一座立体结构的,完成一定形象的堆石形体。这类堆石形体常用作局部的构图中心或用在屋旁道边、池畔、水际、墙下、坡上、山顶、树底等适当地点来构景。在手法上主要是完成一定的形象并保证它坚固耐久。据明末山石张的祖传:在体形的表现上有两种形式;一称堆秀式,一称流云式。在叠石的手法上有挑、飘、透、跨、连、悬、垂、斗、卡、剑十大手法;在叠石结构上有安、连、接、斗、跨、拼、悬、卡、钉、垂十个字。第三类是工程叠石,首要着重工程做法尤其是作为崇台楼阁的基石,但同要完成艺术的要求。至于盘道、蹬级、步石、铺地等不仅要力求自然随势而安,而且要多样变化不落呆板。

(a) (b) (c)

图 10-16 点石表现形式
(a)单点;(b)聚点;(c)散点

10.2.3.1　点石手法

1. 单点

由于某个单个石块的姿态突出，或玲珑，或奇特，立之可观时，就特意摆在一定的地点作为一个小景或局部的一个构图中心来处理。这种理石方式在传统上称做"单点"。块石的单点，主要摆在正对大门的广场上，门内前庭中或别院中。

块石的单点不限于庭中的院中，就是园地里也可独立石块的单点。不过在后者的情况下，一般不宜有座，而直接立在园地里，如同原生的一般，才显得有根。园地里的单点要随势而安，或在路径有弯曲的地方的一边，或在小径的尽头，或在嘉树之下，或在空旷处中心地点，或在苑路交叉点上。单点的石块应具有突出的姿态，或特别的体形表现。古人要求或"透"，或"漏"，或"瘦"，或"皱"，甚至"丑"。

2. 聚点

摆石不止一块而是两三块，甚止至八九块成组地摆列在一起作为一个群体来表现，称之为"聚点"。聚点的石块要大小不一，体形不同，点石时切忌排列成行或对称。聚点的手法有重气势，关键在一个"活"字。我国画石中所谓"嵌三聚五"，"大间小、小间大"等方法跟聚点相仿佛。总的来说，聚点的石块要相近不相切，要大小不等，疏密相间，要错前落后，左右呼应，高低不一，错综结合。聚点手法的运用是较广的，前述峰石的配列就是聚点手法运用之一。而且这类峰石的配列不限于掇山的峰顶部分。就是在园地里特定地点例如墙前、树下等也可运用。墙前尤其是粉墙前聚点岩石数块，缀以花草竹木，也就好比以粉墙为纸，以石和花卉为图案。嘉树下聚点玲珑石数块，可破平板同时也就是以对比手法衬托出树姿的高伟。此外，在建筑物或庭院的角隅部分也常用聚点块石的手法来配饰，这在传统上叫做"抱角"。例如避暑山庄、北海等园林中，下构山洞为亭台的情况下，往往在叠石的顶层，根据亭式（四方或六角或八角）在角隅聚点玲珑石来加强角势，或在榭式亭以及敞阁的四周的隅角，每隅都聚点有组石或堆石形体来加强形势，例如颐和园的"意迟云在"和"湖山真意"等处。在墙隅、基角或庭院角隅的空白处，聚点块石二三，就能破平板得动势而活。例如北海道宁斋后背墙隅等，这种例子是很多的。此外，在传统上称做"蹲配"的点石也属于聚点，例如在垂花门前，常用体形大小不同的块石或成组石相对而列。更常用的是在山径两旁，尤其是蹬道的石阶两旁，相对而列。

3. 散点

乃是一系列若断若续，看起来好像散乱，实则相连贯而成为一个群体的表现。散点的石，彼此之间必须相互有联系和呼应而成为一个群体。散点处理无定式，应根据局部艺术要求和功能要求，就地相其形势来散点。散点的运用最为广大，在掇山的山根、山坡、山头，在池畔水际，在溪涧河流中，在林下，在花径中，在路旁径缘都可以散点而得到意趣。散点的方式十分丰富，主取平面之势。例如山根部分常以岩石横卧半含土中，然后又有或大或小、或竖或横的块石散点直到平坦的山麓，仿佛山岩余脉或滚下留住的散石。山坡部分若断若续的点石更应相势散点，力求自然。土山的山顶，不宜叠石峻拔，就可散点山石，好似强烈风化过程后残存的较坚固的岩石。为了使邻近建筑物的掇山叠石能够和建筑连成一体，也常采用在两者之间散点一系列山石的手法，好似一根链子般贯连起来，尤其是建筑的角隅有抱角时，散点一系列山石更可使嶙峋的园地和建筑之间有了中介而联结成一体。不但如此，就是叠石和树丛之间，或建筑物和树丛之间也都可用散点手法来联结。

10.2.3.2　堆石形体

堆叠多块石构造一座完整的形体，既要创作一定的艺术形象，在叠石技法上又要恰到好处,不露斧琢之痕,不显人工之作。历来堆石肖仿狮、虎、龙、龟等形体的,往往画虎不成反类犬,实不足取。堆石形体的创作表现无定式,根据石性,即各个石块的阴阳向背,纹理脉络,就其石形石质堆叠来完成一定的形象,使形体的表现恰到好处。总之堆石形体既不是为了仿狮虎之形而叠,也不是为了峻峭挺拔或奇形古怪而作,它应有一定的主题表现,同时相地相势而创作。

据山石张祖传口述,堆石形体的表现有"堆秀式"、"流云式"。堆秀式的堆石形体常用丰厚积重的石块和玲珑湖石堆叠,形成体态浑厚稳重的真实地反映自然构成的山体或剪裁山体一段。前述拟峰的堆叠中有用多块石拼叠而成峰者可有堆秀峰(即堆秀式)和流云峰(流云式)。掇山小品的厅山、峭壁山、悬崖环断等都运用堆秀式叠法。流云式的堆石形体以体态轻飘玲珑为特色,重视透漏生奇,叠石力求悬立飞舞,用石(主为青石、黄石)以横纹取胜。据称这种形式在很大程度以天空云彩的变化为创作源泉。如图10-17所示。

（a）

（b）

图10-17　堆石表现形式
（摹自刘庭风《中国古园林之旅》）
（a）堆秀式；（b）流云式

10.2.3.3　基础和园路叠石

有时为了远眺,为了借景园外而建层楼敞阁亭榭,宜在高处。于是叠小山作为崇台基础,而建楼阁亭榭于其上或其前或其侧。《园冶·掇山》篇中写道："楼面掇山,宜最高才入妙,高者恐逼于前,不若远之,更有深意。"对于阁山,计成认为:"阁,皆四敞也,宜于山侧,坦而可上,便以登眺,何必梯之。"此外,从假山或高地飞下的扒山廊,跨谷的复道、墙廊等,在廊基的两侧也必有叠石,或运用点石手法和基石相结合,既满足工程上要求又达到艺术效果。飞渡山洞的小桥,伸入山石池的曲桥等,在桥基以及桥身前后也常运用各种叠石方式,它们与周围的环境相协调,形势相关联。

园路的修建不只是用石,这里仅就园林里用石的铺地、砌路、山径、盘道、蹬级、步石和路旁叠石的传统做法简述如下。计成在《园冶·铺地》篇中认为:园路铺地的处理,可相地合宜而用。有时,通到某一建筑物的路径不是定形的曲径而是在假定路线的两旁散点和聚点有石块,离径或近或远,有大有小,有竖有横,若断若续的石块,一直摆列到建筑的阶前。这样,就成为从曲径起点导引到建筑前的一条无形的但有范围的路线。有时必须穿过园地到达建筑但又避免用园路而使园地分半,就采用隔一定踱距安步石的方式。如果步石是经过草地的,可称跋石(在草地行走古人称"跋"。)

假山的坡度较缓时山路可盘绕而上,或虽峭陡但可循等高线盘桓而上的路径,通称盘道。盘道也可采用不定形的方式,在假定路线的两旁散点石块,好似自然而然地在山石间踏走出来的山径一般,这样一种山径颇有掩映自然之趣。如果坡度较陡,又有直上必要,或稍曲折而上,都必须蹬级。山径、盘道的蹬级可用长石或条石。安石以平坦的一面朝上,前口以斜坡状为宜,每级用石一块可,或两块拼用亦可,但拼口避免居中,而且上下拼口不宜顺重,也就是说要以大小石块拼用,才能错落有致。在弯道地方力求内收外放成扇面状,在高度突升地方的蹬级,可在它两旁用体形大小不同的石块相对剑立,即常称做蹲配的点石。这蹲配不仅可强调突高之势,也起扶手作用,同时也挡土防冲刷的作用。有时崇台前或山头临斜坡的边缘上,或是山上横径临下的一边,往往点有一行列石块,好似用植物材料构成的植篱一样。这种排成行列的点石也起挡土防冲刷的作用。

10.2.4 选石

掇山叠石都需要用石。我国山岭丘壑广大,江河湖海众多,天然石材蕴藏丰富,历代造园家慧眼独具,从中筛选出很多名石。计成《园冶》对中国古代园林常用石品归纳为16种,主要如下:

(1)太湖石:产于苏州洞庭山水边。石性坚实而润泽,具有嵌空、穿眼、宛转、险怪等各种形象。一种色白,一种色青而黑,一种微黑青色。石质纹理纵横交织,笼络起伏,石面上遍布很多凹孔。此石以高大者为贵,适宜竖立在亭、榭、楼、轩馆堂等物之前,或点缀在高大松树和厅花异木之下,堆成假山,景观伟丽。

(2)崑山石:产于江苏崑山县马鞍山土中,石质粗糙不平,形状奇突透空,没有高耸的峰峦姿态。石色洁白,可以做盆景,也可以点缀小树和花卉。

(3)宜兴石:宜兴县张公洞和善卷寺一带的山丘亦产石,石性坚硬,有穿眼,险怪,形象如太湖石。一种色黑质粗而带黄色,一种色白而质嫩。此石堆作假山,但不能悬空。

(4)龙潭石:产于南京以东约70里一个叫七星观的地方。石有数种,一种色青质坚,透漏,纹理频似太湖石。一种色微青,性坚实,稍觉顽笨,堆山时可供立根后覆盖椿头之用。一种花纹古拙,没有洞,宜于单点。一种色青有纹,像核桃壳而多皱,若能拼合皱纹掇山,则如山水画一般。

(5)青龙山石:产于南京青龙山。有一种大圈大孔形状,完全由工匠凿取下来,做成假山峰石,只有一面可看。可以堆叠成像供桌上的香炉,花瓶式样,如加以劈峰,则呈"刀山剑树"模样。也可以点缀在竹树下,但不宜高叠。

(6)灵璧石:产于安徽宿县的磬山。形状各异,有的像物体,有的像峰峦,险峭透空。可以置放几案,也可制成盆景。

(7)岘山石:产于镇江城南的大岘山。形状奇怪万状,色黄,质清润而坚实。另有一种灰青色,石眼连贯相通。三者都是掇山的好石料。

(8)宣石:产于安徽宣城县东南。石色洁白,且越陈旧越洁白。另有一种宣石生棱角,形似马牙,可摆放在几案上。

(9)湖口石:产于江西九江湖口县。一种青色,自然生成像峰峦、崖、壑或其他形状。一种扁薄而有孔隙,洞眼相互贯通,纹路像刷丝,色微润。苏轼视为"壶中九华",并有"百金归贾小玲珑"之礼赞。

(10)英石:产于广东英德县。有石数种,色分别呈白、青灰、黑及浅绿,呈峰峦壑之形,以"瘦、透、漏、皱"的质地而闻名。可置放几案,也可点缀假山。

(11)散兵石:产于巢湖之南。石块或大或小,形状百出,质地坚实,色彩青黑,有像太湖石的,有古雅质朴而生皱纹的。

(12)黄石:常州的黄山,苏州的尧峰山,镇江的圌山,沿长江直到采石矶都有出产。石质坚实,斧凿不入,石纹古朴拙茂,奇妙无穷。

(13)锦川石:据陈植先生考,此石产地不一,一为辽宁锦县小凌河,一为四川等地。有五色石的,也有纯绿色的,纹路像松树皮。纹眼嵌空,青莹润泽,可插立花间树下,也可堆叠假山,犹如劈山峰。

(14)六合石子:产于江苏南京灵崖山。石很细小,形似纹彩斑斓的玛瑙,有的纯白,有的五花十色。形质和润透亮,用来铺地,或置之洞壑溪流处,令人赏心悦目。

掇山叠石的用石,不限于上述石材,古代造园家都能够根据当地物产,因地制宜地选择石料,如北京地区选用北太湖石、西山湖石,岭南地区选用珊瑚礁、石蛋等。计成在《选石》篇前言中就说:"是石堪堆,便山可采,石非草木,采后复生。"在篇末又说:"夫葺园圃假山处处有好事,处处有石块,但不得其人,欲询出石之所,到地有山,似当有石,虽不得巧妙者,随其顽夯,但有文理可也。"从岩石学分类来说,属火成岩的花岗岩各类、正长岩类、闪长岩类、辉长岩类、玄武岩类,属层积岩的砂岩、有机石灰岩,以及属变质岩的片麻岩、石英岩等都可选用。

采用多种岩石时,应当把石头分类选出,地质上产生状态相类生在一起的才可在叠石时合在一起使用,或状貌、质地、颜色相类协调的才适合在一起使用,有的石块"堪用层堆",有的石块"只宜单点",有的石块宜作峰石或"插立可观",有的石头"可掇小景",都应依其石性而用。至于作为基石,中层的用石,必须满足叠石结构工程的要求,如质坚承重,质韧受压等。

石色不一,常有青、白、黄、灰、紫、红等。叠石中必须色调统一,而且要和周围环境调和。石纹有横有竖,有核桃纹多皱,有纹理纵横,笼络起隐,面多坳坎,有石理如刷丝,有纹如画松皮。叠石中要求石与石之间的纹理相顺,脉胳相连,体势相称。还要看石面阴阳向背,有的用石还稍加斧琢,使之或成物状,或成峰峦。

10.3 理水

10.3.1 理水总说

中国山水园中,水的处理往往是跟掇山不可分的。掇山必同时理水,所谓"山脉之通,接其水径;水道之达,理其山形"。古人往往根据江、河、湖、泊等而因地因势在园林中创作,随山形而理水,随水道而掇山。

园林里的理水,首先要察水之源,没有水源,当然就谈不上理水。另一方面,在相地的时候,通常就应考虑到所选园地要有水源条件。就水的来源而说,不外地面水(天然湖泊、河流、溪涧),地下水(包括潜流)和泉水(指自溢或自流的)。实际上只要园址内或邻近园址地方有水源,不论是哪一种,都可用各种方法导引入园而造成多种水景。

一个园林的具体理水规则是看水源和地形条件而定,有时还要根据主题要求进行地形改造和相应的水利工程。假设在园址的邻近地方有地上水源但水位并不比园地高,就可在稍上的地点打坝筑闸贮水以提高水位,然后引到园中高处,就可以"行壁山顶,留小坑、突出石口,泛漫而下,才如瀑布"(《园冶》),这是一景;瀑布的"洞峡因乎石碛,险夷视乎岩梯",全在因势视形而创作飞瀑、帘瀑、叠瀑、尾瀑等形式,瀑布之下或为砂地或筑有渊潭,又成一景;从潭导水下引,并修堰筑闸,也成一景;我国园林中常在闸上置亭桥,又成一景。导水下引后流为溪河,溪河中可叠石中流而造成急湍,溪河可萦回旋绕在平坦的园地上,或由东而西或由北而南出。溪流的行向切忌居中而把园地切半,宜偏流一边。溪流的末端或放之成湖泊或汇注成湖池。湖泊广阔的更可有港湾岛洲,或长堤横隔,岸茸蒲汀,景象更增。总之在地形条件较为理想的情况下,可以有种种理水形式。一般来说,一个园林中理水形式并不需一应俱全,往往只要有一二种,水景之胜就能突出。

10.3.2 理水手法

园林里创作的水体形式主要有湖泊池沼,河流溪涧,以及曲水、瀑布、喷泉等水型。对于湖泊、池沼等水体来说,大体是因天然水面略加人工或依地势就低凿水而成。这类水体,有时面积较大。为了使水景不致陷于单调呆板和增进深远可以有多种手法,如果条件许可时,可以把水区分隔成水面标高不等的二三水区,并把标高不等的水区或用长桥相接从而在递落的地方形成长宽的水幕。也可以用长堤分隔,堤上有桥。标高不等的水区也可以各自成为一个单位,但在湖水连通地方建闸控制。也可以使用安排岛屿、布置建筑的手法增进曲折深远的意境。

对于开阔水面的所谓悠悠烟水,应在其周围或借远景,或添背景加以衬托,开阔水面的周岸线是很长的,要使湖岸天成,但又不落呆板,同时还要有曲折和点景,湖泊越广,湖岸越能秀若天成。于是在有的地方垒做崖岸,或有的地方突出水际,礁石罗布并置有亭,码头、傍水建筑前,适当的地方多用条石整砌。规模小的园林或宅园,或大型园林中的局部景区,水体形式取水池为主。水池的式样或方、或圆、或心形,要看条件和要求而定。如果是庭中做池多取整形,往往把池凿成四方或长方,池岸边廊轩台基用条石整砌。庭园里又常在池上叠山,水点步石,从山巅架以飞梁,洞穴潜藏,穿岩径水,峰峦飘渺,漏月招云,更有妙境。

对于河流溪涧等水体形式的处理,规模较大的园林里的河流可采取长河的形式。溪涧的处理要以萦回并出没岩石山林间为上,或清泉石上流,漫注砾石间,水声淙淙悦耳;或流经砾石沙滩,水清见底;或溪涧绕亭树前后,或穿岩入洞而回出。

瀑布这一理水方式,必须有丰富的水源、一定的地形和叠石条件。从瀑布的构成来说,首先在上流要有水源地(地面水或泉),至于引水道可隐(地下埋水管)可现(小溪形式)。其次是有落水口,或泻两石之间(两崖迫而成瀑),或分左右成三四股甚至更多股落水。再次,瀑身的落水状态必须随水形岩势而定,或直落或分段成二叠三叠落下,或依崖壁下泻或凭空飞下等。瀑下通常设潭,也可以铺设砂地。

瀑布的水源可以是天然高地的池水、溪河水,或者用风车抽水或虹吸管抽到蓄水池,再经导管到水口成泉,在沿海地区,有利用每天海水涨潮后造成地下水位较高的时候,湖池高水线安水口导水造成瀑泉。有自流泉条件时,流量大水量充裕可做成宽阔的幕瀑直落,水花四溅;分段叠落时,绝不能各段等长应有长有短,或为二叠,或为三叠,或仅有较小水位差时,可顺叠石的左左右右蜿转而下;若两个相连的水体之间水位高差较大时,可利用闸口造成瀑布,在设有闸板时,往往可在闸前点石掩饰,其前后和两旁都可包镶湖石,处理得体时妙趣自然。闸下和闸前水中点石,传统做法是先有跌水石,其次在岸边设抱水石,然后在水流中叠劈水石,最后在放宽的岸边有送水石。

我国山水园中各种水体岸边多用石,小型山石池的周岸可全用点石,既坚固(护岸)又自然。此外码头和较大湖池的部分驳岸都可用点石方式装饰,更有进者在浅水落滩或出没花木草石间的溪水,或水点步石,自然成趣。

10.4 园林动物与植物

10.4.1 动物

动物是中国园林的组成要素之一,它给园林凭添无限生机与活力。莺歌燕舞,方显出园林花繁叶茂,虎啸猿啼,更映衬园林的山重水复,曲径通幽。飞禽走兽地来往穿梭,使中国园林真正具备了返璞归真,自然天成的意境。此外,园林动物品种多寡、数量的大小又是园主人财富、地位和权势的象征。

中国古代园林从萌芽期便与飞禽走兽联系在一起,并从狩猎为主发展到观赏保护为主,直到近代公园兴起,才把动物划分开来。即使如此,为了人们游憩和观赏需要亦保留了动物园林。早在新石器时代,先民们除了采集草木果实以外,狩猎活动是经常性的社会劳动,从内蒙阴山岩画中可以清楚地看出,鹿类、野猪、野马、羚羊、鼠类、野兔等动物同人类生活发生了密切关系。

传说轩辕黄帝的悬圃(亦作平圃)畜养着飞鸟百兽。据《史记·殷本记》载,殷纣王曾广益宫室,收狗马奇物于其中。同时扩建沙丘苑台,放养各类野兽蜇鸟。另据《诗经》、《孟子》等文献记载,周文王的灵圃麋鹿攸伏,鸟翔鱼跃,樵夫、猎人随意出入。可见,初期苑圃中动物活动的繁荣景象。《周礼·地官》中记载:"圃人,掌圃游之兽禁,牧百兽"。圃人的职责是管理和饲养禽兽,举凡熊、虎、孔雀、狐狸、兔、鹤等诸禽百兽,皆有专人饲养和管理。

秦汉时期的上林苑是专供皇帝观赏游猎的场所,苑中畜养百禽走兽。汉武帝时,四方贡献珍禽异兽。北朝曾献来一只猛兽,其状如狗,鸡犬四十里不敢吠叫,老虎见了闭目低头。另据《汉书·扬雄传》载,成帝命右扶风发民入南山,西自褒斜,东至弘农,南驱汉中,遍地撒布罗网,捕熊罴、豪猪、虎、豹、兕、狐、菟、麋鹿等,载以槛车,输入长杨射熊馆。上林苑又设鱼鸟观、走马观、犬台观、观象观、燕升观、白鹿观等分门别类驯养禽兽。

秦汉时期的私家园林也同样畜养鸟兽以供观赏娱乐。袁广汉园,奇兽怪禽,委积其间,见于记录的有白鹦鹉、紫鸳鸯、牦牛、青兕等。

这一时期,动物分类知识逐渐提高,《尔雅》明确将动物分为虫、鱼、鸟、兽、畜5类,并收录哺乳动物50多种,《说文解字》收录鸟类100多种,兽类60多种。

魏晋六朝时期,寺观园林异军突起,佛、道二教崇尚自然,追求返璞归真,凡飞禽走兽皆可徜徉于寺观园林中。据《洛阳伽蓝记》载,景明寺有三池,萑蒲菱藕,水物生焉,或黄甲紫鳞,出没于繁藻,或青凫白雁,浮沉于碧水;景林寺春鸟秋蝉,鸣声相续,不绝于耳;七山寺周围林薮弥密,猿猴连臂,鸿鹄翔集,白鸟交鸣,虎豹往来安详,熊罴隐木生肥,巨象数仞,雄蟒十围,鹿麚易附,狎兔俱依,另有秋蝉、寒鸟、蟋蟀、狐猿、鸿雁、鸐鸡等嬉戏其中,呈现一派返璞归真,民胞物与的升平景象。

隋炀帝建洛阳西苑,命天下州郡贡献珍禽异兽;宋徽宗修寿山艮岳,派太监宫人四方搜求山石花木,鸟兽宠物;明永乐皇帝派遣郑和船队七下西洋,引来非洲、西亚、东南亚诸国使节朝拜,同时,把这些地区的珍禽异兽作为方物贡献给天朝大国;康熙皇帝规定,宫中禁军每年一度去木兰围场围猎,从而使宠物常新,满清几代宫苑里翠鸟满林,野兽成群。

明末清初,文人士大夫受禅悦之风影响,或由于森林植被大规模破坏而造成大范围的狼灾虎患,从而使园林动物饲育、观赏活动有较大改观,理论上不大提倡在园林中放养大型凶禽猛兽,而提倡吉鸟祥兽。在园林实践中,一些文人园林在表现形式上,并不真正放飞禽兽以悦视听,而以奇木怪石创作各种动物姿态,令人触物生情,激发联想。无锡寄畅园的九狮台,扬州的九狮山,苏州网师园冷泉亭中展翅欲飞的鹰石等栩栩如生的鸟兽形象,通过艺术的感受力和想象力,以形求意,以意示"意",达到内心情感的深化和天人合一哲理的实现。园林动物观赏呈现明显的写意化趋势。然而,这只是私家园林,尤其是江南一些文人园林的表现,受其影响。当时皇家园林、寺观园林虽有个别园林模仿这种艺术,然而这些园林的动物驯养及观赏活动仍然是十分繁荣的。即使是江南园林中亦处处可见以园林动物为景题的景区,或蛙鸣鱼跃,鸳鸯戏嬉,或鹿游猿飞,鹦歌鹤舞,一派濠濮之情。

中国古代园林中的动物来源有以下途径:一是划地为牢。通过围猎,将鸟兽限制在一定的范围,然后经人工驯化而成;二是在国内搜求鸟兽,巧取豪夺(私家园林一般是买卖方式);三是国外贡献方物时带来的奇禽怪兽。通过长期的围猎、驯养,我国古代园林动物知识不断丰富,到清初叶,见于历史文献记载的高级动物达到675种。其中,兽类236种,鸟类439种。

10.4.2 植物

观赏植物(树木花卉)是构成园林的重要因素,是组成园景的重要题材。园林里的植物群体是最有变化的景观。植物是有机体,它在生长发育中不断地变换它的形态、色彩等,这种景观的变化不仅是从幼到老,从小苗到参天大树的变化,亦表现在一年之中随着季节的变换而变化。这样,由于植物的一系列的形象变化,凭借它们构成的园景也就能随着季节和年分的推移而有多样性的变化。

历来园林文献对于植物的记录语焉不详。或"奇树异草,靡不具植"(《西京杂记》袁广汉条),或"树以花木","茂树众果,竹柏药物具备"(《金谷园记》),或"高林巨树,悬葛垂萝"(《华林园》),或举例松柏竹梅等花木的植物名称而已。从这样简单的三言两语中,很难了解园林里的植物题材是怎样配置的,怎样构成园景和起些什么作用。但另一方面,特别是宋代以来的花谱、艺花一类书籍中,有对于植物的描写,写出了人们对于观赏植物的美的欣赏和享受。此外,从前人对于植物的诗赋杂咏中也可以发掘到人们由于植物的形象而引起的思想情感,从诗赋中也可以间接地推想和研究古人在园林中,组织植物题材和欣赏的意趣。

我国园林中历来对于植物题材的运用,如同山水的处理一样,首要在于得其性情,从植物的生态习性、叶落、花貌、气味及其色彩和枝干姿态等形象所引起的情感来认识植物的性格或个性。当然这种情感和想象要能符合于植物形象的某个方面或某种性质,同时又符合于社会的客观生活内容。

10.4.2.1 对植物的艺术认识

由于人们处在不同的社会层面、生活环境之中,对同一种植物会有不同的艺术感受。譬如白杨树是我国古今常见的乡土树种,古人有"白杨潇潇"、"杨柳悲北风"的感受,是别恨离愁的咏叹。沈雁冰(茅盾)在抗日战争时期曾写过一篇《白杨礼赞》,描写了白杨的活力、倔强、壮美等性格。这个描写情景交融,更符合客观现实中的白杨的性质、特征和社会生活的内容,因此也就更能引导人们去欣赏白杨。又如菊花是我国普通的花卉,不同的人赋予它以不同的感情色彩。杜甫有"寒花开已尽,菊蕊独盈枝";梅尧臣有"零落黄金蕊,虽枯不改香";黄巢有"冲天香阵透长安,满城尽带黄金甲";毛泽东有"不似春光,胜似春光,寥廓江天万里霜"的感慨。虽然我们承认不同时代、不同社会环境的人们对植物认识的差异,但是我们更要看到这种认识的趋同化和共性化。从《诗经》、《楚辞》赋予植物比德思想开始,历经数千年传承、发展,形成了中华民族共同的思想、文化和艺术鉴赏标准。

比如说西方人对某种植物的美的感受就跟我们不同。拿菊花来说,我们爱好花型上称做卷抱、追抱、折抱、垂抱等品种,而西方人士却爱好花型整齐像圆球般圆抱类品种。从中国画中可以体会到我们对于线条的运用喜好采取动的线条。譬如画个葫芦或衣褶的线条都不是画到尽头的,所谓意到笔不到,要求含蓄,余味深长。正因为这样,在选取植物题材上常用枝条横施、疏斜、潇洒,有韵致的种类。由于爱好动的线条,在园林中对植物题材的运用上主要表现某种植物的独特姿态,因此以单株的运用为多,或三四株、五六株丛植时也都是同一种树木疏密间植,不同种的群植较少采用。西方人就爱好外形整齐的树种,能修剪整枝的树种,由于线条整齐,树冠容易互相结合而构成所谓林冠线。

再从植物的生态和生理习性方面来看我国人民的传统认识。以松为例,由于松树生命力很强,无论是瘠薄的砾石土,干燥的阳坡上都能生长,就是峭壁崖岩间也能生长,甚至生长了百年以上还高不满三四尺。松树,不仅在平原上有散生,就是高达一千数百米的中高山上也有生长。由于松"遇霜雪而不凋,历千年而不殒",因此以松为坚贞不渝的象征。就松树的姿态来说,幼龄期和壮龄期的树姿端正苍翠,到了老龄期枝矫顶兀,枝叶盘结,姿态苍劲。因此园林中若能有乔松二三株,自有古意。再以垂柳为例,本性柔脆,枝条长软,洒落有致,因此古人有"轻盈袅袅占年华,舞榭妆楼处处遮"的诗句。垂柳又多植水滨,微风摇荡,"轻枝拂水面",使人对它有垂柳依依的感受。

由于树木的花容、色彩、芬香等引起的精神上的影响,让多少诗人为之倾倒。宋代的《全芳备祖》,明代的《群芳谱》,清代的《广群芳谱》,皆辑录有丰富的诗词。这里以梅为例:"万花敢向雪中出,一树独先天下春"(杨商夫诗)道出了梅花品格,"疏影横斜水清浅,暗香浮动月黄昏"(林逋),更道出了梅的神韵。人们都爱慕梅的香韵并称颂其清高,所谓清标雅韵,亮节高风,是对梅的性格的艺术认识。

正由于各种花木有不同的性质、品格,园林里种植时必须位置有方,各得其所。清代陈扶瑶在《花镜》课花十八法之一的"种植位置法"里有很好的发挥。他提到花木种植的位置时,首先从植物的生态习性,叶容花貌等感受而引起的精神上的影响出发,从而给予不同植物以不同性格或个性,也就是所谓"自然的人格化"。然后凭借这种艺术的认识,以植物为题材,创作艺术形象来表现园林的主题,这是我国园林艺术上处理植物题材的优秀传统。我国历来文人,特别是宋以后,常把植物人格化后所赋予的某种象征固定下来,认为由于植物引起的这样一种象征的确立之后,就无须在作品中再从形象上感受而从直接联想上就产生某种情绪或境界。梅花清标韵高,竹子节格刚直,兰花幽谷品逸,菊花操节清逸,于是梅兰竹菊以四君子入画,荷花是出淤泥而不染也是花中君子。此外还有牡丹富贵、红豆相思、紫薇和睦、鸟萝姻娅等。象征比拟的广泛运用简化了园林植物表现手法,能引起联想,增强了艺术感染力。然而,由于游园者个人修养的不同,艺术感受不完全一致。

10.4.2.2 园林植物的配置方法

我国园林中对于植物题材的配置方式,根据场合,具体条件而不同。先就庭院这个场合来说,大都采用整齐的格局。在这种场合下,自然以采取整形的配置为宜,大抵依正房的轴线在它的左右两侧对称地配置庭阴树或花木。若是砖石铺地的庭院,为了种植,或沿屋檐前预欲留出方形、长方形、圆形的栽植畦池;或满铺时也可用盆植花木来布置,更有用花台来种植灌木类花木。这种高出地面、四周用砖石砌的光台,或依墙而筑,或正位建中,花台上还可点以山石,配置花草。在后院、跨院、书房前、花厅前,通常不采用上述这种整形布置,或粉墙前翠竹一丛或花木数株并散点石块,或在嘉树下缀以山石配以花草。

再就宅园单独的园林场合来说,树木的种植大都不成行列,具有独特姿态的树种常单植作为点景。或三四株、五六株时,大抵各种的位置在不等边三角形的角点上,三三两两,看似散乱,实则左右前后相互呼应,有韵律有连结。花朵繁荣,花色艳丽的花木常丛植成片,如梅林、杏林、桃林等。这类花木的品种都有十多种到数十种,花色以红、粉、白为主,成丛成片种植时,红白相间,色调自然调和。片植在明清时期逐渐减少。

少量花木的丛植很重视背景的选择。一般地说,花色浓深的宜粉墙,鲜明色淡的宜于绿丛前或空旷处。以香胜的花木,例如桂花、白玉兰、腊梅等,要结合开花时的风向植于建筑物附近才能凉风送香。

植物的配置跟建筑物的关系也是很密切的。居住的堂屋,特别是南向的、西向的都需要有庭阴树遮于前。更重要的,是根据花木的性格和不同的建筑物结构互相结合地配置。梅宜疏篱竹坞,曲栏暖阁;桃宜别墅幽隈,小桥溪畔;杏宜屋角墙头,疏林广树,梨宜闲庭旷圃,榴宜粉壁绿窗等。

我国园林中对于单花的配置方式也是多种多样的。在有掇山小品或叠石的庭院中,就山麓石旁点缀几株花草,风趣自然。叠石小品要结合种植时,还应在叠石时就先留有植穴,一般在庭前、廊前或栏杆前常采用定形的栽花床地,或用花畦,或用花台。在畦中丛植一种花卉或群植多种花卉。花畦边也可种植特殊的草类。在路径两旁,廊前栏前,常以带状花畦居多,但也有用砖瓦等围砌成各种式样的单个的小型花池,连续地排列。在粉墙前还可用高低大小不一的石块圈围成花畦边缘。

我国园林里也有草的种植,但不像近代西方园林里那样加以轧剪成为平整的草地。历来在台地的边皮部分或坡地上,主要用沙草科的苔草(*Caren*)禾本科的爬根草(*Cynodon*),草熟禾(*Pod*)的梯木草(*Phleum*)等,种植后任它们自然成长,绿叶下向,天然成趣。在阶前、路旁或花畦边常用生长整齐的草类,例如吉祥草(*Liriope*)和沿阶草(又称书带草 *Ophiopogon*)等形成边境。

对于水生和沼泽植物,既要根据水生植物的生态习性来布置,又要高低参差,团散不一,配色协调。在池中栽植,为了不使其繁生满池,常用竹篓或花盆种植,然后放置池中。庭院中的水池里要以形态整齐、以花取胜的水生植物为宜,也可散点茨菰、蒲草、自成野趣。至于园林里较大的湖池溪湾等,可随形布置水生植物,或芦苇成丛形成荻港等。

10.4.3 园林植物小品

古代中国园林中的树木花卉,不仅成为人们的观赏对象,而且蕴含着人的思想、性格、感情。将植物"人化"是我国文化领域的一个优良传统。《诗经》引用植物达 105 种;《楚辞》亦引用 70 多种植物以象征人格;秦汉以降,历代文人无不借花木抒情喻志。在长期的历史文化传承中,人们的认识逐渐集中、统一起来,给不同的植物赋予了不同的思想、性格和感情。园林中的花木就是吸收了前人关于植物的形象认识,并综合考虑植物生理生态习性、植物象征性等来寻求最佳位置和搭配的。

10.4.3.1 乔、灌树木

1. 松

(1)表象:树木高大雄伟,冠盖如云;姿态或优美,或端庄秀丽,或古怪雄奇;根系发达,抗旱耐寒;四季常青。

(2)象征意义:①坚贞不屈;②正义、神圣;③永葆青春,延年益寿;④永垂不朽;⑤庄严雄伟。

(3)配置:①植于峭壁奇峰,配以藤萝掩映;②孤植、丛植于建筑物出入口;③与竹梅搭配为"岁寒三友",缀以少许山石,更显雅趣;④丛植、片植形成"松涛";⑤或与栎类、桦木、银杏、槭树之类混交,秋景更奇;⑥与柏、樟、槐、楠、榆配为"六君子",宜植于深宅大院。

2. 柏

(1)表象:常绿乔木,树形圆锥状或宝塔形;树冠浓密,树姿优美;叶片龙鳞状,苍翠、古奇优雅;根系发达,抗性强,耐湿、耐旱,抗寒、抗腐性强。

(2)象征意义:①坚贞有节,贞德高洁;②柏犹"伯",寓意位列三公;③避邪;④延年益寿;⑤柏犹"百",寓百事大吉,百事如意;⑥永垂不朽。

(3)配置:①宜植庭院周边;②做盆景观赏;③孤植、丛置作为景区点缀;④孤植、丛植或片植于陵园;⑤柏、柿、桔混植谓"百事大吉";柏树旁点缀以如意图案或雕塑,谓"百事如意";⑥柏树林混植色叶植物,更显生机勃勃,变化无穷。

3. 梧桐

(1)表象:树干通直高大,树冠延展形似华屋;皮青如翠,叶缺如花;防虫蛀,耐湿,不腐不裂;为琴瑟之材;灵性之木;瑞应之木。

(2)象征意义:①高雅圣洁;②大吉大利;③喜庆;④招财进宝;⑤招贤纳士;⑥政通人和。

(3)配置:①园林中广泛栽培,常见于庭前、井旁、轩、斋、馆及道路之侧;②梧、竹相配,植于深宅大院,以寓凤凰栖梧食竹之趣;③与芭蕉相配,植于庭园,缀以山石,更显幽静古雅;④植于岩石或寺旁,时闻钏磬之音;⑤对矮小而婆娑畅茂者制作盆景。

4. 竹

(1)表象:或高大挺秀,或枝杆扶疏;风姿秀丽,清雅幽静;空心有节,四季青翠不凋。

(2)象征意义:①情操高洁,超凡脱俗;②虚心谦恭;③有节气美德;④不畏强暴;⑤隐士名流。

(3)配置:①宜丛植、片植于山地、谷间、水际岸畔,建筑物周围,远离门庭车马之喧;②配梅、兰菊配置成花中"四君子",植于园内一些建筑物边侧;③曲径通幽的园路,书斋和茶室种植修竹,各显风味。

5.梅

(1)表象:苍劲古拙,雅丽幽香;盛花之际,香逸旷远;落叶缤纷,宛若积雪;疏影横斜,暗香浮动;不畏严寒,先天下春。

(2)象征意义:①玉洁冰清,品德高洁;②傲雪凌霜,气节高贵;③孤芳自赏,香远益清。

(3)配置:①孤植、丛置于窗前、墙隅、庭院、斜坡、池畔;②与松、竹、石相配,更具诗情画意。

6.柳

(1)表象:姿态优美,小枝细柔如丝;随风飘舞,倍觉撩人;倒影水滨,含情映趣。

(2)象征意义:①温柔多情;②绵绵恋情;③柳性杨花,情不专一;④和光同尘;⑤随波逐流。

(3)配置:①多见水滨渠岸植之,绿条拂水,倒影成趣;②小桥、亭旁、道口植之,取折柳留别之意;③桃柳间植,红绿相间,再加小桥流水,风景如画。

7.桂花

(1)表象:终年常绿,枝叶繁茂;秋季开花,独占三秋,芳香四溢;"浓、清、久、远"俱全。

(2)象征意义:①清雅高洁;②幽香不露;③秀丽不娇;④超凡脱俗。

(3)配置:①常与建筑物、山石相配,孤植或丛植于亭、台、楼、阁附近;②寺观庭院植数株,收取"桂子月中落,天香云外飘"之意境;③与玉兰、海棠栽植成丛于建筑旁,寓"玉堂富贵"。

8.石榴

(1)表象:枝叶蓊郁,花红似火,鲜艳夺目;果实累累,子实粒粒。

(2)象征意义:①光明、辉煌;②多子多孙;③吉祥如意;④大福大贵。

(3)配置:园林常见观赏果树,宜栽植于粉墙、漏窗前,或庭院之中。

9.桃花

(1)表象:烂漫芬芳,满林红露;落英缤纷,红雨塞途;山涧平野,均可生长。

(2)象征意义:①美丽可爱;②吉祥如意,避凶就吉;③归隐山林,世外桃源;④爱情纯洁无瑕。

(3)配置:①园林中常见树木,丛植或片植于山谷溪岸、坡地;②亦孤植或丛植于别墅、窗前、桥旁、亭边;③桃柳间植,桃花柳浪,别有景致。

10.海棠

(1)表象:叶茂枝柔,幽姿淑态,花蕾嫣红小巧,丰盈娇美。

(2)象征意义:①美丽;②妩媚动人。

(3)配置:常见于雕墙峻宇,丛植成片,花开锦绣一片。

11.牡丹

(1)表象:雍容华贵,艳冠群芳;香气宜人,素有"国色天香"、"花王"之美誉。

(2)象征意义:①美的化身;②富贵不淫的精神。

(3)配置:①宜植于玉砌雕台,华贵亭堂之旁;②筑台分层种植;③盆栽置于院落厅堂。

12.茉莉

269

茉莉姿态清雅秀丽,叶片翠碧光润,小花洁白如玉,芳香醉人。高雅美德的象征。常丛植于庭院,或盆栽于厅堂。一盆入室,则满屋生香。

10.4.3.2　草本花卉

1. 芍药

花大色艳,形态富丽,香味浓郁,汉魏六朝时称为"花王",唐代降为"花相"。有典型尊贵之仪范,又有伤春惜别之意。很早就被栽植于御花园、寺庙和私家园林中,常于华贵的堂前,片植或丛植,也有于玲珑湖石相配,以粉墙为背景设置花圃。

2. 荷花

水生观赏花卉,叶形美,花期长。雅而不俗,香而不浓,出淤泥而不染。适宜于水榭池轩,塘湖河畔,寒江秋沼。

3. 菊花

枝叶繁茂,美丽多姿,清幽绚丽;气质高洁,凌霜不凋,被誉为"花中君子"。为节操高洁、坚贞不屈的象征,又用来比喻归隐之士。常见于园林花圃,茅舍清斋亦多见栽植。

4. 美人蕉

花色艳丽,姹紫嫣红,叶片舒展透亮。丛植庭院以为观赏。

5. 水仙

又名金盏银台,凌波仙子。株丛娇小,叶片青绿;花开之际,寒香冷艳,神骨清绝。故适于窗台、几案摆设,又宜于花圃种植;或杂植于松竹林下,古梅奇石之间,甚为幽雅。

6. 兰花

株型典雅,叶态脱俗,花姿优美,香而不浓,绵绵缕缕,潜幽逸远。自古有"王者香"、"天下第一香"的美誉。兰有自立自信,不屈不挠的性格,也有文雅、隐逸、和平等精神。常盆栽置于厅堂,或于床头几案,也与松、梅、菊、竹等相配植于庭院,旁置少许岩石,更有情趣。

7. 萱草

又名忘忧草,宜男等。花色艳丽,姿韵可爱;春萌甚早,叶色媚绿,一见令人忘忧。很早见于园林栽培。多植于岩间石畔,或于花境,路旁栽植,亦可在房前屋后种植;有时点缀于林间疏地。

8. 万年春

植株四季常青,叶片翠绿如芭蕉,富有光泽,红果经冬不凋,观叶赏果,其乐无穷。以其常青、多寿,成为吉利、祥瑞和幸福、安康的象征。古人常将万年春、吉祥草、葱、松视为吉祥四品。园林中多被播种在各路两边,也常在庭院内或房前屋后种植。北方寒冷地区,用以点缀厅堂馆阁、几案窗台,成为室内观赏佳品。

10.4.3.3　攀援花卉

1. 常青藤

枝叶茂密,叶形秀丽,婀娜多姿,攀援性强,多植于园林假山、围墙、崖壁、枯木、棚架等处,亦悬挂于窗前、廊柱之间,飘然下垂,雅致可爱。

2. 爬山虎

茎蔓纵横,翠叶密布,入秋变红,落叶时茎蔓交织如网,惹人注目。常见于园林中的墙体,假山峭壁和悬崖等处栽植。

3. 紫藤

姿态古朴,干茎虬曲缠绕,叶密阴浓,繁英宛垂。多植于临水花架、柱廊、门庭两旁。也有植于悬崖峭壁之巅,任其宛垂。

4. 葡萄

青丝蔓卷,翠叶满架,果实累累如珍珠玛瑙,晶莹透亮。常植于园林花架、棚架,依地形环境修剪成形。

5. 金银花

藤蔓缭绕,冬叶薇红,春夏花开不绝,花叶兼美,色香俱佳。常用作花架、篱垣、拱门、栏杆、枯木、山石的攀附物。

6. 木香

枝叶秀丽,花开繁茂,香馥清远。常植于棚架、花格墙、漏窗、篱垣、庭院枯木等处。

参 考 文 献

1 (美)爱德华·麦克诺尔·伯恩斯,菲利普·李·拉尔夫著;罗经国,陈筠等译.世界文明史(1—4卷).北京:商务印书馆,1987

2 国家文物事业管理局主编.中国名胜词典.上海:上海辞书出版社,1981

3 周云庵著.陕西园林史.西安:三秦出版社,1997

4 陕西省文物管理委员会编.陕西名胜古迹.西安:陕西人民出版社,1986

5 赵兴华主编.北京园林史话.北京:中国林业出版社第2版,2000

6 周维权著.中国古典园林史.北京:清华大学出版社,1990

7 安怀起著.中国园林史.上海:同济大学出版社,1991

8 汪菊渊主编.中国古代园林史纲要.北京:林业大学园林系讲义,1980

9 (日)冈 大路著,常瀛生译.中国宫苑园林史考.北京:农业出版社,1988

10 舒迎澜著.古代花卉.北京:农业出版社,1993

11 熊大桐主编.中国林业科学技术史.北京:中国林业出版社,1995

12 郦芷若,朱建宁著.西方园林.郑州:河南科学技术出版社,2001

13 张家伟主编.江南园林漫步.上海:上海书店出版社,1999

14 缪启珊著.中国古建筑简说.济南:山东教育出版社,1988

15 (明)计成《园冶》,陈植注释.第2版.北京:中国建筑工业出版社,1988

16 陈从周著.惟有园林.天津:百花文艺出版社,1997

17 游泳主编.园林史.北京:中国农业科技出版社,2002

18 曹林娣著.凝固的诗·苏州园林.北京:中华书局,1996

19 郭风平主编.中国园林史.西安:西安地图出版社.2002

20 沈福煦著.中国古代建筑文化史.上海:上海古籍出版社,2001

21 童隽著.造园史纲.北京:中国建筑工业出版社,1983

22 陈志华著.外国造园艺术.郑州:河南科学技术出版社,2001

23 章迎尔等编.西方古典建筑与近代建筑.天津:天津大学出版社,2000

24 俞剑华著.中国绘画史.上海:上海书店出版,1984

25 任常泰,孟亚男著.中国园林史.北京:北京燕山出版社,1993

26 (日)针之谷钟吉著,邹洪灿译.西方造园变迁史——从伊甸园到天然公园.北京:中国建材工业出版社,1991